Curso de Física Básica 4

Ótica
Relatividade
Física quântica

Blucher

H. Moysés Nussenzveig

Professor Emérito do Instituto de Física
da Universidade Federal do Rio de Janeiro
(UFRJ)

Curso de Física Básica 4

Ótica
Relatividade
Física quântica

2ª edição, revista e atualizada

Curso de Física Básica, vol. 4: Ótica, relatividade, física quântica
© 2014   H. Moysés Nussenzveig
2ª edição – 2014
3ª reimpressão – 2020
Editora Edgard Blücher Ltda.

Blucher

Rua Pedroso Alvarenga, 1245, 4º andar
04531-012 – São Paulo – SP – Brasil
Tel 55 11 3078-5366
contato@blucher.com.br
www.blucher.com.br

Segundo Novo Acordo Ortográfico, conforme 5. ed. do *Vocabulário Ortográfico da Língua Portuguesa*, Academia Brasileira de Letras, março de 2009.

É proibida a reprodução total ou parcial por quaisquer meios, sem autorização escrita da Editora.

Todos os direitos reservados pela Editora Edgard Blücher Ltda.

FICHA CATALOGRÁFICA

Nussenzveig, Herch Moysés
    Curso de física básica, 4: ótica, relatividade, física quântica / H. Moysés Nussenzveig. – 2. ed. – São Paulo: Blucher, 2014.

    Bibliografia
    ISBN 978-85-212-0803-7

    1. Física 2. Ótica 3. Relatividade 4. Física quântica I. Título.

14-0158   CDD 530

Índice para catálogo sistemático:
1. Física

Apresentação

Neste volume final da série *Física Básica*, concluímos a apresentação da física clássica e abordamos a física do século XX. A concepção mantém-se fiel aos objetivos adotados em toda a obra: enfatizar as ideias e princípios fundamentais.

Os Capítulos 2 a 5 são dedicados à ótica. Na ótica geométrica, destaca-se a bela analogia ótico-mecânica de Hamilton, de grande relevância na introdução da física quântica e na compreensão de seu relacionamento com a física clássica.

Os fenômenos da ótica ondulatória desempenham um papel não menos importante na transição para a mecânica quântica, justificando um tratamento mais completo do que é usual neste nível. Nas aplicações, foram incluídas difração de raios X e holografia.

O capítulo sobre polarização também mereceu destaque especial, pois é usado como base para a formulação dos princípios da física quântica. Em particular, a reflexão total frustrada ilustra os efeitos de tunelamento.

Na introdução à relatividade restrita (Capítulo 6), são discutidos cuidadosamente todos os efeitos cinemáticos da transformação de Lorentz e é feita uma breve apresentação da dinâmica relativística, incluindo a inércia da energia. Há também uma introdução qualitativa à relatividade geral e sua aplicação à cosmologia.

No Capítulo 7, é revisto o desenvolvimento histórico que levou à formulação da mecânica quântica. São introduzidas as ordens de grandeza básicas, características da escala atômica. O acompanhamento em paralelo no laboratório, indispensável em todo o curso, é especialmente importante nesta parte.

É nos capítulos de 8 a 10, que contêm a introdução à física quântica, que o tratamento mais diverge dos usuais. Em lugar de desenvolver a mecânica ondulatória, fomentando a ilusão de que basta estender um pouco as ideias sobre ondas clássicas, enfatiza-se o caráter radical das mudanças introduzidas pela quantização, procurando formular os princípios de forma a servir como base correta para generalizações ulteriores.

A formulação dos princípios da teoria quântica é inteiramente baseada no conceito de estados de polarização de fótons, que permite introduzi-los corretamente, utilizando a intuição desenvolvida na ótica e com grande economia, a exemplo do que foi feito por Dirac no capítulo inicial de seu extraordinário tratado.

A extensão à equação de Schrödinger, no Capítulo 9, torna-se natural, generalizando o formalismo sem alterar os princípios básicos. As aplicações, no Capítulo 10, visam ilustrar os mais importantes efeitos quânticos e os principais tipos de espectros de energia encontrados, incluindo os espectros de bandas da física dos sólidos. A última seção trata da interpretação da mecânica quântica, tema em que tem havido importantes progressos recentes, tanto teóricos como experimentais.

Consideramos inteiramente inútil incluir os habituais capítulos sobre física "moderna" (física atômica, nuclear e de partículas de altas energias), pois só podem limitar-se, neste nível, ao caráter de divulgação científica. Para a formação de engenheiros, em especial, esses conteúdos devem ser incluídos num curso independente posterior. A base de física quântica aqui fornecida permite acesso a esses tópicos, sem maiores dificuldades.

Mesmo assim, este volume é apreciavelmente mais extenso que os anteriores. O material foi todo ministrado pelo autor, mais de uma vez, em um semestre, com seis horas de aula semanais. Em cursos mais compactos, será necessária uma seleção.

Como nos volumes anteriores, os problemas no final de cada capítulo foram cuidadosamente escolhidos para ilustrar e testar a compreensão da matéria. Listas de problemas e um curso paralelo de laboratório são essenciais.

Esta nova edição foi inteiramente revista e atualizada, aproveitando o novo formato para introduzir fotos e novas ilustrações. As principais mudanças refletem os recentes avanços na cosmologia e em experimentos relacionados aos fundamentos da mecânica quântica. Material de apoio encontra-se em www.blucher.com.br.

Atribui-se a Dirac a observação de que nunca se deve iniciar uma frase sem saber como se vai terminá-la. Se o autor tivesse pressentido, ao empreender esta obra, que demoraria mais de 20 anos para completá-la, é possível que não a tivesse levado a cabo. O estímulo para fazê-lo veio principalmente dos estudantes, a quem ela é dedicada. Entretanto, teria sido inviável sem a compreensão e o apoio de minha esposa Micheline, a quem reitero todo o meu reconhecimento.

Agradeço ainda à Fundação José Bonifácio, da Universidade Federal do Rio de Janeiro, pelo seu auxílio, e ao amigo Edgard Blücher pelo estímulo à nova versão e pelo esmero em relação ao novo formato gráfico dos quatro volumes.

Rio de Janeiro, 16 de junho de 2014

H. M. Nussenzveig

Conteúdo

Capítulo 1 ■ INTRODUÇÃO... 11

Capítulo 2 ■ ÓTICA GEOMÉTRICA.. 13
2.1 Propagação retilínea da luz 13
2.2 Reflexão e refração 16
2.3 O Princípio de Fermat 19
2.4 Reflexão total... 22
2.5 Espelho plano 23
2.6 Espelho esférico 24
2.7 Superfície refratora esférica 29
2.8 Lentes delgadas 31
2.9 Noções sobre instrumentos óticos 35
2.10 Propagação num meio inomogêneo.................................. 38
2.11 A analogia ótico-mecânica... 41
Problemas... 46

Capítulo 3 ■ INTERFERÊNCIA 50
3.1 Interferência de ondas 50
3.2 Análise do experimento de Young 54
3.3 Interferência em lâminas delgadas 56
3.4 Discussão das franjas de interferência 61
3.5 Interferômetros 65
3.6 Coerência 67
Problemas... 73

Capítulo 4 ■ DIFRAÇÃO 75
4.1 O conceito de difração 75
4.2 O Princípio de Huygens-Fresnel....................................... 76

4.3	O método das zonas de Fresnel	77
4.4	Difração de Fresnel: discussão qualitativa	83
4.5	Difração de Fraunhofer	87
4.6	Abertura retangular	90
4.7	Difração de Fraunhofer por uma fenda	92
4.8	Abertura circular. Poder separador	94
4.9	Par de fendas e rede de difração	98
4.10	Dispersão e poder separador da rede	102
4.11	Difração de raios X	105
4.12	Holografia	110
Problemas		114

Capítulo 5 ■ POLARIZAÇÃO 117

5.1	Equações de Maxwell num meio transparente	117
5.2	Vetor de Poynting real e complexo	119
5.3	Ondas planas monocromáticas. Polarização	122
5.4	Atividade ótica natural	127
5.5	Condições de contorno	129
5.6	Reflexão e refração. Fórmulas de Fresnel	131
5.7	Refletividade	134
5.8	Polarização por reflexão	135
5.9	Reflexão total	138
5.10	Penetração da luz no meio menos denso	141
Problemas		144

Capítulo 6 ■ INTRODUÇÃO À RELATIVIDADE 147

6.1	O princípio de relatividade na eletrodinâmica	147
6.2	O experimento de Michelson e Morley	149
6.3	A relatividade da simultaneidade	153
6.4	A transformação de Lorentz	155
6.5	Efeitos cinemáticos da TL	160
6.6	A lei relativística de composição de velocidades	164
6.7	Intervalos	166
6.8	O efeito Doppler	169
6.9	Momento relativístico	172
6.10	Energia relativística	176
6.11	A inércia da energia	179

6.12 O espaço-tempo de Minkowski...... 181
6.13 Noções sobre relatividade geral...... 185
Problemas...... 199

Capítulo 7 ■ OS PRIMÓRDIOS DA TEORIA QUÂNTICA 203
7.1 Introdução...... 203
7.2 A hipótese de Planck...... 204
7.3 O efeito fotoelétrico...... 206
7.4 O efeito Compton...... 210
7.5 Rutherford e a descoberta do núcleo...... 212
7.6 Espectros atômicos...... 214
7.7 O modelo atômico de Bohr...... 216
7.8 As ondas de de Broglie...... 224
7.9 A equação de Schrödinger para estados estacionários...... 228
Problemas...... 230

Capítulo 8 ■ PRINCÍPIOS BÁSICOS DA TEORIA QUÂNTICA 233
8.1 A dualidade onda-partícula...... 233
8.2 A interpretação probabilística...... 237
8.3 Estados de polarização da luz...... 240
8.4 Vetores de estado...... 242
8.5 Observação binária. Polarização circular...... 244
8.6 Observáveis...... 246
8.7 Representações. Matrizes...... 249
8.8 Regras para observáveis...... 253
8.9 Momento angular do fóton...... 256
8.10 Relação de incerteza...... 259
8.11 Descrição quântica da atividade ótica natural...... 264
Problemas...... 269

Capítulo 9 ■ A EQUAÇÃO DE SCHRÖDINGER...... 271
9.1 A equação de Schrödinger unidimensional...... 271
9.2 Conjugado hermiteano...... 274
9.3 Operadores posição e momento...... 276
9.4 O teorema de Ehrenfest...... 278
9.5 Autofunções do momento...... 279
9.6 Densidade de corrente de probabilidade...... 280
9.7 Partículas livres...... 282

9.8 A equação de Schrödinger tridimensional 285
9.9 A relação de incerteza 287
Problemas 289

Capítulo 10 ■ SISTEMAS QUÂNTICOS SIMPLES 291
10.1 Estados estacionários em uma dimensão 291
10.2 Degrau de potencial 293
10.3 Partícula confinada 298
10.4 Barreira de potencial retangular 306
10.5 Estado fundamental do átomo de hidrogênio 312
10.6 Spin e Princípio de Exclusão 316
10.7 Movimento de elétrons em cristais 318
10.8 A interpretação da mecânica quântica 326
Problemas 337

BIBLIOGRAFIA 339
RESPOSTAS DOS PROBLEMAS PROPOSTOS 341
ÍNDICE ALFABÉTICO 345

1

Introdução

O que é a luz? Como se propaga? Como é gerada?

Essas são algumas das questões fundamentais que abordaremos na primeira parte deste curso.

Vamos discutir, de início, alguns dos aspectos mais simples da propagação da luz, parcialmente conhecidos desde a antiguidade, objeto da *ótica geométrica*.

Os fenômenos da ótica geométrica são compatíveis com a *teoria corpuscular da luz*, da qual se costuma (erroneamente) citar Newton como principal partidário. A teoria rival, a *teoria ondulatória da luz*, teve sua primeira grande contribuição no "Tratado sobre a Luz" de Christian Huygens, publicado em 1690. Nesse tratado se encontra formulado o *Princípio de Huygens*, que desempenha um papel fundamental no tratamento da propagação de ondas.

A *Ótica* de Newton, publicada em 1704 e revista em 1717, é uma obra extraordinária. Relata seus resultados sobre a decomposição espectral da luz branca e observações de efeitos ondulatórios, como os anéis de Newton, incluindo determinações precisas de comprimentos de onda. As ideias de Newton sobre a luz combinavam as teorias corpuscular e ondulatória, lembrando um pouco a atual teoria quântica.

O triunfo da teoria ondulatória sobreveio no início do século XIX, com os trabalhos de Thomas Young e Augustin Fresnel sobre os efeitos de *interferência* e *difração* e, em 1850, com o experimento crucial de Foucault e Fizeau, mostrando que a velocidade da luz na água é menor do que no ar.

A obra de Huygens já continha uma discussão sobre os efeitos de dupla refração, relacionados à *polarização* da luz, que também foram discutidos por Newton e depois por Fresnel, levando à conclusão de que as ondas de luz são *transversais*, e não longitudinais, como as de som.

Vimos no curso de eletromagnetismo (**FB3**[*]) que Maxwell, em 1861, após formular as equações básicas do campo eletromagnético, deduziu delas a existência de ondas

---

[*] As notações **FB1**, **FB2**, **FB3** – remetem aos volumes 1, 2, 3 deste Curso de Física Básica.

eletromagnéticas, propagando-se com a velocidade da luz, o que o levou a inferir que a luz é uma onda eletromagnética. A confirmação experimental da *teoria eletromagnética da luz* resultou das experiências de Hertz, em 1888, em que produziu ondas eletromagnéticas (de rádio) e mostrou que tinham propriedades análogas às da luz. A antena dipolar que empregou constitui o modelo clássico mais simples do processo de *geração* de ondas eletromagnéticas.

Tentativas de detectar um suporte material das ondas (o "éter") culminaram no experimento de Michelson e Morley, em 1887, cujo resultado negativo, juntamente com outras evidências da inexistência do éter, foi uma das origens da *teoria da relatividade restrita*, formulada por Einstein em 1905, que discutiremos na segunda parte do curso.

Curiosamente, foi nas experiências de Hertz, feitas para comprovar a teoria eletromagnética da luz, que ele observou as primeiras evidências do *efeito fotoelétrico*, que iria contribuir para o renascimento de uma teoria corpuscular.

A luz do sol, cujo espectro contínuo foi revelado por Newton, é um exemplo de *radiação térmica*, emitida por um corpo a temperatura elevada. Foram dificuldades em conciliar as leis da radiação térmica com a física clássica que levaram Max Planck, em 1900, a formular sua revolucionária hipótese dos *quanta*, a origem da teoria quântica.

Em 1905, Einstein mostrou que os resultados observados no efeito fotoelétrico, que também pareciam inexplicáveis pela física clássica, podiam ser explicados estendendo à luz a hipótese de Planck e descrevendo-a em termos de *fótons*, com caráter corpuscular. Foi também Einstein quem primeiro explicitou a coexistência de aspectos corpusculares e ondulatórios da luz.

O espectro da luz emitida por vapores atômicos, como numa lâmpada de sódio, não é contínuo como o da luz solar: é um espectro de raias. Mais uma vez, a física clássica não o explica, como não explica a existência de átomos. A estrutura atômica e o processo elementar da emissão de luz por um átomo só puderam ser explicados pela teoria quântica. Foi ela também que permitiu reconciliar a dualidade onda-corpúsculo. Uma introdução à teoria quântica será dada na terceira parte deste curso.

A ótica é atualmente uma das áreas mais ativas da física, em boa parte em decorrência da invenção de um novo tipo de fonte de luz, o *laser*, que data dos anos 1960. Aplicações importantes da luz laser são encontradas em praticamente todas as áreas da ciência e da tecnologia.

2

Ótica geométrica

2.1 PROPAGAÇÃO RETILÍNEA DA LUZ

Num meio homogêneo, como o ar dentro de uma sala ou o espaço interestelar, a luz se propaga em linha reta. Isso é particularmente reconhecível quando a fonte de luz é "puntiforme", ou seja, de dimensões desprezíveis em confronto com as demais que entram na observação: um exemplo é um buraquinho de alfinete iluminado, num anteparo opaco.

Nesse caso, um obstáculo opaco iluminado pela fonte F puntiforme projeta uma *sombra* de contornos bem nítidos, definidos pela propagação retilínea (Figura 2.1).

Analogamente, numa *câmara escura* (Figura 2.2), forma-se uma imagem (invertida) de um objeto, representando uma forma primitiva de aparelho fotográfico.

Um feixe cônico de luz de abertura muito pequena chama-se um *pincel* de raios luminosos, e no limite idealizado em que a abertura tende a zero tem-se um *raio* de luz, uma linha reta num meio homogêneo. Na teoria corpuscular, um raio representa a trajetória de um corpúsculo de luz.

Para a teoria ondulatória, a propagação retilínea da luz parece difícil de explicar, como foi observado por Newton. As ondas sonoras não têm propagação retilínea. Assim, por exemplo, ouvimos a voz de uma pessoa que fala do lado de fora de uma sala, com a porta entreaberta, mesmo quando a pessoa está fora da linha de visão.

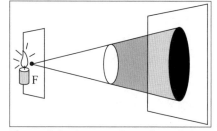

Figura 2.1 Propagação retilínea da luz.

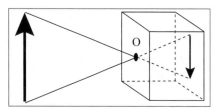

Figura 2.2 Câmara escura.

Conforme vimos no curso de acústica (**FB2**), Huygens procurou explicar a propagação retilínea, na teoria ondulatória, por meio de seu célebre Princípio. Numa onda, temos de examinar a propagação da *fase*, que define suas cristas e vales. Uma *frente de onda* (em três dimensões, é uma superfície) é o lugar geométrico de pontos que têm a mesma fase – por exemplo, pertencem todos à mesma crista de onda.

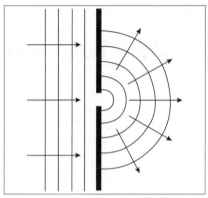

Figura 2.3 Princípio de Huygens.

O *Princípio de Huygens* pode ter sido motivado pela observação de ondas na superfície de um tanque com água. Sabemos, neste caso, que uma frente de onda que atinge uma barreira na qual há uma pequena abertura (Figura 2.3) gera ondas circulares do outro lado; a porção da frente de onda não obstruída comporta-se como uma fonte puntiforme.

Segundo Huygens, *cada ponto de uma frente de onda comporta-se como fonte puntiforme, gerando ondas secundárias*. Num meio homogêneo, essas ondas são *ondas esféricas* com centro na fonte, propagando-se com a velocidade das ondas no meio.

Dada uma frente de onda inicial, Huygens propôs uma construção geométrica para obter a frente de onda num instante posterior: consideram-se todas as ondas secundárias emanadas de pontos da frente de onda inicial não obstruídos por obstáculos. A *frente de onda, no instante posterior considerado, é a envoltória dessas ondas secundárias*.

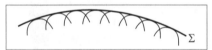

Figura 2.4 Envoltória.

A *envoltória* Σ de uma família de superfícies (Figura 2.4) é uma superfície que, em cada um de seus pontos, é tangente a uma das superfícies da família, ou seja, tangencia todas elas. A ideia básica de Huygens é que cada onda secundária isoladamente é demasiado fraca para produzir efeitos perceptíveis. Só produzem efeitos na envoltória Σ, porque sobre ela muitas ondas secundárias vizinhas se reforçam.

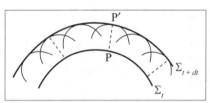

Figura 2.5 Frentes de ondas nos instantes *t* e *t* + *dt*.

Se tomarmos duas frentes de onda em instantes separados por dt, ou seja, Σ_t e Σ_{t+dt} (Figura 2.5), vemos então que a onda secundária emanada de P é tangente à envoltória em P′, ou seja, P P′ é *normal* à envoltória, e

$$\boxed{\overline{PP'} = v\,dt} \quad (2.1)$$

onde v é a velocidade da onda no meio. Podemos então identificar PP′ com a direção do *raio luminoso*, ou seja, *os raios são as trajetórias ortogonais das frentes de onda*.

A explicação de Huygens para a propagação retilínea da luz e para a formação de sombras está ilustrada na Figura 2.6, onde a frente de onda AB, proveniente da fonte puntiforme F, incide sobre uma abertura num anteparo opaco. A envoltória CD, do outro lado da abertura, é gerada apenas pelos pontos de AB não obstruídos, e por isso fica limitada pelos raios extremos FC e FD que passam pela abertura.

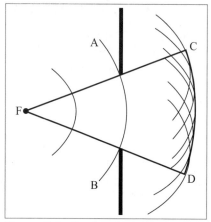

Figura 2.6 Explicação de Huygens para a propagação retilínea.

Embora exista penetração de ondas secundárias na região de sombra, a envoltória é interrompida em C e D, e ondas secundárias sem envoltória, segundo Huygens, são fracas demais para serem percebidas. Na realidade, a luz penetra, embora muito fracamente, na região de sombra, o que constitui o fenômeno da *difração*, já descrito por Grimaldi em 1665.

Quão fortes são os efeitos de difração depende de um parâmetro que não foi levado em conta por Huygens: o *comprimento de onda* λ. As ondas descritas por ele não correspondem necessariamente a oscilações periódicas; ele as imaginava como uma série de pulsos.

Newton não só descobriu a decomposição espectral da luz branca em suas componentes monocromáticas, como percebeu que cada cor corresponde a um comprimento de onda bem definido e mediu λ com grande precisão: o valor que obteve para luz alaranjada é compatível com os resultados atuais.

Os comprimentos de onda típicos na região visível do espectro (do vermelho ao violeta) são inferiores a 1 μm = 10^{-3} mm: vão de ~ 0,4 μm (violeta) a ~ 0,7 μm (vermelho). Os desvios da propagação retilínea e da ótica geométrica, conforme veremos mais adiante, são tanto maiores quanto maior a razão λ/d, onde d representa dimensões típicas envolvidas na propagação das ondas: tamanho de obstáculos ou de orifícios, raio de curvatura de objetos ou frentes de onda etc.

Para luz visível e situações quotidianas, λ/d é geralmente $\lesssim 10^{-3}$ e os desvios são muito pequenos. Já para ondas sonoras, os comprimentos de onda típicos são da ordem das dimensões macroscópicas (para a frequência sonora média da voz humana, $\nu \sim 1$ kHz, o período $\tau \sim 10^{-3}$ s e $\lambda = v\tau \sim 3 \times 10^2$ m/s $\times 10^{-3}$ s = 30 cm). É por isso que a "acústica geométrica" não seria uma boa aproximação.

Do ponto de vista ondulatório, *a ótica geométrica é uma aproximação válida para comprimentos de onda muito pequenos, em confronto com as dimensões típicas envolvidas.*

2.2 REFLEXÃO E REFRAÇÃO

O que acontece quando a luz passa de um meio homogêneo a outro? Na interface entre os dois, há uma descontinuidade das propriedades materiais (do ponto de vista macroscópico: microscopicamente, há uma região de transição, com espessura de várias camadas atômicas).

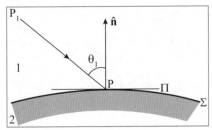

Figura 2.7 Plano de incidência.

Seja Σ a superfície de separação entre dois meios transparentes 1 e 2 (por exemplo, ar e água, ou água e vidro), e consideremos um raio de luz incidente no meio 1 sobre um ponto P da interface Σ (Figura 2.7).

Do ponto de vista da ótica geométrica ($\lambda \ll$ raio de curvatura em P), podemos substituir Σ, na vizinhança de P, pelo *plano tangente* Π a Σ no ponto P (Figura 2.7): tudo se passa como se a interface fosse plana, dada por Π. Seja $\hat{n}$ o vetor unitário da normal a Σ (e a Π) em P. Chama-se *plano de incidência* o plano que contém o raio incidente P_1P e a normal $\hat{n}$, e *ângulo de incidência* o ângulo θ_1 entre P_1P e $\hat{n}$ (Figura 2.7).

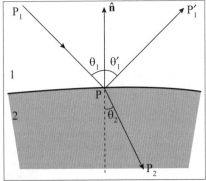

Figura 2.8 Ângulos de reflexão e refração.

A experiência mostra que o raio incidente dá origem geralmente a um *raio refletido* PP_1' que volta para o meio 1 e forma com a normal o *ângulo de reflexão* θ_1' e a um *raio refratado* PP_2 transmitido para o meio 2, que forma com a direção da normal um ângulo θ_2, o *ângulo de refração* (Figura 2.8).

A *lei da reflexão*, já conhecida na Grécia antiga, diz que o *raio refletido pertence ao plano de incidência*, e que *o ângulo de reflexão é igual ao de incidência*:

$$\boxed{\theta_1' = \theta_1} \tag{2.2}$$

A *lei da refração*, primeiro descrita pelo cientista islâmico Ibn Sahl em 984, foi depois formulada por Willebrord Snell em 1621 e reencontrada por Descartes em 1637. Ela diz que *o raio refratado também permanece no plano de incidência*, e que

$$\boxed{\frac{\operatorname{sen}\theta_1}{\operatorname{sen}\theta_2} = n_{12}} \tag{2.3}$$

onde n_{12} é uma constante, o *índice de refração do meio 2 relativo ao meio 1*. Se $n_{12} > 1$, como, por exemplo, ao passar do ar para a água, diz-se que o meio 2 é *mais refringente* que 1, e o raio refratado se *aproxima* da normal; se $n_{12} < 1$ (ao passar do vidro para a água, por exemplo), o meio 2 é *menos* refringente, e o raio refratado se *afasta* da normal.

Convém observar que a constância do índice de refração relativo vale para *luz monocromática*: n_{12} varia com a cor, o que constitui o fenômeno da *dispersão*, responsável pela separação das cores nas experiências de Newton com prismas.

Como se explicam as leis da reflexão e da refração nas teorias corpuscular e ondulatória?

É fácil explicar a reflexão pela teoria corpuscular: se uma bola de tênis sofre uma reflexão elástica no solo, a componente vertical de sua velocidade se inverte, sem que a componente horizontal se altere, o que implica a igualdade entre o ângulo de reflexão e o de incidência.

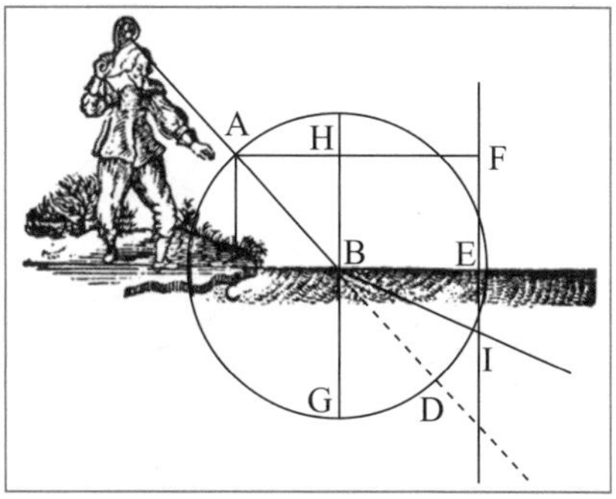

A explicação corpuscular da refração está ilustrada na Figura 2.9, reprodução da figura original de Descartes. Uma bola de tênis que penetra do ar na água no ponto B desvia-se da sua trajetória original BD para BI, pois perde parte da componente vertical de sua velocidade ao penetrar na água, onde se desloca com velocidade menor.*

Figura 2.9 Explicação corpuscular da refração (R. Descartes, *Dioptrique*, Leiden, 1637).

Se v_1 e v_2 são as magnitudes das velocidades dos corpúsculos nos dois meios, a descontinuidade na interface muda a componente *normal* da velocidade ($v_{2n} \ne v_{1n}$), sem alterar a componente tangencial (Figura 2.10):

$$v_{2t} = v_2 \operatorname{sen} \theta_2 = v_{1t} = v_1 \operatorname{sen} \theta_1 \qquad (2.4)$$

o que dá

$$\frac{\operatorname{sen} \theta_1}{\operatorname{sen} \theta_2} = \frac{v_2}{v_1} \quad \Rightarrow \quad \boxed{n_{12} = \frac{v_2}{v_1}} \qquad (2.5)$$

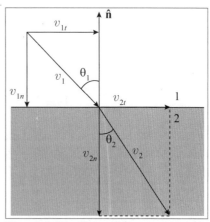

Figura 2.10 Efeito da descontinuidade normal.

ou seja, *a velocidade da luz deveria ser maior na água do que no ar* ($n_{12} > 1$).

O que a teoria corpuscular não explica é por que *parte* da luz se reflete e parte se refrata. Quando um corpúsculo de luz chega à interface, o que decide se ele vai se refletir ou se refratar? Newton tinha plena consciência dessa dificuldade, e para resolvê-la propôs sua teoria dos "acessos". Os corpúsculos teriam "acessos de fácil reflexão", quando se refletiriam, e "acessos de fácil transmissão", quando seriam refratados. Esses acessos seriam periódicos, regulados por uma onda que se propagaria juntamente com o raio de luz. Essa teoria é até certo ponto reminiscente da atual teoria quântica da luz.

---

* Na realidade, a velocidade na água iria diminuindo, em decorrência da viscosidade. Uma analogia mais adequada seria a penetração através de uma lâmina delgada, alterando apenas a componente normal.

Na teoria ondulatória, não há qualquer dificuldade para explicar a reflexão e transmissão parciais. Se, por exemplo, prendermos uma à outra duas cordas de densidades diferentes, uma onda que chega à junção é parcialmente refletida e parcialmente refratada, em proporções determinadas pelas "condições de contorno" na junção (veja **FB2**, Problema 5.11).

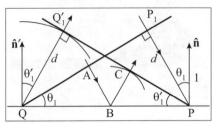

Figura 2.11 Explicação ondulatória da reflexão.

O Princípio de Huygens permite obter facilmente a lei da reflexão. Seja QP_1 (Figura 2.11) uma frente de onda incidente sobre a interface segundo o ângulo θ_1 (que é também o ângulo entre o raio incidente P_1P e a normal $\hat{n}$).

O ponto P_1 da frente incidente atinge a interface após um tempo d/v_1, onde $d = \overline{P_1P}$ e v_1 é a velocidade da onda no meio 1. Nesse instante, a onda secundária gerada por Q já terá atingido o ponto Q'_1, com $\overline{QQ'_1} = d$; a frente de onda refletida (envoltória das ondas secundárias geradas na interface) é $\overline{PQ'_1}$ (a figura mostra outro ponto de contato C com a envoltória, correspondente ao raio ABC). Os triângulos retângulos QP_1P e PQ'_1Q são iguais, pois têm a hipotenusa QP comum e os catetos iguais $\overline{QQ'_1} = d = \overline{P_1P}$. Logo, $\theta'_1 = \theta_1$.

A explicação da lei da refração é análoga. A frente de onda incidente QP_1 dá origem à frente de onda refratada Q_2P, pela construção de Huygens (Figura 2.12). O tempo necessário para que a luz percorra a distância $d_1 = \overline{P_1P}$ no meio 1 é o mesmo levado para percorrer $d_2 = \overline{QQ_2}$ no meio 2. Logo, se v_1 e v_2 são as velocidades de propagação das ondas nos meios 1 e 2 respectivamente, e t é esse tempo, temos

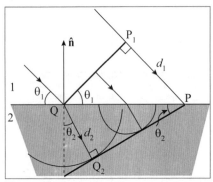

Figura 2.12 Explicação ondulatória da refração.

$$t = \frac{d_1}{v_1} = \frac{d_2}{v_2} \qquad (2.6)$$

Os triângulos retângulos QP_1P e QQ_2P dão:

$$d_1 = \overline{QP}\operatorname{sen}\theta_1 \quad ; \quad d_2 = \overline{QP}\operatorname{sen}\theta_2$$

Logo, usando a (2.6),

$$\frac{d_1}{d_2} = \frac{\operatorname{sen}\theta_1}{\operatorname{sen}\theta_2} = \frac{v_1}{v_2} \Rightarrow \boxed{n_{12} = \frac{v_1}{v_2}} \qquad (2.7)$$

Comparando as (2.5) e (2.7), vemos que as predições das teorias corpuscular e ondulatória são inversas: *segundo a teoria ondulatória, a velocidade da luz na água deve ser menor do que no ar*. Em 1850, Foucault e Fizeau mediram as velocidades da luz no ar e na água, e mostraram que a velocidade na água é menor do que no ar, o que foi considerado como um argumento decisivo em favor da teoria ondulatória.

O índice de refração n de um meio em relação ao vácuo define o seu *índice de refração absoluto*. Como c é a velocidade da luz no vácuo, a velocidade da luz num meio de índice de refração (absoluto) n é

$$\boxed{v = \frac{c}{n}} \tag{2.8}$$

Estes são alguns índices de refração absolutos para luz amarela de sódio (λ = 5.890 Å = 0,589 µm): *Ar* – 1,000293 (condições NTP); *água* (20 °C) – 1,33; *álcool etílico* (20 °C) – 1,36; *dissulfeto de carbono* – 1,63; *quartzo fundido* – 1,46; *vidros* – variam de 1,52 (o mais comum) a ~ 2,0 (o mais pesado); *diamante* – 2,42.

As (2.7) e (2.8) dão:

$$n_{12} = \frac{c/n_1}{c/n_2} \quad \left\{ \boxed{n_{12} = \frac{n_2}{n_1}} \right. \tag{2.9}$$

ou seja, *o índice de refração relativo do meio 2 em relação ao meio 1 é o quociente dos índices absolutos desses dois meios*.

Pela (2.8), o tempo que uma frente de onda luminosa leva para percorrer uma distância d num meio de índice de refração n é

$$\boxed{t = \frac{d}{v} = \frac{n\,d}{c}} \tag{2.10}$$

O produto nd do índice de refração n do meio pela distância d nele percorrida é denominado *caminho ótico* associado a esse percurso.

2.3 O PRINCÍPIO DE FERMAT

Em 1657, Pierre de Fermat encontrou um novo método para determinar a trajetória dos raios luminosos, com base na sua ideia de que "a Natureza sempre atua pelo caminho mais curto". O enunciado do *Princípio de Fermat* é: *de todos os caminhos possíveis para ir de um ponto a outro, a luz segue aquele que é percorrido no tempo mínimo*.

Como c é uma constante, decorre da (2.10) que tempo mínimo também é equivalente a *caminho ótico mínimo*. Para a propagação da luz num único meio homogêneo (n = constante), o caminho ótico mínimo também corresponde à *distância mínima*, ou seja, o Princípio de Fermat leva à *propagação retilínea* da luz entre dois pontos.

Consideremos agora dois meios homogêneos diferentes, separados por uma interface plana. Qual é o caminho ótico mínimo para ir de P_1 a P'_1 (Figura 2.13), *passando por um ponto da interface*? Como os caminhos mais curtos para ir e voltar da interface são retas, o caminho procurado consiste num par de segmentos de reta, ligando P_1 à interface e a interface a P'_1. Por que ponto da interface deve passar?

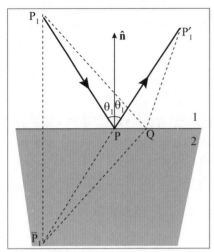

Figura 2.13 Princípio de Fermat na reflexão.

Seja $\overline{P}_1$ o ponto *simétrico* de P_1 com relação à interface. O ponto da interface procurado é então a intersecção de $\overline{P}_1 P'_1$ com a interface (ponto P na Figura 2.13). Com efeito, se compararmos o caminho $P_1 P P'_1$ a outro, como $P_1 Q P'_1$, vemos pela figura que $P_1 P = \overline{P}_1 P$ e $P_1 Q = \overline{P}_1 Q$, e o caminho ótico via P equivale ao segmento de reta $\overline{P}_1 P'_1$, menor do que o caminho quebrado $\overline{P_1 Q} + \overline{QP'_1}$ associado a qualquer outro ponto Q da interface. Logo, *o Princípio de Fermat leva à lei da reflexão*. Vamos mostrar agora que também leva à lei de Snell (Figura 2.14).

Para isso, consideremos os pontos P_1 e P_2 e procuremos o ponto P da interface que minimiza o caminho ótico $n_1 \overline{P_1 P} + n_2 \overline{P P_2}$. Sejam Π o plano tangente à interface em P, O e Q as projeções de P_1 e P_2 sobre Π e $\overline{P_1 O} = d_1$, $\overline{P_2 Q} = d_2$, $\overline{OQ} = d$ e $\overline{OP} = x$, onde queremos determinar x.

A Figura 2.14 dá, empregando a notação $[P_1 P P_2]$ = caminho ótico,

$$[P_1 P P_2] \equiv n_1 \overline{P_1 P} + n_2 \overline{PP_2} = n_1 \left(d_1^2 + x^2\right)^{1/2} + n_2 \left[d_2^2 + (d-x)^2\right]^{1/2}$$

Para obter o mínimo, derivamos em relação a x:

$$0 = n_1 \cdot \frac{x}{\left(d_1^2 + x^2\right)^{1/2}} - n_2 \cdot \frac{(d-x)}{\left[d_2^2 + (d-x)^2\right]^{1/2}} = n_1 \cdot \frac{x}{\overline{P_1 P}} - n_2 \frac{(d-x)}{\overline{PP_2}}$$

$$= n_1 \operatorname{sen} \theta_1 - n_2 \operatorname{sen} \theta_2.$$

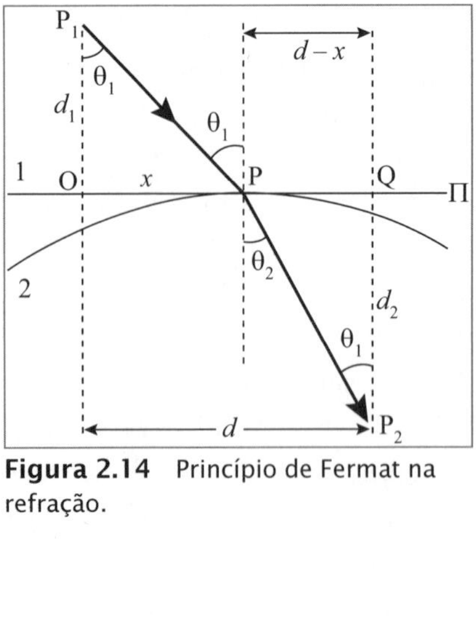

Figura 2.14 Princípio de Fermat na refração.

Logo, o caminho ótico mínimo é aquele que corresponde à lei da refração. O caminho "quebrado" minimiza o tempo porque aproveita melhor o caminho no meio 1, onde a velocidade é maior, reduzindo-o no meio 2, onde ela é menor.

Na realidade, o Princípio de Fermat tem de ser corrigido: o caminho ótico não é necessariamente *mínimo*. No exemplo acima, a anulação da primeira derivada não garante que seja um mínimo: poderia ser um máximo ou ponto de inflexão. Um ponto no qual a primeira derivada se anula é um ponto no qual a função considerada é *estacionária*, com respeito a pequenas variações:

$$\delta f \equiv f(x_0 + \delta x) - f(x_0) = \underbrace{f'(x_0)}_{=0}\delta x + \frac{1}{2}f''(x_0)(\delta x)^2 + \cdots$$

$$\Rightarrow \delta f \equiv f(x_0 + \delta x) - f(x_0) = \frac{1}{2}f''(x_0)(\delta x)^2 + \cdots$$

(2.11)

ou seja, os desvios de f em relação a seu valor estacionário são de *segunda ordem* no desvio δx: o termo de 1ª ordem se anula.

O enunciado correto do Princípio de Fermat é que o *caminho ótico é estacionário* em relação a *pequenas* variações: quando comparado com caminhos *próximos*, os desvios são de 2ª ordem.

Uma consequência importante do Princípio de Fermat é que, se existem diversos caminhos óticos do mesmo tipo (por exemplo, passando por um ponto qualquer da interface) ligando dois pontos, todos sendo estacionários, eles têm de ser iguais.

Isso sucede, em particular, se todos os raios emanados de um ponto P_1 são "focalizados" no mesmo ponto P_2, que seria uma *imagem* perfeita de P_1. O Princípio de Huygens leva à mesma conclusão, pois o foco é um caso limite de uma frente de onda, com raio de curvatura nulo, e o mesmo vale para o ponto fonte P_1. Logo, o tempo de percurso entre essas duas "frentes de onda" puntiformes deve ser o mesmo ao longo de todos os raios que ligam uma à outra.

Um caso em que isso ocorre (Figura 2.15) é o de uma fonte puntiforme P_1 situada num dos focos de um espelho cuja superfície é um elipsoide de revolução (ou uma porção dele). A imagem P_2 é o outro foco. Com efeito, pela geometria do elipsoide, a normal $\hat{n}$ é a bissetriz do ângulo entre os raios focais $\overline{QP_1}$ e $\overline{QP_2}$; além disso, $\overline{QP_1} + \overline{QP_2} = \overline{Q'P_1} + \overline{Q'P_2} =$ constante. Por outro lado, se a fonte de luz não estiver no foco do elipsoide, deixa de existir a focalização perfeita. Se fizermos um dos focos afastar-se ao ∞, o elipsoide se transforma num *paraboloide*, e raios paralelos ao eixo são focalizados no foco F, propriedade usada no telescópio refletor do Monte Palomar e em antenas parabólicas (Figura 2.16).

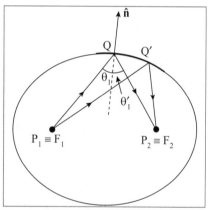

Figura 2.15 Elipsoide refletor.

Podemos também usar o Princípio de Fermat para uma primeira discussão qualitativa do problema da formação de imagens. Suponhamos que se queira fabricar um objeto de vidro capaz de produzir uma imagem pelo menos aproximadamente puntiforme de uma fonte puntiforme colocada diante dele.

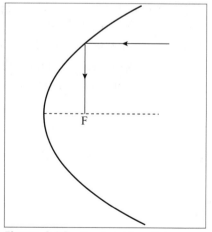

Figura 2.16 Paraboloide refletor.

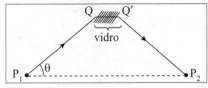

Figura 2.17 Trajetória típica.

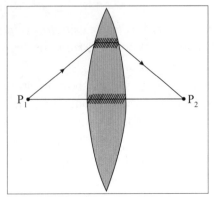

Figura 2.18 Lente convergente.

Ao penetrar no vidro e ao sair dele, os raios são desviados pela refração, de modo que uma trajetória típica será da forma $P_1QQ'P_2$, correspondendo ao caminho ótico $\overline{P_1Q} + n\ \overline{QQ'} + \overline{Q'P_2}$, onde $n > 1$ é o índice de refração do vidro. Logo, para que todos os caminhos óticos sejam iguais, é preciso que a espessura $\overline{QQ'}$ de vidro diminua à medida que o ângulo θ com o eixo P_1P_2 aumenta, para compensar o crescimento das distâncias $\overline{P_1Q}$ e $\overline{Q'P_2}$.

O objeto em questão deve, portanto, ter qualitativamente a forma indicada na Figura 2.18, com a espessura máxima no eixo e diminuindo gradualmente, à medida que nos afastamos dele. Acabamos de inventar uma lente convergente! Mais adiante, discutiremos em detalhe a formação da imagem pela lente.

2.4 REFLEXÃO TOTAL

Embora tenhamos mencionado que, ao encontrar a interface entre dois meios transparentes distintos, um raio de luz é parcialmente refletido e parcialmente transmitido, não discutimos até aqui a divisão da intensidade entre as partes refletida e transmitida: que fração vai para cada uma?

Experimentalmente, verifica-se que as porcentagens de reflexão e de transmissão variam com o ângulo de incidência θ_1. Quando olhamos de cima para baixo sobre a superfície em repouso de uma lagoa de água cristalina, podemos ver o fundo: a maior parte da luz é *transmitida*, com θ_1 perto de 0°. Por outro lado, margens distantes são vistas *refletidas* na água, como num espelho: para incidência próxima da rasante ($\theta_1 \approx 90°$), a maior parte da luz é refletida. Voltaremos a discutir esses efeitos ao tratar da teoria eletromagnética da luz (na Seção 5.7, há gráficos da porcentagem de reflexão em função de θ_1).

Consideremos agora o que acontece quando a luz passa de um meio mais refringente, como a água, para um menos refringente, como o ar. Neste caso, pela lei de Snell (2.7),

$$\operatorname{sen} \theta_2 = \frac{\operatorname{sen} \theta_1}{n_{12}} \tag{2.12}$$

onde $n_{12} < 1$ (o raio refratado se *afasta* mais da normal).

Sendo $n_{12} < 1$, existirá (Figura 2.19) um ângulo θ_c, denominado *ângulo crítico*, para o qual

$$\boxed{\operatorname{sen} \theta_c = n_{12}} \tag{2.13}$$

Se o meio 1 é a água e o meio 2 é o ar, por exemplo, é sen $\theta_c \approx 3/4 = 0,75$, o que dá $\theta_c \approx 49°$.

O que acontece se o ângulo de incidência θ_1 é $> \theta_c$? Se aplicássemos a lei de Snell (2.12), isso daria sen $\theta_1 > n_{12}$, ou seja, sen $\theta_2 > 1$, o que não pode ser satisfeito quando θ_2 é um ângulo real. A experiência mostra que, nessas condições, ocorre a *reflexão total* da luz incidente. A transição para a reflexão total é contínua: para $\theta_1 < \theta_c$, a fração da luz que se reflete aumenta rapidamente, à medida que θ_1 se aproxima de θ_c, tendendo a 100% na incidência crítica e permanecendo em 100% para $\theta_1 > \theta_c$.

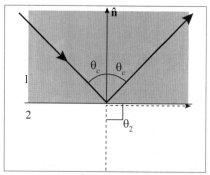

Figura 2.19 Ângulo crítico.

Para uma interface vidro/ar, o ângulo crítico é $\theta_c = \text{sen}^{-1}(2/3) = 41,5°$, e uma aplicação importante é o *prisma de reflexão total*, empregado em vários instrumentos óticos. O prisma de reflexão total é um prisma de vidro com ângulo de abertura de 45°. A luz que incide perpendicularmente a uma face (Figura 2.20) tem $\theta_1 > \theta_c$ e é totalmente refletida, o que desvia o feixe de 90°.

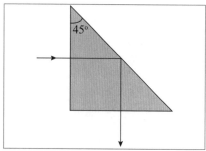

Figura 2.20 Prisma de reflexão total.

É o índice de refração elevado do diamante ($n = 2,42$), juntamente com as facetas prismáticas talhadas em ângulos apropriados, que faz um brilhante *faiscar*: os raios incidentes sobre ele em qualquer ângulo são totalmente refletidos. A refração e a dispersão da luz emergente produzem as cores observadas.

Outra aplicação extremamente importante da reflexão total é a propagação da luz em *fibras óticas*. O exemplo mais simples seria um cilindro transparente de vidro: como ilustrado na Figura 2.21, para ângulos de incidência nas paredes superiores ao ângulo crítico, a luz se propaga dentro da fibra por reflexões totais sucessivas. A fibra funciona como um *guia de ondas* para a luz, permitindo transmiti-la a grandes distâncias com perdas extremamente pequenas, o que é usado em telefonia e TV a cabo. Fibras óticas são também usadas em vários instrumentos médico-cirúrgicos.

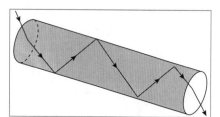

Figura 2.21 Propagação da luz numa fibra ótica.

2.5 ESPELHO PLANO

Um dos elementos óticos mais simples é um *espelho plano*. Vejamos como se forma a imagem de um objeto nesse caso. Para isso, basta seguir as trajetórias de dois raios emanados de um ponto P_1 do objeto, por exemplo, P_1QP_1' e $P_1\tilde{Q}\tilde{P}_1'$ (Figura 2.22). Seja $\overline{P_1}$ a intersecção dos prolongamentos dos raios refletidos QP_1' e $\tilde{Q}\tilde{P}_1'$. Decorre então das leis

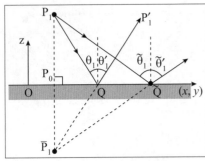

Figura 2.22 Imagem de um ponto P_1 num espelho plano.

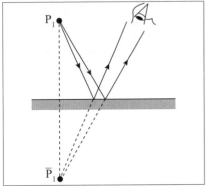

Figura 2.23 Caráter virtual da imagem.

da reflexão que os triângulos retângulos P_1P_0Q e $\overline{P}_1P_0Q$ são iguais, bem como os triângulos retângulos $P_1P_0\tilde{Q}$ e $\overline{P}_1P_0\tilde{Q}$. Logo, $P_1P_0 = \overline{P}_1P_0$ ou seja, o ponto $\overline{P}_1$ é o *simétrico* de P_1 em relação ao plano do espelho. Daí resulta que os prolongamentos de *todos* os raios refletidos se encontram em $\overline{P}_1$, que é uma *imagem* perfeita de P_1. Isso também decorre do Princípio de Fermat (Seção 2.3).

Para um observador em cuja vista penetram raios refletidos divergentes (Figura 2.23), eles não diferem em nada de um feixe divergente originário de $\overline{P}_1$, de forma que a sensação visual é idêntica à que se teria se os raios emanassem de $\overline{P}_1$. Diz-se então que $\overline{P}_1$ é uma *imagem virtual* do ponto objeto P_1. De modo geral, diz-se que uma imagem é virtual quando não há raios luminosos *emanando dela*: ela está no *prolongamento* de raios luminosos.

Conforme vemos pela Figura 2.22, se tomarmos um sistema de coordenadas com origem no plano do espelho e plano (x, y) coincidente com ele, a relação entre as coordenadas de um ponto objeto e de seu ponto imagem é dada pela transformação

$$P_1(x, y, z) \to \overline{P}_1(x, y, -z) \qquad (2.14)$$
$$\text{(Objeto)} \qquad \text{(Imagem)}$$

que se chama uma *reflexão espacial*, com respeito ao plano (x, y) do espelho.

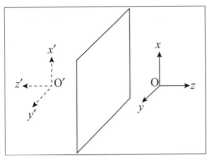

Figura 2.24 Caráter reverso da imagem.

Essa transformação preserva o *tamanho* dos objetos (distâncias). A imagem da seta vertical Ox (Figura 2.24) é $O'x'$, com a mesma orientação, ou seja, a imagem é *ereta* (não invertida, como na câmara escura). Entretanto, ela inverte o sentido na direção perpendicular ao espelho ($Oz \to O'z'$). Um triedro direto (dextrorso) se transforma num triedro reverso (sinistrorso). Diz-se por isso que a imagem é *reversa*: não pode ser superposta ao objeto por meio de uma rotação espacial.

2.6 ESPELHO ESFÉRICO

As superfícies dos elementos que se empregam nos instrumentos óticos são quase exclusivamente planas ou esféricas. A razão é de ordem prática: é muito mais fácil fabricar superfícies esféricas do que qualquer outra superfície curva: no processo de polimento, uma superfície esférica côncava e outra convexa, de mesmo raio, permanecem sempre em contato, quando uma desliza sobre a outra.

Vamos analisar agora a formação de imagens por superfícies curvas, começando com um *espelho esférico côncavo*. O *raio de curvatura* do espelho é $\overline{CV} = R$; C é seu *centro de curvatura* e V o *vértice*, em relação ao qual mediremos as distâncias (Figura 2.25).

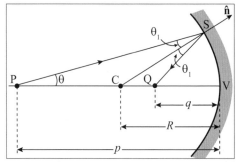

Figura 2.25 Espelho esférico côncavo.

Consideremos um ponto objeto P no eixo e um raio PS que forma um ângulo θ com o eixo e incide sobre o espelho em S, com ângulo de incidência $θ_1$, sendo refletido com o mesmo ângulo e cruzando o eixo em Q. Queremos relacionar a distância $\overline{QV} \equiv q$ com $\overline{PV} = p$ e com θ.

Usando a lei dos senos no triângulo CSP, vem:

$$\frac{p-R}{\operatorname{sen} θ_1} = \frac{R}{\operatorname{sen} θ} \quad (2.15)$$

No triângulo SQP, temos $< S\hat{Q}P = π - (θ + 2θ_1)$. Logo,

$$\frac{R-q}{\operatorname{sen} θ_1} = \frac{R}{\operatorname{sen}(θ + 2θ_1)} \quad (2.16)$$

A partir das (2.15) e (2.16), é possível, em princípio, eliminar $θ_1$ e relacionar q com p para cada valor de θ. O *resultado depende de* θ, ou seja, ao contrário de um espelho plano, o espelho esférico *não* forma uma imagem perfeita de um objeto puntiforme P: raios incidentes com diferentes inclinações θ cruzam o eixo em pontos Q *diferentes*, após a reflexão. Dizemos que há *aberração esférica*.

Entretanto, vamos ver que se forma uma imagem nítida, se nos limitarmos a utilizar apenas uma *pequena abertura angular* do espelho (por exemplo, diafragmando os raios). Isso restringe os raios admitidos a *raios paraxiais*, que formam com o eixo ângulos θ (medidos em radianos) suficientemente pequenos para que possamos empregar as aproximações:

$$\left. \begin{array}{l} \operatorname{sen} θ = θ - \dfrac{θ^3}{3!} + \ldots \approx θ \\[4pt] \cos θ = 1 - \dfrac{θ^2}{2!} + \ldots \approx 1 \\[4pt] \operatorname{tg} θ = θ + \dfrac{θ^3}{3!} + \ldots \approx θ \end{array} \right\} \quad (2.17)$$

Essa situação é geral, para todos os instrumentos óticos nos quais se empregam superfícies esféricas: eles formam imagens nítidas na *aproximação paraxial*, e geralmente são usados nessas condições. Para um espelho de pequena abertura, $θ_1$ também será pequeno, e as (2.15) e (2.16) ficam

$$\frac{p-R}{R} \cong \frac{\theta_1}{\theta}, \quad \frac{R-q}{R} \approx \frac{\theta_1}{\theta + 2\theta_1} = \frac{\theta_1/\theta}{1 + 2\dfrac{\theta_1}{\theta}}$$

Substituindo a primeira dessas equações na segunda, vem

$$\frac{q}{R} = \frac{\dfrac{p}{R}}{-1 + 2\dfrac{p}{R}} \quad \left\{ \boxed{\frac{1}{p} + \frac{1}{q} = \frac{2}{R}} \right. \tag{2.18}$$

mostrando que, na aproximação paraxial, a posição de Q é independente de θ: todos os raios refletidos paraxiais convergem para o mesmo ponto Q, que é a imagem de P.

A *distância imagem* q está relacionada com a *distância objeto* p e com o raio de curvatura R do espelho pela (2.18). A *simetria* em p e q da (2.18) mostra que, *se Q é a imagem de P, P é a imagem de Q*, o que decorre da *reversibilidade* dos raios luminosos.

Se fizermos $p \to \infty$ na (2.18), obtemos a imagem de um ponto objeto infinitamente distante, que pode ser interpretado como um raio *paralelo ao eixo*:

$$p \to \infty \quad \left\{ q \to \boxed{f \equiv \frac{R}{2}} \right. \tag{2.19}$$

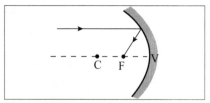

Figura 2.26 Foco de um espelho esférico.

A imagem é o *foco* F do espelho, situado a meio caminho entre o vértice e o centro (Figura 2.26). Reciprocamente, um objeto no foco tem sua imagem no infinito (raio paralelo ao eixo).

A (2.18) pode, portanto, ser reescrita:

$$\boxed{\frac{1}{p} + \frac{1}{q} = \frac{1}{f}} \tag{2.20}$$

onde f é denominado *distância focal*. Essa equação tem uma interpretação intuitiva muito simples. Vemos pela Figura 2.25 que, na aproximação paraxial, $\overline{PS} \approx \overline{PV}$, de modo que p é o *raio de curvatura* da frente de onda associada aos raios divergentes que partem de P, quando atingem o espelho. O inverso do raio de curvatura de uma superfície é chamado de *curvatura* dessa superfície, de forma que 1/p é a curvatura da frente da onda divergente que atinge o espelho, ou sua *divergência*.

O espelho transforma essa onda divergente numa onda convergente, que converge para a imagem Q, e 1/q é a *convergência* (curvatura) dessa frente refletida. O inverso da distância focal 1/f é o *poder de convergência* do espelho. Logo, a (2.20) significa que o poder de convergência do espelho deve ser suficiente para *compensar a divergência* da onda incidente e ademais *produzir a convergência* necessária para a formação da imagem.

Uma das principais aplicações de um espelho esférico é aumentar ou diminuir o tamanho da imagem. Para calcular esse efeito, precisamos determinar a imagem de um ponto objeto situado fora do eixo de simetria do espelho. Um procedimento simples e geral para fazer isso é o *traçado de raios*, utilizando as propriedades do foco.

Consideremos (Figura 2.27) o objeto vertical orientado $\overline{PP'} = y$ (seta). O raio P'S, paralelo ao eixo, produz um raio refletido que passa pelo foco F. O raio P'S' que passa pelo centro de curvatura C é normal ao espelho, de forma que é refletido na mesma direção e em sentido oposto. A intersecção Q' desses dois raios é a *imagem* Q' do ponto P' (também poderíamos ter tomado um raio incidente P'F passando pelo foco, que seria refletido paralelamente ao eixo).

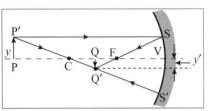

Figura 2.27 Traçado de raios.

Vemos que a imagem $\overline{QQ'} = y'$ é *invertida* ($y' < 0$). Os triângulos semelhantes PP'C e QQ'C dão:

$$-\frac{y'}{y} = \frac{\overline{CQ}}{\overline{PC}} = \frac{R-q}{p-R} = +\frac{q}{p}\left(\frac{\frac{R}{q}-1}{1-\frac{R}{p}}\right)$$

Decorre da (2.18) que a expressão entre parênteses no último membro é = 1. Logo, o *aumento lateral m* do espelho é dado por

$$\boxed{m \equiv \frac{y'}{y} = -\frac{q}{p}} \qquad (2.21)$$

cujo valor negativo significa que a imagem é invertida.

Para mostrar que se trata efetivamente de uma imagem do ponto P' (na aproximação paraxial), ou seja, que raios formando outros ângulos com o eixo também vão cruzar-se em Q', consideremos (Figura 2.28) o raio PS que forma a imagem em Q e um raio P'S, proveniente de P', que atinge o mesmo ponto S do espelho.

O ângulo de incidência do raio P'S é $\theta_1 + \varepsilon$ (Figura 2.28), onde θ_1 é o ângulo de incidência de PS. Logo, o ângulo de reflexão também é $\theta_1 + \varepsilon$.

Na aproximação paraxial, $\overline{PP'}$ se confunde com um arco de círculo de centro S e abertura ε; logo, no triângulo PP'S,

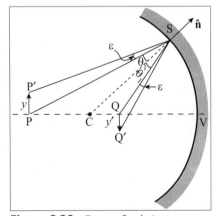

Figura 2.28 Formação da imagem.

$$\varepsilon \approx \frac{\overline{PP'}}{\overline{PS}} \approx \frac{y}{\overline{PV}} = \frac{y}{p}$$

Analogamente, no triângulo QQ′S (na Figura 2.28, os ângulos estão exagerados)

$$\varepsilon \approx \frac{\overline{Q'Q}}{\overline{QS}} \approx \frac{y'}{\overline{QV}} = -\frac{y'}{q}$$

Identificando esses dois resultados, obtemos novamente a expressão (2.21) do aumento lateral,

$$m = \frac{y'}{y} = -\frac{q}{p}$$

Como o resultado é independente de ε, ele mostra que, na aproximação paraxial, todos os raios que emergem de P′ produzirão raios refletidos que se cruzam em Q′, ou seja, Q′ é a imagem de P′.

O espelho plano pode ser pensado como um caso limite de um espelho esférico com $R \to \infty$. A (2.18) mostra que, nesse caso, $q = -p$, o que concorda com a (2.14): o sinal negativo de q significa que a imagem é *virtual*, e a (2.21) dá $m = 1$: como vimos, para um espelho plano, o tamanho da imagem é igual ao do objeto, e ela é *ereta*.

No caso da Figura 2.27, a imagem é *real*, uma seta luminosa na posição indicada, visível por um observador cuja vista seja atingida pelos raios refletidos. Para um objeto como PP′, situado à esquerda do centro C, a imagem é *menor* que o objeto e está entre C e F. Trocando os papéis de imagem e objeto, vemos que um objeto entre C e F tem imagem *invertida e aumentada*, situada à esquerda de C e *real*.

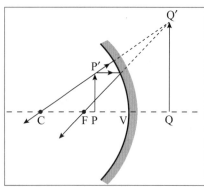

Figura 2.29 Imagem de um objeto entre F e V.

O que acontece se o objeto estiver entre F e V? Isso significa que $p < R/2$ e a (2.18) implica então ser $q < 0$. Conforme mostra a Figura 2.29, a imagem QQ′ é *virtual*, mas a (2.21) permanece válida, com $|q| > p$: a imagem é *ereta* e *maior* que o objeto.

O tratamento se estende facilmente à reflexão por um espelho *convexo*. Deixamos ao leitor verificar que se obtêm as mesmas fórmulas anteriores, desde que se tome o raio de curvatura R como *negativo* (o centro de curvatura C está à direita de V). Por exemplo, conforme mostra a Figura 2.30, o foco F é *virtual*, e a distância focal continua sendo $f = R/2 < 0$.

É importante, para evitar erros na resolução de problemas de ótica geométrica, adotar uma *convenção de sinais* bem definida. As convenções que adotamos aqui são as seguintes:

1. A luz incide da esquerda para a direita; a luz refletida viaja da direita para a esquerda.

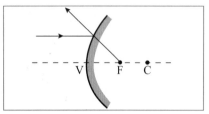

Figura 2.30 Espelho convexo.

2. As distâncias objeto e imagem são medidas de P para V e Q para V, respectivamente, sendo positivas (objeto e/ou imagem reais) quando P e/ou Q estão à esquerda de V, e *virtuais* (negativas) quando à direita.
3. A distância focal é $\overline{FV}$ (positiva para F à esquerda de V).
4. O raio de curvatura é $\overline{CV}$ (positivo para um espelho côncavo).
5. Distâncias verticais são positivas acima do eixo e negativas abaixo.

2.7 SUPERFÍCIE REFRATORA ESFÉRICA

Consideremos agora um par de meios transparentes homogêneos, de índices de refração n_1 e n_2, separados por uma superfície esférica convexa. As convenções adotadas agora são diferentes, com p, q e R positivos na situação da Figura 2.31. A lei dos senos, aplicada aos triângulos SCP e SCQ, dá

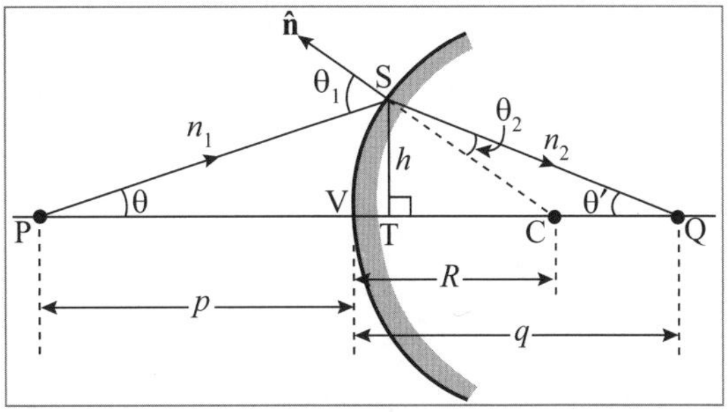

$$\frac{R}{\text{sen }\theta} = \frac{p+R}{\text{sen }\theta_1} \quad (2.22)$$

Figura 2.31 Superfície refratora esférica.

e

$$\frac{R}{\text{sen }\theta'} = \frac{q-R}{\text{sen }\theta_2} \quad (2.23)$$

onde θ_1 e θ_2 estão ligados pela lei de Snell,

$$n_1 \text{ sen }\theta_1 = n_2 \text{ sen }\theta_2 \quad (2.24)$$

Novamente, eliminando θ_1 e θ_2 entre essas relações, é possível, em princípio, encontrar q em função de p para cada valor de θ. Dividindo membro a membro a (2.23) pela (2.22), vem

$$\frac{q-R}{p+R} = \frac{n_1}{n_2} \cdot \frac{\text{sen }\theta}{\text{sen }\theta'} \quad (2.25)$$

onde usamos a lei de Snell.

Mais uma vez, o resultado depende de θ, exceto para *raios paraxiais*, aos quais iremos nos limitar, admitindo que θ, θ_1 e θ_2 são todos $\ll 1$, e usando as aproximações (2.17). Nesse caso, a Figura 2.31 mostra que, com $\overline{ST} \equiv h$,

$$\frac{\text{sen }\theta}{\text{sen }\theta'} \approx \frac{\text{tg }\theta}{\text{tg }\theta'} \approx \frac{h/p}{h/q} = \frac{q}{p} \quad (2.26)$$

e a (2.25) fica

$$\frac{q-R}{p+R} = \frac{n_1 q}{n_2 p} = \frac{q}{p}\left(\frac{1-\frac{R}{q}}{1+\frac{R}{p}}\right) \quad (2.27)$$

É fácil mostrar (verifique!) que isso equivale a

$$\boxed{\frac{n_1}{p} + \frac{n_2}{q} = \frac{(n_2 - n_1)}{R}} \quad (2.28)$$

que independe de θ e dá a relação objeto-imagem.

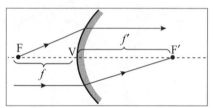

Figura 2.32 Focos objeto e imagem.

Para um raio incidente paralelo ao eixo ($p \to \infty$), obtemos (Figura 2.32) um *foco imagem* F', com $q = f'$,

$$\frac{n_2}{f'} = \frac{(n_2 - n_1)}{R} \quad (2.29)$$

A imagem se forma no infinito (raio emergente paralelo ao eixo, $q \to \infty$) quando o objeto está no *foco objeto* F, com

$$\frac{n_1}{f} = \frac{(n_2 - n_1)}{R} \quad (2.30)$$

Logo, temos duas distâncias focais distintas, com

$$\boxed{\frac{n_1}{p} + \frac{n_2}{q} = \frac{n_1}{f} = \frac{n_2}{f'} = \frac{n_2 - n_1}{R}} \quad (2.31)$$

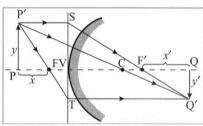

Figura 2.33 Aumento lateral.

Para calcular o *aumento lateral m*, podemos usar as propriedades dos focos e do raio central (que passa pelo centro C e não é desviado), juntamente com o caráter paraxial dos raios. Como raios paraxiais passam perto do vértice V, podemos aproximar a superfície do espelho na vizinhança de V pelo plano tangente ST em V (Figura 2.33). Os triângulos semelhantes P'C P e Q'C Q resultam então [cf.(2.27)] em

$$m = \frac{y'}{y} = \frac{\overline{CQ}}{\overline{CP}} = -\frac{q-R}{R+p} = -\frac{n_1}{n_2}\frac{q}{p} \quad (2.32)$$

No caso da Figura 2.33, $m < 0$ e a imagem é invertida.

Sejam x e x' as distâncias do objeto e da imagem, respectivamente aos pontos focais objeto e imagem, ambas positivas na Figura 2.33, ($x \equiv \overline{PF}$; $x' \equiv \overline{F'Q}$). Os triângulos semelhantes FVT e FPP', por um lado, e F'VS e F'QQ', por outro, dão então:

$$\frac{y}{x} = -\frac{y'}{f} \quad , \quad \frac{y'}{x'} = -\frac{y}{f'}$$

o que resulta em

$$\boxed{m = \frac{y'}{y} = -\frac{f}{x} = -\frac{x'}{f'}} \tag{2.33}$$

Comparando os dois resultados, obtemos a *fórmula de Newton*

$$\boxed{xx' = ff'} \tag{2.34}$$

As convenções de sinais adotadas para a superfície refratora esférica são as seguintes:
1. Luz incidente da esquerda para a direita.
2. Distâncias objeto positivas à *esquerda* de V; distâncias imagem positivas à *direita* de V; valores negativos correspondem a imagem ou objeto virtuais.
3. Raio de curvatura positivo quando C está à direita de V (superfície *convexa*), negativo para superfície *côncava*.
4. Distâncias verticais positivas acima do eixo.

Com essas convenções, os resultados se generalizam para superfícies refratoras côncavas ($R < 0$) e para quaisquer sinais de p e q, correspondendo a uma grande variedade de casos possíveis. Um caso limite interessante é o de uma interface plana ($R \to \infty$), quando a (2.28) resulta em

$$\boxed{q = -\frac{n_2}{n_1} p = -n_{12}\, p} \tag{2.35}$$

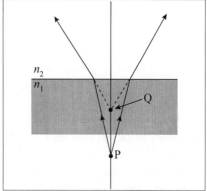

Se $n_2 < n_1$, um objeto P visto em condições paraxiais (Figura 2.34) parecerá estar na posição da imagem virtual Q, mais próximo da interface por um fator n_{12}. Se o meio 1 é a água e 2 o ar, $n_{12} \approx 3/4$: o fundo de uma piscina, visto de cima, parece menos profundo por esse fator. É por isso que um lápis mergulhado num copo com água parece "quebrado".

Figura 2.34 Interface refratora plana.

2.8 LENTES DELGADAS

Uma lente tem duas superfícies refratoras, de raios de curvatura R_1 e R_2, respectivamente, na ordem em que são encontradas pela luz incidente, e com sinais definidos pela mesma regra acima (Seção 2.7). O material da lente tem índice de refração n_2, e só vamos considerar a situação em que os meios de ambos os lados da lente são idênticos, com índice de refração n_1. É fácil generalizar.

Vamos discutir apenas *lentes delgadas*, em que a espessura máxima da lente é muito pequena em confronto com as demais distâncias relevantes (distâncias objeto e imagem, distâncias focais, raios de curvatura).

Para fixar as ideias, vamos usar um diagrama (Figura 2.35) baseado numa lente *biconvexa*, em que, pelas convenções adotadas, temos

$$R_1 > 0 \quad , \quad R_2 < 0 \tag{2.36}$$

mas os resultados têm validade geral. A aproximação de lente delgada significa que podemos referir as distâncias objeto e imagem ao ponto O (em lugar dos vértices).

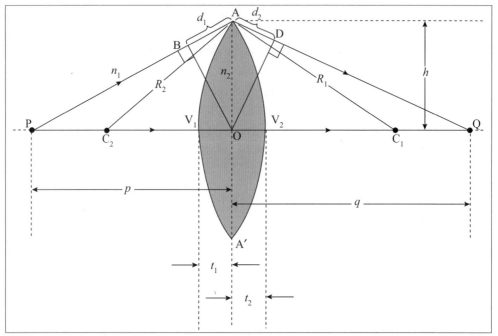

Figura 2.35 Lente delgada biconvexa.

Uma forma possível de obter a relação entre p e q seria usar os resultados da Seção 2.7, determinando primeiro a imagem formada pela superfície anterior, que é real no caso da Figura 2.35, e depois tomando essa imagem como objeto (virtual no caso da Figura 2.35!) para a superfície posterior da lente, para calcular a imagem final por ela produzida (cf. Probl. 2.14).

Entretanto, vamos ilustrar a aplicação de um método diferente, baseado no Princípio de Fermat e na ideia apresentada no final da Seção 2.3, impondo a condição de que o caminho ótico [PAQ], passando pelo topo da lente, tem de ser igual ao caminho ótico [POQ], ao longo do eixo, ou seja, a diferença de caminho ótico [PAQ] – [POQ] deve ser = 0.

Essa diferença tem duas componentes. A primeira (ignorando a diferença entre n_1 e n_2) é devida à diferença das *distâncias* percorridas. Com $\overline{OB} \perp \overline{AP}$ e $\overline{OD} \perp \overline{AQ}$, a aproximação de lente delgada e *raios paraxiais* permite tomar $\overline{PB} \approx \overline{PO}$ e $\overline{DQ} \approx \overline{OQ}$ (a Figura 2.35 está muito exagerada), de forma que esta primeira componente é $n_1 d_1 + n_1 d_2$. A segunda componente vem da substituição de n_1 por n_2 ao longo do trajeto $\overline{V_1 V_2}$ (espessura da lente), e é dada por $+(n_2 - n_1)\overline{V_1 V_2} = +(n_2 - n_1)(t_1 + t_2)$ (Figura 2.35). Logo, o Princípio de Fermat leva a

$$0 = [PAQ] - [POQ] = n_1(d_1 + d_2) - (n_2 - n_1)(t_1 + t_2) \tag{2.37}$$

No triângulo retângulo AOP, temos, dentro das aproximações feitas, com $\overline{AO} \equiv h$,

$$h^2 \cong (p + d_1)^2 - p^2 = 2p\, d_1 + \underbrace{d_1^2}_{\text{desprezível}} \quad \Big\{ \quad d_1 \cong \frac{h^2}{2p} \tag{2.38}$$

Analogamente, no triângulo AOQ,

$$d_2 \cong \frac{h^2}{2q} \tag{2.39}$$

Notando que $\overline{C_1 V_1} = \overline{C_1 A} = R_1$, o triângulo retângulo AOC_1 leva a

$$h^2 = R_1^2 - (R_1 - t_1)^2 = 2R_1 t_1 + \underbrace{t_1^2}_{\text{desprezível}} \quad \Big\{ \quad t_1 \cong \frac{h^2}{2R_1} \tag{2.40}$$

Analogamente, lembrando que $R_2 < 0$, o triângulo AOC_2 leva a

$$t_2 \cong -\frac{h^2}{2R_2} \tag{2.41}$$

Substituindo as (2.38) a (2.41) na (2.37), vem

$$n_1 \frac{h^2}{2}\left(\frac{1}{p} + \frac{1}{q}\right) - (n_2 - n_1)\frac{h^2}{2}\left(\frac{1}{R_1} - \frac{1}{R_2}\right) = 0$$

o que, dividindo por n_1 e usando a (2.9), resulta em

$$\boxed{\frac{1}{p} + \frac{1}{q} = (n_{12} - 1)\left(\frac{1}{R_1} - \frac{1}{R_2}\right) = \frac{1}{f} = \frac{1}{f'}} \tag{2.42}$$

que é a equação básica das lentes delgadas, na *forma gaussiana* (obtida pelo matemático Karl Friedrich Gauss). O resultado só depende do índice de refração relativo $n_{12} = n_2/n_1$. A distância focal objeto f (valor de p para $q \to \infty$) é igual à distância focal imagem f' (valor de q para $p \to \infty$), por termos tomado índices de refração n_1 idênticos dos dois lados da lente.

Para calcular o *aumento lateral m*, podemos usar as propriedades dos focos para traçar os raios, de forma análoga ao que foi feito na Seção 2.7.

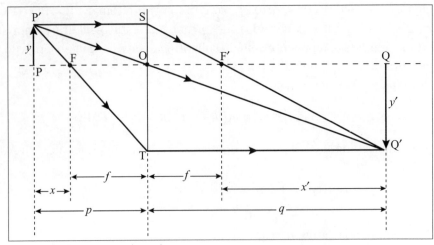

Figura 2.36 Aumento lateral.

Para a lente biconvexa, em que ambos os focos são reais, a Figura 2.36, por semelhança dos triângulos PP′O e QQ′O, leva a

$$m = +\frac{y'}{y} = -\frac{q}{p} \qquad (2.43)$$

e, indicando novamente por x e x' as distâncias $\overline{PF}$ e $\overline{F'Q}$ do objeto e da imagem aos respectivos *focos*,

$$m = +\frac{y'}{y} = -\frac{x'}{f} = -\frac{f}{x} \qquad (2.44)$$

o que implica [cf. (2.34)]

$$xx' = f^2 \qquad (2.45)$$

resultado devido a Newton, que é a *forma newtoniana* da equação das lentes delgadas [cf.(2.34)].

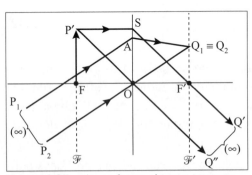

Figura 2.37 Planos focais objeto e imagem.

Uma consequência importante da (2.45) é que, para $x \to 0$, resulta $x' \to \infty$, e $x' \to 0$ implica $x \to \infty$. A Figura 2.37 mostra a interpretação desses resultados, em termos do *plano focal objeto* $\mathscr{F}$, plano $\perp$ ao eixo que passa por F, e do correspondente *plano focal imagem* $\mathscr{F}'$: a imagem de um ponto P′ do plano $\mathscr{F}$ está no ∞, na direção $\overline{SQ'}$ // $\overline{P'O}$ ($\overline{FO} = \overline{OF'}$).

Analogamente, um raio proveniente do ∞ numa direção $\overline{P_1A}$ (não // ao eixo) tem sua imagem Q_1 num ponto do plano focal $\mathscr{F}'$. Para encontrar esse ponto basta traçar o raio $\overline{P_2O}//\overline{P_1A}$ que não é desviado: sua intersecção com o plano $\mathscr{F}'$ resulta na imagem Q_1 ($\equiv Q_2$), a mesma para qualquer raio incidente na mesma direção (feixe de raios paralelos).

A Figura 2.38 mostra vários tipos de lentes, conforme os sinais e valores relativos dos raios R_1 e R_2. As lentes mais espessas no centro do que nas extremidades são convergentes; em caso contrário, são divergentes, como decorre imediatamente do Princípio de Fermat.

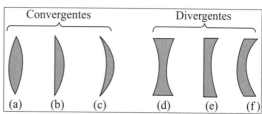

Figura 2.38 Classificação das lentes: (a) Biconvexa; (b) Plano-convexa; (c) Menisco positivo; (d) Bicôncava; (e) Plano-côncava; (f) Menisco negativo.

Já vimos que, quando admitimos raios não paraxiais, um objeto puntiforme não dará origem a uma imagem puntiforme, e sim a uma mancha menos nítida. Esse efeito, para pontos no eixo, é a *aberração esférica*, parte de um conjunto de aberrações que prejudicam a nitidez da imagem. Há várias outras que aparecem para pontos fora do eixo.

Além disso, as posições das imagens nos resultados obtidos acima dependem dos índices de refração, que variam com a cor (comprimento de onda). Se a luz incidente é branca, formam-se imagens em pontos diferentes para as diferentes cores que a compõem, o que constitui a *aberração cromática*.

Vários artifícios são empregados para compensar ou reduzir essas aberrações: lentes compostas (sistema de lentes com o mesmo eixo), combinações de materiais diferentes etc.

2.9 NOÇÕES SOBRE INSTRUMENTOS ÓTICOS

O olho humano (Figura 2.39) contém, imersas em fluidos transparentes com índice de refração aproximadamente igual ao da água, uma "lente" fixa, a *córnea* (C), formada de material duro e transparente, e outra flexível, o *cristalino* (L), que pode ser comprimida ou distendida (mudando seu foco) pelo músculo ciliar (M) (Este processo chama-se *acomodação*). A *íris* (I) é um diafragma cuja abertura, a *pupila*, se contrai ou dilata conforme a intensidade da iluminação. Num olho normal, a luz incidente paralela é focalizada num ponto F' da *retina* (fundo de olho) (R). Na retina estão as células sensíveis à luz (*cones* e *bastonetes*), que transmitem sinais ao *nervo ótico* (N), o qual está ligado ao cérebro, onde se produz a sensação luminosa. Para uma pessoa míope (hipermétrope), F' cai antes (depois) da retina, o que se corrige usando lentes divergentes (convergentes).

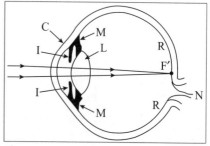

Figura 2.39 Olho humano.

Há uma pequena região da retina, a *fóvea*, onde a acuidade visual é máxima, e geralmente procuramos girar os globos oculares para que a imagem do objeto que queremos "olhar" caia sobre ela.

A acomodação do cristalino, mudando sua distância focal, permite que o olho normal de uma pessoa jovem possa ver com nitidez desde uma distância muito grande ("∞") até um *ponto próximo*, localizado a cerca de 15 cm do olho. A distância d_0 em que a visão é mais nítida é de ~ 25 cm. Ambos variam com a idade; tomaremos $d_0 = 25$ cm.

Para examinar um pequeno objeto, procuramos trazê-lo o mais perto possível dos olhos, a fim de que a imagem na retina seja a maior possível, mas, para que ela permaneça nítida, não podemos vir mais perto do que o ponto próximo. O tamanho da imagem na retina é proporcional ao *ângulo visual*, o ângulo subtendido no olho pelo tamanho y do objeto.

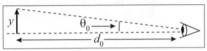

Figura 2.40 Ângulo visual.

Para a visão "a olho nu", esse ângulo (Figura 2.40) é da ordem de

$$\theta_0 \approx y / d_0 \qquad (2.46)$$

onde d_0 é a distância de visão mais nítida (d_0 ~ 25 cm) e supusemos $y \ll d_0$, de forma que tg $\theta_0 \approx \theta_0$.

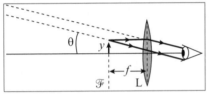

Figura 2.41 Lupa.

Se usarmos uma *lupa* (lente de aumento, Figura 2.41) a lente convergente L, com o olho próximo de L e o objeto no plano focal $\mathcal{F}$ de L, a "imagem" (virtual) sub-tenderá um ângulo θ (raios paralelos) dado por

$$\theta \approx y / f \qquad (2.47)$$

ou seja, o *aumento angular* produzido (que é também o aumento da imagem na retina) é

$$\boxed{M = \frac{\theta}{\theta_0} \approx \frac{d_0}{f}} \qquad (2.48)$$

[A vantagem de colocar o objeto no plano focal é que o olho normal, quando relaxado, permanece focalizado no ∞]. Convém, portanto, usar uma lente L cuja distância focal f é a menor possível. Como as aberrações aumentam quando f diminui, isto limita o aumento máximo da lupa a valores menores que dez. Valores típicos são da ordem de três.

Para obter aumentos maiores, podemos usar um *microscópio composto*, cuja forma esquemática mais simples está ilustrada na Figura 2.42.

O objeto, de tamanho y, é colocado perto do foco objeto F_1 de uma lente de pequena distância focal f_1, a *objetiva*, de forma a produzir, como na (2.44), uma imagem real invertida de tamanho y', à distância x' do foco imagem F_1 da objetiva. O *aumento linear*, dado pela (2.44),

$$m \equiv \frac{y'}{y} = -\frac{f_1}{x} = -\frac{x'}{f_1} \qquad (2.49)$$

é grande, porque $x \ll f_1$ (o objeto é colocado perto de F_1).

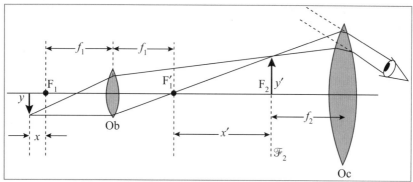

Figura 2.42 Microscópio composto.

A imagem y' passa a funcionar como *objeto real* para outra lente, a *ocular* (Figura 2.42), cuja função é aumentar seu ângulo visual, funcionando como lupa. Se y' é projetado no plano focal da ocular, de distância focal f_2, o *aumento angular* produzido pela ocular é dado pela (2.48):

$$M = \frac{d_0}{f_2} \quad (2.50)$$

e o *aumento total* do microscópio composto é o produto dos dois, ou seja, é dado por

$$\boxed{m\,M = -\frac{x'd_0}{f_1 f_2}} \begin{bmatrix} d_0 \approx 25\ cm \\ x' \approx \text{comprimento do} \\ \text{tubo do microscópio} \end{bmatrix} \quad (2.51)$$

Na prática, tanto a objetiva como a ocular são lentes compostas, bastante complicadas, projetadas de forma a minimizar as aberrações.

A finalidade do *telescópio refrator* mais simples, ilustrado na Figura 2.43, é aumentar o ângulo visual, e por conseguinte a imagem observada, de objetos muito distantes (distâncias astronômicas).

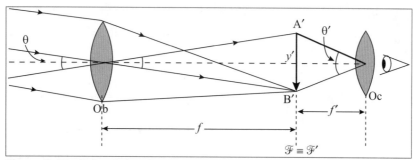

Figura 2.43 Telescópio refrator.

A *objetiva* do telescópio recebe raios praticamente paralelos do objeto, focalizando-os em seu plano focal imagem $\mathscr{F}$. Raios vindos do objeto dentro de um cone de direções de abertura θ produzem a imagem real A'B' no plano focal $\mathcal{F}$, a qual também, vista da objetiva, subtende um ângulo θ: pela aproximação paraxial,

$$\theta \approx y'/f \tag{2.52}$$

onde y' é o tamanho $\overline{A'B'}$ da imagem e f a distância focal da objetiva.

A posição da ocular é escolhida de tal forma que $\mathcal{F}$ também coincide com seu plano focal objeto, como no caso da lupa. Assim, o ângulo subtendido pela imagem final $\overline{A'B'}$ é dado pela (2.47):

$$\theta' \approx y'/f' \tag{2.53}$$

onde f' é a distância focal da ocular.

Decorre das (2.52) e (2.53) que o *aumento angular* do telescópio é

$$\boxed{M = \frac{\theta'}{\theta} = \frac{f}{f'}} \tag{2.54}$$

a razão da distância focal da objetiva para a distância focal da ocular (geralmente $f >> f'$). A imagem, nesse caso, é invertida, mas podem-se empregar diversos dispositivos para obter uma imagem ereta.

Os telescópios de observatórios astronômicos são usualmente *refletores*, pois é mais fácil fabricar espelhos de grande diâmetro do que lentes de boa qualidade (veremos mais adiante as vantagens de uma objetiva de grande diâmetro); além disso, a aberração cromática é eliminada.

2.10 PROPAGAÇÃO NUM MEIO INOMOGÊNEO

Até agora consideramos apenas a propagação de raios luminosos em meios homogêneos e os efeitos de reflexão e refração na interface entre dois meios homogêneos diferentes. Que acontece num meio inomogêneo, cujo índice de refração varia continuamente de um ponto a outro? [$n = n(\mathbf{x})$].

Um exemplo de um tal meio é a *atmosfera*. O índice de refração de um gás aumenta com a densidade. Assim, na atmosfera terrestre, ele é mais elevado na vizinhança da superfície da Terra do que a grandes altitudes – numa escala de dezenas de quilômetros.

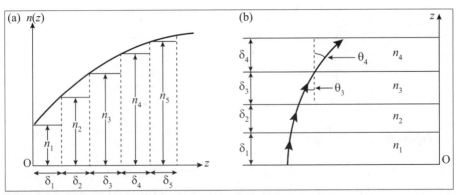

Figura 2.44 Meio inomogêneo.

Vamos ver o que acontece no caso mais simples, em que n varia apenas numa direção, que tomamos como sendo z. Podemos substituir a variação contínua de n por uma variação em "escada" [Figura 2.44(a)], ou seja, por um *meio estratificado*, em que n varia apenas de camada para camada: no limite em que a espessura das camadas $\to 0$, reproduzimos a variação contínua.

Aplicando a lei da refração a cada interface, teríamos [Figura 2.44(b)]

$$\ldots = n_3 \operatorname{sen} \theta_3 = n_2 \operatorname{sen} \theta_2 = n_1 \operatorname{sen} \theta_1$$

ou seja, o ângulo θ entre o raio e a direção z vai variando, e no limite podemos escrever

$$\boxed{n \operatorname{sen} \theta = \text{constante}} \tag{2.55}$$

que leva a uma variação contínua de θ com n. Assim, *num meio inomogêneo, os raios luminosos são curvos*. Se n decresce de baixo para cima, eles se encurvam como na Figura 2.44(b); se n cresce [como na Figura 2.44(a)], a curvatura é em sentido oposto, aproximando-se da normal.

A situação em que n *decresce* com a altitude ocorre, na escala astronômica, com a atmosfera terrestre, como vimos. Assim, os raios luminosos provenientes de uma estrela próxima do horizonte são desviados de $\approx 0{,}5°$ durante a penetração na atmosfera (Figura 2.45). Como estamos acostumados com a propagação retilínea, extrapolamos a direção em que a luz nos chega, "vendo" a estrela numa posição aparente $0{,}5°$ mais elevada do que a posição real.

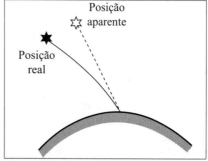

Figura 2.45 Posição aparente de uma estrela.

Como o diâmetro angular aparente do Sol visto da Terra é $\approx 0{,}5°$, "vemos" o Sol, pela mesma razão, com seu disco logo acima do horizonte, quando nasce ou se põe: é quando ele está, justamente, logo abaixo do horizonte.

Num dia muito quente, em que camadas de ar junto do asfalto de uma estrada estão mais quentes do que as que ficam acima, *n cresce* com a altitude e os raios se encurvam em sentido oposto, fazendo-nos ver simultaneamente (Figura 2.46) luz vinda diretamente de um carro e luz "refletida" pelo asfalto, como se ele fosse a superfície de um lago. Essa é também a origem das miragens num deserto.

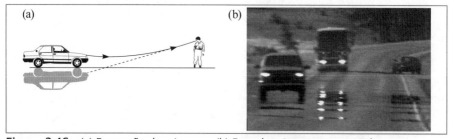

Figura 2.46 (a) Formação de miragem; (b) Foto de miragem em estrada.

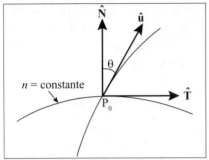

Figura 2.47 Vetores unitários.

Dado n como função da posição, podemos generalizar a (2.55) estratificando o meio através de superfícies n = constante, com valores próximos umas das outras. O ângulo θ é então o ângulo entre a direção $\hat{\mathbf{u}}$ do raio ($\hat{\mathbf{u}} \equiv$ vetor unitário da tangente ao raio) e a direção de $\hat{\mathbf{N}}$, vetor unitário da normal à superfície n = constante, e a Figura 2.47 dá

$$\text{sen } \theta = \hat{\mathbf{u}} \cdot \hat{\mathbf{T}}$$

onde $\hat{\mathbf{T}}$ é um vetor unitário [no plano de incidência $(\hat{\mathbf{N}}, \hat{\mathbf{u}})$] tangente à superfície n = constante. A generalização da (2.55) é então**

$$\boxed{\Delta(n\,\hat{\mathbf{u}}) \cdot \hat{\mathbf{T}} = 0} \quad (\Delta = \text{variação ao longo do raio}) \tag{2.56}$$

Partindo de um ponto inicial P_0 e de uma direção inicial $\hat{\mathbf{u}}_0$ do raio, podemos então traçar a trajetória do raio no meio, com o auxílio da (2.56).

Vamos ver que é possível obter uma *equação diferencial* para o raio, tomando como parâmetro o *arco de curva s* descrito ao longo do raio (comprimento do arco) a partir de uma dada origem. A equação da curva, $x = x(s)$, se chama *equação intrínseca*.

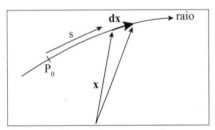

Figura 2.48 Deslocamento $d\mathbf{x}$ ao longo de um raio.

Sabemos que (Figura 2.48)

$$\hat{\mathbf{u}} = \frac{d\mathbf{x}}{ds} \quad (|d\mathbf{x}| = ds) \tag{2.57}$$

Partimos da identidade

$$(n\,\hat{\mathbf{u}})^2 = n^2 \tag{2.58}$$

e diferenciamos ambos os membros, obtendo

$$(n\,\hat{\mathbf{u}}) \cdot d(n\,\hat{\mathbf{u}}) = n\,dn \quad \{ \quad \hat{\mathbf{u}} \cdot d(n\,\hat{\mathbf{u}}) = dn$$

Se dn é a variação de n para um deslocamento $d\mathbf{x}$ ao longo do raio, temos, pela definição do gradiente,

$$dn = \text{grad } n \cdot d\mathbf{x} = \text{grad } n \cdot \frac{d\mathbf{x}}{ds} ds = \hat{\mathbf{u}} \cdot \text{grad } n \, ds$$

e, substituindo na equação acima, vem

** Numa superfície de descontinuidade entre dois meios 1 e 2, temos

$$\Delta(n\,\hat{\mathbf{u}}) = n_2\,\hat{\mathbf{u}}_2 - n_1\hat{\mathbf{u}}_1$$

e a (2.56) é equivalente à lei de Snell, pois $\hat{\mathbf{T}} \cdot \hat{\mathbf{u}}_j = \text{sen } \theta_j$ ($j = 1,2$).

$$\hat{\mathbf{u}} \cdot \frac{d(n\,\hat{\mathbf{u}})}{ds} = \hat{\mathbf{u}} \cdot \operatorname{grad} n \qquad (2.59)$$

O vetor grad n é, como sabemos, perpendicular às superfícies n = constante, ou seja, é // $\hat{\mathbf{N}}$ (Figura 2.47). Mas o mesmo vale para $d(n\,\hat{\mathbf{u}})/ds$, pois, pela (2.56), $n\,\hat{\mathbf{u}}$ só pode mudar ao longo de $\hat{\mathbf{N}}$ (não muda na direção tangencial $\hat{\mathbf{T}}$). Logo, decompondo $\hat{\mathbf{u}}$ nas direções $\hat{\mathbf{N}}$ e $\hat{\mathbf{T}}$, vemos que a (2.59) equivale a

$$\boxed{\frac{d}{ds}(n\,\hat{\mathbf{u}}) = \frac{d}{ds}\left(n\,\frac{d\mathbf{x}}{ds}\right) = \operatorname{grad} n} \qquad (2.60)$$

que é denominada *equação diferencial dos raios*.

Em particular, num meio *homogêneo*, onde n = constante ($\therefore$ grad$n$ = 0), a (2.60) fica

$$\frac{d^2\mathbf{x}}{ds^2} = 0 \qquad (2.61)$$

cuja solução geral é

$$\mathbf{x} = \mathbf{a}s + \mathbf{b}$$

onde **a** e **b** são vetores constantes:

$$\begin{cases} \mathbf{a} = \hat{\mathbf{u}}_0 & (\text{direção inicial do raio}) \\ \mathbf{b} = \mathbf{x}_0 & (\text{posição inicial}) \end{cases} \qquad (2.62)$$

Recuperamos assim a *propagação retilínea* num meio homogêneo.

2.11 A ANALOGIA ÓTICO-MECÂNICA

Em 1831, William Rowan Hamilton descobriu uma belíssima *analogia entre a ótica geométrica e a mecânica clássica*. Foi com base nessa analogia que ele reformulou as leis da mecânica clássica em termos das *equações de Hamilton*, que são discutidas em cursos de mecânica analítica. A *equação de Hamilton-Jacobi*, geralmente apresentada nesses cursos de forma muito abstrata, tem uma interpretação física muito simples e intuitiva quando formulada em termos dessa analogia.

A analogia compara *a trajetória, segundo a ótica geométrica, de um raio luminoso num meio inomogêneo, de índice de refração* $n(\mathbf{x})$, *com a trajetória, de acordo com as leis da mecânica clássica, de uma partícula num campo de forças conservativas, descritas por um potencial* $V(\mathbf{x})$. A motivação estava relacionada com a teoria corpuscular da luz; já vimos, por exemplo, na interpretação corpuscular da reflexão e da refração, que os desvios da direção de propagação, nestes casos, são atribuídos a forças que atuam sobre os corpúsculos na interface entre dois meios.

Num meio ótico inomogêneo, como vimos, a trajetória de um raio luminoso fica determinada quando damos sua *posição inicial* $\mathbf{x}_0$ e sua *direção inicial*, definida pelo vetor unitário $\hat{\mathbf{u}}_0$, tangente ao raio em $\mathbf{x}_0$. Na mecânica clássica, para uma partícula de massa m num campo de forças conservativo em que a energia potencial é $V(\mathbf{x})$, não basta dar $\mathbf{x}_0$ e a *direção* inicial $\hat{\mathbf{u}}_0$ do movimento: é preciso dar a *velocidade inicial* $\mathbf{v}_0 = v_0 \hat{\mathbf{u}}_0$, que contém, como informação adicional, a *magnitude* v_0 da velocidade.

Entretanto, se a *energia total* E da partícula for *fixada*, v_0 fica totalmente determinada pela posição inicial $\mathbf{x}_0$. Com efeito, a conservação da energia leva a

$$\boxed{\frac{\mathbf{p}^2}{2m} + V(\mathbf{x}) = E = \frac{1}{2}m\,\mathbf{v}_0^2(\mathbf{x}_0) + V(\mathbf{x}_0)} \qquad (2.63)$$

onde $\mathbf{p} = m\mathbf{v}$ é o momento linear da partícula. A (2.63) acarreta então

$$v_0 = |\mathbf{v}_0| = \sqrt{\frac{2}{m}\left[E - V(\mathbf{x}_0)\right]} = v_0(\mathbf{x}_0) \qquad (2.64)$$

ou seja, a *magnitude* v_0 da velocidade em cada ponto $\mathbf{x}_0$ fica inteiramente determinada para E dado; só resta arbitrar a *direção inicial* $\hat{\mathbf{u}}_0$ da trajetória, como no caso dos raios luminosos.

Temos então, em cada ponto $\mathbf{x}$, um valor bem definido da magnitude $p(\mathbf{x})$ do momento linear de uma partícula que passe por esse ponto:

$$\boxed{p(\mathbf{x}) = mv(\mathbf{x}) = \sqrt{2m\left[E - V(\mathbf{x})\right]}} \qquad (2.65)$$

Seja $\mathbf{x} = \mathbf{x}(s)$ a equação paramétrica de uma trajetória, em função do arco de curva s ao longo da trajetória. Se $s = s(t)$ é a lei horária do movimento ao longo da trajetória, temos então $ds/dt = v$, e

$$\mathbf{v} = \frac{d\mathbf{x}}{dt} = \frac{d\mathbf{x}}{ds}\frac{ds}{dt} = v\frac{d\mathbf{x}}{ds} = v\hat{\mathbf{u}} \qquad (2.66)$$

onde $\hat{\mathbf{u}}$, vetor unitário na direção da velocidade, é tangente à trajetória.

Para determinar a trajetória, aplicamos a 2ª lei de Newton:

$$\frac{d\mathbf{p}}{dt} = \mathbf{F} = -\mathrm{grad}\, V \qquad (2.67)$$

onde

$$\frac{d\mathbf{p}}{dt} = \frac{d\mathbf{p}}{ds}\frac{ds}{dt} = v\frac{d\mathbf{p}}{ds} = mv\frac{d\mathbf{v}}{ds} = v\frac{d}{ds}\left(p\frac{d\mathbf{x}}{ds}\right) \qquad (2.68)$$

em que foi usada a (2.66).

Por outro lado, decorre da (2.65), pela regra da cadeia, que

$$\mathrm{grad}\, p = \frac{dp}{dV}\mathrm{grad}\, V = -\frac{1}{2}\sqrt{2m}\left[E - V(\mathbf{x})\right]^{-1/2}\mathrm{grad}\, V = -\frac{m}{p}\mathrm{grad}\, V \qquad (2.69)$$

$$\therefore -\text{grad } V = \frac{p}{m}\text{grad } p = v \text{ grad } p \qquad (2.70)$$

Substituindo a (2.68) e a (2.70) na (2.67), obtemos finalmente a *equação diferencial das trajetórias*:

$$\boxed{\frac{d}{ds}\left[p(\mathbf{x})\frac{d\mathbf{x}}{ds}\right] = \text{grad } p(\mathbf{x})} \qquad (2.71)$$

que tem exatamente a mesma forma que a equação diferencial dos raios na ótica geométrica, com $n(\mathbf{x})$ substituído por $p(\mathbf{x})$ [cf.(2.60)]. Como $n(\mathbf{x})$ é um número (adimensional), para completar a analogia, basta dividir os dois membros da (2.71) pela constante

$$p_0 = \sqrt{2m\,E} \qquad (2.72)$$

que é o momento de uma partícula *livre* de energia E, definindo:

$$\boxed{n(\mathbf{x}) = \frac{p(\mathbf{x})}{p_0} = \sqrt{1 - \frac{V(\mathbf{x})}{E}}} \qquad (2.73)$$

que é real para $E > V(\mathbf{x})$ (*região acessível* ao movimento).

A (2.71) dá então

$$\frac{d}{ds}\left[n(\mathbf{x})\frac{d\mathbf{x}}{ds}\right] = \text{grad } n \qquad (2.74)$$

que é *exatamente* a equação diferencial dos raios, (2.60).

Logo, *a trajetória, de acordo com as leis da mecânica clássica, de uma partícula de energia E, num campo de forças de energia potencial V(x), é idêntica à trajetória, de acordo com as leis da ótica geométrica, de um raio luminoso, num meio inomogêneo de índice de refração dado pela* (2.73). Essa é a *analogia ótico-mecânica* descoberta por Hamilton.

Exemplo: Consideremos o movimento de uma partícula no campo gravitacional uniforme próximo à superfície da Terra, para o qual

$$V(z) = mgz$$

tomando origem no solo ($z = 0$). Seja

$$E = mgh$$

(h = altura máxima atingível pela partícula). Temos então, pela (2.73),

$$n = \sqrt{1 - \frac{z}{h}}$$

que diminui quando z aumenta, como na Figura 2.44(b).

Se tomarmos a origem como ponto inicial da trajetória, com $\hat{u}_0$ no plano (x, z), e

$$\hat{u}_0 = (\alpha_0, \beta_0) \quad (\alpha_0, \beta_0 = \text{cosenos diretores})$$

a trajetória permanece nesse plano, e a componente x da (2.74) fica

$$\frac{d}{ds}\left(n\frac{dx}{ds}\right) = \frac{\partial n}{\partial x} = 0 \quad \left\{ n\frac{dx}{ds} = \text{constante} = \left(n\frac{dx}{ds}\right)_0 \right.$$

onde, para, $x = z = 0$, $(dx/ds)_0 = u_{0x} = \alpha_0$, e $n(z=0) = 1$. Logo,

$$n\frac{dx}{ds} = \alpha_0 \quad \left\{ \frac{dx}{ds} = \frac{\alpha_0}{\sqrt{1-(z/h)}} \right.$$

Como $(dx)^2 + (dz)^2 = (ds)^2$, isso dá

$$\frac{dz}{ds} = \sqrt{1 - \left(\frac{dx}{ds}\right)^2} = \sqrt{\frac{\beta_0^2 - (z/h)}{1-(z/h)}}$$

onde o sinal decorre de $(dz/ds)_0 = u_{0z} = \beta_0$.

Dividindo membro a membro uma dessas relações pela outra, vem

$$\frac{dz}{dx} = \frac{1}{\alpha_0}\sqrt{\beta_0^2 - \frac{z}{h}} \quad \left\{ \frac{dz}{\sqrt{\beta_0^2 - \frac{z}{h}}} = \frac{dx}{\alpha_0} \right.$$

Integrando ambos os membros entre $(0,0)$ e (x, z), vem

$$\frac{x}{\alpha_0} = 2h\left(\beta_0 - \sqrt{\beta_0^2 - \frac{z}{h}}\right)$$

e, resolvendo em relação a z,

$$\boxed{z = \frac{\beta_0}{\alpha_0}x - \frac{x^2}{4h\alpha_0^2}} \quad \left(h = \frac{E}{mg}\right)$$

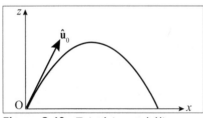

Figura 2.49 Tajetória parabólica.

equação da *parábola* (Figura 2.49) que passa pela origem, com direção inicial $\hat{u}_0 = (\alpha_0, \beta_0)$ no plano (x, z), que é a trajetória prevista pela mecânica clássica, para a velocidade inicial $v_0\hat{u}_0 = \sqrt{2E/m}\,(\alpha_0, \beta_0)$ (verifique!).

Uma das aplicações importantes da analogia ótico-mecânica é a *ótica eletrônica*, ou, mais geralmente, a *ótica de feixes de partículas*. Trata-se de manipular um feixe de partículas, tratado pela mecânica clássica, como se fosse um feixe de luz na aproximação de ótica geométrica, usando campos de forças para desviar ou focalizar o feixe, construindo elementos análogos a espelhos, prismas, lentes etc.

No caso dos elétrons, por exemplo, podem ser usados campos eletrostáticos para esse fim. Um campo elétrico uniforme entre placas paralelas, que produz uma trajetória parabólica, como vimos no exemplo apresentado aqui, é usado para desviar um feixe de elétrons, funcionando como um prisma na ótica. Isso se faz num tubo de osciloscópio ou de TV, por exemplo.

Um exemplo de uma *lente eletrostática* (Figura 2.50) é uma placa com um pequeno orifício circular, à qual se aplica uma diferença de potencial em relação a outra placa distante. As superfícies equipotenciais (Figura 2.50) formam protuberâncias para fora do orifício, e a força **F** sobre um elétron, num ponto **P**, tem uma componente radial que aponta para o eixo, exercendo um efeito de focalização. Lentes análogas a essa são empregadas no *microscópio eletrônico*, que permite obter aumentos muito mais elevados do que um microscópio ótico, por razões que serão discutidas mais adiante (Seção 4.8).

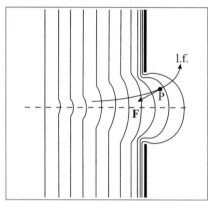

Figura 2.50 Lente eletrostática; l.f. = linha de força.

Existem também *lentes magnéticas* para partículas carregadas. A focalização desempenha um papel importante para os feixes de aceleradores de partículas.

A analogia ótica-mecânica teve um papel fundamental na formulação da mecânica quântica, conforme veremos.

Observações:

Na ótica geométrica, como vimos, o caminho ótico entre dois pontos P_0 e P_1 é estacionário, ou seja,

$$\boxed{\text{Princípio de Fermat}: \ \delta\int_{P_0}^{P_1} n\, ds = 0}$$

Pela analogia ótico-mecânica, o análogo dessa propriedade para trajetórias na mecânica clássica é:

$$\boxed{\text{Princípio de Maupertuis}: \ \delta\int_{P_0}^{P_1} p\, ds = 0}$$

Uma vez obtida a trajetória, a lei horária sobre ela resulta da relação

$$dt = \frac{ds}{v(\mathbf{x})} : \text{basta integrar}$$

PROBLEMAS

2.1 O ângulo de incidência θ_1 para o qual o raio refletido é *perpendicular* ao raio refratado chama-se *ângulo de Brewster*. (a) Obtenha o ângulo de Brewster θ_{1B} em função do índice de refração relativo n_{12} do meio 2 em relação ao meio 1; (b) Calcule θ_{1B} para as seguintes interfaces: ar/água; ar/vidro comum.

2.2 Na balança de torção usada no experimento de Cavendish (*Física Básica* volume **1**, Seção 10.8), a deflexão do fio de torção produzida pela atração gravitacional entre as esferas é medida pela deflexão de um feixe de luz, refletido por um pequeno espelho plano, preso ao fio (figura ao lado). Se o espelho gira de um ângulo θ, de quanto gira o feixe de luz refletido?

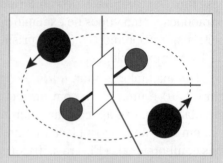

2.3 Quantas imagens de uma fonte puntiforme situada entre dois espelhos, que formam entre si um ângulo θ = 90°, são produzidas? E se θ for = 120°? Generalize para θ = 2π/n, com n inteiro.

2.4 Uma pessoa tem 1,75 m de altura, e a distância de seus olhos ao solo é de 1,60 m. Para que ela possa ver a sua imagem completa num espelho plano de porta de armário: (a) qual deve ser a a altura mínima do espelho? (b) a que distância do chão deve estar a borda inferior do espelho?

2.5 Uma lâmina de vidro de faces planas paralelas tem um índice de refração n e espessura h. Um raio de luz incide sobre ela com ângulo de incidência θ_1. Mostre que o raio transmitido através da lâmina é paralelo ao raio incidente. A distância perpendicular d entre o raio incidente e o prolongamento do raio transmitido (figura ao lado) chama-se *desvio lateral*. Calcule d em função de n, h e θ_1.

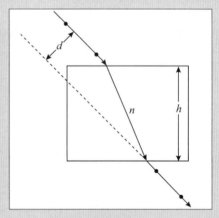

2.6 Considere um prisma de ângulo de abertura α e um raio incidente sobre uma face com ângulo de incidência θ_1: seja n o índice de refração do prisma. Chama-se *desvio* δ o ângulo entre as direções do raio emergente e do raio incidente (figura ao lado). Mostre que, para pequenos ângulos de abertura (α << 1) e pequenos ângulos de incidência (θ_1 << 1), o desvio é independente de θ_1 e é dado por δ = (n − 1) α.

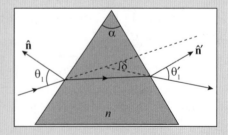

2.7 Relacione δ no Problema 2.6 com n e θ_1 no caso geral (sem supor α e θ_1 pequenos), e mostre que δ é *mínimo* quando o ângulo de emergência θ_1' (figura do problema 2.6) é igual a θ_1. Mostre que, quando isso acontece, vale a relação

$$n = \frac{\operatorname{sen}\left[\dfrac{1}{2}(\delta+\alpha)\right]}{\operatorname{sen}\dfrac{\alpha}{2}}$$

onde δ é o ângulo de desvio mínimo. Essa relação é empregada para medições precisas do índice de refração n.

2.8 Quando um raio de sol penetra numa gota de água, ele sofre reflexões múltiplas internas acompanhadas de transmissões parciais para fora da gota. Considere um raio ABCDE que sofre uma única reflexão interna antes de emergir da gota (figura ao lado). (a) Mostre que o desvio θ do raio emergente DE em relação à direção de incidência AB é dado por

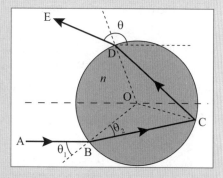

$$\theta = \pi + 2\theta_1 - 4\theta_2$$

onde θ_2 é o ângulo de refração associado ao ângulo de incidência θ_1 (trate a gota como uma esfera de índice de refração n). O *arco-íris primário* se forma quando o desvio θ é *mínimo* (raio ABCDE na figura, reproduzida do original de Descartes).

(b) Mostre que isso acontece para um ângulo de incidência θ_{1R} tal que

$$\operatorname{sen}\theta_{1R} = \sqrt{\frac{4-n^2}{3}}$$

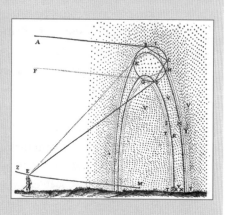

(c) Calcule o ângulo θ correspondente (ângulo do arco-íris primário) para luz amarela.

2.9 No modelo simplificado de fibra ótica discutido na Seção 2.4 (cilindro circular de vidro), calcule o ângulo de incidência θ máximo na face de entrada (figura ao lado) para o qual a luz será guiada dentro da fibra por reflexões totais sucessivas, em função do índice de refração n da fibra.

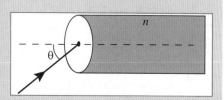

2.10 Repita a dedução vista na Seção 2.6 para um espelho esférico convexo, mostrando que se obtém a mesma relação distância-imagem (2.18), mas com $R < 0$. Mostre que a expressão (2.21) do aumento lateral também permanece válida nesse caso.

2.11 Para um espelho esférico, também podemos tomar a origem no foco F, em lugar do vértice do espelho. Sejam $\overline{PF} = x$ e $\overline{QF} = x'$ as distâncias objeto e imagem, respectivamente, referidas ao foco. Demonstre a *fórmula de Newton* $xx' = f^2$ [cf. (2.34)].

2.12 Justifique os seguintes métodos rápidos para determinar se um espelho esférico é côncavo ou convexo: (a) Olhando para a própria imagem desde um ponto próximo ao espelho: se a imagem é aumentada, o espelho é côncavo; se é diminuída, é convexo. (b) Olhando de uma grande distância: se a imagem é invertida, o espelho é côncavo; se é ereta, é convexo.

2.13 Repita a dedução da Seção 2.7 para uma superfície refratora esférica côncava, mostrando que a (2.28) permanece válida (com $R < 0$), bem como a última expressão na (2.32) para o aumento lateral.

2.14 A partir da (2.20), trace um gráfico de (q/f) em função de (p/f), tomando para (p/f) os pontos $\pm 0,5$, $\pm 1,0$, $\pm 1,5$, $\pm 2,0$ e $\pm 3,0$. Para cada um desses pontos calcule o aumento lateral. Interprete os resultados em termos de objetos reais ou virtuais, imagens reais/virtuais, eretas ou invertidas, para cada um dos pontos acima, fazendo o traçado de raios correspondente, (a) para um espelho côncavo; (b) para um espelho convexo.

2.15 O diâmetro médio da Lua é $\approx 3,48 \times 10^3$ km e a distância Terra-Lua é $\approx 3,82 \times 10^5$ km. Se empregarmos um telescópio refletor esférico de 5 m de diâmetro para observar a Lua, qual será o diâmetro da imagem da Lua vista por meio do telescópio?

2.16 Deduza a equação (2.42) para uma lente delgada construindo a imagem por duas refrações sucessivas, nas superfícies esféricas dianteira e traseira da lente.

2.17 Deseja-se projetar um espelho de toalete côncavo que aumente a imagem duas vezes, para jovens de visão normal, com distância de visão mais nítida $d_1 = 25$ cm. (a) Qual deve ser o raio de curvatura? (b) Qual é a distância ideal de uso?

2.18 Um espelho esférico tem distância focal f. Ache duas posições de um objeto para as quais o *tamanho* da imagem é A vezes maior que o tamanho do objeto. Discuta todos os casos possíveis, conforme o espelho seja côncavo ou convexo e a imagem (objeto) seja real ou virtual; em cada caso, desenhe o traçado de raios mostrando as posições de objeto e imagem em relação ao vértice e ao foco do espelho.

2.19 O raio de curvatura de uma lente plano-côncava de vidro ($n = 1,5$) é de 0,5 m. Calcule sua distância focal (a) no ar; (b) quando imersa num líquido (S_2 C) de índice de refração absoluto 1,63. Comente o resultado.

2.20 Sem empregar a aproximação paraxial, calcule a distância q da "imagem" produzida por uma superfície refratora esférica convexa de raio de curvatura R para um raio incidente paralelo ao eixo, em função do índice de refração relativo n_{12} e do ângulo de incidência θ_1. Mostre que o resultado depende de θ_1, mas, na aproximação paraxial, reduz-se à distância focal imagem, independente de θ_1.

2.21 Uma lente delgada convergente de distância focal f é colocada entre um objeto e um anteparo fixos, a uma distância $d > 4f$ um do outro. Desloca-se a lente até que ela forme uma imagem nítida do objeto no anteparo. (a) Mostre que existem duas posições diferentes da lente para as quais isso acontece. (b) Sejam y' e y'' os tamanhos da imagem correspondentes a essas duas posições. Demonstre que o tamanho do objeto é a média geométrica de y' e y''.

2.22 Demonstre que a distância focal de uma lente delgada biconvexa pode ser expressa em função do diâmetro D da lente, de sua espessura t e do seu índice de refração n_{12} relativo ao meio.

2.23 Obtenha a equação das lentes delgadas para uma lente de índice de refração n_2 situada entre dois meios de índices n_1 e n_3. Verifique que o resultado se reduz ao que foi obtido, quando $n_1 = n_3$.

2.24 Chama-se *potência* P de uma lente, o inverso de sua distância focal f (se f for medida em m, P se mede em *dioptrias*). Considere duas lentes delgadas de potências P_1 e P_2 em contato uma com a outra. Mostre que equivalem a uma única lente de potência $P = P_1 + P_2$ (soma algébrica).

2.25 Se dermos um pequeno deslocamento Δp à posição de um objeto, ao longo do eixo de uma lente delgada, a imagem desse objeto se desloca de Δq. A razão $\Delta q / \Delta p$ define o *aumento longitudinal*. Demonstre que

$$\Delta q / \Delta p = -m^2$$

onde m é o aumento lateral: podemos considerar Δq como a imagem de um pequeno objeto situado ao longo do eixo. Se esse objeto é uma seta, a imagem aponta no mesmo sentido ou em sentido oposto?

2.26 O índice de refração de um meio inomogêneo, em função da altitude z, é dado por $n = n_0 - n'z$, onde n_0 e n' são constantes. Um raio luminoso no plano (x, z) parte da origem numa direção de cossenos diretores (α_0, β_0). Obtenha a equação da trajetória desse raio.

2.27 Uma esfera transparente de índice de refração n, espelhada numa calota AB da sua superfície, com centro em C (figura ao lado), é usada como *retrorrefletor*. Qualquer raio 1 paralelo ao eixo CD e *paraxial* (próximo ao eixo) é refletido em C e volta em sentido inverso (raio 2, figura ao lado). Calcule o índice n.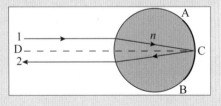

2.28 Uma lente delgada biconvexa tem distância focal f. (a) Demonstre que a distância mínima entre um objeto e sua imagem *real* é igual a $4f$. Para que distância p do objeto à lente esse mínimo é atingido? (b) Qual é o aumento lateral na situação do mínimo? (c) Desenhe o traçado de raios correspondente à situação do mínimo, tomando como objeto uma seta perpendicular ao eixo.

3

Interferência

3.1 INTERFERÊNCIA DE ONDAS

Um experimento fundamental para demonstrar a natureza ondulatória da luz foi realizado em 1801 por Thomas Young. Formado em medicina, Young deu notáveis contribuições à teoria da elasticidade (módulo de Young), à teoria da visão das cores (foi o primeiro a propor a existência de três receptores na retina, sensíveis a diferentes cores primárias) e à egiptologia (ajudou a decifrar os hieróglifos da pedra de Roseta), além das suas contribuições à ótica.

Uma característica da natureza ondulatória, encontrada na superposição de ondas, é o efeito de *interferência*, que já discutimos para ondas sonoras (**FB2**, capítulo 6). Foi Young quem primeiro chamou a atenção para esse efeito, dando o exemplo de dois conjuntos de ondas na água que chegam juntos a um canal estreito, observando: "se entrarem no canal de tal forma que as elevações de um coincidem com as do outro, produzirão como resultado elevações maiores; mas se as elevações de um coincidem com as depressões do outro, preencherão exatamente essas depressões, e a superfície da água permanecerá em repouso. Afirmo agora que resultados semelhantes ocorrem quando duas porções de luz se juntam, e é o que chamo a lei geral da *interferência* da luz".

Para demonstrar esse efeito, Young usou uma fonte puntiforme de luz F (Figura 3.1a) para iluminar um anteparo opaco $\mathcal{A}$ onde havia dois buraquinhos de alfinete P_1 e P_2 muito próximos entre si, e observou o resultado sobre outro anteparo $\mathcal{O}$, cada ponto P do qual é atingido por dois caminhos diferentes 1 ($\overline{P_1P}$) e 2 ($\overline{P_2P}$). Em lugar do resultado ser a soma das iluminações dos dois orifícios, apareciam franjas brilhantes e escuras, as *franjas de interferência*. A Figura 3.1b reproduz um desenho original de Young sobre as franjas de interferência na superfície da água.

Para analisar efeitos como esse, precisamos de uma representação do sinal luminoso. Vimos no curso de eletromagnetismo que a luz é uma *onda eletromagnética*, descrita através dos campos **E** e **B**. Entretanto, para entender os efeitos de interferência e difração da luz, não é necessário, na maioria dos casos, levar em conta o seu caráter vetorial. Simplifica muito o tratamento empregar, por enquanto, uma função de onda *escalar* $E(\mathbf{x}, t)$, que poderia ser pensada como um análogo escalar do campo elétrico da onda. Ignoramos com isso efeitos de *polarização*. Discutiremos a polarização no Capítulo 5.

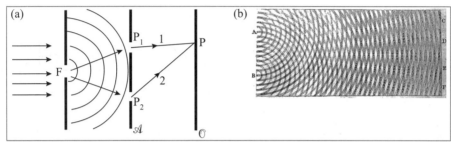

Figura 3.1   (a) Experimento de Young; (b) Desenho original de Young.

As experiências de interferência mais simples são feitas com *luz monocromática* (por exemplo, luz amarela emitida por vapor de sódio), correspondendo a uma *frequência angular* de oscilação ω fixa. Para simplificar a análise de oscilações harmônicas, convém adotar, como sempre temos feito (**FB2** e **FB3**), a *notação complexa*, escrevendo

$$\boxed{E(\mathbf{x}, t) = \mathrm{Re}\left[v(\mathbf{x})e^{-i\omega t}\right]} \qquad (3.1)$$

Na representação de uma *onda plana*, por exemplo,

$$\boxed{v(\mathbf{x}) = Ae^{i\delta} \cdot e^{i\mathbf{k}\cdot\mathbf{x}}} \quad \{ \quad \boxed{E(\mathbf{x}, t) = A\cos(\mathbf{k}\cdot\mathbf{x} - \omega t + \delta)} \qquad (3.2)$$

A é a *amplitude (real)* da onda ($A\,e^{i\delta}$ é a *amplitude complexa*),

$\psi(\mathbf{x}, t) \equiv \mathbf{k}\cdot\mathbf{x} - \omega t + \delta$ é a *fase da onda*

$\mathbf{k} \equiv k\hat{\mathbf{u}} \equiv$ *vetor de onda*; $k = \dfrac{\omega}{v} = n\dfrac{\omega}{c} = nk_0$ $\Big|\begin{array}{l} v = velocidade\ de\ fase \\ n = \text{índice de refração} \end{array}$

$k = \dfrac{2\pi}{\lambda}$ é o *número de onda*; λ é o *comprimento de onda no meio*

$\omega = 2\pi\nu = \dfrac{2\pi}{T}$; $\nu = $ *frequência*; $T = $ *período* $\Big|\begin{array}{l} k_0 = \dfrac{2\pi}{\lambda_0} = \text{número de onda reduzido} \\ \lambda_0 = \text{comprimento de onda no vácuo} \end{array}$

$\hat{\mathbf{u}}$ é o versor da *direção de propagação*,

δ é a *constante de fase*.

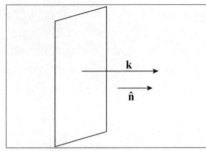

Figura 3.2 Onda plana.

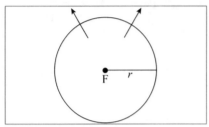

Figura 3.3 Onda esférica.

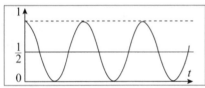

Figura 3.4 Valor médio.

As *frentes de onda* (superfícies de fase ψ = constante) são planos perpendiculares à direção do vetor de onda **k** (Figura 3.2).

Analogamente, para uma *onda esférica*, proveniente de uma fonte puntiforme, como o oscilador de Hertz (**FB3**, Seç. 12.8),

$$\boxed{\begin{array}{l} v(\mathbf{x}) = A e^{i\delta} \cdot \dfrac{e^{ikr}}{r} \\ \Rightarrow E(\mathbf{x}, t) = \dfrac{A}{r}\cos(kr - \omega t + \delta) \end{array}}$$ (3.3)

onde $r = |\mathbf{x}|$. A amplitude cai com $(1/r)$, e as frentes de onda são esferas r = constante (Figura 3.3).

Como relacionamos a *intensidade* da luz com a função de onda associada $E(\mathbf{x}, t)$? A intensidade representa a energia média por unidade de tempo e de área que atravessa um elemento de área perpendicular à direção de propagação (cf. **FB3**, Seç. 12.5).

Para uma onda monocromática, o valor instantâneo da intensidade oscila no tempo, numa dada posição **x**, como $\cos^2(\omega t + \alpha)$, onde α é uma constante [cf.(3.2), (3.3)]. Para luz visível, $\omega \sim 10^{15}$ s^{-1}, essa oscilação é tão rápida que um detector só registra o *valor médio temporal*, com (Figura 3.4) valores médios

$$\boxed{<\cos^2(\omega t + \alpha)> = <\mathrm{sen}^2(\omega t + \alpha)> = \dfrac{1}{2}}$$ (3.4)

Por conseguinte, o *valor médio da intensidade* é proporcional a

$$\boxed{I(\mathbf{x}) = |v(x)|^2}$$ (3.5)

que é constante para uma onda plana e cai com o inverso do quadrado da distância à fonte para uma onda esférica.

No experimento de Young com luz monocromática, a função de onda resultante num ponto P é a soma de duas contribuições, uma proveniente do orifício P$_1$ e outra de P$_2$:

$$E(\mathbf{x}, t) = \mathrm{Re}\left[v_1(\mathbf{x})e^{-i\omega t} + v_2(\mathbf{x})e^{-i\omega t}\right]$$ (3.6)

Logo, a *intensidade resultante* em P é

$$\boxed{I(\mathbf{x}) = |v_1(\mathbf{x}) + v_2(\mathbf{x})|^2}$$ (3.7)

Como $|e^{-i\omega t}| = 1$, o fator temporal não afeta o resultado. Por essa razão, *em todo o tratamento de ondas monocromáticas daqui por diante o fator temporal* $e^{-i\omega t}$ *será omitido*; trabalharemos diretamente com a função de onda resultante $v(\mathbf{x})$, ficando subentendido que o resultado completo, dependente do tempo, é dado pela (3.1).

A (3.7) pode ser escrita

$$I(\mathbf{x}) = \left| |v_1| e^{i\varphi_1} + |v_2| e^{i\varphi_2} \right|^2 \tag{3.8}$$

onde indicamos separadamente o módulo e a fase (argumento) de cada número complexo. Resulta

$$I(\mathbf{x}) = \left(|v_1| e^{-i\varphi_1} + |v_2| e^{-i\varphi_2} \right)\left(|v_1| e^{i\varphi_1} + |v_2| e^{i\varphi_2} \right)$$
$$= |v_1|^2 + |v_2|^2 + |v_1||v_2|\left[e^{i(\varphi_2 - \varphi_1)} + e^{-i(\varphi_2 - \varphi_1)} \right]$$

$$\boxed{I(\mathbf{x}) = |v^2| = |v_1|^2 + |v_2|^2 + 2|v_1\, v_2| \cos(\varphi_2 - \varphi_1)} \tag{3.9}$$

cuja interpretação geométrica em termos do diagrama de Argand no plano complexo (Figura 3.5) corresponde a relacionar o módulo da resultante de dois vetores com cada um deles. Como $|v_1|^2$ é a intensidade I_1 devida somente à onda v_1 (analogamente para I_2), o resultado pode ser reescrito:

$$\boxed{I = I_1 + I_2 + 2\sqrt{I_1 I_2}\, \cos\Delta} \tag{3.10}$$

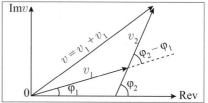

Figura 3.5 Soma de dois números complexos.

onde

$$\boxed{\Delta \equiv \varphi_2 - \varphi_1} \equiv \textit{Diferença de fase} \text{ entre as duas ondas} \tag{3.11}$$

O último termo da (3.10) é chamado de *termo de interferência*, e a (3.10) é a *lei básica da interferência* entre duas ondas.

Temos *interferência construtiva* quando $\Delta = 2n\pi$ ($n = 0, \pm 1, \pm 2,...$), $\cos\Delta = 1$, e *interferência destrutiva* quando $\Delta = (2n + 1)\pi$, $\cos\Delta = -1$:

$$\boxed{\begin{aligned} \Delta = 2n\pi &\Rightarrow I = \left(\sqrt{I_1} + \sqrt{I_2}\right)^2 \ (\textit{construtiva}) \\ \Delta = (2n+1)\pi &\Rightarrow I = \left(\sqrt{I_1} - \sqrt{I_2}\right)^2 \ (\textit{destrutiva}) \end{aligned}} \tag{3.12}$$

Em particular, se as duas ondas têm a mesma intensidade ($I_1 = I_2$), resulta

$$\boxed{I_1 = I_2 \begin{cases} I = 4I_1 \ (\textit{construtiva}) \\ I = 0 \ (\textit{destrutiva}) \end{cases}} \tag{3.13}$$

Efeitos de interferência como esses são característicos de ondas, e inexplicáveis numa teoria corpuscular da luz, quando esperaríamos que a intensidade resultante fosse a soma das intensidades, sem termos de interferência. É particularmente intrigante que "luz mais luz" possa resultar em escuridão!

3.2 ANÁLISE DO EXPERIMENTO DE YOUNG

No experimento de Young (Figura 3.6), tipicamente, a distância d entre as aberturas é muito pequena em confronto com a distância entre os anteparos $\mathcal{A}$ e $\mathcal{O}$. Vamos tomar como orifícios *fendas* longas (perpendiculares ao plano da Figura 3.6a), de modo que a figura de interferência observada terá a mesma simetria (tomamos a fonte F sobre o eixo).

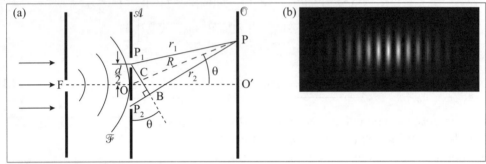

Figura 3.6 (a) Experimento de Young; (b) Franjas de interferência observadas.

De conformidade com o Princípio de Huygens, os pontos P_1 e P_2 funcionarão como fontes puntiformes, gerando ondas esféricas. Como são excitados pela mesma frente de onda incidente $\mathcal{F}$, oscilarão na mesma fase (tomamos a origem das fases sobre $\mathcal{A}$, para simplificar) de forma que podemos representar a função de onda no ponto de observação P (contribuições de P_1 e P_2) por

$$v(P) = v_1 + v_2 = \frac{A}{r_1} e^{ikr_1} + \frac{A}{r_2} e^{ikr_2} \qquad (3.14)$$

pois, em virtude da excitação simétrica, as amplitudes A também serão as mesmas; na (3.14), $r_1 \equiv \overline{P_1 P}$ e $r_2 \equiv \overline{P_2 P}$.

Seja $R \equiv \overline{PO}$. Como $d \ll R$, vemos na Figura 3.6 que

$$r_1 \approx R - \frac{d}{2} \operatorname{sen} \theta$$
$$r_2 \approx R + \frac{d}{2} \operatorname{sen} \theta \qquad (3.15)$$

Nos denominadores da (3.14), podemos substituir r_1 e r_2 por R, com erro desprezível. Entretanto, isso não se aplica aos *expoentes* das exponenciais, pois

$$kd \equiv 2\pi \frac{d}{\lambda} \gg 1 \qquad (3.16)$$

Com efeito, a distância d entre as fendas é geralmente muito maior que o comprimento de onda no visível.

Logo,

$$v(P) \approx \frac{A}{R}\exp\left(ikR - \frac{ikd}{2}\operatorname{sen}\theta\right) + \frac{A}{R}\exp\left(ikR + \frac{ikd}{2}\operatorname{sen}\theta\right) \quad (3.17)$$

A intensidade resultante é da forma (3.10), com

$$\boxed{I_1 = I_2 = \frac{A^2}{R^2}} \quad (3.18)$$

e

$$\boxed{\Delta = \varphi_2 - \varphi_1 = kd\operatorname{sen}\theta} \quad (3.19)$$

cuja interpretação física é imediata:

$$\boxed{d\operatorname{sen}\theta \approx r_2 - r_1} \quad (3.20)$$

é a *diferença de caminho* entre as contribuições de P_2 e P_1.

A (3.10) fica, então,

$$\boxed{I = 2I_1(1+\cos\Delta) = 4I_1\cos^2\left(\frac{\Delta}{2}\right)} \quad (3.21)$$

onde I_1 é a intensidade que resultaria se uma única fenda estivesse aberta.

A intensidade é máxima em O′ (Figura 3.6), onde $\theta = 0$ (contribuições em fase), e oscila periodicamente entre $4\,I_1$ e 0, conforme indicado na Figura 3.7, correspondendo a *franjas de interferência* claras e escuras (Figura 3.6b).

O espaçamento angular entre dois mínimos (ou máximos), como $\operatorname{sen}\theta \approx \theta$ nas condições consideradas, é

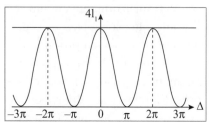

Figura 3.7 Intensidade em função da defasagem.

$$\boxed{\Delta\theta \approx \frac{2\pi}{kd} = \frac{\lambda}{d}(\ll 1)} \quad (3.22)$$

e o espaçamento correspondente, no plano de observação $\mathcal{O}$, é $\sim R\Delta\theta$. Para $\lambda = 5 \times 10^{-5}$ cm, $d = 0{,}5$ mm $= 5 \times 10^{-2}$ cm, temos $\Delta\theta \sim 10^{-3}$ rad e, se $R \sim 2$ m $= 2 \times 10^2$ cm, o espaçamento das franjas é $R\Delta\theta \sim 2$ mm. Pelas (3.19) e (3.20), as condições de interferência construtiva e destrutiva se interpretam facilmente:

$$\boxed{(n = 0, \pm 1, \ldots)\begin{cases} r_2 - r_1 = n\lambda \Rightarrow \Delta = 2n\pi \text{ (construtiva)} \\ r_2 - r_1 = \left(n+\frac{1}{2}\right)\lambda \Rightarrow \Delta = (2n+1)\pi \text{ (destrutiva)} \end{cases}} \quad (3.23)$$

Nas palavras de Young, "O centro ... é sempre brilhante, e as faixas brilhantes de ambos os lados estão a distâncias tais que a luz, chegando a elas de uma das aberturas, terá percorrido uma distância maior do que a que vem da outra, de um intervalo igual à largura de uma, duas, três ou mais das ondulações, ao passo que as escuras correspondem a uma diferença de meia ondulação, uma e meia, duas e meia, ou mais". Young usou os resultados para estimar, com razoável precisão, os comprimentos de onda associados aos extremos violeta e vermelho do espectro.

Para pontos P entre $\mathcal{A}$ e $\mathcal{O}$ no plano da Figura 3.6, as equações (3.23) definem uma família de *hipérboles* $r_2 - r_1$ = constante com focos em P_1 e P_2, que são os lugares geométricos das linhas *nodais* e *antinodais*, intersecções de cristas com vales ou, respectivamente, de cristas (vales) com cristas (vales), para frentes de ondas secundárias emanadas de P_1 e P_2. Essas hipérboles são visíveis em experimentos com tanques de água e ondas bidimensionais na superfície da água (cf. Figura 3.1b).

Poderia parecer, à primeira vista, que intensidades duplas das que resultariam da soma das intensidades devidas a cada abertura isoladamente violariam a conservação de energia, mas há uma compensação entre interferência destrutiva e construtiva. Com efeito, se calcularmos a intensidade média das franjas sobre uma região que contém várias franjas, o *valor médio* de $\cos^2(\Delta/2)$ na (3.21) é 1/2 [cf.(3.4)], o que dá para a intensidade média

$$<I> = 2I_1 \tag{3.24}$$

que é a soma das intensidades devidas às duas aberturas. A figura de interferência corresponde apenas a uma redistribuição dessa intensidade média.

As franjas também podem ser observadas (o que Young fez) com luz incidente branca, como a luz solar. Nesse caso, a franja central é branca, mas as laterais são coloridas: cada cor do espectro produz uma figura com espaçamento diferente, e as cores observadas resultam da superposição dessas figuras. Só aparece um número limitado de franjas nesse caso, pois longe do centro muitas figuras desigualmente espaçadas, e de cores diferentes, se superpõem.

Para que se observe interferência, porém, é essencial, na expressão de Young, "que as duas porções de luz assim combinadas... sejam originárias da mesma fonte", isto é, que provenham da mesma frente de onda incidente $\mathcal{F}$ na Figura 3.6 (devida à fonte puntiforme F, que pode ser produzida com luz solar). Essa condição foi empregada quando admitimos, na (3.14), que P_1 e P_2 oscilam em fase. Ela está associada à ideia de *coerência*, que voltaremos a discutir mais adiante (Seção 3.6).

3.3 INTERFERÊNCIA EM LÂMINAS DELGADAS

Algumas das cores mais belas observadas na Natureza, como as cores das asas de borboletas e da plumagem de beija-flores, resultam de efeitos de interferência da luz ao atravessar lâminas delgadas de materiais transparentes – é o caso também das bolhas de sabão.

Nesses casos, a luz sofre reflexões múltiplas entre as faces da lâmina, e a interferência não envolve apenas dois feixes, como no experimento de Young: é uma *interferência de feixes múltiplos*.

Com efeito, consideremos uma lâmina de índice de refração n e espessura d situada no ar ($n_0 = 1$), e um raio incidente $\overline{OA}$ (Figura 3.8). Ele dá origem a um raio 1 parcialmente refletido e um raio $\overline{AB}$ refratado. Em B, há nova reflexão e nova refração parcial (raio transmitido 1'). Esse processo continua a se repetir, embora a intensidade vá diminuindo a cada reflexão. Temos assim raios refletidos 1, 2, 3, ... e raios transmitidos 1', 2', ... (Figura 3.8).

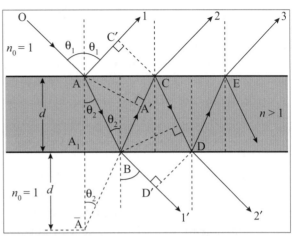

Figura 3.8 Interferência de feixes múltiplos.

Os efeitos de interferência na luz refletida (soma das contribuições de 1 + 2 + 3 + ...) ou transmitida (raios 1' + 2' + ...) dependem da *diferença de caminho ótico* entre dois raios consecutivos refletidos ou transmitidos. Com efeito, como vimos na (3.2), o fator de fase associado a um percurso l de uma onda num meio de índice de refração n é

$$\exp(ikl) = \exp(ik_0 nl) = \exp\left(\frac{2i\pi}{\lambda_0} nl\right) \qquad (3.25)$$

onde λ_0 é o comprimento de onda no vácuo (ar) e nl o *caminho ótico* correspondente ao percurso l.

Para calcular a diferença de caminho ótico entre os raios 2 e 1, notemos que CC' ($\perp$ ao raio 2) pode ser considerada como frente de onda transmitida associada à frente de onda AA' ($\perp$ ao raio BC). Logo, os caminhos óticos [AC'] e [A'C] são iguais (compare com a Figura 2.12).

A diferença de caminho ótico entre os raios 2 e 1 é

$$n\left(\overline{\overline{AB}} + \overline{BA'}\right) = n\left(\overline{\overline{AB}} + \overline{BA'}\right) = n\overline{\overline{AA'}} = n\overline{\overline{AA}} \cos\theta_2$$

onde $\overline{AA_1} = \overline{A_1 A} = d$ ($\overline{A}$ é a imagem especular de A).

Finalmente, representando a *diferença de caminho ótico* por [2] – [1], temos (veja a Figura 3.8)

$$[2]-[1] = 2nd \cos\theta_2 \qquad [\text{veja porém a } (3.27)] \qquad (3.26)$$

Essa é também, pela simetria da figura, a diferença de caminho ótico [2'] – [1'] entre dois raios transmitidos consecutivos.

Pareceria então que, quando há interferência construtiva para a luz transmitida, a interferência é também construtiva para a luz refletida. Isso seria incompatível com a conservação da energia, pois um máximo da intensidade total transmitida deveria corresponder a um mínimo da intensidade total refletida.

A origem dessa dificuldade está em termos admitido tacitamente que não há mudança de fase na reflexão. Isso não é sempre verdade. Já vimos para outros tipos de ondas que, quando uma onda se reflete na interface entre dois meios, pode refletir-se sem mudança de fase ou com mudança de fase de π (troca de sinal: $e^{i\pi} = -1$), dependendo das *condições de contorno*, ou seja, do que acontece na interface.

Assim, um pulso que se reflete na extremidade *fixa* de uma corda vibrante volta invertido (defasagem de π), ao passo que não muda de fase ao refletir-se numa extremidade livre (**FB2**, Seção 5.6). Analogamente, uma onda acústica de deslocamento se reflete com mudança de fase de π numa extremidade fechada de um tubo de órgão, mas sem defasagem numa extremidade aberta (idem, Seção 6.4).

Na Figura 3.8, vemos que a onda refletida 1 corresponde à reflexão vindo de um meio *menos* refringente ($n_0 = 1$) ao encontrar outro *mais* refringente ($n > 1$), ao passo que a reflexão de 2 no ponto B é de um meio *mais* refringente para um *menos* refringente.

Para ver que tem de existir uma defasagem adicional de π (mudança de sinal) num desses dois casos, consideremos o que acontece quando a *espessura d da lâmina* $\to 0$. Nesse limite, não pode haver reflexão: toda a luz deve ser transmitida. Logo, tem de haver uma defasagem adicional de π numa das interfaces (de n_0 para n ou de n para n_0), para que as contribuições de 2 e 1 tenham sinais contrários. A (3.26) deve ser então substituída por

$$\boxed{[2]-[1] = 2nd \cos \theta_2 + \frac{1}{2}\lambda_0} \tag{3.27}$$

pois uma diferença de caminho de $\frac{1}{2}\lambda_0$ no ar corresponde a uma defasagem de π.

Por outro lado, o raio 3 sofre *duas* reflexões adicionais em relação ao raio 2 (nos pontos C e D da Figura 3.8), *ambas de n* para n_0, de modo que sua contribuição, bem como as de 4, 5, ... tem o mesmo sinal que a de 2. Assim, quando $d \to 0$ devemos ter,

$$\text{contribuição de } \underbrace{2+3+4+\ldots}_{\text{todas em fase}} \text{ CANCELA a } \underbrace{\text{contribuição de } 1\,(d \to 0)}_{\text{fase oposta}} \tag{3.28}$$

Pode-se demonstrar explicitamente que é isto que acontece (cf. Seção 3.4).

Por outro lado, para os raios *transmitidos*, duas contribuições consecutivas, como as de 1' e 2', diferem por *duas* reflexões adicionais, ambas de n para n_0 (em B e em C), de forma que todas entram com o mesmo sinal e se reforçam, quando $d \to 0$, levando à *transmissão total* neste limite, conforme esperado.

Veremos mais tarde, na teoria eletromagnética da luz (Seção 5.6), como consequência das condições de contorno, que a defasagem adicional de π ocorre quando o raio vem de um meio menos refringente (como o ar) para um mais refringente (como o vidro), nas condições usuais em que a interferência é observada

A expressão (3.27) para a diferença de caminho permite encontrar as condições de interferência construtiva ou destrutiva para a luz refletida, que, pelo que acabamos de ver, são complementares às que prevalecem para a luz transmitida: quando uma delas é construtiva, a outra é destrutiva. Máximos de reflexão correspondem a mínimos de transmissão, e vice-versa. Obtemos assim:

$$\begin{aligned} 2nd \cos \theta_2 = m\lambda_0 \, (m = 0, 1, 2, \ldots) &\Rightarrow \begin{cases} \text{MÍNIMO de reflexão} \\ \text{MÁXIMO de transmissão} \end{cases} \\ 2nd \cos \theta_2 = \left(m + \frac{1}{2}\right)\lambda_0 \, (m = 0, 1, 2, \ldots) &\Rightarrow \begin{cases} \text{MÁXIMO de reflexão} \\ \text{MÍNIMO de transmissão} \end{cases} \end{aligned} \qquad (3.29)$$

Como no caso limite $d \to 0$, demonstra-se que os mínimos de reflexão correspondem a reflexão *nula*, ou seja, à transmissão total[*].

Para observação próxima da direção normal ao filme ($\theta_1 \approx \theta_2 \approx 0$), se formos aumentando a espessura do filme a partir de zero, o 1° máximo de reflexão ($m = 0$) ocorre para

$$d \approx \frac{1}{4}\frac{\lambda_0}{n} = \frac{\lambda}{4} \qquad (3.30)$$

onde λ é o comprimento de onda no interior do meio ($k = nk_0 \to \lambda = \lambda_0/n$): diz-se que se tem um "filme de um quarto de onda".

Se tivéssemos considerado uma situação em que a lâmina separa dois meios de índices diferentes, n_0 e n_1, e o índice de refração da lâmina é intermediário, $n_0 < n < n_1$, haveria defasagens de π tanto para o raio refletido 1 como para 2, e a diferença de caminho ótico correta seria dada pela (3.26). Nesse caso, a (3.30) define a condição para o 1° *mínimo* de reflexão.

Isso é aplicado em *filmes antirrefletores*. A luz que atravessa um sistema de lentes, numa máquina fotográfica, por exemplo, sofre reflexão parcial na superfície de cada lente. Embora a perda de intensidade associada seja pequena para raios paraxiais, a perda total após várias interfaces pode ser apreciável, além dos efeitos indesejáveis da luz difusa.

Para eliminar a reflexão, deposita-se nas superfícies de todas as lentes em contato com o ar um filme dielétrico de 1/4 de onda, de índice intermediário entre os do ar e do vidro. Como o índice de refração varia com λ, escolhe-se λ na região mais luminosa do espectro visível, entre o amarelo e o verde. Por isso, lentes com tais depósitos refletem a cor complementar, de tom púrpura (lentes "azuladas").

Se tivermos um meio de espessura variável (no ar), observado com $\theta_1 \approx \theta_2 \approx 0$, a condição de interferência destrutiva, com luz incidente monocromática, será satisfeita para espessuras $d = 0$, $d = \lambda/2$, $d = \lambda,...$ em que aparecem *franjas escuras* na luz refletida, conhecidas como *franjas de mesma espessura* (Figura 3.9a).

Numa lâmina de água de sabão formada sobre um aro e colocada num plano vertical, a água escorre para baixo, formando uma cunha. Observando com luz branca, as franjas

---

[*] Isso corresponde ao fato de que a intensidade varia *periodicamente* com a defasagem $\Delta = 2nk_0 d \cos \theta_2$, com período 2π (veja a Figura 3.12 adiante).

escuras aparecem em alturas diferentes para diferentes λ; a luz refletida tem a cor complementar, formando as cores de interferência típicas de *bolhas de sabão*. No topo da lâmina ou de uma bolha antes de estourar, aparece uma mancha preta, mostrando que a espessura da lâmina tornou-se menor que $\lambda/4$ para todos os λ no visível (Figura 3.9b).

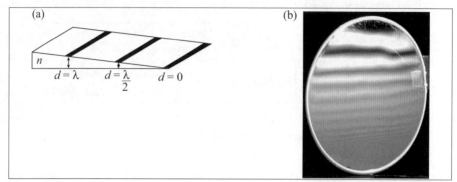

Figura 3.9 (a) Franjas de mesma espessura; (b) Interferência em lâmina de água de sabão.

Se colocarmos uma lente plano-convexa sobre uma placa de vidro plana (Figura 3.10a), forma-se entre elas uma lâmina de ar de espessura variável, permitindo observar, tanto na luz refletida como na transmitida, franjas de interferência de igual espessura, formando anéis concêntricos, que são os *anéis de Newton* (Figura 3.10b). Eles já haviam sido observados por Robert Boyle em 1663, mas Newton determinou, com grande precisão, a relação entre seus raios e a espessura da camada onde se formam, e deu uma explicação ondulatória da sua origem, em termos das ondas que associava aos "acessos de fácil reflexão e fácil transmissão". Além disso, usou-os para medidas altamente precisas de comprimentos de onda da luz!

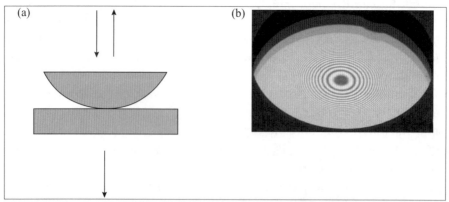

Figura 3.10 (a) Produção dos anéis de Newton; (b) Observação dos anéis de Newton.

Uma aplicação prática importante das franjas de mesma espessura é testar até que ponto uma superfície ótica é plana, colocando-a em contato com uma superfície plana padrão e observando as franjas de interferência formadas na lâmina de ar entre as duas superfícies, que indicam as linhas de nível da superfície testada. A superfície testada pode ser polida até tornar-se "oticamente plana".

Outros exemplos de cores de interferência são as cores das manchas de óleo sobre asfalto molhado, e as da plumagem de beija-flores ou de asas de borboletas. Numa asa de borboleta azul ("*Morpho*"), por exemplo, a interferência se produz em lâminas delgadas que recobrem a asa formando "terraços". Há um máximo de reflexão no azul para incidência perpendicular. O tom de azul varia com o ângulo de observação, correspondendo à variação com θ_2 do comprimento de onda associado à interferência construtiva. Existem placas transparentes análogas na plumagem dos beija-flores.

3.4 DISCUSSÃO DAS FRANJAS DE INTERFERÊNCIA

Se a luz refletida por uma lâmina for coletada por uma lente L (Figura 3.11), formar-se-á, num ponto P do seu plano focal, uma imagem puntiforme brilhante ou escura conforme o ângulo θ_1 corresponda a um máximo ou mínimo de reflexão (a lente pode representar também o olho de um observador).

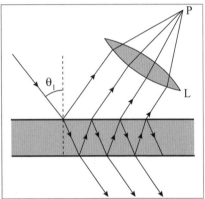

Isso vale para raios incidentes numa só direção θ_1. Entretanto, se tivermos uma *fonte de luz extensa* iluminando a placa, haverá raios incidentes em toda uma faixa de ângulos θ_1, e a intensidade das imagens correspondentes variará conforme o valor correspondente da defasagem, correspondendo a um valor bem definido para cada inclinação θ_1. Observam-se nesse caso *franjas de interferência de mesma inclinação*.

Figura 3.11   Imagem de interferência.

Até aqui discutimos apenas os valores de θ_1 para os quais a intensidade refletida (ou transmitida) é máxima ou mínima, sem analisar como varia a intensidade entre os máximos e os mínimos.

A variação depende da *refletividade r* das interfaces, que é a *porcentagem de reflexão*, ou seja, a fração da intensidade incidente que se reflete. Como vimos na Seção 2.4, r varia com o ângulo de incidência (cf. Seção 5.7): em geral, a refletividade é pequena (alguns %) na incidência perpendicular ($\theta_1 = 0$) e tende a aumentar com θ_1. Na passagem para um meio mais refringente, $r \to 1$ (100% de reflexão) quando $\theta_1 \to \pi/2$ (incidência rasante).

A refletividade também aumenta com o índice de refração relativo n_{12}: quanto mais forte a descontinuidade entre os dois meios, maior é r. Pode-se aumentar r depositando na interface um filme composto de uma ou mais camadas delgadas de meios transparentes de índices convenientemente escolhidos (efeito oposto a um filme antirrefletor). Também se pode depositar um filme metálico fino: tem-se então uma lâmina *semiespelhada*, como as que são usadas em alguns óculos de sol; nesse caso, uma fração da intensidade é absorvida no interior do metal.

A Figura 3.12 [baseada na (3.35) a seguir] mostra a variação da refletividade total $\mathcal{R}$ da *lâmina* e de sua *transmissividade* total $\mathcal{T}$ (frações da intensidade incidente sobre

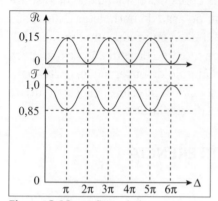

Figura 3.12 Refletividade e transmissividade em função da defasagem.

a lâmina que se refletem ou transmitem, respectivamente), em função da *defasagem*** entre dois raios sucessivos,

$$\Delta = 2n k_0 d \cos \theta_2 = \frac{2\pi}{\lambda_0} \cdot 2nd \cos \theta_2 \quad (3.31)$$

para incidência perpendicular do ar sobre o vidro, com $r = 0,04$. A conservação da energia dá

$$\mathcal{R} + \mathcal{T} = 1 \quad (3.32)$$

de modo que os dois gráficos são complementares: refletividade $\mathcal{R} = 0$ corresponde à transmissão total pela lâmina, $\mathcal{T} = 1$. As expressões para $\mathcal{R}$ e $\mathcal{T}$ decorrem da (3.35) a seguir.

A *visibilidade* ou *contraste* das franjas na luz transmitida é definida por

$$v = \frac{\mathcal{T}_{max} - \mathcal{T}_{min}}{\mathcal{T}_{max} + \mathcal{T}_{min}} \quad (3.33)$$

que neste caso é $(1,0 - 0,85)/(1,0 + 0,85) \approx 0,08$: as franjas são pálidas, com pouco contraste de intensidades.

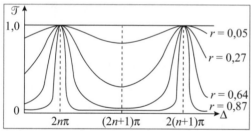

Figura 3.13 Variação de $\mathcal{T}$ com r.

O gráfico da Figura 3.13 mostra como $\mathcal{T}$ varia à medida que r aumenta: as franjas vão ficando cada vez mais nítidas e mais estreitas, com um contraste crescente entre máximos e mínimos. Por que isso acontece?

Para compreender esse efeito, notemos que r é a razão das *amplitudes* de dois raios consecutivos na Figura 3.8 (como 2' e 1'). Com efeito, essas amplitudes diferem por *duas* reflexões adicionais na interfaces (nos pontos B e C), em cada uma das quais a *amplitude* é reduzida por um fator $\sqrt{r}$ (r é a razão da *intensidade* refletida à incidente).

Por outro lado, a diferença de fase entre dois raios consecutivos é Δ. Usando notação complexa, concluímos que a contribuição do raio 2' difere da de 1' por um fator $r e^{i\Delta}$. Logo, a soma das amplitudes complexas de todas as contribuições transmitidas 1', 2', 3', ... é proporcional a

$$1 + r e^{i\Delta} + \left(r e^{i\Delta}\right)^2 + \ldots = \frac{1}{1 - r e^{i\Delta}} \quad (3.34)$$

** A defasagem Δ, pela (3.25), é o produto de k_0 pela diferença de caminho ótico (3.26).

(soma de uma progressão geométrica de magnitude da razão $r < 1$). Na realidade, há um número finito de contribuições, mas, se o número total N de reflexões é grande, $(r\,e^{i\Delta})^N$ é desprezível, por ser $r < 1$.

Por que razão a magnitude da soma (3.34) varia muito mais rapidamente com Δ para r próximo da unidade do que para $r \ll 1$, como ilustrado na Figura 3.13?

Se representarmos os termos da soma no plano complexo, obtemos uma soma de vetores, em que cada termo difere do anterior por ter sua magnitude multiplicada por r e seu ângulo de fase acrescido de Δ (rotação por um ângulo Δ). Vamos comparar as resultantes tomando quatro termos e $\Delta = 0$, $\frac{\pi}{4}$ e $\frac{\pi}{2}$, com $r = 0{,}25$ num caso e $r = 0{,}8$ no outro (Figura 3.14). Vemos que a resultante R decresce muito mais rapidamente, quando Δ aumenta, no 2° caso do que no 1° (o comprimento de R foi ajustado para ser o mesmo nos dois casos, para $\Delta = 0$, quando $\mathcal{T} = 1$). Quando r é pequeno, a resultante é praticamente a soma dos dois ou três primeiros termos, sendo pouco afetada pelas defasagens; quando r é próximo de 1, os vetores "espiralam" rapidamente com o aumento de Δ e R decresce logo.

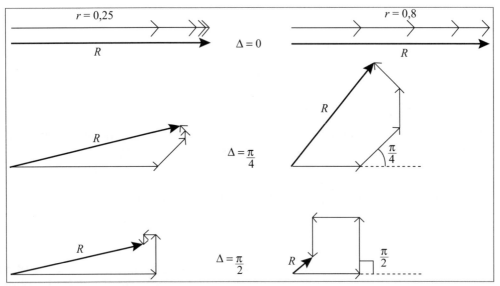

Figura 3.14 Variação da resultante com r.

Assim, para r próximo da unidade, as franjas de interferência na luz transmitida adquirem o aspecto de riscas brilhantes e muito estreitas (máximos de transmissão) num fundo escuro.

A largura (em termos da defasagem Δ) das franjas de interferência é da ordem de $t = 1 - r$, a *transmissividade* de uma das interfaces. Com efeito, em cada reflexão interna, uma fração r da intensidade é refletida e uma fração t é transmitida. Logo, o *número de reflexões* sofridas por um raio antes que a maior parte de sua intensidade tenha sido transmitida é da ordem de $1/t$. Para $\Delta = 2\,m\pi$, os raios interferem em fase. Para $\Delta = 2\,m\pi + \varepsilon$, a defasagem acumulada após $1/t$ reflexões é da ordem de ε/t, e a interferência começa a se tornar destrutiva quando essa defasagem é ~ 1, confirmando que a largura das franjas corresponde a $\varepsilon \sim t$.

A razão por que t tem de ser pequena para que as franjas sejam estreitas é, portanto, que, quando o número médio de reflexões sofridas antes da emergência do raio é grande, uma variação muito pequena da defasagem, devida ao efeito cumulativo, já é suficiente para levar da interferência construtiva à destrutiva.

Para uma discussão mais quantitativa da largura das franjas, calculemos a *intensidade* associada à amplitude complexa (3.34), que é proporcional à transmissividade total $\mathcal{T}$:

$$\left|\frac{1}{1-re^{i\Delta}}\right|^2 = \frac{1}{(1-re^{-i\Delta})(1-re^{i\Delta})} = \frac{1}{1+r^2-r(e^{i\Delta}+e^{-i\Delta})}$$
$$= \frac{1}{1+r^2-2r\cos\Delta} = \frac{1}{\underbrace{(1-r)^2}_{=t}+2r\underbrace{(1-\cos\Delta)}_{=2\,\text{sen}^2\left(\frac{\Delta}{2}\right)}} = \frac{1}{t^2+4r\,\text{sen}^2\left(\frac{\Delta}{2}\right)}$$ (3.35)

Como deve ser $\mathcal{T} = 1$ para $\Delta = 0$, resulta

$$\mathcal{T} = \frac{t^2}{t^2+4r\,\text{sen}^2\left(\frac{\Delta}{2}\right)}$$

e $\mathcal{R} = 1 - \mathcal{T}$. As Figuras 3.12 e 3.13 baseiam-se nesses resultados.

Com $t \ll 1$ ($r \approx 1$), consideremos um pequeno deslocamento de fase ε ($|\varepsilon| \ll 1$) a partir de um máximo de interferência, $\Delta = 2m\pi + \varepsilon$. Temos então,

$$\text{sen}^2\left(\frac{\Delta}{2}\right) = \text{sen}^2\left(m\pi+\frac{\varepsilon}{2}\right) = \text{sen}^2\left(\frac{\varepsilon}{2}\right) \approx \frac{\varepsilon^2}{4}$$

e

$$\frac{1}{t^2+4r\,\text{sen}^2\left(\frac{\Delta}{2}\right)} \approx \frac{1}{t^2+\varepsilon^2}$$ (3.36)

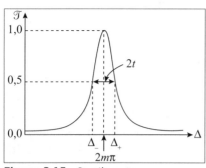

Figura 3.15 Semilargura.

A distância entre os pontos nos quais a transmissividade total $\mathcal{T}$ cai à metade do seu valor máximo (Figura 3.15) define a *semilargura* do pico. Vemos na (3.36) que esses pontos correspondem a $\varepsilon = \pm t$, de forma que a semilargura das franjas na variável Δ é

$$\Delta_+ - \Delta_- = 2t$$ (3.37)

o que concorda com a discussão qualitativa anterior.

3.5 INTERFERÔMETROS

A condição (3.29) para um máximo de transmissão, escrita em termos da defasagem Δ [cf. (3.31)],

$$\Delta = \frac{4\pi}{\lambda_0} nd \cos \theta_2 = 2m\pi \quad (m = 0, 1, 2, \ldots) \tag{3.38}$$

depende do comprimento de onda λ_0 incidente. Assim, se a luz incidente contém dois comprimentos de onda diferentes superpostos, as posições dos máximos de interferência correspondentes na luz transmitida serão diferentes.

Se as franjas brilhantes forem suficientemente estreitas, isto permitirá *separar comprimentos de onda*, mesmo que sejam muito próximos. É nesse princípio que se baseiam os *interferômetros*, instrumentos empregados em espectroscopia para analisar a estrutura fina e hiperfina das linhas espectrais, para comparar comprimentos de onda entre si ou com o metro padrão (medida absoluta de λ_0).

A principal qualidade de um interferômetro para análise é o seu *poder separador*, definido como o *inverso da menor variação fracionária* $(\delta\lambda)/\lambda$ *que ele permite determinar*, ou seja

$$\text{Poder separador} = \frac{\lambda}{\delta\lambda} \tag{3.39}$$

A Figura 3.16 mostra dois picos de intensidade, associados aos comprimentos de onda λ_0 e $\lambda_0 + \delta\lambda$, cujos centros distam, na variável Δ, de uma defasagem igual à *semilargura* ε de cada pico. Costuma-se adotar como critério que esse é o menor valor de $\delta\lambda$ que ainda permite distinguir as duas franjas de interferência.

Com efeito, a intensidade resultante (em linha interrompida na Figura 3.16) tem uma pequena depressão central que permite detectar o pico duplo, mas que já não apareceria se os centros estivessem mais próximos.

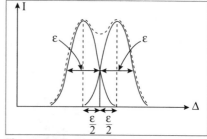

Figura 3.16 Limite do poder separador.

Suponhamos que o pico associado a λ_0 corresponda à ordem $2m$ de interferência, ou seja, que satisfaça a (3.38). A mesma direção θ_2 deve então corresponder a uma defasagem $2m\pi - 2\varepsilon$ para $\lambda_0 + \delta\lambda$, ou seja

$$\Delta(\lambda_0 + \delta\lambda) = \underbrace{\frac{4\pi}{\lambda_0 + \delta\lambda}}_{=\lambda_0\left(1+\frac{\delta\lambda}{\lambda}\right) \leftarrow \left|\frac{\delta\lambda}{\lambda}\right| \ll 1} nd \cos \theta_2 \approx \underbrace{\frac{4\pi}{\lambda_0} nd \cos \theta_2}_{2m\pi} \left(1 - \frac{\delta\lambda}{\lambda}\right) = 2m\pi - 2\varepsilon$$

o que dá

$$\boxed{\frac{\lambda}{\delta\lambda} = \frac{2m\pi}{2\varepsilon} = \frac{m\pi}{t}}\qquad(3.40)$$

onde usamos a expressão (3.37) para a semilargura devida a uma lâmina de faces paralelas. Por conseguinte, a *semilargura é diretamente proporcional à ordem de interferência e inversamente proporcional à transmissividade da interface da lâmina.*

Para estimar m, podemos tomar $n \cos \theta_2$ da ordem da unidade. Pela (3.38), temos então

$$m \sim 2d/\lambda_0 \qquad(3.41)$$

Assim, com $\lambda_0 \sim 5 \times 10^{-5}$ cm, uma placa de espessura $d \sim 1$ cm corresponde a $m \sim 4 \times 10^4$. Se a refletividade r da interface for 0,9, a (3.40) resulta em

$$\frac{\lambda}{\delta\lambda} \sim \frac{4\pi \times 10^4}{10^{-1}} \sim 10^6$$

o que permite separar duas linhas espectrais com $\delta\lambda/\lambda \sim 10^{-6}$ (variação fracionária de ~ 1 ppm = 1 parte por milhão).

O *interferômetro de Fabry-Perot* (Figura 3.17a) é um par de placas paralelas de vidro ou quartzo, na face interna das quais são depositados filmes de refletividade elevada (espelhamento).

Para observar as franjas, coletam-se os feixes transmitidos paralelos por meio de uma lente L, que os focaliza num ponto P' do anteparo de observação 𝒪. A fonte de luz é uma *fonte extensa* 𝒮, que envia raios incidentes em diferentes direções. Pela simetria do dispositivo em torno do eixo da lente, são observadas (Figura 3.17b) franjas de mesma inclinação θ de forma circular (interseção do plano 𝒪 com um cone de abertura θ e eixo no eixo de simetria da lente).

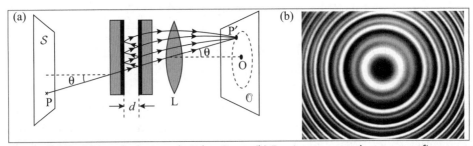

Figura 3.17 (a) Interferômetro de Fabry-Perot; (b) Franjas, mostrando estrutura fina.

A lâmina de faces paralelas nesse caso é a lâmina de ar de espessura d (= separação entre as placas), de forma que $n = 1$, e a condição que dá o máximo de interferência de ordem m, pela (3.38), é

$$\boxed{\frac{4\pi}{\lambda_0} d \cos \theta_m = 2m\pi}\qquad(3.41)$$

que dá o ângulo de abertura θ_m do cone correspondente a cada ordem m.

O poder separador do interferômetro de Fabry-Perot é dado pela (3.40), e atinge valores extremamente elevados, permitindo detectar a *estrutura hiperfina* de raias espectrais, separando comprimentos de onda muito próximos. Tomam-se cuidados especiais para assegurar o paralelismo (o padrão resultante chama-se *étalon*) e manter constante a distância d.

No *interferômetro de Michelson*, luz de uma fonte S é subdividida (Figura 3.18) em dois feixes perpendiculares por uma lâmina semiespelhada, depositada sobre uma placa de vidro P_1, a 45° do feixe incidente. O feixe refletido vai a um espelho E_1, que o manda de volta e para a lente L, depois de atravessar novamente P_1. O feixe transmitido pela lâmina semiespelhada vai para outro espelho E_2 (Figura 3.18) e, depois de refletir-se na lâmina, vai também para L (a placa P_2, idêntica a P_1 mas não espelhada, é inserida para compensar a diferença de caminho ótico correspondente ao duplo atravessamento de P_1 pelo feixe que se reflete em E_1).

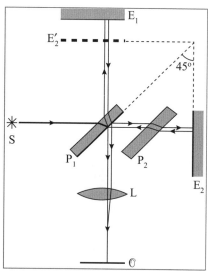

Figura 3.18 Interferômetro de Michelson.

Os dois feixes interferem no plano de observação ⊙, onde são focalizados pela lente L. Se E'_2 é a imagem especular de E_2 na lâmina semiespelhada (Figura 3.18), as condições de interferência construtiva ou destrutiva são as mesmas que para a lâmina de faces paralelas formada por E_1 e E'_2, para o par de raios (aqui não há reflexões múltiplas).

Como o raio que vai para E_1 sofre reflexão *interna* na camada espelhada, e o que vai para E_2 é refletido externamente, há uma defasagem adicional de π, e a (3.29), com $n = 1$, dá $2\, d \cos \theta_m = m \lambda_0$ ($m = 0, 1, 2,...$) para interferência *destrutiva* (anéis escuros), onde $d = |l_2 - l_1|$ é a diferença de caminho.

O interferômetro de Michelson permite detectar diferenças extremamente pequenas de caminho ótico entre os dois braços perpendiculares do percurso dos raios. Uma diferença de caminho λ_0 (Δm) representa um deslocamento de Δm franjas. É possível estimar visualmente deslocamentos até de $\Delta m \sim \frac{1}{20}$ de franja.

3.6 COERÊNCIA

No final da Seção 3.2 foi reproduzida a observação original de Young, de que é essencial, para observar efeitos de interferência entre diferentes trajetos da luz, que eles se originem da mesma fonte.

Para ver por que isso é importante, consideremos primeiro um problema análogo ao que acabamos de discutir, uma superposição de muitos feixes de luz, todos monocromáticos e de mesma frequência angular ω, propagando-se na mesma direção, mas com *defasagens relativas distribuídas ao acaso*. Isso sucederia, por exemplo, se eles provêm todos de *fontes de luz diferentes*, cujas fases de oscilação são independentes entre si.

Num dado ponto do espaço, a onda luminosa é então da forma (em notação complexa)

$$E = \sum_{j=1}^{N} A_j e^{i\varphi_j} \cdot e^{-i\omega t} \qquad (3.42)$$

onde A_j é a amplitude real da j-ésima contribuição e φ_j sua constante de fase no ponto considerado.

A intensidade correspondente é proporcional a

$$\boxed{|E|^2 = \left|\sum_{j=1}^{N} A_j e^{i\varphi_j}\right|^2} \qquad (3.43)$$

ou seja,

$$|E|^2 = \sum_{j=1}^{N} A_j e^{-i\varphi_j} \sum_{k=1}^{N} A_k e^{i\varphi_k} = \sum_{j=1}^{N}|A_j|^2 + \sum\sum_{j \neq k} A_j A_k e^{i(\varphi_k - \varphi_j)}$$

$$= \sum_{j=1}^{N}|A_j|^2 + \sum\sum_{j<k} A_j A_k \underbrace{\left[e^{i(\varphi_k-\varphi_j)} + e^{-i(\varphi_k-\varphi_j)}\right]}_{2\cos(\varphi_k - \varphi_j)}$$

onde explicitamos, na soma sobre $j \neq k$, os termos (j, k) e (k, j) (daí somarmos só sobre $j < k$). Finalmente, como a intensidade I_j é proporcional a $|E_j|^2$,

$$\boxed{I = \sum_{j=1}^{N} I_j + 2\sum\sum_{j<k} \sqrt{I_j I_k} \cos(\varphi_k - \varphi_j)} \qquad (3.44)$$

que é uma generalização da lei de interferência de dois feixes (3.10). O último termo, que é o termo de interferência, depende das *diferenças de fase* $\Delta_{jk} \equiv \varphi_k - \varphi_j$.

Como as fases φ_k estão distribuídas ao acaso, o mesmo vale para as diferenças Δ_{jk}. Para N grande, os valores de $\cos(\varphi_k - \varphi_j)$ na (3.44) tendem a estar *equidistribuídos*, com valores positivos e negativos igualmente prováveis. Supondo as intensidades comparáveis, vemos que o termo de interferência tende a se cancelar [como num passeio ao acaso no plano (**FB2**, Seção 12.4)]. Desprezando pequenas flutuações, temos então

$$\boxed{I = \sum_{j=1}^{N} I_j} \qquad (3.45)$$

ou seja, a *intensidade resultante é a soma das intensidades devidas às diferentes fontes*, sem termos de interferência. Dizemos que as *fontes são incoerentes*.

Que relevância tem esse resultado, onde tomamos um grande número de fontes diferentes, para o experimento de Young ou para o interferômetro de Michelson, onde apenas dois feixes interferem? Poderíamos pensar que as franjas de interferência ainda apareceriam mesmo com feixes originários de duas fontes diferentes, por exemplo, dois filamentos de lâmpadas incandescentes, desde que a luz de cada fonte fosse devidamente filtrada (um filtro vermelho deixa passar predominantemente luz vermelha), para torná-la tão monocromática quanto possível. Entretanto, se fizermos a experiência dessa forma, com duas fontes de luz diferentes, a interferência não é observada: elas se comportam como fontes incoerentes. Por quê?

A razão é que uma fonte de luz usual, como um filamento incandescente ou o Sol, é formada de um grande número de fontes microscópicas independentes (não correlacionadas), cada uma das quais atua durante um tempo muito curto e, se volta a atuar, sua fase inicial não guarda a memória da fase de oscilação anterior, o que produz uma situação análoga à da (3.43). Essas fontes geram *luz térmica*, assim chamada porque a emissão resulta da temperatura à qual a fonte se encontra.

A duração típica de um processo de emissão de luz por um átomo excitado é da ordem de 10^{-8} s. Assim, mesmo para *uma única* fonte de luz térmica que se faz passar por um filtro de frequência, a luz emitida não oscila no tempo como uma senoide ininterrupta: podemos representá-la como uma sucessão de trens de onda sinusoidais *finitos*, cada um com duração média associada a um processo de emissão, mas interrompido, e as fases iniciais de cada um deles variando ao acaso.

Essa imagem pode ser testada experimentalmente usando-se o interferômetro de Michelson. Com efeito, se a fonte de luz S na Figura 3.18 é uma fonte de luz térmica, verifica-se que a visibilidade das franjas de interferência tende a diminuir à medida que a diferença de tempo de percurso entre os dois braços, $\tau \equiv 2 |l_2 - l_1|/c$, aumenta, e as franjas desaparecem para τ apreciavelmente maior que um intervalo de tempo $\Delta\tau$ característico da fonte de luz, chamado *tempo de coerência*.

A interpretação desse resultado em termos da imagem de trens de onda independentes é imediata: um trem incidente de duração típica $\Delta\tau$ é dividido em dois trens de mesma duração pela lâmina semiespelhada. Para que possam interferir após os percursos nos dois braços, é necessário que o atraso relativo τ seja inferior à largura temporal $\Delta\tau$ de cada trem: caso contrário, não há *superposição* dos dois trens. Trens de ondas diferentes não interferem porque as defasagens entre eles variam ao acaso.

A duração finita $\Delta\tau$ de um trem de ondas também está associada com seu caráter *não monocromático*: em lugar de uma única frequência angular ω_0, ele cobre uma faixa de frequências de largura $\Delta\omega$.

Com efeito, consideremos uma superposição de ondas de frequências ω variáveis *continuamente* entre $\omega_0 - \frac{1}{2}\Delta\omega$ e $\omega_0 + \frac{1}{2}\Delta\omega$, admitindo, para simplificar, que todas tenham a mesma amplitude A num dado ponto do espaço, e vejamos como varia com o tempo a onda resultante:

$$E(t) = \int_{\omega_0 - \frac{\Delta\omega}{2}}^{\omega_0 + \frac{\Delta\omega}{2}} A e^{-i\omega t} d\omega \qquad (3.46)$$

Pensando na integral como limite de uma soma, vemos que isso representa efetivamente uma *superposição contínua* de ondas.

Com a mudança de variável $\omega = \omega_0 + u$, e notando que A é uma constante, fica

$$E(t) = A e^{-i\omega_0 t} \int_{-\frac{\Delta\omega}{2}}^{\frac{\Delta\omega}{2}} e^{-iut} du = A e^{-i\omega_0 t} \frac{e^{-iut}}{(-it)}\bigg|_{-\frac{\Delta\omega}{2}}^{\frac{\Delta\omega}{2}}$$

$$= A e^{-i\omega_0 t} \cdot \frac{2}{t} \underbrace{\left(\frac{e^{i\frac{\Delta\omega}{2}t} - e^{-i\frac{\Delta\omega}{2}t}}{2i} \right)}_{\operatorname{sen}\left(\frac{\Delta\omega}{2}t\right)} \qquad \left[E(t) = A e^{-i\omega_0 t} \frac{\operatorname{sen}\left(\Delta\omega \frac{t}{2}\right)}{\left(\frac{t}{2}\right)} \right] \qquad (3.47)$$

A intensidade média correspondente é

$$\boxed{I(t) = |E(t)|^2 = (A\Delta\omega)^2 \cdot \frac{\operatorname{sen}^2 v}{v^2}, \quad v \equiv \frac{\Delta\omega}{2} t} \qquad (3.48)$$

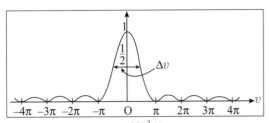

Figura 3.19 A função $\frac{\operatorname{sen}^2 v}{v^2}$.

A Figura 3.19 é um gráfico da função $(\operatorname{sen}^2 v)/v^2$, que é = 1 para $v = 0$ e se anula nos pontos $v_m = m\pi$ ($m = \pm 1, \pm 2, ...$). Temos $(\operatorname{sen}^2 v)/v^2 \leq 1/v^2$, função que cai rapidamente quando v cresce. Cerca de 91% da área sob a curva caem debaixo do pico central, na região entre $v = -\pi$ e $v = \pi$, ou seja, pela (3.48), entre os pontos

$$\frac{\Delta\omega}{2} t = \pm\pi \left\{ t = \pm \frac{2\pi}{\Delta\omega} \right.$$

Logo, a *largura temporal* do trem de ondas (3.46) (também denominado "*pacote de ondas*") é

$$\boxed{\Delta\tau \sim \frac{2\pi}{\Delta\omega} = \frac{1}{\Delta\nu} \quad (\omega = 2\pi\nu)} \qquad (3.49)$$

correspondendo à ordem de grandeza da largura do pico central da figura.

Vemos, nesse exemplo, que o *tempo de coerência* $\Delta\tau$ é da ordem do *inverso* da largura $\Delta\nu$ em frequência do pacote de ondas de luz considerado, também chamado de *largura espectral* do pacote. Para o caso ideal de luz perfeitamente monocromática, $\Delta\nu \to 0$, teríamos $\Delta\tau \to \infty$.

A relação (3.49) entre largura espectral e largura temporal de um pacote de ondas é *geral*. Para ver por que, notemos que os valores muito pequenos da função de onda fora da largura temporal são um efeito de *interferência destrutiva* entre as ondas monocromáticas de que o pacote é composto.

Com efeito, vemos na (3.46) que todas elas interferem em fase para $t = 0$, o *centro* (máximo) do pacote (se quiséssemos ter o pico do pacote em t_0, bastaria substituir t por $t - t_0$). Para que a interferência comece a passar de construtiva a destrutiva, é preciso que a defasagem entre a componente central, de frequência ω_0, e as "asas" $\omega_0 \pm \frac{\Delta\omega}{2}$, seja pelo menos de π, o que dá $t \frac{\Delta\omega}{2} \sim \pi$, mostrando que o resultado é independente da forma particular escolhida para o pacote neste exemplo.

É por essa razão que uma estação transmissora de rádio ou TV precisa de uma largura mínima de banda de frequências para transmitir seus sinais. No caso da TV, por exemplo, o feixe de elétrons tem de varrer $\sim 5 \times 10^2$ linhas da tela, cada uma com $\sim 5 \times 10^2$ pontos (pixels), a cada $\frac{1}{30}$ de segundo, com um sinal transmitindo a informação de se ele deve acender-se ou apagar-se. Logo, o número de pulsos de voltagem por segundo é $\sim 30 \times 25 \times 10^4 = 7,5 \times 10^6$, e a duração de cada pulso é $\sim \Delta t = 10^{-7}$ s. Para transmitir um sinal tão curto, a largura da banda de frequências necessária é $\Delta\nu \sim 10^7$ s^{-1} = 10 MHz, que é a largura típica associada a um "canal" de TV, e é a razão pela qual só há um número limitado de canais.

Chama-se *comprimento de coerência* de um sinal luminoso a distância Δl percorrida pela luz durante o tempo de coerência $\Delta\tau$; para propagação no vácuo, é

$$\boxed{\Delta l = c\Delta\tau \sim \frac{c}{\Delta\nu}} \tag{3.50}$$

A condição para que dois feixes de luz originários de mesma fonte possam interferir é que a *diferença de caminho entre eles não exceda o comprimento de coerência da luz*. Quando essa condição deixa de ser satisfeita, as franjas de interferência desaparecem (sua visibilidade $\to 0$).

Para luz "branca", tem-se $\Delta\nu \sim 0,3 \times 10^{15}$ Hz, o que dá $\Delta\tau \sim 3 \times 10^{-15}$ s e $\Delta l \sim 10^{-6}$ m = 1 μm $\sim \overline{\lambda}$, o comprimento de onda médio da luz. Para luz de uma fonte térmica, tornada (com o uso de filtros) tão monocromática quanto possível, $\Delta\tau$ é da ordem da vida média de um átomo excitado, $\sim 10^{-8}$ s, como já foi mencionado. Logo, $\Delta l \leq 10^2$ cm = 1 m. Já para a luz de um *laser* estabilizado, pode-se ter $\Delta\tau \geq 10^{-2}$ s, o que corresponde a $\Delta l \geq 10^8$ cm!

A diferença fundamental entre a luz do laser e luz térmica (luz solar, luz de uma lâmpada) é exatamente esta: a *coerência* elevada da luz do laser. Experimentos de interferência tornam-se muitíssimo mais fáceis quando se emprega luz de laser.

Quando giramos o botão de sintonia de um rádio entre duas estações, o alto-falante transmite apenas *ruído*. A luz térmica é análoga ao ruído; a luz de laser, nesta analogia, corresponderia a sintonizarmos uma estação que está transmitindo uma nota musical pura.

O comprimento de coerência mede a *correlação de fase* entre duas frentes de onda distantes uma da outra, no sentido *longitudinal* da propagação da luz, mas também é preciso considerar a coerência numa direção *transversal*, ao longo de uma frente de onda.

Se aumentarmos a distância ($\perp$ = transversal) $d_\perp$ entre os dois orifícios no experimento de Young, a visibilidade das franjas também tende a diminuir, e a interferência desaparece para $d_\perp \gg \Delta d_\perp$, onde $\Delta d_\perp$ depende do grau de *colimação* do feixe incidente: seria ∞ no caso ideal de uma onda plana (raios paralelos), mas um feixe de luz real tem uma *abertura angular* $\Delta\theta > 0$. Para luz térmica, tem-se

$$\boxed{\Delta d_\perp \sim \frac{\bar{\lambda}}{\Delta\theta}} \quad (3.51)$$

onde $\bar{\lambda}$ é o comprimento de onda médio da luz. Como $\bar{\lambda} \sim 2\pi/\bar{k}$ ($\bar{k}$ = número de onda médio), a (3.51) também se escreve

$$\boxed{\Delta d_\perp \cdot (\bar{k}\Delta\theta) \sim \Delta d_\perp \cdot \Delta k_\perp \sim 2\pi} \quad (3.52)$$

onde $\Delta k_\perp$ é a "abertura transversal" dos diferentes vetores de onda **k** da luz incidente, associada à abertura angular $\Delta\theta$.

A relação (3.52) é um análogo espacial da (3.49), e voltaremos a discuti-la na teoria da difração (Seção 4.6). Para luz solar, por exemplo, $\bar{\lambda} \sim 5 \times 10^{-5}$ cm e $\Delta\theta \sim 0{,}5°$, o diâmetro angular aparente do Sol, que corresponde a $\sim 10^{-2}$ rad, resultando em $\Delta d_\perp \sim 10^2\,\bar{\lambda}$ $\sim 0{,}05$ mm, razão pela qual o experimento de Young com luz solar torna-se difícil para um espaçamento $d \geq 0{,}1$ mm. Esta é uma forma indireta de medir $\Delta\theta$ para o Sol.

Analogamente, podemos usar a (3.51) para estimar o diâmetro angular de uma estrela, usando luz da estrela para produzir franjas tipo Young, e verificando que na separação $\Delta d_\perp$ as franjas tendem a desaparecer (veremos na teoria da difração que há um critério quantitativo para não só estimar, como também medir $\Delta\theta$ por este método).

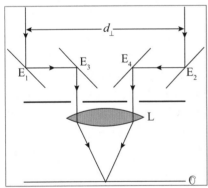

Figura 3.20 Interferômetro estelar de Michelson.

É o que foi feito por Michelson com seu *interferômetro estelar*, ilustrado na Figura 3.20. Luz da estrela incide sobre os espelhos móveis E_1 e E_2 e, depois de refletida nos espelhos fixos E_3, E_4, é focalizada pela objetiva L no plano de observação $\mathcal{O}$. Varia-se a distância $d_\perp$ entre E_1 e E_2 e verifica-se como varia a visibilidade das franjas de interferência devidas aos dois raios. Com o auxílio de uma relação análoga à (3.51), deduz-se daí o diâmetro angular $\Delta\theta$ da estrela.

Para a primeira estrela cujo diâmetro angular foi medido por esse método, Betelgeuse (α *Orionis*), a separação $d_\perp$ foi ~ 3m e Michelson obteve $\Delta\theta = 0{,}047''$ (segundos de arco). Conhecendo a distância de Betelgeuse à Terra, por meio de sua paralaxe (**FB1**, Seção 1.5), foi possível concluir que o diâmetro de Betelgeuse é cerca de 300 vezes maior que o do Sol. É difícil aumentar $d_\perp$ muito além desse valor: o menor $\Delta\theta$ medido por Michelson, o de Arcturus, que é de $0{,}02''$, exigiu $d_\perp \sim 8$ m.

Em 1954, R. Hanbury Brown e R. Q. Twiss mostraram que era possível detectar interferências entre *flutuações de intensidade* entre dois detectores, mesmo para separações

$d_\perp \sim 200$ m, o que permitiu medir diâmetros angulares de 0,0005"! A explicação está relacionada com *coerência de ordem superior*, e a experiência teve um forte impacto no desenvolvimento da ótica quântica.

A área de um círculo de raio $\Delta d_\perp$ em torno de um ponto num feixe de luz (transversal à direção de propagação) é chamada de *área de coerência* ΔA, e o volume

$$\Delta V \sim \Delta A \Delta l \qquad (3.53)$$

onde Δl é o comprimento de coerência, chama-se *volume de coerência*. Podemos interpretá-lo como a região do espaço em torno de um ponto P do feixe da qual é possível extrair amostras capazes de interferir com a luz em P, ou seja, exibindo propriedades de *coerência* em relação a P.

■ PROBLEMAS

3.1 No experimento do *espelho de Lloyd*, observa-se num anteparo 𝒪 a interferência entre a luz que vai diretamente de uma fonte puntiforme F para um ponto P do anteparo 𝒪 e a luz que vai de F para P refletindo-se numa placa plana de vidro E (figura ao lado). A distância de F ao plano da placa é d e a distância de F a 𝒪 é $D \gg d$. Observa-se a primeira franja brilhante (máximo) de interferência num ponto P a uma distância y do plano da placa, usando luz monocromática de comprimento de onda λ. Calcule y em função de λ, d e D.

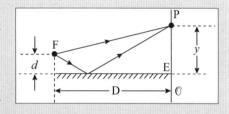

Sugestão: Considere a imagem especular de F e a defasagem na reflexão.

3.2 No experimento de Young, com a luz incidindo perpendicularmente sobre o anteparo onde estão os dois orifícios, coloca-se uma lâmina delgada transparente de faces paralelas e índice de refração n sobre um dos dois orifícios. Isso produz um deslocamento de m franjas na figura de interferências (a franja central brilhante desloca-se para a posição que era ocupada pela franja brilhante de ordem m). O comprimento de onda da luz é λ. Qual é a espessura d da lâmina?

3.3 Para explicar as cores das manchas de óleo no asfalto molhado, considere uma camada de óleo, de índice de refração 1,5, boiando sobre a água (o asfalto absorve a luz transmitida através do óleo e da água). Suponha que a espessura da camada de óleo é igual ao comprimento de onda λ_1 da luz violeta no ar, e que se observa a luz refletida na incidência perpendicular. (a) Mostre que há um *mínimo* de reflexão para luz violeta. (b) O comprimento de onda λ_2 da luz vermelha é aproximadamente o dobro: $\lambda_2 \approx 2\lambda_1$. Mostre que para luz vermelha há um máximo de reflexão.

3.4 Uma lâmina de água de sabão (índice de refração igual ao da água), colocada num aro vertical, escorre para baixo formando uma cunha. Observada por reflexão com luz de sódio ($\lambda = 5.890$ Å) incidente perpendicularmente, verifica-se que há uma franja escura no topo e quatro franjas escuras por cm na lâmina. Qual é o ângulo de abertura da cunha (em radianos)?

3.5 Considere o experimento dos anéis de Newton, descrito na Seção 3.3. Uma lente plano-convexa de raio de curvatura R é colocada em contato com uma placa plana de vidro e iluminada na incidência perpendicular (figura ao lado). (a) Calcule a relação entre as distâncias ρ e h da figura na vizinhança do ponto de contato O ($h \ll R$). (b) Calcule o raio ρ_m do m-ésimo anel escuro, visto na luz refletida, com luz monocromática de comprimento de onda λ.

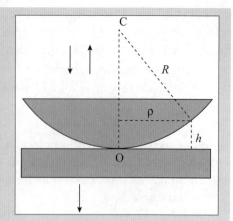

3.6 Considere o experimento de Young com um feixe incidente 1 perpendicular ao anteparo $\mathcal{A}$ e um ponto P na direção θ do anteparo de observação $\mathcal{O}$, onde a interferência é *construtiva*. Se agora acrescentamos outro feixe incidente 2, que forma um ângulo $\Delta\theta$ com o feixe 1, e se formos aumentando $\Delta\theta$, chegaremos a uma situação onde a interferência em P é *destrutiva* para o feixe 2, ou seja, os mínimos de 2 caem sobre os máximos de 1 e, se os dois

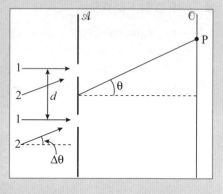

feixes têm a mesma intensidade (e frequência), as franjas de interferência desaparecem. Mostre que isso acontece para $\Delta\theta = 0{,}5\ \lambda/d$, onde d é a separação das aberturas. Isso permite medir $\Delta\theta$. Relacione esse resultado com o interferômetro estelar de Michelson (Seção 3.6).

3.7 Para construir outro exemplo da relação entre largura temporal Δt e largura espectral $\Delta\omega$, considere o pacote de ondas [cf. (3.46)]

$$E(t) = \int_0^\infty e^{-\frac{\omega}{\Delta\omega}} \cos(\omega t)\, d\omega$$

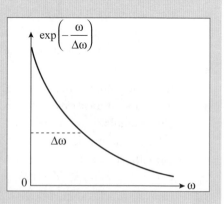

em que a amplitude da contribuição de frequência ω é $\exp[-\omega/(\Delta\omega)]$, ou seja, tem largura espectral $\Delta\omega$ (figura ao lado). Calcule $E(t)$ e a largura temporal correspondente Δt. Comente o resultado.

Sugestão: Para calcular a integral, integre por partes duas vezes.

4

Difração

4.1 O CONCEITO DE DIFRAÇÃO

Consideremos (Figura 4.1) um pequeno orifício circular num anteparo opaco, iluminado por um feixe paralelo de luz monocromática perpendicular ao anteparo. Segundo a lei da propagação retilínea da ótica geométrica, o feixe transmitido através do orifício seria um cilindro circular, e formaria uma imagem brilhante, idêntica ao orifício, num anteparo de observação: fora dessa região, a escuridão seria completa (sombra geométrica).

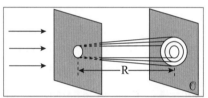

Figura 4.1 Difração por um orifício circular.

Já havia sido observado por Francesco Maria Grimaldi, num livro publicado postumamente, em 1665, que, quando o orifício é muito pequeno, como um buraquinho de alfinete, e a distância R ao anteparo de observação é suficientemente grande, a luz penetra na região de sombra geométrica, com o aparecimento de franjas claras e escuras na vizinhança do limite da sombra.

Esses desvios da propagação retilínea da luz foram chamados por ele de *difração*, nome ligado à "deflexão" dos raios luminosos. Nesse sentido genérico, tanto pode aplicar-se à passagem através de uma abertura como ao "espalhamento" por um obstáculo.

Os fenômenos de difração, como os de interferência, aos quais estão estreitamente ligados, são característicos de uma teoria ondulatória. Quanto maior o comprimento de onda em relação às dimensões da abertura ou obstáculo, mais fortes devem ser os efeitos de difração: na experiência acima, a luz vermelha sofre desvios maiores do que a luz azul. Na acústica, em que os comprimentos de onda são da mesma ordem de grandeza que o tamanho típico dos objetos encontrados na propagação, os efeitos de difração são muito fortes.

É costume classificar os fenômenos de difração em duas categorias, conforme a distância R entre o "objeto difratante" e o anteparo de observação ℴ. Para distâncias não excessivamente grandes (veremos depois os critérios), a "imagem" observada preserva semelhança com a forma geométrica do objeto, embora apareça rodeada ou entremeada por franjas claras e escuras.

Para R suficientemente grande (formalmente $R \to \infty$), o resultado passa a depender somente da *direção* de observação, e não guarda mais semelhança com a forma geométrica do objeto. Por exemplo, para um feixe paralelo incidente sobre uma abertura, a ótica geométrica prediz que a intensidade para $R \to \infty$ só é $\neq 0$ na *direção do feixe incidente*, qualquer que seja a forma da abertura (circular, retangular ou irregular). Na teoria ondulatória, veremos que há uma dependência da forma da abertura, mas a *figura de difração* observada não é semelhante à forma geométrica da abertura, ao contrário do que sucede à distância finita. No primeiro caso, em que há uma semelhança perceptível, dizemos que se trata de *difração de Fresnel*; no segundo ($R \to \infty$), de *difração de Fraunhofer*.

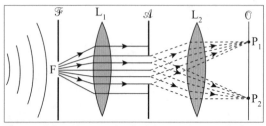

Figura 4.2 Observação da difração de Fraunhofer.

A Figura 4.2 ilustra uma forma de observar na prática a difração de Fraunhofer. Uma fonte de luz *coerente* F no plano focal objeto da lente L_1 produz um feixe incidente paralelo, que atinge uma abertura num anteparo plano $\mathcal{A}$. Os feixes difratados em diferentes direções são coletados por outra lente L_2, que os focaliza em seu plano focal imagem, coincidente com o anteparo de observação $\mathcal{O}$. Os diferentes pontos P_1, P_2, ... representam imagens de *direções* diferentes, de forma que se observa, sobre $\mathcal{O}$ a figura de difração de Fraunhofer.

Vamos concentrar a atenção principalmente na difração de Fraunhofer, que tem as aplicações mais importantes, limitando-nos a uma discussão qualitativa da difração de Fresnel.

4.2 O PRINCÍPIO DE HUYGENS-FRESNEL

Vimos como Huygens deu uma explicação qualitativa da propagação retilínea, baseada em ondas secundárias e na sua construção geométrica, aplicada a pulsos (não a ondas monocromáticas). Vimos também, na Seção 3.2, como tratar o experimento de Young, considerando cada orifício como fonte de ondas esféricas e fazendo-as interferir.

A ideia básica de Augustin Fresnel foi justamente *combinar o princípio de Huygens com o conceito de interferência*, aplicando-o à propagação de *ondas monocromáticas*. As modificações básicas introduzidas por Fresnel no Princípio de Huygens foram então as seguintes:

(i) As ondas esféricas secundárias oriundas dos diferentes pontos de uma frente de onda monocromática são *coerentes*, pois a frente de onda é uma superfície de fase constante.

(ii) A onda num ponto ulterior é *a resultante da interferência de todas as ondas secundárias*, levando em conta suas diferenças de fase, associadas a percursos diferentes.

(iii) A amplitude das ondas secundárias provenientes (Figura 4.3) de um elemento de superfície $d\sigma$ num ponto P' de uma frente de onda Σ, num ponto de observação P, não é a mesma em todas direções: é máxima na direção $\hat{\mathbf{n}}$ normal à frente de onda (direção do raio) e decresce lentamente e monotonicamente, quando $d\sigma$ varre a frente de onda, com o ângulo $\theta' \equiv <(P'P, \hat{\mathbf{n}})$, caindo a 0 para $\theta' = \frac{\pi}{2}$.

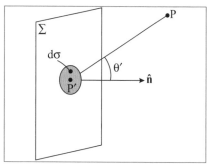

Figura 4.3 Princípio de Huygens-Fresnel.

Assim, a contribuição de $d\sigma$ à onda no ponto P seria, segundo Fresnel, proporcional a $d\sigma$ e a $v(P')$, a função de onda no ponto P' do qual $d\sigma$ é um entorno, contendo além disso um *fator de obliquidade* $F(\theta')$, máximo para $\theta' = 0$ e caindo lenta e monotonicamente para zero quando $\theta' \to \pi/2$.

A contribuição $dv(P)$ do elemento $d\sigma$ no ponto P é, portanto, segundo Fresnel,

$$dv(P) = F(\theta') v(P') \frac{e^{ikr}}{r} d\sigma \qquad (4.1)$$

onde $r \equiv |P'P|$.

A onda resultante em P é então[*]

$$v(P) = \int_\Sigma dv(P) = \int_\Sigma F(\theta') v(P') \frac{e^{ikr}}{r} d\sigma \qquad (4.2)$$

onde a integral é estendida a toda a *porção não obstruída* de Σ: porções da frente de onda obstruídas por anteparos ou outros obstáculos *opacos* não contribuem.

A (4.2) é a expressão analítica do *Princípio de Huygens-Fresnel*. Kirchhoff mostrou mais tarde que uma expressão desta forma pode ser obtida diretamente a partir da equação de ondas satisfeita por v, determinando assim a forma explícita do fator de obliquidade $F(\theta')$. Entretanto, isto não será necessário por enquanto (cf. Seção 4.3).

4.3 O MÉTODO DAS ZONAS DE FRESNEL

Segundo o Princípio de Huygens-Fresnel (4.2), a função de onda em P é a resultante da *interferência* de todas as ondas esféricas secundárias provenientes dos pontos P' de Σ.

---

[*] Conforme a convenção adotada anteriormente, estamos omitindo o fator temporal $e^{-i\omega t}$, sempre associado a ondas monocromáticas de frequência angular ω.

Como Σ é uma frente de onda, a fase de $v(P')$ é constante sobre Σ. Logo, a fase de cada onda secundária é dada unicamente pelo fator de fase $\exp(ikr)$, correspondendo à defasagem kr. Tipicamente, $kr \gg 1$ e $\exp(ikr)$ varia rapidamente com P'.

As contribuições dominantes nessa superposição de ondas devem então ser aquelas para as quais a *interferência é a mais construtiva possível*. Isto acontece num entorno de um ponto O de Σ no qual a *fase seja estacionária*, ou seja, varie o mínimo possível com a variação de P'. Este é um resultado geral na superposição (interferência) de ondas, conhecido como o *Princípio da Fase Estacionária*. A variação de uma função $f(x)$ na vizinhança de um ponto x_0,

$$\Delta f = f(x_0 + \Delta x) - f(x_0) = f'(x_0)\Delta x + \tfrac{1}{2}f''(x_0)(\Delta x)^2 + \ldots$$

é estacionária para $f'(x_0) = 0$, porque nesse caso ela é de 2ª ordem no desvio Δx.

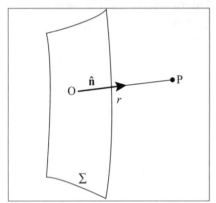

Figura 4.4 O polo.

No caso, kr é estacionário quando $r = \overline{OP}$ é mínimo, isto é, quando r é a *distância* do ponto de observação P à frente de onda Σ: O é, portanto, o pé da perpendicular traçada (Figura 4.4) de P a Σ, e $\overline{OP}$ tem a direção da normal $\hat{n}$ a Σ em O. Isto significa que OP corresponde ao *raio luminoso* oriundo de Σ que passa por P, estabelecendo assim uma conexão com a ótica geométrica. O "ponto de fase estacionária" O chama-se o *polo* da frente de onda Σ relativo ao ponto P.

Vejamos agora de que forma o Princípio de Huygens-Fresnel explica a propagação retilínea da luz no espaço livre, aplicando-o à *propagação de uma onda plana*, com o auxílio de uma construção geométrica, o *método das zonas de Fresnel*.

Suponhamos que $v(P')$ é uma onda plana que se propaga na direção z no espaço livre,

$$\boxed{v = Ae^{ikz}} \qquad (4.3)$$

e tomemos como frente de onda Σ o plano $z = 0$, onde $v(P') = A$. A (4.2) fica

$$\boxed{v(P) = A\int_\Sigma F(\theta')\frac{e^{ikr}}{r}d\sigma} \qquad (4.4)$$

onde Σ é todo o plano $z = 0$.

O polo O de Σ relativo a P é o pé da perpendicular de P a Σ (Figura 4.5), que tomaremos como origem das coordenadas. Seja $z \equiv \overline{OP}$. Com centro em P, consideremos uma série de esferas de raios

$$\boxed{\underbrace{\overline{PO}}_{r_0} = z, \quad \underbrace{\overline{PA}}_{r_1} = z + \frac{\lambda}{2}, \quad \underbrace{\overline{PB}}_{r_2} = z + \lambda, \quad \underbrace{\overline{PC}}_{r_3} = z + \frac{3}{2}\lambda, \ldots} \qquad (4.5)$$

que cortam a frente de onda em círculos de raios (Figura 4.5)

$$\overline{OA} = \rho_1, \quad \overline{OB} = \rho_2, \quad \overline{OC} = \rho_3, \ldots \tag{4.6}$$

cujos valores podemos calcular nos triângulos retângulos POA, POB, POC, ...

$$\overline{OA}^2 = \overline{PA}^2 - \overline{PO}^2 \left\{ \rho_1^2 = \left(z + \frac{\lambda}{2}\right)^2 - z^2 = \lambda z + \left(\frac{\lambda}{2}\right)^2 \right.$$

$$\overline{OB}^2 = \overline{PB}^2 - \overline{PO}^2 \left\{ \rho_2^2 = (z + \lambda)^2 - z^2 = 2\lambda z + \lambda^2 \right.$$

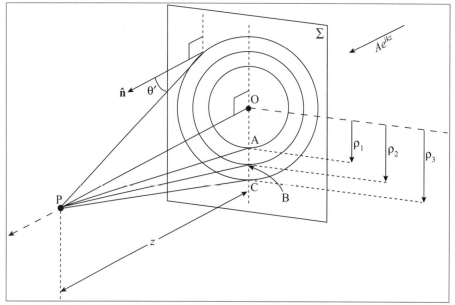

Figura 4.5 Zonas de Fresnel.

Para o círculo de raio ρ_n,

$$\rho_n^2 = \left(z + n\frac{\lambda}{2}\right)^2 - z^2 = n\lambda z + \left(n\frac{\lambda}{2}\right)^2 \tag{4.7}$$

Vamos tomar

$$\boxed{z \gg \lambda} \tag{4.8}$$

Nesse caso, o último termo da (4.7) pode ser desprezado, o que resulta em

$$\boxed{\rho_n \approx \sqrt{n\lambda z}} \quad (n = 1, 2, 3, \ldots) \tag{4.9}$$

ou seja, os raios crescem como as raízes quadradas de números inteiros.

Os círculos dividem o plano Σ numa série de anéis circulares concêntricos, que se chamam *zonas de Fresnel*. Por construção, sendo $k = 2\pi/\lambda$,

$$kr_1 = k\left(z + \frac{\lambda}{2}\right) = kz + \pi$$

$$kr_2 = k(z + \lambda) = kz + 2\pi \qquad (4.10)$$

$$\dots\dots\dots\dots\dots\dots\dots\dots\dots\dots$$

$$\boxed{kr_n - kz = n\pi \quad (n = 1, 2, \dots)}$$

ou seja, a contribuição do ponto A à integral (4.4) está defasada de π em relação à do polo O, a de B de 2π, a de C de 3π .... *Em média*, a contribuição da 1ª zona de Fresnel interfere *construtivamente* com as da 3ª, 5ª, ... e *destrutivamente*, com as da 2ª, 4ª, 6ª, ...

A área da n-ésima zona de Fresnel é

$$\boxed{\pi\left(\rho_n^2 - \rho_{n-1}^2\right) \approx \pi\lambda z} \qquad (4.11)$$

ou seja, *todas as zonas circulares têm aproximadamente a mesma área*.

Como tomamos $z \gg \lambda$, o fator de obliquidade $F(\theta)$ varia muito pouco sobre a n-ésima zona, e podemos tomá-lo sobre ela como tendo um valor constante F_n, onde, pelas hipóteses de Fresnel, F_n *é máximo para n = 1 e decresce lenta e monotonicamente quando n cresce*, com

$$\boxed{\lim_{n \to \infty} F_n = 0} \qquad (4.12)$$

pois neste limite $\theta \to \pi/2$.

Decompondo a integral numa série de integrais sobre as zonas sucessivas, a (4.4) dá então:

$$\boxed{v(P) = A\sum_{n=1}^{\infty} F_n \int_{\text{zona } n} \frac{e^{ikr}}{r} d\sigma} \qquad (4.13)$$

Tomando coordenadas polares (ρ, φ) no plano Σ, com origem em O, a integral sobre a zona n vai de ρ_{n-1} a ρ_n. Como o integrando não depende de φ,

$$d\sigma = 2\pi\rho d\rho \quad \text{(área do anel entre } \rho \text{ e } \rho + d\rho\text{)}$$

Mas $r^2 = \rho^2 + z^2$, com z *fixo*, implica

$$\rho d\rho = rdr \quad \left\{\frac{d\sigma}{r} = 2\pi dr\right. \qquad (4.14)$$

e a (4.13) fica

$$v(P) = A\sum_{n=1}^{\infty} F_n \int_{r_{n-1}}^{r_n} e^{ikr} \cdot 2\pi dr$$

$$= 2\pi A \sum_{n=1}^{\infty} F_n \cdot \frac{e^{ikr}}{ik}\bigg|_{r_{n-1}}^{r_n} = \frac{\lambda A}{i} \sum_{n=1}^{\infty} \left(e^{ikr_n} - e^{ikr_{n-1}}\right) F_n$$

Mas, pela (4.10), $kr_n = kz + n\pi$, e $e^{in\pi} = (-1)^n$.
Logo,

$$v(P) = -i\lambda A e^{ikz} \sum_{n=1}^{\infty} \left[(-1)^n - (-1)^{n-1}\right] F_n$$

Finalmente,

$$\boxed{v(P) = 2i\lambda A e^{ikz} \sum_{n=1}^{\infty} (-1)^{n+1} F_n} \quad (4.15)$$

confirmando que as zonas de Fresnel ímpares interferem entre si construtivamente, e destrutivamente com as pares. Esse era o objetivo da construção de Fresnel: todas as zonas têm a mesma área e há diferenças de caminho médias $\lambda/2$ entre duas zonas sucessivas.

Para calcular a soma da série (4.15), o mais simples é usar um método gráfico, representando-a como uma soma de vetores colineares, cujos módulos decrescem lenta e monotonicamente para zero [cf.(4.12)], e que apontam sucessivamente em sentidos opostos (*série alternada*).

Para maior clareza, na Figura 4.6, os vetores foram deslocados sucessivamente na vertical. A resultante

$$F_1 - F_2 + F_3 - F_4 + \ldots + (-1)^N F_N$$

aponta da origem de F_1 para a extremidade de $(-1)^N F_N$ e vemos, pela simetria da figura, que

$$\boxed{\sum_{n=1}^{\infty} (-1)^{n+1} F_n = \frac{1}{2} F_1} \quad (4.16)$$

A (4.15) fica, portanto,

$$\boxed{v(P) = i\lambda F_1 A e^{ikz}} \quad (4.17)$$

O resultado, obtido por Fresnel, é que a interferência entre as contribuições das zonas sucessivas tem como efeito final em P *a metade da contribuição da 1ª zona*. Como a (4.17) deve ser igual à (4.3), concluímos que

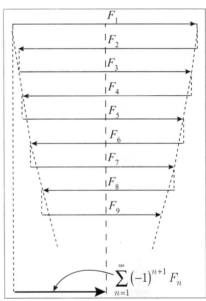

Figura 4.6 Soma gráfica da série alternada.

$$\boxed{F_1 = \frac{1}{i\lambda} = F(\theta' = 0)} \quad (4.18)$$

e o Princípio de Huygens-Fresnel (4.2) assume a forma mais explícita

$$\boxed{v(P) = \frac{1}{i\lambda} \int_\Sigma f(\theta') v(P') \frac{e^{ikr}}{r} d\sigma} \quad (4.19)$$

onde $f(\theta')$ é agora um fator adimensional, $= 1$ para $\theta' = 0$, e que $\to 0$ lenta e monotonicamente para $\theta' \to \frac{\pi}{2}$.

Uma função com essas propriedades é

$$f(\theta') = \cos\theta' \quad (4.20)$$

o que resulta em

$$v(P) = \frac{1}{i\lambda}\int_{\Sigma} \cos\theta'\, v(P')\frac{e^{ikr}}{r}\,d\sigma \quad (4.21)$$

onde $r \equiv |\overline{PP'}|$, $\theta' \equiv \sphericalangle(\overline{PP'}, \hat{n})$ e $\hat{n}$ é o versor da normal a Σ em P', orientada no sentido da propagação.

A (4.21) é a forma explícita do **PRINCÍPIO DE HUYGENS-FRESNEL**. Quando Σ é uma superfície plana, foi *demonstrado* por Rayleigh que este resultado decorre diretamente da equação de ondas escalares, a única aproximação sendo que a distância r é muito maior que o comprimento de onda λ. Na prática, porém, isso só permite calcular $v(P)$ se *já conhecermos* seus valores $v(P')$ sobre Σ, o que em geral não acontece.

Entretanto, na teoria clássica da difração, estuda-se, em geral, a difração por uma ou mais aberturas num anteparo plano opaco, nas seguintes condições:

(i) As dimensões das aberturas são muito maiores que λ.

(ii) As distâncias do ponto de observação P e da fonte F ao plano do anteparo são muito maiores do que λ e usualmente também muito maiores que as dimensões das aberturas.

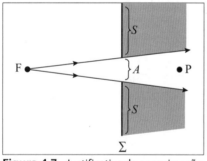

Figura 4.7 Justificativa da aproximação de Kirchhoff.

Nessas condições (Figura 4.7), a onda incidente tem uma frente de onda aproximadamente plana ao atingir o anteparo, e a maior parte da intensidade deve ser projetada na direção dianteira. Se tomarmos então para Σ uma superfície plana situada logo após o anteparo, e chamarmos de S as porções de Σ situadas na sombra geométrica e de A (abertura) as demais porções, esperamos que $v(P')$ sobre Σ não difira muito da distribuição que seria prevista pela ótica geométrica, ou seja,

$$\begin{aligned} v(P') &\approx v_0(P') \quad \text{(onda incidente) sobre } A \\ v(P') &\approx 0 \quad \text{(sombra geométrica) sobre } S \end{aligned} \quad (4.22)$$

Essa foi a aproximação empregada por Kirchhoff (1883) em seu tratamento da difração. Levando-a na (4.21), obtemos um resultado inteiramente determinado:

$$v(P) = \frac{1}{i\lambda}\int_{A} \cos\theta'\, v_0(P')\frac{e^{ikr}}{r}\,d\sigma \quad (4.23)$$

onde *a integral se estende somente à abertura A e* $v_0(P')$ *é a onda incidente sobre A.*

Os resultados da *teoria de Kirchhoff da difração*, baseados na (4.23), estão em bom acordo com a experiência, na região onde os efeitos de difração se observam usualmente, ou seja, desde que o ponto observação P esteja na vizinhança do limite da sombra geométrica. Quando P penetra muito profundamente na sombra, a intensidade se torna muito pequena e em geral não é observada.

4.4 DIFRAÇÃO DE FRESNEL: DISCUSSÃO QUALITATIVA

O método das zonas de Fresnel permite compreender de forma qualitativa a formação da sombra geométrica e o aparecimento das franjas de difração que se observam na vizinhança do limite entre a sombra geométrica e a região iluminada (figura de difração de Fresnel).

Para ver isso, consideremos uma abertura A de forma qualquer num anteparo plano opaco, iluminada por uma fonte puntiforme F situada a uma distância finita, e procuremos estimar o comportamento da intensidade em diferentes pontos de observação, somando as contribuições das zonas de Fresnel a eles associadas, como método de cálculo da (4.23) análogo ao que empregamos para uma onda plana no espaço livre.

O caminho de fase estacionária entre a fonte F e o ponto de observação é a reta que une esses dois pontos, e a intersecção dessa reta com o plano do anteparo é o *polo* relativo ao ponto de observação, que é também o centro do sistema de zonas de Fresnel correspondente.

A Figura 4.8 mostra a fonte F e cinco pontos de observação $P_1, ..., P_5$, com P_1 próximo à parte central da região iluminada, P_5 já bem dentro da sombra geométrica, P_4 no limite da sombra e P_3 perto desse limite, para uma abertura A de forma qualquer. Os pontos $O_1, ..., O_5$ são os polos correspondentes, intersecções de $FP_1, ..., FP_5$ com o plano $S + A$.

A Figura 4.9(a) mostra o sistema de zonas de Fresnel não obstruídas com centro em O_1, na região central de A, e a soma de vetores correspondentes. A única mudança com respeito ao espaço livre é que as últimas zonas de Fresnel descobertas dão uma contribuição irregular, mas já muito pequena, de modo que a resultante R é ainda muito próxima de $\frac{1}{2}F_1$, como na (4.16). Logo, a intensidade em P_1 (parte central da região iluminada) é praticamente a mesma que se o anteparo não existisse.

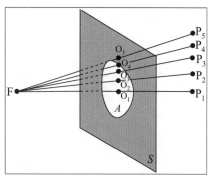

Figura 4.8 Polos relativos a diferentes pontos de observação.

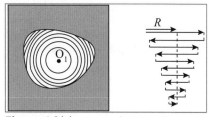

Figura 4.9(a) Zonas de Fresnel para P_1.

Para P_2, o polo O_2 já se aproxima da beirada de A. Na Figura 4.9(b), as duas primeiras zonas estão descobertas, mas as seguintes já vão sendo obstruídas, e R é bastante $< \frac{F_1}{2}$. Logo, temos uma franja escura, embora P_2 ainda esteja na região iluminada da ótica geométrica.

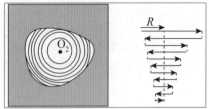

Figura 4.9(b) Zonas de Fresnel para P_2.

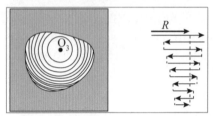

Figura 4.9(c) Zonas de Fresnel para P_3.

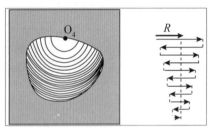

Figura 4.9(d) Zonas de Fresnel para P_4.

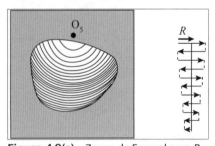

Figura 4.9(e) Zonas de Fresnel para P_5.

Em P_3 [Figura 4.9(c)]. o polo O_3 é tal que a 1ª zona está descoberta, mas as seguintes já vão sendo cada vez mais obstruídas. A resultante R é $> \frac{1}{2} F_1$, de forma que se tem uma franja clara na região iluminada (perto da transição para a sombra) *mais intensa* do que existiria na propagação livre.

O ponto P_4 está no limite da sombra geométrica, de forma que o polo correspondente O_4 cai no contorno da abertura [Figura 4.9(d)]. A resultante é da ordem de uma parte da fração exposta da primeira zona. Logo, a intensidade não cai descontinuamente para zero no limite da sombra, como prevê a ótica geométrica: há um decréscimo *gradual* da intensidade.

Finalmente, em P_5, já bem dentro da sombra geométrica, o polo O_5 cai sobre o anteparo opaco, longe da abertura A [Figura 4.9(e)]. A primeira e a última frações de zona expostas contribuem muito pouco, e a resultante é muito pequena (a intensidade varia com R^2!). Logo, temos escuridão quase completa, aproximando o resultado da ótica geométrica.

Para pontos como P_1 e P_5, os resultados dependem muito pouco da forma da abertura, justificando a validade da propagação retilínea (ótica geométrica) como muito boa aproximação. Para pontos como P_2, P_3, P_4, mais próximos da transição luz/sombra, aparecem franjas claras e escuras que dependem mais da forma da abertura, correspondendo à oscilação periódica com as porções de zonas que vão sendo obstruídas.

Admitimos, na discussão acima, que a *abertura contém muitas zonas de Fresnel*, e vimos que os resultados guardam uma relação de semelhança com a forma geométrica da abertura, o que, na classificação da Seção 4.1, caracteriza a região de *difração de Fresnel*.

Conforme vimos no exemplo da (4.1), os raios das zonas de Fresnel crescem à medida que o ponto de observação P se afasta da abertura. Quando a distância se torna suficientemente grande para que *a abertura toda esteja contida dentro de uma única zona de Fresnel*, entramos na *região de difração de Fraunhofer* e a figura de difração, conforme veremos, deixa de ter semelhança geométrica com a forma da abertura A. O critério quantitativo para isso será visto na Seção 4.5.

Outra condição que admitimos no tratamento acima foi que a primeira e a última zona expostas no contorno de A dão contribuições muito pequenas. Isso pode não ser válido para formas especialmente simétricas de A e/ou para posições especiais do ponto de observação P, conforme ilustrado pelos exemplos seguintes.

Exemplo 4.1: *Difração de Fresnel no eixo de uma abertura circular.* Este é um caso de exceção devido à simetria especial. Conforme mostra a Figura 4.10, para um ponto de observação P sobre o eixo de uma abertura circular (e uma onda incidente plana perpendicular ao anteparo), o polo O coincide com o centro da abertura, de forma que o contorno da abertura pode coincidir com o contorno de uma zona de Fresnel, dependendo da distância $\overline{OP} \equiv z$ [cf. (Figura 4.9)].

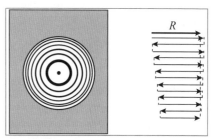

Figura 4.10 Zonas de Fresnel no eixo de uma abertura circular.

Se o número de zonas de Fresnel que caem dentro da abertura é um inteiro ímpar, como na Figura 4.10, a resultante R é muito próxima de F_1, de modo que a intensidade em P é da ordem de quatro *vezes* a intensidade da onda incidente. Por outro lado, se é um inteiro par, a resultante é ≈ 0, de forma que a intensidade praticamente se anula, embora o ponto de observação esteja dentro da região iluminada.

Se a é o raio da abertura, o número de zonas de Fresnel nela contido é o maior inteiro contido em

$$\boxed{\left(\frac{a}{\sqrt{\lambda z}}\right) \equiv n_0} \qquad (4.24)$$

que varia com a distância z. Portanto a intensidade ao longo do eixo *oscila* entre os valores extremos acima: $\sim 4\,I_0$ (onde I_0 é a intensidade incidente) e 0.

Se o ponto de observação P se afasta do eixo, este efeito se torna rapidamente menos pronunciado (verifique!); a figura de difração, por simetria, tem a forma de anéis concêntricos.

Exemplo 4.2: *Lente de Fresnel* Para um dado ponto de observação, o que acontece se bloquearmos (tornando-as opacas) todas as zonas de Fresnel pares (Figura 4.11), deixando desobstruídas apenas as ímpares?

Conforme resulta da Figura 4.6, as contribuições de todas as zonas descobertas interferem então *construtivamente*. Se o número delas é N, a resultante é $\approx NF_1$, e a intensidade é $\approx 4N^2 I_0$, onde I_0 é a intensidade incidente. Para N grande, podemos obter assim uma forte concentração de intensidade em P, onde P está *no* eixo de simetria; para P fora do eixo, a intensidade cai rapidamente, mostrando que se trata de um efeito de *focalização axial*.

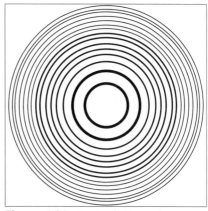

Figura 4.11 Lente de Fresnel.

Um efeito correspondente ocorre para uma onda incidente *esférica*, originária de uma fonte F puntiforme, definindo de forma análoga as zonas de Fresnel. Existe nesse caso uma fórmula semelhante à das lentes delgadas, relacionando as distâncias da fonte e do "ponto imagem" P ao polo O. A demonstração será deixada para os problemas (Problema 4.3). Na prática, a "lente" de Fresnel é uma réplica fotográfica reduzida de uma imagem como a Figura 4.11.

Exemplo 4.3: *Difração no eixo de um disco circular* Consideremos agora um pequeno disco circular opaco, iluminado por uma onda plana incidente perpendicularmente sobre ele, e um ponto de observação P, situado sobre o eixo de simetria (Figura 4.12a).

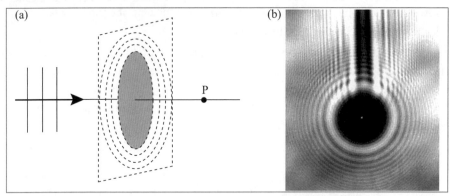

Figura 4.12 (a) Ponto no eixo de um disco circular; (b) Mancha de Poisson.

A partir da primeira zona de Fresnel que estiver descoberta, as contribuições são as mesmas que na propagação livre de uma onda plana (Seção 4.3). Como o disco é suposto pequeno, o fator de inclinação não afeta substancialmente essas primeiras contribuições. Logo, o resultado quase não difere do que se obtém para uma onda plana, no espaço livre. Numa pequena vizinhança do ponto P, quando nos afastamos do eixo, a intensidade continua próxima da onda incidente, mas tende a cair rapidamente por razões análogas às que vimos ao explicar a formação da sombra geométrica.

Logo, *bem no centro da sombra geométrica de um disco opaco circular, deve existir uma pequena mancha brilhante, com a intensidade da onda incidente*. A razão é que, em virtude da especial simetria, há interferência construtiva das ondas secundárias num tal ponto (*efeito de focalização axial*).

A teoria de Fresnel da difração foi primeiro apresentada em 1818, numa memória encaminhada à Academia de Ciências de Paris para concorrer a um prêmio, destinado a quem melhor conseguisse explicar os efeitos de difração. Um dos membros da comissão julgadora era o matemático Siméon Denis Poisson, partidário da teoria corpuscular da luz.

Poisson percebeu que uma das consequências da teoria de Fresnel seria a existência dessa mancha brilhante no centro da sombra de um disco circular, o que lhe pareceu absurdo, e levantou esta objeção ao trabalho apresentado. Com a ajuda do físico François Arago, Fresnel conseguiu realizar o experimento, mostrando que a mancha brilhante efetivamente aparecia. Fresnel ganhou o prêmio, reforçando os argumentos em prol da teoria ondulatória. Entretanto, a mancha brilhante passou a ser conhecida como a *mancha de Poisson!*

A Figura 4.12b reproduz uma foto da mancha de Poisson no centro da sombra de um rolamento esférico suspenso de uma agulha. A relação com o resultado para um disco circular opaco é discutida no final da Seção 4.8 (cf. Figura 4.27). A figura também mostra a difração de Fresnel por uma agulha, ilustrando a discussão qualitativa dada no início desta Seção.

4.5 DIFRAÇÃO DE FRAUNHOFER

Vimos na Seção 4.1 que, para uma distância R "suficientemente grande" do ponto de observação P à abertura A, entra-se na região de *difração de Fraunhofer*, onde a figura de difração corresponde à variação da intensidade com a *direção* de observação; vimos também como ela pode ser observada, com o auxílio de lentes.

O que é "suficientemente grande"? É uma distância para a qual não mais se observam os efeitos de difração de Fresnel, por ser o *diâmetro máximo* D da abertura A muito menor que o raio da primeira zona de Fresnel, de modo que a abertura compreende apenas uma fração de uma zona de Fresnel.

A condição para que isso aconteça [cf.(4.24)] é que seja

$$\frac{D^2}{\lambda R} \ll 1 \quad \left\{ \quad R \gg \frac{D^2}{\lambda} \quad R \gg D \Rightarrow \frac{R}{D} \gg \frac{D}{\lambda} \gg 1 \right. \tag{4.25}$$

Por exemplo, para $D \sim 0{,}5$ mm e $\lambda \sim 5 \times 10^{-5}$ cm, isto resulta em $R \gg 0{,}5$ m. Na prática, a observação no plano focal imagem de uma lente (Figura 4.2) equivale a fazer $R \to \infty$, de forma que essa condição é satisfeita. O parâmetro adimensional $D^2/\lambda R$ é denominado "número de Fresnel".

Vamos agora (Figura 4.13) tomar a origem num ponto O *fixo* da abertura A. Se $\hat{\mathbf{u}}_0$ é o versor da direção de propagação da onda plana incidente, e P′ um ponto de A, com $\mathbf{OP}' \equiv \mathbf{x}'$, temos, na (4.23).

$$\boxed{v_0(\mathrm{P}') = a_0\, e^{i\mathbf{k}_0 \cdot \mathbf{x}'}}, \quad \mathbf{k}_0 \equiv k\hat{\mathbf{u}}_0 \tag{4.26}$$

Amplitude incidente

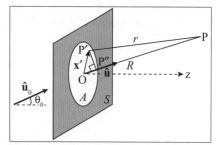

Figura 4.13 Difração de Fraunhofer.

Por outro lado, com $\overline{\mathrm{OP}} \equiv R$ e $\overline{\mathrm{P'P}} \equiv r$, a Figura 4.13, para $R \to$ "∞", resulta em

$$r \approx \overline{OP} - \overline{OP}'' = R - \hat{\mathbf{u}} \cdot \mathbf{x}'$$ (4.27)

Projeção de $\overline{OP'}$ sobre $\overline{OP}$

onde $\hat{\mathbf{u}}$ é o versor da *direção de observação* **OP**.

Como na Seção 3.2, podemos substituir r por R no denominador de $\exp(ikr)/r$ (onda esférica que se propaga de P' a P), mas não no numerador, pois a fase kr da exponencial varia bastante dentro da abertura, cujo diâmetro D é $\gg \lambda$. Logo, a (4.27) dá

$$\frac{e^{ikr}}{r} \approx \frac{1}{R} \exp\left[ik(R - \hat{\mathbf{u}} \cdot \mathbf{x}')\right]$$ (4.28)

Substituindo as (4.26) e (4.28) na expressão (4.23) do Princípio de Huygens-Fresnel-Kirchhoff, obtemos

$$v(P) = \frac{1}{i\lambda} \int_A \cos\theta' \cdot a_0 e^{i\mathbf{k}_0 \cdot \mathbf{x}'} \cdot \frac{e^{ik(R - \hat{\mathbf{u}} \cdot x')}}{R} \underbrace{d^2 x'}_{\equiv d\sigma}$$

onde usamos a notação $d^2 x'$ para o elemento $d\sigma$ de superfície sobre A.

O fator de obliquidade $\cos\theta'$ também varia muito pouco sobre A: como a maior parte da intensidade irá para direções próximas de $\hat{\mathbf{u}}_0$, podemos substituí-lo por $\cos\theta_0$, onde θ_0 é o ângulo entre a direção incidente e a normal ao plano de A (Figura 4.13). Finalmente, fica

$$v(P) = \frac{a_0}{i\lambda} \cos\theta_0 \frac{e^{ikR}}{R} \int_A e^{i(\mathbf{k}_0 - \mathbf{k}) \cdot \mathbf{x}'} d^2 x'$$ (4.29)

onde

$$\mathbf{k} \equiv k\hat{\mathbf{u}}$$ (4.30)

seria o vetor de onda de uma onda plana que se propagasse na direção de observação $\hat{\mathbf{u}}$.

Podemos reescrever a (4.29) da seguinte forma:

$$v(P) = a_0 f(k, \hat{\mathbf{u}}, \hat{\mathbf{u}}_0) \frac{e^{ikR}}{R}$$ (4.31)

onde

$$f(k, \hat{\mathbf{u}}, \hat{\mathbf{u}}_0) = \frac{\cos\theta_0}{i\lambda} \int_A e^{ik(\hat{\mathbf{u}}_0 - \hat{\mathbf{u}}) \cdot \mathbf{x}'} d^2 x'$$ (4.32)

A interpretação física desses resultados é simples. A (4.31) representa uma *onda esférica* emanada da abertura, cuja única dependência da distância é dada pelo fator $\exp(ikR)/R$ de propagação da onda esférica. Isso concorda com a expectativa de que, vista desde uma distância suficientemente grande, a abertura deve aparecer como uma *fonte puntiforme*.

Entretanto, *a amplitude da onda esférica* (proporcional à amplitude a_0 da onda incidente) *depende* das *direções de incidência* $\hat{\mathbf{u}}_0$ *e de observação* $\hat{\mathbf{u}}$, por meio do fator $f(k, \hat{\mathbf{u}}, \hat{\mathbf{u}}_0)$, que representa a *amplitude de difração* na direção $\hat{\mathbf{u}}$. Isso também concorda com o que foi dito na Seção 4.1: a *figura de difração de Fraunhofer* só depende das *direções*, embora a intensidade caia com $1/R^2$.

A (4.32) também tem uma interpretação física imediata. Com efeito (Figura 4.14), seja $P_1P'P_1'$ um percurso com incidência segundo $P_1P'(//\hat{\mathbf{u}}_0)$ e difratado na direção $P'P_1'$ ($//\hat{\mathbf{u}}$), o que dá origem a uma contribuição à integral (4.32). Consideremos o percurso paralelo P_0OP_0' (Figura 4.14), passando pela origem O (fixa). A *diferença de caminho* entre esses dois percursos é

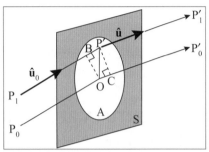

Figura 4.14 Diferença de caminho.

$$\boxed{\overline{BP'} - \overline{OC} = \hat{\mathbf{u}}_0 \cdot \mathbf{x}' - \hat{\mathbf{u}} \cdot \mathbf{x}' = (\hat{\mathbf{u}}_0 - \hat{\mathbf{u}}) \cdot \mathbf{x}'} \quad (4.33)$$

e a *diferença de fase* correspondente é $k(\hat{\mathbf{u}}_0 - \hat{\mathbf{u}}) \cdot \mathbf{x}'$.

Logo, a integral na (4.32) é o *fator de interferência*, que leva em conta as diferenças de fase na superposição das contribuições dos diferentes pontos P' da abertura. Note que as lentes L_1 e L_2 no dispositivo de observação da Figura 4.2 não introduzem defasagens adicionais nos trajetos até os focos, pois, pelo Princípio de Fermat, os caminhos óticos entre as frentes de onda $\overline{OB}$ e $\overline{CP'}$ da Figura 4.14 e os focos são iguais.

A intensidade máxima se obtém na direção $\hat{\mathbf{u}} = \hat{\mathbf{u}}_0$, para a qual a interferência é *construtiva* (direção de propagação geométrica), e é dada por

$$\boxed{f(k, \hat{\mathbf{u}}_0, \hat{\mathbf{u}}_0) = \frac{\cos\theta_0}{i\lambda} \int_A d^2x' = \frac{\cos\theta_0}{i\lambda} \sigma_A} \quad (4.34)$$

onde σ_A é a *área da abertura A*.

Em geral, interessa-nos a distribuição *relativa* da amplitude (comparada com seu máximo para $\hat{\mathbf{u}} \equiv \hat{\mathbf{u}}_0$), que, pelas (4.32) e (4.34), é dada por

$$\boxed{\frac{f(k, \hat{\mathbf{u}})}{f(k, \hat{\mathbf{u}}_0)} = \frac{1}{\sigma_A} \int_A e^{ik(\hat{\mathbf{u}}_0 - \hat{\mathbf{u}}) \cdot \mathbf{x}'} d^2x'} \quad (4.35)$$

onde simplificamos a notação. A razão das intensidades é o módulo ao quadrado da razão das amplitudes:

$$\boxed{\frac{I(\hat{\mathbf{u}})}{I(\hat{\mathbf{u}}_0)} = \frac{1}{(\sigma_A)^2} \left| \int_A e^{ik(\hat{\mathbf{u}}_0 - \hat{\mathbf{u}}) \cdot \mathbf{x}'} d^2x' \right|^2} \quad (4.36)$$

Podemos simplificar ainda mais o resultado limitando-nos ao caso da incidência *perpendicular* ao anteparo, em que

$$\hat{\mathbf{u}}_0 \cdot \mathbf{x}' = 0 \tag{4.37}$$

Nesse caso, resulta

$$\boxed{\frac{I(\hat{\mathbf{u}})}{I(\hat{\mathbf{u}}_0)} = \frac{1}{(\sigma_A)^2}\left|\int_A e^{-ik\hat{\mathbf{u}}\cdot\mathbf{x}'}d^2x'\right|^2} \tag{4.38}$$

bastando levar em conta as defasagens associadas aos raios difratados na direção $\hat{\mathbf{u}}$ [compare com a (4.28)]. O caso geral obtém-se substituindo $\hat{\mathbf{u}} \to \hat{\mathbf{u}} - \hat{\mathbf{u}}_0$.

4.6 ABERTURA RETANGULAR

Consideremos uma abertura retangular de lados $2a$ e $2b$ num anteparo opaco, iluminada perpendicularmente por uma onda plana. Tomemos a origem O no centro do retângulo (plano $z = 0$, Figura 4.15). Sejam (α, β, γ) os cossenos diretores da direção de observação: $\hat{\mathbf{u}} \equiv (\alpha, \beta, \gamma)$, $\mathbf{k} = k\hat{\mathbf{u}}$. Temos então, com $\mathbf{x}' = (x', y', 0)$ na (4.38),

$$\int_A e^{-ik\hat{\mathbf{u}}\cdot\mathbf{x}'}d^2x' = \int_{-a}^{a} dx' \int_{-b}^{b} dy' \; e^{-ik(\alpha x' + \beta y')}$$

$$= \int_{-a}^{a} e^{-ik\alpha x'}dx' \int_{-b}^{b} e^{-ik\beta y'}dy' = \left.\frac{e^{-ik\alpha x'}}{-ik\alpha}\right|_{-a}^{a} \cdot \left.\frac{e^{-ik\beta y'}}{-ik\beta}\right|_{-b}^{b}$$

$$= \left(\frac{e^{ik\alpha a} - e^{-ik\alpha a}}{ik\alpha}\right)\left(\frac{e^{ik\beta b} - e^{-ik\beta b}}{ik\beta}\right) = \frac{4}{k^2\alpha\beta}\mathrm{sen}(k\alpha a)\mathrm{sen}(k\beta b)$$

e $\sigma_A = (2a)(2b) = 4\,ab$, de forma que

$$\boxed{\frac{1}{\sigma_A}\int_A e^{-ik\hat{\mathbf{u}}\cdot\mathbf{x}'}d^2x' = \frac{\mathrm{sen}(k\alpha a)}{(k\alpha a)} \cdot \frac{\mathrm{sen}(k\beta b)}{(k\beta b)}} \tag{4.39}$$

e resulta [cf.(4.38)]

$$\boxed{\frac{I(\hat{\mathbf{u}})}{I(\hat{\mathbf{u}}_0)} = \frac{\mathrm{sen}^2 X}{X^2} \cdot \frac{\mathrm{sen}^2 Y}{Y^2}} \tag{4.40}$$

onde

$$\boxed{X = \underbrace{k\alpha}_{k_x} a, \quad Y = \underbrace{k\beta}_{k_y} b} \tag{4.41}$$

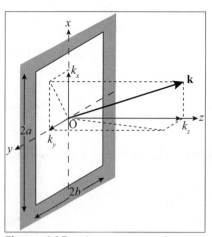

Figura 4.15 Abertura retangular.

Se tivéssemos incidência numa direção qualquer, $\hat{\mathbf{u}}_0 \equiv (\alpha_0, \beta_0, \gamma_0)$, a única diferença seria a substituição: $(\alpha \to \alpha - \alpha_0, \beta \to \beta - \beta_0)$, na (4.41) [cf.(4.36)].

O gráfico da função $(\operatorname{sen}^2 v)/v^2$ está representado na Figura 3.19. É uma função par de v, que se anula nos pontos $v_n = n\pi$ ($n = 1, 2, ...$) e é $= 1$ (máximo principal) em $v = 0$.

Ele está novamente reproduzido na Figura 4.16, onde foram indicadas as posições dos máximos secundários, que vão se aproximando de $\left(n + \tfrac{1}{2}\right)\pi$, e os valores da função nesses máximos, que caem rapidamente, em virtude do fator $1/v^2$.

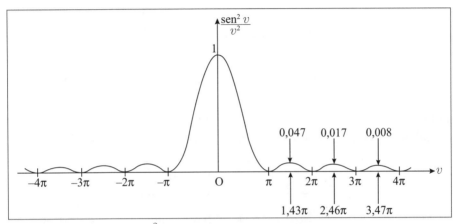

Figura 4.16 A função $\dfrac{\operatorname{sen}^2 v}{v^2}$.

Pela (4.40), a figura de difração é o produto de dois fatores desse tipo. A intensidade se anula em

$$\alpha_n = n\pi/(ka) = n\lambda/(2a) \quad (n = 1, 2, ...)$$

e

$$\beta_m = m\pi/(kb) = m\lambda/(2b) \quad (m = 1, 2, ...)$$

o que define uma rede de retângulos de dimensões *inversamente proporcionais* às da abertura (Figura 4.17a, onde a abertura é o retângulo sombreado do lado esquerdo).

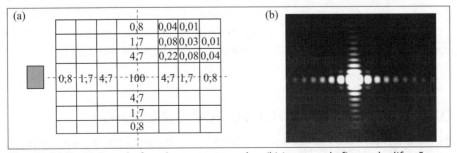

Figura 4.17 (a) Fraunhofer: abertura retangular; (b) Imagem da figura de difração.

Usando os valores de sen$^2 v/v^2$ nos máximos, foram colocados nos centros de retângulos da Figura 4.17a os valores máximos da intensidade em cada retângulo, normalizados ao valor 100 no centro da figura ($\alpha = \beta = 0$); na ótica geométrica, a intensidade só seria $\neq 0$ neste ponto central, que representa a direção de incidência.

Os valores decrescem rapidamente fora dos braços da cruz central: a figura de difração tem o aspecto de uma *cruz luminosa*, com os braços sulcados por franjas escuras (Figura 4.17b). A *semiabertura* angular de cada braço da cruz é inversamente proporcional ao lado do retângulo que lhe deu origem:

$$\boxed{\Delta\alpha \approx \lambda/(2a), \quad \Delta\beta = \lambda/(2b)} \tag{4.42}$$

Assim, quanto mais estreito for um lado do retângulo, mais largo o feixe difratado na direção correspondente, o que concorda com a ideia de que os efeitos de difração crescem com a razão λ/(dimensões).

Pela Figura 4.15, vemos que as (4.42) também definem os leques de valores de k_x e k_y encontrados na onda difratada (domínio varrido pelo vetor **k**), e temos

$$\boxed{\Delta k_x \approx k\Delta\alpha \approx \frac{\pi}{a}, \quad \Delta k_y \approx k\Delta\beta \approx \frac{\pi}{b}} \tag{4.43}$$

ou ainda, usando as notações $\Delta x \equiv 2a$, $\Delta y \equiv 2b$ para as larguras da abertura,

$$\boxed{\Delta k_x \Delta x \approx 2\pi;\ \Delta k_y \Delta y \approx 2\pi} \tag{4.44}$$

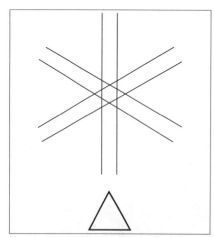

Figura 4.18 Figura de difração de uma abertura triangular.

o que justifica a relação $\Delta k_\perp \Delta d_\perp \sim 2\pi$ empregada na discussão da coerência transversal [cf. (3.52)].

Não é apenas uma abertura retangular que produz "leques" de luz difratada. Isso vale para qualquer abertura de forma poligonal, com os braços dos leques perpendiculares aos lados do polígono. Assim, uma abertura triangular produz um leque de seis braços (Figura 4.18).

É por causa de pequenas irregularidades nas íris dos nossos olhos que vemos as estrelas no céu com "pontas". Sem essas irregularidades, veríamos a figura de difração de um orifício circular, formada de anéis concêntricos (cf. Seção 4.8).

4.7 DIFRAÇÃO DE FRAUNHOFER POR UMA FENDA

Uma fenda é um retângulo em que um dos lados é >> que o outro, de forma que sua figura de difração é um caso particular da que foi discutida na Seção 4.6, com (por exemplo)

$$\boxed{b \gg a} \tag{4.45}$$

Na figura de difração da abertura retangular, se formos aumentando b, a figura de difração na direção β vai-se contraindo, até reduzir-se praticamente ao máximo principal $\beta = 0$ (ou $\beta = \beta_0$ se $\beta_0 \neq 0$ para a direção de incidência). Assim, a figura de difração da fenda é uma *linha luminosa* orientada na direção $\perp$ à fenda e modulada em α pelo fator sen$^2 X/X^2$.

Em lugar de uma única direção de incidência $\hat{\mathbf{u}}_0$, costuma-se iluminar a fenda por um *feixe* de direções, em que (por exemplo) β_0 varia entre dois limites, $\pm \beta_1$, bastante amplos, constituindo uma *fonte linear*.

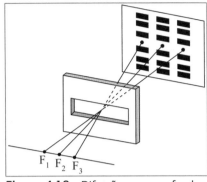

Figura 4.19 Difração por uma fenda.

Para isto, no dispositivo ilustrado na Figura 4.2, basta substituir a fonte puntiforme F no plano focal objeto da lente L_1 por uma fenda paralela à fenda objeto, iluminada de forma *incoerente* (fonte extensa). Cada ponto dela produz uma figura de difração tipo linha luminosa (Figura 4.19, onde as lentes não foram representadas), e a incoerência das fontes F_1, F_2, F_3, ... implica que as *intensidades* das figuras de difração respectivas se somam. Figuras oriundas de pontos-fonte adjacentes se justapõem, dando origem a uma série de faixas claras e escuras paralelas ao lado maior da fenda.

Analiticamente, isso equivale a integrar (somar) as intensidades obtidas para o retângulo, onde $\beta \to \beta - \beta_0$, em relação a β_0, entre os limites $\pm \beta_1$, o que, para $Y = kb\,(\beta - \beta_0)$, leva a [cf.(4.40)]

$$\int_{-Y_1}^{Y_1} \frac{\text{sen}^2 Y}{Y^2} dY$$

onde supomos Y_1 suficientemente grande para abarcar o pico central da curva (Figura 4.16) e vários picos laterais. O resultado é uma constante praticamente independente de β, de forma que se obtém, da (4.40),

$$\boxed{\frac{I(\hat{\mathbf{u}})}{I(\hat{\mathbf{u}}_0)} = \frac{\text{sen}^2 X}{X^2}} \tag{4.46}$$

onde $X = ka\alpha$ [ou $ka(\alpha - \alpha_0)$, para $\alpha_0 \neq 0$].

Esse resultado também poderia ter sido obtido de uma versão simplificada da (4.35), válida para uma *fonte linear incoerente* do tipo descrito acima:

$$\boxed{\frac{f(k,\alpha)}{f(k,\alpha_0)} = \frac{1}{2a}\int_A e^{-ik(\alpha-\alpha_0)x'}dx' = \frac{1}{2a}\int_{-a}^{a} e^{-ik(\alpha-\alpha_0)x'}dx'} \tag{4.47}$$

onde a área σ_A da abertura é substituída pela largura $2a$ da fenda.

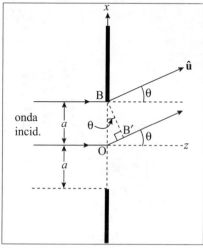

Figura 4.20 Diferença de fase.

Vemos na Figura 4.20 que o cosseno diretor do ângulo entre $\hat{u}$ e Ox é

$$\alpha = \cos\left(\frac{\pi}{2} - \theta\right) = \operatorname{sen}\theta \qquad (4.48)$$

de modo que (tomando $\alpha_0 = 0$)

$$\boxed{X = ka\alpha = ka\,\operatorname{sen}\theta = k\cdot(\overline{OB'})} \qquad (4.49)$$

é a *diferença de fase* entre um raio difratado que passa pelo centro O da fenda e outro que passa pelo extremo superior B.

Se essa diferença for = π, as contribuições de B e de O se cancelam por interferência destrutiva, e o mesmo acontece com cada par de elementos dx' distantes de a um do outro, na metade superior e na metade inferior da fenda. Isso explica por que $X = ka\alpha = \pm\pi$ é uma linha nodal (franja escura) da figura de difração. Se a diferença de fase for $= n\pi$, basta subdividir a fenda em $2n$ partes iguais e repetir o raciocínio para cada par de partes adjacentes. Interpretam-se assim os zeros de intensidade da figura de difração da fenda.

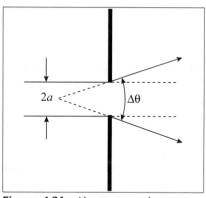

Figura 4.21 Abertura angular.

O pico central de difração contém ~ 91% da intensidade, de forma que sua abertura angular define a abertura angular do feixe difratado. Para

$$2a \sim 1\text{ mm e }\lambda \cong 5\times 10^{-5}\text{ cm}$$

é $\lambda/(2a) \cong 5\times 10^{-4}$ rad, de modo que podemos tomar $\operatorname{sen}\theta = \theta$ e concluir que, após passar pela fenda, um feixe incidente paralelo adquire (na região de Fraunhofer) uma abertura angular (Figura 4.21).

$$\boxed{\Delta\theta \approx \frac{\pi}{ka} = \frac{\lambda}{2a}} \qquad (4.50)$$

4.8 ABERTURA CIRCULAR. PODER SEPARADOR

Para uma abertura circular de raio a, com incidência perpendicular, a figura de difração é simétrica em torno de Oz (Figura 4.22), de modo que podemos, sem restrição da generalidade, tomar $\hat{u}$ no plano xz, e tomar coordenadas polares com origem no centro da abertura para $\mathbf{x}'$ na (4.38):

$$\left.\begin{array}{l}\hat{u} = (\operatorname{sen}\theta, 0, \cos\theta) \\ \mathbf{x}' = (\rho\cos\varphi, \rho\operatorname{sen}\varphi, 0)\end{array}\right\}\hat{u}\cdot\mathbf{x}' = \rho\operatorname{sen}\theta\cos\varphi$$

$$d^2x' = \rho\,d\rho\,d\varphi$$

o que dá

$$\int_A e^{-i k \hat{\mathbf{u}} \cdot \mathbf{x}'} d^2 x' = \int_0^a \rho d\rho \int_0^{2\pi} d\varphi \, e^{-i k \rho \operatorname{sen}\theta \cos\varphi} \quad (4.51)$$

e $\sigma_A = \pi a^2$ na (4.38).

A integral (4.51) não se reduz a uma função elementar, como aconteceu com a (4.47). Ela se exprime em termos de uma função $J_1(u)$ denominada "função de Bessel de ordem um", levando a

$$\boxed{\frac{I(\theta)}{I(0)} = 4\left[\frac{J_1(k\, a\, \operatorname{sen}\theta)}{k\, a\, \operatorname{sen}\theta}\right]^2} \quad (4.52)$$

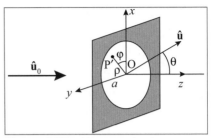

Figura 4.22 Abertura circular.

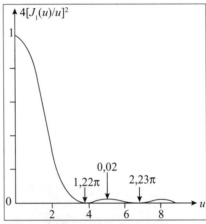

Figura 4.23 Gráfico da (4.52).

Entretanto, não será necessário conhecer mais do que as propriedades qualitativas dessa função, que são muito semelhantes às da função $(\operatorname{sen}^2 u)/u^2$, como se vê pelo gráfico da Figura 4.23.

A maior parte da intensidade vai para o pico central (~ 84%), que corresponde ao *disco central* brilhante da figura de difração (conhecida como *figura de difração de Airy*), rodeado de anéis concêntricos (Figura 4.24) escuros e claros (mas bem mais pálidos).

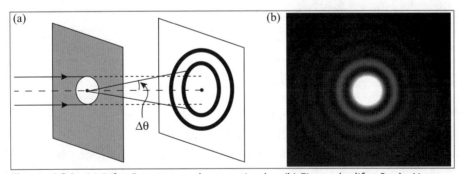

Figura 4.24 (a) Difração por uma abertura circular; (b) Figura de difração de Airy.

O *pico de difração dianteiro* tem uma abertura angular dada por (cf. Figura 4.23)

$$ka \operatorname{sen}\theta = \frac{2\pi}{\lambda} a \operatorname{sen}\theta \approx 1.22\,\pi$$

o que dá

$$\boxed{\operatorname{sen}\theta \sim \Delta\theta \approx 0{,}61\frac{\lambda}{a}} \quad (4.53)$$

resultado devido a Airy, que tem aplicações importantes ao cálculo do poder *separador* de instrumentos óticos.

Num instrumento ótico, a luz proveniente de um ponto do objeto atravessa em geral uma série de aberturas circulares: diafragmas, lentes etc.. Mesmo corrigindo as aberrações da melhor forma possível, a imagem de um ponto não é puntiforme, em decorrência da limitação fundamental imposta pela *difração* nas aberturas circulares atravessadas. Podemos tomar como imagem de um ponto fonte o *disco central de difração*, de abertura angular dada pela (4.53).

Se dois pontos do objeto estiverem muito próximos, os discos centrais de difração nas imagens dos dois pontos se sobrepõem: vemos então uma só mancha luminosa, não conseguindo distingui-los. Não adianta nesse caso ampliar a imagem: por mais que se amplie, não separaremos um ponto do outro.

O *critério de Rayleigh*, empregado na definição do poder separador, é análogo ao da Figura 3.16: para que as imagens de dois pontos *incoerentes* possam ser separadas, basta que *o máximo central de difração associado a uma delas coincida com o 1º mínimo da outra*. A Figura 4.25 mostra, em termos dos gráficos de intensidade e das figuras de difração, as imagens de dois pontos que estão no limite do poder separador.

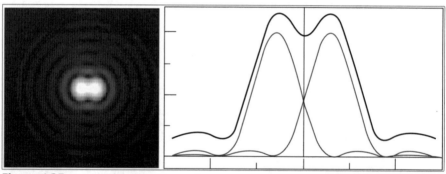

Figura 4.25 Limite do poder separador.

No caso do *telescópio*, o que interessa é a separação *angular* mínima entre dois pontos luminosos (estrela dupla, por exemplo) que ainda permite distingui-los. Essa separação $\Delta\theta$ é dada pela fórmula de Airy (4.53), onde a é o raio da *objetiva* do telescópio, que produz a imagem. A função da ocular, como vimos na Seção 2.9, é apenas produzir um *aumento angular* suficiente da imagem. É para aumentar o poder separador que se constroem telescópios com objetivas de raio grande.

Vemos também que o poder separador é diretamente proporcional ao comprimento de onda. Essa é a principal limitação de um microscópio ótico. A razão pela qual se conseguem aumentos bem mais elevados com um microscópio eletrônico é a redução do comprimento de onda; discutiremos na física quântica como associar um comprimento de onda aos elétrons.

O Princípio de Babinet

Dizemos que dois dispositivos de difração associados a um anteparo plano são *complementares* quando o que é abertura num deles é parte do anteparo opaco no outro. Exemplo: a difração por uma *abertura circular* de raio a num anteparo plano e a difração por um *disco circular opaco* de raio a (Figura 4.26). Se chamarmos de S a parte

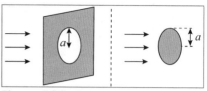

Figura 4.26 Dispositivos complementares.

opaca do anteparo e A a abertura, como na Figura 4.7, os dois dispositivos diferem pela troca $S \leftrightarrow A$.

Se chamarmos de v_A a função de onda difratada pela abertura e de v_S aquela correspondente ao arranjo complementar, o princípio de Huygens-Fresnel, na aproximação de Kirchhoff (4.23), mostra que

$$v_A(P) + v_S(P) = \frac{1}{i\lambda} \int_A \cos\theta' \, v_0(P') \frac{e^{ikr}}{r} d\sigma +$$

$$+ \frac{1}{i\lambda} \int_S \cos\theta' \, v_0(P') \frac{e^{ikr}}{r} d\sigma = \frac{1}{i\lambda} \int_{S+A} (\ldots) d\sigma$$

Mas $S + A$ é o plano Σ completo. Logo, pela (4.21),

$$\boxed{v_A(P) + v_S(P) = v_0(P)} \qquad (4.54)$$

ou seja, *a soma das ondas difratadas em* P *por dois dispositivos complementares é igual à onda incidente em* P, *propagada livremente (sem anteparo)*. Esse é o *princípio de Babinet*.

Uma consequência importante desse princípio é sua aplicação à difração de Fraunhofer. Nesse caso, o ponto P está a grande distância, numa direção $\hat{\mathbf{u}}$, e temos

$$\boxed{v_0(P) = 0 \quad (\hat{\mathbf{u}} \neq \hat{\mathbf{u}}_0) \quad (R \to "\infty")} \qquad (4.55)$$

pois a onda plana incidente só contribui na sua direção de propagação (ponto central da figura de difração).

Logo, a (4.54) resulta em

$$\left. \begin{array}{l} v_S(P) = -v_A(P) \\ \therefore I_S(\hat{\mathbf{u}}) = +I_A(\hat{\mathbf{u}}) \end{array} \right\} (\hat{\mathbf{u}} \neq \hat{\mathbf{u}}_0) \qquad (4.56)$$

pois a intensidade $I = |v|^2$.

Portanto, *exceto na direção de propagação, as figuras de difração de Fraunhofer associadas a dois dispositivos complementares são iguais*. A figura de difração de Fraunhofer de um *disco circular* é, portanto, a mesma que a de uma *abertura circular* de mesmo raio, ou seja, é formada de anéis circulares concêntricos.

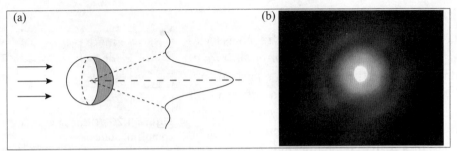

Figura 4.27 (a) Difração por uma esfera; (b) Coroa de difração em torno da Lua.

Ainda dentro do domínio de aplicabilidade da aproximação de Kirchhoff, a figura de difração de Fraunhofer de um disco circular de raio a também coincide com aquela associada a uma *esfera* (Figura 4.27a) de raio a, pois ambas bloqueiam a mesma porção circular da onda incidente.

Logo, uma partícula esférica também produz um *pico de difração dianteiro*, de abertura angular dada pela (4.53), rodeado de anéis concêntricos. Ao longo do eixo de simetria, esse pico é um prolongamento da mancha brilhante de Poisson encontrada na região de Fresnel.

As *coroas de difração* vistas em torno da Lua (Figura 4.27b) são devidas à difração por gotículas de água esféricas nas nuvens. Cada gotinha produz sua figura de difração e as intensidades se superpõem (fontes incoerentes). O diâmetro angular típico é algumas vezes o diâmetro angular da Lua, que é de $\approx 0,5°$. Tomando $\Delta\theta \sim 3° \sim \frac{1}{20}$ rad, e $\bar{\lambda} \sim 5 \times 10^{-5}$ cm $= 0,5$ μm, a (4.53) mostra que o raio médio das gotinhas é da ordem de uma dezena de μm. A beirada *externa* das coroas é avermelhada, mostrando que se trata de um efeito de difração: o vermelho é mais fortemente desviado do que o azul.

4.9 PAR DE FENDAS E REDE DE DIFRAÇÃO

Consideremos agora a difração de Fraunhofer por um *par* de fendas (Figura 4.28) de mesma largura $2a$, cujos centros O e O' *estão separados por uma distância d* (tomamos O como origem). Vamos tomar como dispositivo de iluminação uma *fonte linear incoerente*, obtida iluminando por uma fonte extensa uma fenda paralela às consideradas, como na Figura 4.19.

Nesse caso, podemos aplicar a versão simplificada, análoga à (4.47), dos resultados anteriores:

$$\boxed{f(k,\alpha) = C\int_A e^{-ik\alpha x'}dx' = C\left\{\int_{-a}^{a} e^{-ik\alpha x'}dx' + \int_{d-a}^{d+a} e^{-ik\alpha x'}dx'\right\}} \quad (4.57)$$

onde, para simplificar, tomamos incidência $\perp$ e C é uma constante de normalização. Com a mudança de variável $x' = d + x$ na 2ª integral, vem

$$\int_{d-a}^{d+a} e^{-ik\alpha x'}dx' = e^{-ik\alpha d}\int_{-a}^{a} e^{-ik\alpha x}dx \quad (4.58)$$

e a (4.57) fica

$$f(k, \alpha) = f_1(k, \alpha) \left[1 + e^{-ik\alpha d} \right] \quad (4.59)$$

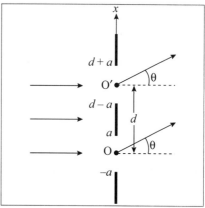

Figura 4.28 Par de fendas.

onde $f_1(k, \alpha)$ é a *amplitude de Fraunhofer devida a uma só fenda*, dada pela (4.47) (com $\alpha_0 = 0$).

A interpretação física da (4.59) é imediata: a contribuição da 2ª fenda só difere da 1ª pelo fator de fase $\exp(-ik\alpha d)$, que resulta da defasagem associada à diferença de caminho entre as contribuições de pontos correspondentes das duas fendas. Reconhecemos, na expressão entre colchetes da (4.59), o mesmo *fator de interferência* encontrado na discussão do experimento de Young. Como vimos na (4.48), $\alpha \equiv \operatorname{sen} \theta$, onde θ é o ângulo entre a direção de observação e a normal ao plano do anteparo. De fato, o arranjo experimental coincide com o do experimento de Young de duas fendas, observado na região de Fraunhofer.

A distribuição de intensidade é então dada pela (3.21):

$$I(\alpha) = I_1(\alpha) \cdot 4 \cos^2\left(\frac{\Delta}{2}\right) \quad (4.60)$$

onde

$$\Delta = kd\alpha = \Delta = kd \operatorname{sen} \theta \quad (4.61)$$

é a defasagem entre pontos correspondentes das duas fendas e $I_1(\alpha)$ a intensidade que teríamos se apenas uma fenda estivesse aberta, dada explicitamente pela (4.46).

A função $\cos^2(\Delta/2)$ é uma função *periódica* da defasagem Δ, de período 2π, cujos máximos correspondem às direções de *interferência construtiva*:

$$\Delta_m = 2m\pi \quad \Leftrightarrow \quad \alpha d = d \operatorname{sen} \theta = m\lambda \quad (m = 0, \pm 1, \pm 2, \ldots) \quad (4.62)$$

A função $I_1(\alpha)$ é proporcional a $(\operatorname{sen}^2 X)/X^2$, e seu pico central está compreendido entre os pontos

$$X \equiv k\alpha a = \pm \pi \quad \Leftrightarrow \quad \alpha a = a \operatorname{sen} \theta = \pm \lambda/2 \quad (4.63)$$

Temos, necessariamente, $d > 2a$ (por que?), e vamos supor que o *espaçamento d entre as duas fendas é algumas vezes maior que a largura 2a de cada fenda*.

Nesse caso, o fator $I_1(\alpha)$ de difração por uma só fenda *varia lentamente* com α, em confronto com o fator de interferência $4\cos^2(\Delta/2)$, e seu efeito é produzir uma *modulação* do fator de interferência, conforme ilustrado na Figura 4.29. Os máximos de interferência dados pela (4.62), que se chamam *máximos principais*, variam lentamente de intensidade em decorrência do produto por $I_1(\alpha)$.

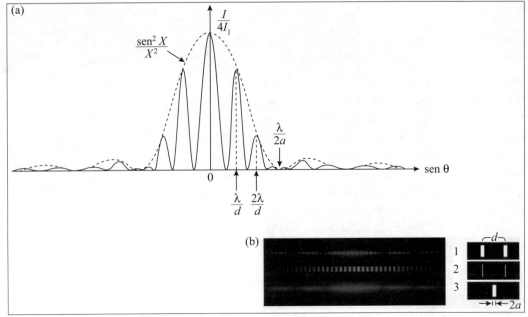

Figura 4.29 (a) Gráfico da intensidade; (b) Figuras de difração (1 e 2 fendas, variando *a*).

N fendas

É fácil agora generalizar esses resultados ao caso em que temos N fendas idênticas, de largura $2a$, com seus centros igualmente espaçados de uma distância d, dispositivo conhecido como *rede de difração*. O fator de defasagem entre as contribuições da 1ª fenda e as de pontos correspondentes da fenda de ordem $p + 1$ é agora aquele associado à distância pd entre seus centros, ou seja, $\exp[-ik\alpha(pd)]$, de forma que obtemos, no lugar da (4.59),

$$\boxed{f(k, \alpha) = f_1(k, \alpha)\left[1 + e^{-ik\alpha d} + e^{-2ik\alpha d} + \ldots + e^{-(N-1)ik\alpha d}\right]} \overbrace{\phantom{\sum_{n=0}^{N-1} \frac{\left(e^{-ik\alpha d}\right)^n}{e^{-ink\alpha d}}}}^{\sum_{n=0}^{N-1} \frac{\left(e^{-ik\alpha d}\right)^n}{e^{-ink\alpha d}}} \quad (4.64)$$

A expressão entre colchetes é a soma de uma progressão geométrica de razão $\exp(-ik\alpha d)$ e N termos, dada por

$$\boxed{\frac{1 - e^{-iNk\alpha d}}{1 - e^{-ik\alpha d}} = \frac{1 - e^{-iN\Delta}}{1 - e^{-i\Delta}}} \quad (4.65)$$

onde Δ é a defasagem (4.61) entre duas fendas consecutivas. Logo,

$$\boxed{I(\alpha) = I_1(\alpha) \cdot \left|\frac{1 - e^{-iN\Delta}}{1 - e^{-i\Delta}}\right|^2} \quad (4.66)$$

Temos

$$\left|1-e^{-i\Delta}\right|^2 = \left(1-e^{i\Delta}\right)\left(1-e^{-i\Delta}\right) = 1 - \overbrace{\left(e^{i\Delta}+e^{-i\Delta}\right)}^{2\cos\Delta} + 1$$
$$= 2(1-\cos\Delta) = \operatorname{sen}^2\left(\frac{\Delta}{2}\right)$$ (4.67)

de forma que, finalmente,

$$\boxed{I(\alpha) = I_1(\alpha) \cdot \frac{\operatorname{sen}^2\left(N\dfrac{\Delta}{2}\right)}{\operatorname{sen}^2\left(\dfrac{\Delta}{2}\right)}}$$ (4.68)

Para $N = 2$, como $\operatorname{sen}^2(2x) = 4\operatorname{sen}^2 x \cos^2 x$, a (4.68) se reduz à (4.60).

Vejamos agora como se comporta o *fator de interferência de N fendas* $\operatorname{sen}^2(N\Delta/2)/\operatorname{sen}^2(\Delta/2)$ como função de Δ e de N. Notemos primeiro que ele continua sendo uma *função periódica de* Δ, *com período* 2π, conforme seria de se esperar, pois efeitos de interferência não se alteram se acrescentarmos à defasagem um múltiplo de 2π. Logo, basta estudar a função dentro de um período, por exemplo, em $-\pi \le \Delta \le \pi$, e basta tomar $\Delta > 0$, pois é uma função par.

Para $\Delta = 0$, a função vale N^2. Isso resulta da *interferência construtiva* entre as N fendas: a *amplitude* da resultante é N vezes a de uma só fenda, e a *intensidade* é amplificada por N^2. Por outro lado, para $\Delta = \pi/2$, o numerador e o denominador são da ordem da unidade, e a função é $\sim N^2$ vezes menor do que para $\Delta = 0$. Para N grande, caso que nos interessa, basta considerar, portanto, a região $|\Delta| \ll 1$, onde $\operatorname{sen}^2(\Delta/2) \sim (\Delta/2)^2$, e por conseguinte

$$\frac{\operatorname{sen}^2(N\Delta/2)}{\operatorname{sen}^2(\Delta/2)} \approx N^2 \cdot \frac{\operatorname{sen}^2(N\Delta/2)}{(N\Delta/2)^2} \quad (|\Delta|\ll 1)$$ (4.69)

Nesta região, recaímos assim na função $(\operatorname{sen}^2 v)/v^2$, multiplicada por N^2. A Figura 4.30 mostra o gráfico da função. Os pontos onde $\Delta_m = m\pi$, ou seja, $\alpha = m\pi/d$ ($m = 0, \pm 1, ...$), chamam-se *máximos principais*; m é a *ordem de interferência*. A largura de um pico (máximo principal) é dada por

$$N\Delta/2 = \pm\pi \quad \Rightarrow \quad \Delta/2 = \pm\pi/N \quad \textbf{(4.70)}$$

ou seja, é da ordem de $\lambda/(Nd)$, N vezes menor que o espaçamento entre os máximos principais. Assim, *à medida que*

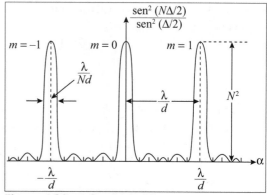

Figura 4.30 A função (4.69).

N aumenta, os picos em torno dos máximos principais vão se tornando cada vez mais estreitos.

A figura de difração da rede, como no caso de duas fendas, resulta da modulação da figura de interferência pelo fator lentamente variável $I_1(\alpha)$, figura de difração de uma fenda única. O aspecto da figura resultante está ilustrado na Figura 4.31.

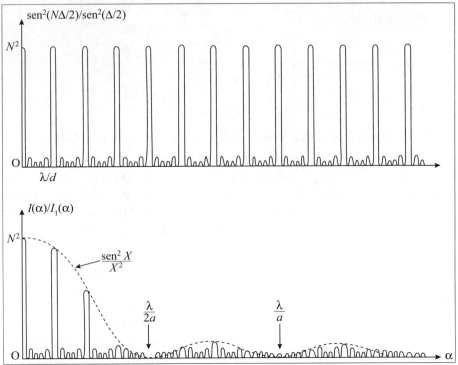

Figura 4.31 Figura de difração da rede.

4.10 DISPERSÃO E PODER SEPARADOR DA REDE

Resulta da Seção 4.9 que uma rede de difração com um número N muito grande de fendas produz uma figura de difração formada por uma série de raias brilhantes, nas direções dos *máximos principais*,

$$\boxed{\alpha_m = \operatorname{sen} \theta_m = m\frac{\lambda}{d} \quad (m = 0, \pm 1, \ldots)} \tag{4.71}$$

Os máximos secundários, muito menos intensos, podem ser desprezados.

A *semilargura* de cada raia é dada por [cf.(4.70)]:

$$\delta\alpha = \delta(\operatorname{sen} \theta) \approx \cos \theta \, \delta\theta = \frac{\lambda}{Nd} \tag{4.72}$$

onde θ não se afasta muito da direção $\theta_0 = 0$ de incidência, de forma que $\cos \theta \approx 1$, ou seja,

$$\boxed{\delta\theta \approx \frac{\lambda}{Nd}} \qquad (4.73)$$

Até agora supusemos que a luz incidente é monocromática. Se iluminarmos a fenda–fonte (fenda do *colimador* que produz o feixe incidente) com luz não monocromática, a (4.71) mostra que os máximos principais associados a valores diferentes de λ caem em direções diferentes. A rede efetua, portanto, a *decomposição espectral* da luz incidente, produzindo uma *série de espectros*, um para cada ordem m, exceto para $m = 0$ (direção de incidência), onde todas as imagens se superpõem. A Figura 4.32 mostra também que a separação entre λ_1 e λ_2 aumenta com a ordem m do espectro. Para ordens muito elevadas, porém, começa a haver *superposição de espectros* (na Figura 4.32, $m = 5$ de λ_1 é próximo de $m = 4$ de λ_2).

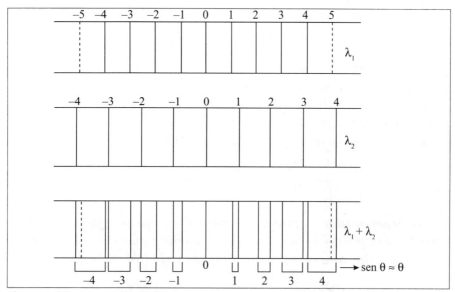

Figura 4.32 Superposição de dois comprimentos de onda.

As principais qualidades de um instrumento para aplicação em espectroscopia são a sua *dispersão* e o seu *poder separador*. A *dispersão* D é a taxa de variação $d\theta/d\lambda$ do desvio com o comprimento de onda λ. Quando maior D, maior a separação angular associada a uma dada variação de λ, o que facilita a medida. Pela (4.71),

$$\boxed{D = \frac{d\theta}{d\lambda} = \frac{m}{d\cos\theta} \approx \frac{m}{d}} \qquad (4.74)$$

para uma rede. Logo, D aumenta com m, como vimos na Figura 4.32, e varia inversamente com o espaçamento d entre as fendas: a difração abre tanto mais o feixe difratado quanto menor for d.

A qualidade mais importante da rede para análise espectral é o *poder separador*, $S \equiv \lambda/\delta\lambda$, já definido na discussão do interferômetro de Fabry-Perot [cf. (3.39)]. Pelo critério de Rayleigh, duas linhas λ e $\lambda + \delta\lambda$ estão no limite do poder separador num espectro de ordem m dada quando estão separadas pela semilargura do máximo principal correspondente.

Isso significa que o máximo principal de ordem m para $\lambda + \delta\lambda$, dado por

$$\text{sen } \theta = \frac{m}{d}(\lambda + \delta\lambda)$$

coincide com o 1° zero depois do máximo principal de ordem m para λ, dado por

$$\text{sen } \theta = \frac{m\lambda}{d} + \frac{\lambda}{Nd}$$

ou seja, identificando,

$$\frac{m\delta\lambda}{d} = \frac{\lambda}{Nd} \quad \left\{ \boxed{S \equiv \frac{\lambda}{\delta\lambda} = mN} \right. \tag{4.75}$$

O *poder separador da rede é o produto da ordem do espectro pelo número total de fendas*. A razão da proporcionalidade com N é que a largura de cada raia é inversamente proporcional a N. Note que S é independente de d, porque a diminuição de d aumenta proporcionalmente a dispersão e a largura de cada raia.

Pela (4.71), $m = (d \text{ sen } \theta)/\lambda$, de forma que a (4.75) também se escreve

$$\boxed{S = \frac{Nd \text{ sen } \theta}{\lambda}} \tag{4.76}$$

ou seja, *o poder separador é igual ao número de comprimentos de onda contidos em Nd sen θ, que é a diferença de caminho, medida em unidades de λ, entre os raios difratados pelas duas fendas extremas da rede* (Nd é a largura total da rede).

Em resumo:

$$\boxed{\text{Aumentando} \begin{Bmatrix} N \\ m \\ 1/d \end{Bmatrix} \text{ aumenta} \begin{cases} S(\propto N), I(\propto N^2) = \text{intensidade} \\ S(\propto m), D(\propto m) \\ D(\propto 1/d) \end{cases}}$$

Portanto, convém sempre tornar d tão pequeno e N tão grande quanto possível; para uma dada largura Nd, aumentar N ao máximo. Também convém observar numa ordem m tão alta quanto possível. O problema para isso provém da superposição de espectros para m elevado, mas ele se reduz quando se observa uma região muito pequena do espectro.

As primeiras redes de difração foram construídas por Fraunhofer em 1819, usando uma malha de fios de prata, com 10 fios/mm. Posteriormente, ele construiu redes riscando uma série de linhas paralelas equidistantes numa placa de vidro, com uma ponta de diamante (as fendas eram as partes não riscadas).

A análise anterior requer essencialmente que a estrutura da rede seja *periódica*; não é preciso que $I_1(\alpha)$ corresponda à transmissão através de uma fenda: pode corresponder à *reflexão regular*. As redes mais usadas em espectroscopia são redes de reflexão, obtidas riscando uma placa refletora (os riscos difundem a luz em todas as direções, correspondendo aos intervalos opacos).

Rowland, no final do século passado, construiu em Baltimore redes com ~ 5.500 linhas/cm numa distância de ~ 15 cm, totalizando ~ 80.000 linhas, e atingindo um poder separador ~ 160.000 em 2ª ordem. O espaçamento d nesse caso já atinge ordens de grandeza comparáveis a λ no visível! Como ele tem de ser extremamente uniforme, a construção envolve problemas técnicos dificílimos. Redes de difração comerciais são *réplicas*, usando redes padrão como moldes.

Quando olhamos para uma luz distante com os olhos semicerrados, as pestanas atuam como uma rede de difração (irregular!) e vemos raios coloridos. Os sulcos de um disco CD ou DVD, regularmente espaçados, funcionam como uma rede de difração, que permite ver, por reflexão, uma série de espectros.

Nos anos 1970, foi desenvolvida uma nova técnica de fabricação de redes chamadas *holográficas*, que permite atingir milhares de linhas/mm em distâncias de até ~ 50 cm, com poder separador superior a 10^6 (cf. Seção 4.12).

4.11 DIFRAÇÃO DE RAIOS X

As redes de difração consideradas acima são *unidimensionais*: a periodicidade dos elementos da rede (fendas) é em uma única direção. Uma *rede bidimensional* é uma estrutura duplamente periódica, isto é, com dois períodos em direções diferentes. Exemplos são duas redes unidimensionais cruzadas, ou uma cortina de gaze.

Uma *rede tridimensional* (triplamente periódica) seria muito difícil de construir na região visível do espectro, em virtude da regularidade necessária, que já é difícil de atingir em uma dimensão, como vimos. Entretanto, a Natureza fornece estruturas triplamente periódicas regulares: os cristais. Para observar efeitos de difração com eles, porém, a radiação incidente precisa ter um comprimento de onda λ comparável ao espaçamento d entre os elementos da rede. No caso de um cristal, d é da ordem das distâncias interatômicas, ou seja, 10^{-8} cm (= 1Å). Radiação eletromagnética com comprimentos de onda dessa ordem está no domínio dos *raios X*.

Os raios X foram descobertos em 1895, por Wilhelm Röntgen, quando fazia experimentos com raios catódicos (feixes de elétrons acelerados); os raios X eram produzidos quando os elétrons colidiam com as paredes do tubo evacuado. Röntgen mostrou que se propagavam em linha reta e tinham um grande poder de penetração. Por vários anos, procurou-se descobrir a natureza dos raios X. Eram radiações neutras, e foi sugerido que poderiam ser ondas eletromagnéticas (como a luz) de comprimento de onda da ordem de Å. Em 1912, Max von Laue teve a ideia de testar essa hipótese procurando detectar a *difração de raios X* pela rede tridimensional dos cristais.

Um cristal ideal é formado por átomos distribuídos sobre uma *rede periódica tridimensional*. A rede pode ser gerada a partir de três *vetores de base* não coplanares

a, b, c, que representam *períodos de translação* da rede. A escolha desses vetores não é unívoca.

O vetor de posição de um ponto arbitrário da rede é da forma

$$\mathbf{x}_l = n\mathbf{a} + p\mathbf{b} + q\mathbf{c} \tag{4.77}$$

onde n, p e q são inteiros quaisquer $(0, \pm 1, \pm 2, ...)$. A rede é constituída por todos os pontos de coordenadas (n, p, q) inteiras no referencial $(\mathbf{a}, \mathbf{b}, \mathbf{c})$. Abreviaremos por **l** a terna (n, p, q).

Consideremos um feixe *colimado* de raios X incidente sobre o cristal, representando pela onda plana

$$v_0(\mathbf{r}) = A e^{ik\hat{\mathbf{u}}_0 \cdot \mathbf{r}} \tag{4.78}$$

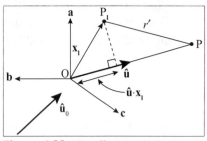

Figura 4.33 Espalhamento por um átomo num cristal.

onde $\hat{\mathbf{u}}_0$ é o versor da direção de incidência. Ao incidir sobre um átomo na posição P_l (Figura 4.33), produz-se uma *onda espalhada* (difratada) que, num ponto de observação P a grande distância do cristal, é da forma

$$v_1(P) = v_0(\mathbf{x}_l) f_1(\hat{\mathbf{u}}) \frac{e^{ikr'}}{r'} \tag{4.79}$$

onde $r' = |\overline{P_l P}|$, $\hat{\mathbf{u}}$ é o versor da direção de observação **OP** (O é uma origem fixa no cristal), e $f_1(\hat{\mathbf{u}})$ é a *amplitude de espalhamento* (difração) na direção $\hat{\mathbf{u}}$ devida ao átomo do cristal situado na posição P_l.

Como na (4.27), temos, para $R \gg$ dimensões do cristal,

$$r' \approx R - \hat{\mathbf{u}} \cdot \mathbf{x}_l \tag{4.80}$$

de modo que a (4.79) fica

$$v_1(P) \approx A \frac{e^{ikR}}{R} f_1(\hat{\mathbf{u}}) \exp\left[-ik(\hat{\mathbf{u}} - \hat{\mathbf{u}}_0) \cdot \mathbf{x}_l\right] \tag{4.81}$$

que deve ser comparada com a (4.35).

Somando as contribuições de todos os átomos do cristal, obtemos a onda total em P:

$$v(P) = \sum_{\mathbf{l}} v_1(P) = A \frac{e^{ikR}}{R} f_1(\hat{\mathbf{u}}) \sum_{\mathbf{l}} e^{-ik(\hat{\mathbf{u}} - \hat{\mathbf{u}}_0) \cdot \mathbf{x}_l} \tag{4.82}$$

onde a $\Sigma_\mathbf{l}$ é uma soma *tripla* sobre $\mathbf{l} \equiv (n, p, q)$.

Suponhamos, para simplificar, que o cristal tenha a forma de um paralelepípedo [que pode ser oblíquo, como os eixos (**a**, **b**, **c**)] com NPQ átomos, e que a origem é tomada num vértice. A (4.82) se escreve então

$$v(\mathrm{P}) = A \frac{e^{ikR}}{R} f_1(\hat{\mathbf{u}}) \sum_{n=1}^{N-1} e^{-ink(\hat{\mathbf{u}}-\hat{\mathbf{u}}_0)\cdot\mathbf{a}} \sum_{p=1}^{P-1} e^{-ipk(\hat{\mathbf{u}}-\hat{\mathbf{u}}_0)\cdot\mathbf{b}} \times \sum_{q=1}^{Q-1} e^{-iqk(\hat{\mathbf{u}}-\hat{\mathbf{u}}_0)\cdot\mathbf{c}}$$ (4.83)

que é a generalização tridimensional da (4.64).

Cada um dos somatórios é da forma da expressão entre colchetes na (4.64), de forma que a intensidade difratada na direção $\hat{\mathbf{u}}$ pelo cristal todo é

$$\boxed{I(\hat{\mathbf{u}}) = I_1(\hat{\mathbf{u}}) \cdot \frac{\operatorname{sen}^2\left(\tfrac{1}{2} N \Delta_a\right)}{\operatorname{sen}^2\left(\tfrac{1}{2}\Delta_a\right)} \cdot \frac{\operatorname{sen}^2\left(\tfrac{1}{2} P \Delta_b\right)}{\operatorname{sen}^2\left(\tfrac{1}{2}\Delta_b\right)} \cdot \frac{\operatorname{sen}^2\left(\tfrac{1}{2} Q \Delta_c\right)}{\operatorname{sen}^2\left(\tfrac{1}{2}\Delta_c\right)}}$$ (4.84)

onde $I_1(\hat{\mathbf{u}})$, a intensidade espalhada por um só átomo do cristal, chama-se o *fator de forma atômico*, e

$$\boxed{\Delta_a = k(\hat{\mathbf{u}}-\hat{\mathbf{u}}_0)\cdot\mathbf{a}; \quad \Delta_b = k(\hat{\mathbf{u}}-\hat{\mathbf{u}}_0)\cdot\mathbf{b}; \quad \Delta_c = k(\hat{\mathbf{u}}-\hat{\mathbf{u}}_0)\cdot\mathbf{c}}$$ (4.85)

O resultado obtido é a generalização a três dimensões da (4.68), e o *fator de interferência* é o produto de três fatores análogos ao último fator da (4.68). Os *máximos principais* são definidos por três condições *simultâneas* de interferência construtiva: $\Delta_a = 2m_a\pi$; $\Delta_b = 2m_b\pi$ e $\Delta_c = 2m_c\pi$, onde m_a, m_b, e m_c são inteiros, o que equivale a

$$\boxed{\begin{array}{c}(\hat{\mathbf{u}}-\hat{\mathbf{u}}_0)\cdot\mathbf{a} = m_a\lambda; \quad (\hat{\mathbf{u}}-\hat{\mathbf{u}}_0)\cdot\mathbf{b} = m_b\lambda; \quad (\hat{\mathbf{u}}-\hat{\mathbf{u}}_0)\cdot\mathbf{c} = m_c\lambda \\ m_a = (0, \pm 1, \ldots); \quad m_b = (0, \pm 1, \ldots); \quad m_c = (0, \pm 1, \ldots)\end{array}}$$ (4.86)

As (4.86) chamam-se *condições de Laue*.

Num máximo principal, o fator de interferência reduz-se a $(N P Q)^2$, onde N, P e Q são da ordem do número de átomos por aresta do cristal, ou seja, são extremamente grandes. Podemos então desprezar os máximos secundários, obtidos quando ao menos uma das condições de Laue não é satisfeita: a figura de difração reduz-se às direções dos máximos principais.

Dada a direção de incidência $\hat{\mathbf{u}}_0$, a direção $\hat{\mathbf{u}}$ do máximo principal de ordem (m_a, m_b, m_c) deve ser obtida como solução simultânea das (4.86), onde as incógnitas são as componentes de $\hat{\mathbf{u}}$. Entretanto, temos três equações para apenas duas incógnitas, pois tem de ser satisfeita a condição

$$\hat{\mathbf{u}}^2 = 1$$ (4.87)

Isso só acontece, em geral, para *valores especiais de* λ.

Para compreender melhor essa condição, consideremos um caso simples, em que os vetores de base **a**, **b**, **c**, formam um triedro triortogonal, e tomemos uma onda incidente na direção de **c**. Sejam (α, β, γ) os cossenos diretores da direção $\hat{u}$ e $a = |\mathbf{a}|$, $b = |\mathbf{b}|$, $c = |\mathbf{c}|$. As componentes de $\hat{u}$ e $\hat{u}_0$ são então: $\hat{u} \equiv (\alpha, \beta, \gamma)$, $\hat{u}_0 \equiv (0,0,1)$ e as condições de Laue ficam:

$$\boxed{\begin{array}{c} \alpha = m_a \dfrac{\lambda}{a},\ \beta = m_b \dfrac{\lambda}{b} \\ \gamma - 1 = m_c \dfrac{\lambda}{c} \end{array}} \tag{4.88}$$

Para m_a, m_b, e m_c dados, essas equações definem, cada uma, um conjunto de direções que formam um ângulo constante (de cosseno dado por α, β ou γ) com um dos eixos, ou seja, um *cone* em torno do eixo correspondente. A direção de um máximo principal teria de ser uma *geratriz comum aos três cones*.

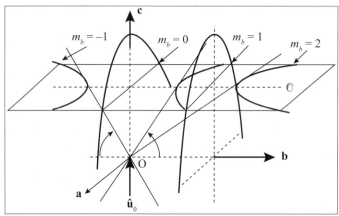

Figura 4.34 Interpretação geométrica das condições de Laue.

Na Figura 4.34, foram representados cones com eixo **b** associados a $m_b = 1, 0$ e -1 [para $m_b = 0$, o cone degenera no plano (**a**, **c**)]. Uma chapa fotográfica $\mathcal{O} \perp \hat{u}_0$ é cortada pelos cones segundo *hipérboles* com eixo // **a** [para $m_b = 0$, num segmento de reta].

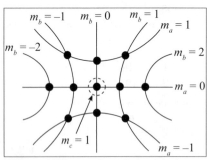

Figura 4.35 Famílias de hipérboles.

As famílias de hipérboles associadas aos pares (m_a, m_b), representadas na Figura 4.35, têm pontos de intersecção ● que satisfazem às duas primeiras condições de Laue e representariam a *figura de difração de uma rede bidimensional* (aparecem, por exemplo, quando se olha através de uma cortina de gaze para uma fonte de luz distante). A intersecção com a chapa fotográfica $\mathcal{O}$ da terceira família de cones, de eixo **c**, é uma família de *círculos*, um dos quais ($m_c = 1$) foi representado em linha interrompida na Figura 4.35. Vemos que, para um dado λ, como nesse caso, não haverá em geral pontos de intersecção comuns às três famílias de curvas: isto só ocorrerá para valores especiais de λ.

Entretanto, se fizermos incidir sobre o cristal um espectro *contínuo* de raios X, como o que resulta do freiamento de um feixe de elétrons acelerados, o cristal selecionará os valores *discretos* de λ para os quais há intersecções comuns às três famílias de curvas (satisfazendo às três condições de Laue), e aparecerão na chapa fotográfica as "manchas de Laue" associadas a essas direções. Também resulta da análise acima que a disposição dessas manchas, ou seja, da figura de difração, reflete a simetria interna do cristal (Figura 4.36b).

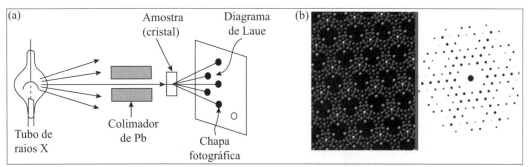

Figura 4.36 (a) Difração de raios X; (b) Estrutura (à esquerda) e diagrama de Laue correspondente.

A experiência foi realizada pela primeira vez por Friedrich e Knipping, ainda em 1912, usando o dispositivo experimental ilustrado na Figura 4.36a. O resultado confirmou as previsões de Laue e o caráter de ondas eletromagnéticas dos raios X. Laue ganhou o Prêmio Nobel de 1914 pelo seu trabalho sobre difração dos raios X.

O Prêmio Nobel do ano seguinte, 1915, foi concedido a William Henry Bragg e a seu filho William Lawrence Bragg pela introdução de uma nova técnica de observação da difração de raios X. Os Bragg empregaram radiação X *monocromática*, variando os ângulos de incidência (por rotação do cristal) até obter máximos principais.

W. L. Bragg mostrou que as condições de Laue podem ser interpretadas como se tratasse de uma *reflexão espacial* dos raios X. Para ver o que isso significa, consideremos uma dada família de *planos reticulares* do cristal, ou seja, de planos paralelos e equidistantes que passam pelos átomos da rede. Imaginemos que haja "reflexão" de um raio por um desses planos, isto é, que, ao incidir sobre um átomo desse plano, numa direção que forma um ângulo θ *com o plano*, o raio seja "refletido" segundo o mesmo ângulo (θ é o *complemento* dos ângulos de incidência e reflexão). Para que haja *interferência construtiva* entre essa "reflexão" e a "reflexão" por um átomo correspondente do plano vizinho da família, à distância d (Figura 4.37), é preciso que a *diferença de caminho* $2d\,\text{sen}\,\theta$ seja um múltiplo inteiro de λ:

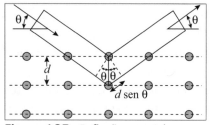

Figura 4.37 Reflexão espacial.

$$2d \operatorname{sen} \theta = m\lambda \quad (m = 1, 2, 3, \ldots)$$ (4.89)

Se essa condição é satisfeita, resulta que há interferência construtiva entre as "reflexões" pelos átomos de *todos* os planos paralelos da família, ou seja, temos uma *reflexão espacial*. Pode-se mostrar, o que não faremos aqui, que a *condição de Bragg* (4.89) é equivalente às condições de Laue, ou seja, define uma direção de máximo principal (a demonstração não é simples). Num *espectrômetro de Bragg* para raios X, o cristal é montado sobre uma plataforma giratória, que permite variar o ângulo de incidência θ.

Outra maneira de apresentar simultaneamente ao feixe de raios X toda uma gama de ângulos θ é o *método dos pós microcristalinos* de Debye e Scherrer, em que o cristal é pulverizado, de modo a constituir um agregado de microcristais cujas faces estão orientadas ao acaso. Por simetria, a figura de difração correspondente é formada por anéis concêntricos.

4.12 HOLOGRAFIA

A figura de difração de raios X de um cristal contém informações sobre a estrutura tridimensional do cristal: por exemplo, a simetria da figura está diretamente ligada à simetria do cristal. Em 1942, W. L. Bragg teve a ideia de procurar utilizar a *imagem* de difração de raios X de um cristal sobre uma chapa fotográfica como uma espécie de "rede de difração" ótica, iluminando essa imagem com luz visível e procurando, na luz difratada, ver até que ponto seria possível *reconstruir*, por meio dela, a estrutura do cristal.

Entretanto, essa ideia enfrentava uma dificuldade séria, conhecida como o "problema da fase", na difração de raios X e em outras situações análogas. A chapa fotográfica registra a *intensidade* das ondas luminosas que a atingem, mas não preserva nenhuma informação sobre a *fase* das ondas. Como uma parte da informação estrutural está contida na fase, o registro das intensidades difratadas, por si só, é insuficiente para a reconstrução do cristal.

Em 1949, Dennis Gabor teve a ideia de um processo que permitiria registrar não só intensidades, mas também fases, convertendo informações de fase em informações de intensidade, por meio de interferência. Usando, como Bragg havia sugerido, um processo de duas etapas, Gabor propôs reconstruir integralmente, numa 2ª etapa, as *frentes de onda* provenientes do objeto, registradas na 1ª. Essas frentes de onda, atingindo a vista de um observador, produziriam a mesma sensação visual que o próprio objeto. A ideia do processo, chamado de "holografia" (do grego, "registro completo"), valeu a Gabor o Prêmio Nobel de 1971. Foi somente na década de 1960 que a holografia ganhou maior impacto, graças a uma ideia de E. N. Leith e J. Upatnieks (descrita a seguir), que eliminou uma desvantagem séria da proposta inicial, e graças ao uso de lasers.

Ao contrário da fotografia, que reproduz sobre uma chapa uma imagem bidimensional de um objeto, usando um sistema de lentes, a holografia, sem utilizar lentes, permite reconstruir a luz proveniente do objeto, mantendo suas características tridimensionais. A ideia inicial é a seguinte:

Vemos normalmente um objeto pela luz que ele *espalha*, proveniente de uma fonte de luz que o ilumina. Sobre um plano Σ intermediário entre o objeto e a vista do observador (Figura 4.38), as frentes de onda associadas à luz espalhada pelo objeto produzem certa distribuição da função de onda $v(P')$, em amplitude *e fase*. Decorre do Princípio de Huygens-Fresnel que, se conseguirmos *registrar* e *reproduzir* essa distribuição sobre Σ, as frentes de onda daí por diante serão as mesmas originalmente provenientes do objeto, produzindo, portanto, a mesma sensação visual para o observador. Daí a ideia de Gabor da holografia como um método de *reconstrução das frentes de onda*.

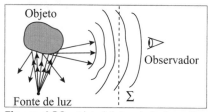

Figura 4.38 Ideia básica da holografia.

A 1ª etapa, o *registro*, incluindo amplitude *e fase*, se obtém pela interferência entre a luz vinda do objeto e um *feixe de referência*. Para que a interferência seja eficaz, é essencial que a luz utilizada seja *coerente*, com elevado grau de coerência tanto espacial como temporal. Por isto, a holografia só se tornou viável após a invenção do laser. Na 2ª etapa, a *reconstrução* das frentes de onda originais, a partir do registro (holograma), a ideia foi utilizar o mesmo feixe de referência para iluminá-lo.

Vamos ilustrar o procedimento num exemplo extremamente simples, a reprodução de um objeto puntiforme muito distante, correspondente a uma onda plana monocromática proveniente de uma direção $\hat{\mathbf{u}}_0$, que faz um ângulo θ com a normal ao plano Σ:

$$v_0(\mathbf{x}) = A e^{i k \hat{\mathbf{u}}_0 \cdot \mathbf{x}} \quad (4.90)$$

onde

$$\hat{\mathbf{u}}_0 = (\text{sen } \theta, \, 0, \, \cos \theta) \quad (4.91)$$

Vamos usar como *feixe de referência* uma onda plana análoga, mas que se propaga na direção (− θ):

$$v_R(\mathbf{x}) = A e^{i k \hat{\mathbf{u}}'_0 \cdot \mathbf{x}} \quad (4.92)$$

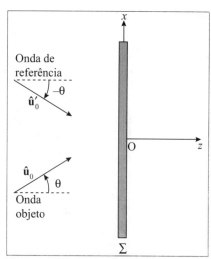

Figura 4.39 Feixe de referência.

onde

$$\hat{\mathbf{u}}'_0 = (-\text{sen } \theta, 0, \cos \theta) \quad (4.93)$$

As duas ondas *interferem* sobre a chapa Σ, onde $\mathbf{x} = \mathbf{x}' = (x', y', 0)$, dando uma resultante

$$v_0(\mathbf{x}') + v_R(\mathbf{x}') = A\left(e^{i k \hat{\mathbf{u}}_0 \cdot \mathbf{x}'} + e^{i k \hat{\mathbf{u}}'_0 \cdot \mathbf{x}'}\right)$$
$$= A\left(e^{i k x' \text{sen} \theta} + e^{-i k x' \text{sen} \theta}\right) = 2 A \cos(k \text{ sen } \theta \, x') \quad (4.94)$$

A chapa fotográfica registra a *intensidade I* da resultante, dada por

$$I(\mathbf{x'}) = |v_0(\mathbf{x'}) + v_R(\mathbf{x'})|^2 = 4\,A^2 \cos^2(k\,\text{sen}\,\theta\,x') \tag{4.95}$$

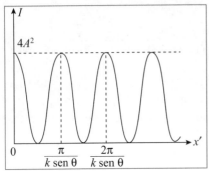

Figura 4.40 Registro no holograma.

Graças à interferência, a *fase* ($k\,\text{sen}\,\theta\,x'$) da onda incidente vinda do objeto fica registrada numa distribuição de *intensidade* (enegrecimento) da chapa fotográfica. Logo, revelando a chapa, ela conterá (Figura 4.40) uma distribuição de franjas de interferência (paralelas à direção y) *periódica*, com o período

$$d = \frac{\pi}{k\,\text{sen}\,\theta} = \frac{\lambda}{2\,\text{sen}\,\theta} \tag{4.96}$$

como uma *rede de difração* unidimensional, em que os picos de I correspondem às partes opacas, e o entorno dos zeros (não enegrecidos) às fendas. A escala de distâncias d é da ordem de λ: com luz visível, não se percebe a olho nu; a chapa tem um aspecto uniforme. Vemos ao mesmo tempo que é possível construir uma "rede de difração holográfica" por esse processo.

Se agora iluminarmos esse "holograma" (rede de difração) com o *feixe de referência*, ou seja, tomando a (4.92) como *onda incidente*, os *máximos principais* de difração serão dados pelas direções $\mathbf{\hat{u}'}$, tais que [cf.(4.86)]

$$(\mathbf{\hat{u}'} - \mathbf{\hat{u}'_0}) \cdot \mathbf{d} = m\lambda \quad (m = 0, \pm 1, \cdots) \tag{4.97}$$

onde $\mathbf{d} = (d, 0, 0)$ e $\mathbf{\hat{u}'_0} = (-\text{sen}\,\theta, 0, \cos\theta)$. Logo, se

$$\mathbf{\hat{u}'} \equiv (\text{sen}\,\theta', 0, \cos\theta') \tag{4.98}$$

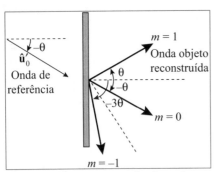

Figura 4.41 Reconstrução da onda objeto.

isto dá

$$(\text{sen}\,\theta' + \text{sen}\,\theta)d = (\text{sen}\,\theta' + \text{sen}\,\theta) \cdot \frac{\lambda}{2\,\text{sen}\,\theta} = m\lambda$$

Para θ e θ' e suficientemente pequenos, com $\text{sen}\,\theta \approx \theta$, $\text{sen}\,\theta' \approx \theta'$, vem então:

$$\frac{\theta'}{\theta} + 1 = 2m \begin{cases} m = -1 & \leftrightarrow & \theta' = -3\theta \\ m = 0 & \leftrightarrow & \theta' = -\theta \\ m = 1 & \leftrightarrow & \theta' = \theta \end{cases} \tag{4.99}$$

← válido mesmo sem a aproximação $\theta \ll 1$

mostrando que, a partir do holograma, é *reconstruída*, em 1ª ordem ($m = 1$), a onda plana *objeto* (Figura 4.41), na direção θ.

Pode-se mostrar (Problema 4.14) que, para uma rede com o perfil sinusoidal de transmissão dado pela (4.95) e a onda incidente de referência, *só existem* as ordens $m = \pm 1, 0$. A ordem 0, *como sempre, é associada à onda incidente*. A ordem -1 chama-se *onda conjugada* e propaga-se numa direção que é a imagem especular da onda objeto reconstruída, em relação à direção $m = 0$ da onda de referência.

No processo originalmente sugerido por Gabor, tomava-se $\theta = 0$, de forma que as três ondas viajavam na mesma direção, tornando difícil a separação da onda objeto. A ideia de usar $\theta \neq 0$ foi de Leith e Upatnieks, permitindo a separação espacial da onda objeto reconstruída e contribuindo muito para tornar a holografia viável na prática.

Consideremos agora, de forma extremamente simplificada e esquemática, a generalização do procedimento acima a uma onda objeto arbitrária, proveniente da iluminação do objeto por luz coerente, como a de um laser. Seja $v_0(\mathbf{x}')$ a *função de onda objeto* no ponto $\mathbf{x}'$ da placa fotográfica,

$$v_0(\mathbf{x}') = |v_0(\mathbf{x}')| e^{i\varphi_0(x')} \tag{4.100}$$

onde φ_0 é a fase.

Seja $v_R(\mathbf{x}')$ a *função de onda de referência* no mesmo ponto, coerente com v_0. Em geral, v_R se obtém, por subdivisão, do mesmo feixe de luz laser que ilumina o objeto:

$$v_R(\mathbf{x}') = |v_R(\mathbf{x}')| e^{i\varphi_R(\mathbf{x}')} \tag{4.101}$$

Analogamente à (4.95), a chapa fotográfica registra a *intensidade resultante* em $\mathbf{x}'$

$$\boxed{\begin{aligned} I(\mathbf{x}') &= |v_0(\mathbf{x}') + v_R(\mathbf{x}')|^2 = (v_0^* + v_R^*)(v_0 + v_R) \\ &= |v_0(\mathbf{x}')|^2 + |v_R(\mathbf{x}')||v_0(\mathbf{x}')| e^{i[\varphi_0(x') - \varphi_R(x')]} \\ &+ |v_0(\mathbf{x}')||v_R(\mathbf{x}')| e^{-i[\varphi_0(x') - \varphi_R(x')]} + |v_R(\mathbf{x}')|^2 \end{aligned}} \tag{4.102}$$

onde a informação de fase está contida nos termos de interferência.

O *fator (porcentagem) de transmissão da amplitude* T da chapa fotográfica em cada ponto, uma vez revelada, depende da intensidade $I(\mathbf{x}')$ naquele ponto (a transmissividade é $|T|^2$):

$$T(\mathbf{x}') = f[I(\mathbf{x}')] \tag{4.103}$$

Como o enegrecimento, que reduz T, cresce com I, vamos admitir, para simplificar, que T é da forma

$$\boxed{T(\mathbf{x}') = \bar{T} + KI(\mathbf{x}')} \tag{4.104}$$

onde $\bar{T}$ é a *amplitude de transmissão média* do holograma (placa revelada) e $K < 0$ é uma constante.

Se iluminarmos, agora, o holograma com a onda de referência, a amplitude complexa transmitida $v(\mathbf{x}')$, pela definição de T, é a onda incidente multiplicada por T. Ignorando o termo constante $\overline{T}$, resulta então que $v(\mathbf{x}')$ é dado por

$$v(\mathbf{x}') = K\, v_R(\mathbf{x}')\, I(\mathbf{x}') = K\,|v_R(\mathbf{x}')|\, e^{i\varphi_R(x')}$$

$$\times \left[|v_0|^2 + |v_R|^2 + |v_R||v_0|\left(e^{i[\varphi_0(x')-\varphi_R(x')]} + e^{-i[\varphi_0(x')-\varphi_R(x')]} \right) \right]$$

ou seja,

$$v(\mathbf{x}') = K|v_R|\left(|v_0|^2 + |v_R|^2\right)e^{i\varphi_R(\mathbf{x}')} +$$

$$+ K|v_R|^2 \underbrace{|v_0(\mathbf{x}')|e^{i\varphi_0(\mathbf{x}')}}_{v_0(\mathbf{x}')} \qquad\qquad (4.105)$$

$$+ K|v_R|^2 |v_0(\mathbf{x}')|e^{-i\varphi_0(\mathbf{x}')} \cdot e^{2i\varphi_R(\mathbf{x}')}$$

O primeiro termo, que se propaga na direção da onda de referência, corresponde a $m = 0$ na (4.99). O segundo é a reconstrução da onda objeto ($m = 1$) no plano Σ, e portanto, pelo Princípio de Huygens-Fresnel, também daí por diante. O fator $|v_R|^2$ não afeta a reconstrução, porque usualmente $|v_R|^2$ é praticamente constante sobre o holograma. Finalmente, o terceiro termo, que corresponde a $m = -1$ na (4.99), se propaga em outra direção e não interfere no processo. É proporcional ao complexo conjugado da onda objeto (daí o nome de "onda conjugada"). Produz uma "imagem pseudoscópica" (em que o relevo é invertido, partes convexas aparecendo como côncavas) do objeto.

■ PROBLEMAS

4.1 Uma onda plana monocromática incide perpendicularmente sobre um anteparo opaco com uma beirada retilínea, projetando a sua sombra sobre outro anteparo, paralelo ao primeiro, e situado dentro da região de Fresnel. Demonstre que a intensidade difratada, num ponto situado *exatamente no limite da sombra geométrica* da beirada, é igual a $I_0/4$, onde I_0 é a intensidade incidente (não obstruída).

4.2 Uma abertura circular de diâmetro igual a 3,1 mm num anteparo opaco é iluminada perpendicularmente por uma onda plana monocromática. Num outro anteparo, paralelo ao primeiro, a uma distância de 1 m, o centro da figura de difração é escuro. Afastando-se gradualmente o anteparo de observação, o centro torna-se brilhante, depois escurece de novo e se ilumina mais uma vez, permanecendo brilhante daí em diante, por mais que se afaste o anteparo de observação. Qual o comprimento de onda da luz?

4.3 A construção sobre um plano Σ das *zonas de Fresnel* pode ser estendida a uma onda incidente *esférica*, proveniente de um ponto fonte F (figura). Nesse caso, o polo O se obtém unindo o ponto de observação P à fonte puntiforme F e tomando a intersecção com Σ, e as zonas de Fresnel são definidas pelas condições (figura):

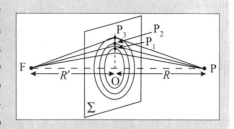

$$\overline{FP_1} + \overline{P_1P} = R + R' + \frac{\lambda}{2}$$

$$\overline{FP_2} + \overline{P_2P} = R + R' + \lambda, \ldots$$

Os raios das zonas de Fresnel são $\rho_1 = \overline{OP_1}$, $\rho_2 = \overline{OP_2}$, ... Uma *lente de Fresnel* se define da mesma forma que para uma onda incidente plana. Demonstre que o raio da n-ésima zona de Fresnel é dado por

$$\rho_n = \sqrt{n\lambda f} \quad (n = 1, 2, 3, \ldots)$$

onde

$$\frac{1}{f} = \frac{1}{R} + \frac{1}{R'}$$

fórmula análoga à de uma lente, em que R' é a distância objeto e R a distância imagem. Verifique que, no caso limite de uma onda plana, o resultado se reduz ao anterior.

4.4 Considere a função $f(X) = (\text{sen}^2 X)/X^2$ (figura de difração de uma fenda). Mostre que os máximos secundários são raízes da equação $\text{tg}\, X_n = X_n$ e procure determinar seus valores, bem como os de $f(X_n)$, para $n = 1, 2, 3$, usando métodos gráficos ou numéricos (calculadora).

4.5 Um feixe paralelo de laser de argônio ($\lambda = 4.880$ Å), colimado por um diafragma de 1 mm de raio, é dirigido para a Lua. Calcule um limite inferior para o raio do feixe ao atingir a Lua e compare o resultado com o raio da Lua.

4.6 (a) O telescópio refrator do observatório Yerkes tem uma objetiva com 1 m de raio. De que ordem de grandeza é a menor separação entre dois objetos na Lua que podem ser resolvidos com esse telescópio? (b) A objetiva do telescópio refletor do Monte Palomar tem 5 m de diâmetro. Para observação com um filtro azul ($\lambda = 4.000$ Å), qual é a menor separação angular entre duas estrelas que pode ser detectada?

4.7 Interprete geometricamente, em termos da representação dos números complexos por vetores no plano complexo, a condição para que se tenha o primeiro zero, após um máximo principal, do fator de interferência

$$F \equiv 1 + e^{-i\Delta} + \left(e^{-i\Delta}\right)^2 + \ldots + \left(e^{-i\Delta}\right)^{N-1}$$

4.8 Demonstre que, para qualquer rede de difração, na incidência perpendicular, o vermelho do espectro de 2ª ordem se superpõe ao violeta do espectro de 3ª ordem.

4.9 Numa rede de difração, o espaçamento entre as fendas é igual ao dobro da largura de cada fenda. Mostre que todos os máximos principais de ordem par estão ausentes.

4.10 Uma linha espectral de comprimento de onda $\lambda = 4.750$ Å é na realidade um dubleto, de separação entre as raias 0,043 Å. (a) Qual é o menor número de linhas que uma rede de difração precisa ter para separar esse dubleto no espectro de 2ª ordem? (b) Se a rede tem 10 cm de comprimento, em que direção θ será observada a linha nesse espectro? Qual será a separação angular $\delta\theta$ entre as duas componentes?

4.11 Seja $\delta\omega$ a diferença entre as frequências angulares de duas raias espectrais que estão no limite do poder separador de uma rede de difração, e δt a diferença entre os tempos de percurso de dois raios difratados pelas extremidades da rede, na direção de observação dessas raias. Demonstre que $\delta\omega\,\delta t \sim 2\pi$.

4.12 Por um defeito de fabricação, as fendas 1, 4, 7, ...(3N + 1) de uma rede com (3N + 1) fendas ficam tapadas, (a) Calcule o *fator de interferência* para a intensidade dessa rede defeituosa, (b) Mostre que, entre cada par de máximos principais da rede perfeita, aparecem dois novos máximos da rede defeituosa, igualmente espaçados e de intensidade quatro vezes menor que os máximos principais.

4.13 Uma pessoa olha através de uma cortina de gaze para uma lâmpada de sódio ($\lambda = 5.890$ Å) situada a 10 m de distância, e vê uma rede aproximadamente quadrada de pontos brilhantes, com espaçamentos de 5 cm em ambas as direções. Quantos fios por cm tem a trama da gaze?

4.14 Conforme a Seção 4.12, Eq. (4.95), a amplitude transmitida por um holograma de onda plana é proporcional a $\cos^2(k \operatorname{sen} \theta\, x')$. Mostre que, para uma rede de difração com esse perfil de "fendas", só se formam os máximos principais $m = 0, \pm 1$, para a onda incidente de referência, conforme foi afirmado após a (4.99).

5

Polarização

5.1 EQUAÇÕES DE MAXWELL NUM MEIO TRANSPARENTE

Na expressão de Newton, "um raio de luz tem lados", ou seja, propriedades distintas em diferentes direções transversais à direção de propagação. Para estudar essas propriedades de *polarização*, não podemos mais tratar as ondas de luz como escalares: temos de reconhecer seu caráter *transversal*, retomando a *teoria eletromagnética da luz* (**FB3**, Cap. 12).

Vamos discutir a propagação de ondas eletromagnéticas em meios transparentes, que têm de ser isolantes, porque num condutor a energia eletromagnética é absorvida pelo efeito Joule (por isso os metais são opacos). A propagação é tratada na ausência de fontes de luz dentro do meio: não há cargas nem correntes livres (nem correntes ôhmicas).

Assim, o ponto de partida são as equações de Maxwell num meio dielétrico (**FB3**, Cap. 12), com $\rho = \mathbf{j} = 0$,

$$\begin{aligned}
&\text{(I)} \quad \text{rot } \mathbf{B} = \mu_0 \frac{\partial \mathbf{D}}{\partial t} \\
&\text{(II)} \quad \text{rot } \mathbf{E} = -\frac{\partial \mathbf{B}}{\partial t} \\
&\text{(III)} \quad \text{div } \mathbf{D} = 0 \\
&\text{(IV)} \quad \text{div } \mathbf{B} = 0
\end{aligned} \quad (5.1)$$

onde

$$\mathbf{D} = \varepsilon_0 \mathbf{E} + \mathbf{P} = \kappa \varepsilon_0 \mathbf{E} \quad (5.2)$$

é o vetor deslocamento (**P** = densidade de polarização) e κ é a *constante dielétrica* do meio ($\kappa = 1$ no vácuo).

Vimos (**FB3**, Cap. 12), ao procurar soluções que *só dependem de uma coordenada* (tomada como z) e do tempo t, que, para um vetor $\mathbf{v} = v_x(z, t)\,\hat{\mathbf{x}} + v_y(z, t)\,\hat{\mathbf{y}}$, tem-se

$$\operatorname{rot} \mathbf{v}(z, t) = -\frac{\partial v_y}{\partial z}\hat{\mathbf{x}} + \frac{\partial v_x}{\partial z}\hat{\mathbf{y}}$$

o que dá

$$\operatorname{rot} \operatorname{rot} \mathbf{v} = -\frac{\partial^2 v_x}{\partial z^2}\hat{\mathbf{x}} - \frac{\partial^2 v_y}{\partial z^2}\hat{\mathbf{y}} \quad \text{para } \mathbf{v} = (v_x, v_y, 0) \tag{5.3}$$

Logo, a (II) dá [sendo $E_z = 0$ (transversalidade)]

$$\operatorname{rot} \operatorname{rot} \mathbf{E} = -\frac{\partial^2 E_x}{\partial z^2}\hat{\mathbf{x}} - \frac{\partial^2 E_y}{\partial z^2}\hat{\mathbf{y}} = -\frac{\partial}{\partial t}(\operatorname{rot} \mathbf{B}) =$$

$$= -\mu_0 \frac{\partial^2 \mathbf{D}}{\partial t^2} = -\kappa\varepsilon_0\mu_0 \left(\frac{\partial^2 E_x}{\partial t^2}\hat{\mathbf{x}} + \frac{\partial^2 E_y}{\partial t^2}\hat{\mathbf{y}}\right)$$

ou seja, E_x e E_y satisfazem à *equação de ondas*

$$\boxed{\frac{\partial^2 f}{\partial z^2} - \frac{1}{v^2}\frac{\partial^2 f}{\partial t^2} = 0} \tag{5.4}$$

onde, agora,

$$\boxed{v = \frac{1}{\sqrt{\kappa\varepsilon_0\mu_0}} = \frac{c}{\sqrt{\kappa}}} \tag{5.5}$$

A mesma equação é encontrada para B_x e B_y.

Sabemos, porém, que, num meio transparente de *índice de refração n*, a velocidade da luz é

$$v = \frac{c}{n} \tag{5.6}$$

Comparando com a (5.5), obtemos a RELAÇÃO de MAXWELL

$$\boxed{n = \sqrt{\kappa}} \tag{5.7}$$

ou seja, o *índice de refração de um meio transparente é igual à raiz quadrada de sua constante dielétrica*. Esse é um resultado típico da teoria eletromagnética da luz, relacionando uma constante ótica de um meio material (n) com uma constante eletromagnética (κ).

Entretanto, para testar o acordo com a experiência, é essencial lembrar que existe *dispersão*: o índice de refração de um meio varia com a frequência, e o mesmo acontece com κ: a comparação tem de ser feita *à mesma frequência* ω.

Para muitas substâncias, n e κ não variam apreciavelmente até que ω chegue à região do infravermelho distante ($\lambda \sim 300$ μm), de modo que podemos testar a (5.7) tomando n nesta região e o valor estático de κ:

Substância	$n^2_{300\,\mu m}$	κ (estático)
K Cl	4,8	4,75
K Br	5,1	4,66
NH4 Cl	6,8	6,85

Vemos que há razoavelmente bom acordo nesses casos. O mesmo vale para *gases fracamente dispersivos*, até no visível (luz amarela):

Substância	n² (amarelo)	κ (estático)
Ar	1,000294	1,000295
H_2	1,000138	1,000132
CO	1,000346	1,000345

Já para substâncias mais fortemente dispersivas, as discrepâncias entre n^2 (luz amarela) e κ (estático) podem ser grandes. Para a água, n (luz amarela) ≈ 1,33 e $\sqrt{\kappa}$ (estático) ≈ 9. Por oulro lado, para comprimentos de onda $\lambda \gtrsim 1$ m, o índice de refração da água é ≈ 9.

5.2 VETOR DE POYNTING REAL E COMPLEXO

No interior de um dielétrico, como vimos (**FB3**, Capítulo 5), a densidade de energia elétrica aumenta por um fator κ, de forma que a *densidade total de energia eletromagnética* é dada por

$$\boxed{U = \frac{1}{2}\kappa\varepsilon_0 \mathbf{E}^2 + \frac{1}{2}\frac{\mathbf{B}^2}{\mu_0} = \frac{1}{2}\frac{\mathbf{D}^2}{\kappa\varepsilon_0} + \frac{1}{2}\frac{\mathbf{B}^2}{\mu_0}}$$ (5.8)

o que dá, usando as equações de Maxwell (5.1),

$$\frac{\partial U}{\partial t} = \frac{\mathbf{D}}{\kappa\varepsilon_0} \cdot \frac{\partial \mathbf{D}}{\partial t} + \frac{\mathbf{B}}{\mu_0} \cdot \frac{\partial \mathbf{B}}{\partial t} = \underbrace{\frac{\mathbf{E}}{\mu_0} \cdot \text{rot } \mathbf{B} - \frac{\mathbf{B}}{\mu_0} \cdot \text{rot } \mathbf{E}}_{=-\text{div}\left(\frac{\mathbf{E}}{\mu_0} \times \mathbf{B}\right)}$$

ou seja, como no caso do vácuo (**FB3**, Capítulo 11),

$$\boxed{\text{div } \mathbf{S} + \frac{\partial U}{\partial t} = 0}$$ (5.9)

é a expressão local da conservação da energia, e

$$\boxed{\mathbf{S} = \frac{1}{\mu_0}\mathbf{E} \times \mathbf{B}} \quad \text{VETOR DE POYNTING (REAL)}$$ (5.10)

continua representando a *densidade de corrente de energia*.

Ainda para uma solução das equações de Maxwell do tipo *onda plana na direção z*,

$$\mathbf{E} = E_x(z - vt)\hat{\mathbf{x}}, \quad \mathbf{B} = \mathbf{B}_y(z - vt)\hat{\mathbf{y}} \tag{5.11}$$

com $\zeta \equiv z - vt$, as equações de Maxwell (**I**) e (**II**) resultam em

(**I**) $\left\{ -\dfrac{\partial B_y}{\partial z} = -B'_y = \mu_0 \kappa \varepsilon_0 \dfrac{\partial E_x}{\partial t} = -(\kappa v/c^2) E'_x = -\dfrac{n^2 v}{c^2} E'_x = -\dfrac{E'_x}{v} \right.$

(**II**) $\left\{ \dfrac{\partial E_x}{\partial z} = E'_x = -\dfrac{\partial B_y}{\partial t} = vB'_y \right. \left\{ B_y = \dfrac{1}{v} E_x \right.$

ou seja,

$$\boxed{\mathbf{B} = \dfrac{1}{v}\hat{\mathbf{z}} \times \mathbf{E} \quad \left(v = \dfrac{c}{n}\right)} \tag{5.12}$$

que generaliza o resultado obtido para o vácuo.

Para uma onda plana que se propaga numa direção $\hat{\mathbf{u}}$ qualquer.

$$\boxed{\mathbf{B} = \dfrac{1}{v}\hat{\mathbf{u}} \times \mathbf{E} = \sqrt{\kappa \varepsilon_0 \mu_0}\ \hat{\mathbf{u}} \times \mathbf{E}} \tag{5.13}$$

o que dá

$$\boxed{U_M = \dfrac{\mathbf{B}^2}{2\mu_0} = \dfrac{1}{2}\kappa \varepsilon_0 \mathbf{E}^2 = U_E} \tag{5.14}$$

ou seja, continua valendo que, *numa onda eletromagnética plana, as densidades de energia elétrica e magnética são iguais*.

A (5.10) dá também, usando a (5.13),

$$\mathbf{S} = \dfrac{1}{v\mu_0} \mathbf{E} \times (\hat{\mathbf{u}} \times \mathbf{E}) = \sqrt{\dfrac{\kappa \varepsilon_0}{\mu_0}} \mathbf{E}^2 \hat{\mathbf{u}} = \dfrac{\overbrace{\kappa \varepsilon_0 \mathbf{E}^2}^{U}}{\sqrt{\kappa \varepsilon_0 \mu_0}} \hat{\mathbf{u}}$$

ou, finalmente.

$$\boxed{\mathbf{S} = v U \hat{\mathbf{u}}} \tag{5.15}$$

análogo de $\mathbf{j} = \rho\,\mathbf{v}$. Na (5.15), **S** é a *densidade de corrente de energia*, e U é a *densidade de energia*, que se propaga com velocidade $\mathbf{v} = v\hat{\mathbf{u}}$.

Ondas monocromáticas

Em notação complexa, uma onda monocromática é da forma

$$\boxed{\begin{aligned} \mathbf{E}(\mathbf{r},t) &= \mathrm{Re}\left[\mathbf{E}(\mathbf{r})e^{-i\omega t}\right] \\ \mathbf{B}(\mathbf{r},t) &= \mathrm{Re}\left[\mathbf{B}(\mathbf{r})e^{-i\omega t}\right] \end{aligned}} \qquad (5.16)$$

e já vimos (**FB2**, Capítulo 3) que podemos trabalhar diretamente com as grandezas complexas e tomar Re só no fim, enquanto usamos só operações *lineares*. Porém, isso não vale para o *produto* de dois números complexos A e B, porque

$$\mathrm{Re}(AB) \neq \mathrm{Re}\,A \; \mathrm{Re}\,B \qquad (5.17)$$

Por conseguinte, é preciso tomar cuidado ao calcular expressões quadráticas, como as densidades de energia, ou produtos, como o vetor de Poynting. Na região do visível, por outro lado, $\omega \sim 10^{15}$ s^{-1} e não podemos seguir a variação *instantânea* extremamente rápida destas grandezas; os detectores registram só seus *valores médios temporais* sobre um grande número de oscilações, que podem ser expressos de forma simples na notação complexa.

Para ver isto calculemos

$$\left\langle \mathrm{Re}(ae^{-i\omega t})\mathrm{Re}(be^{-i\omega t}) \right\rangle$$

onde a e b são dois números *complexos* independentes do tempo, e

$$\langle f(t) \rangle \equiv \frac{1}{nT}\int_{t_0}^{t_0+nT} f(t)\,dt, \quad T \equiv \frac{2\pi}{\omega} \qquad (5.18)$$

é a média temporal de $f(t)$ sobre n períodos. Temos

$$\mathrm{Re}(ae^{-i\omega t})\mathrm{Re}(be^{-i\omega t}) = \frac{1}{2}(a^*e^{i\omega t} + ae^{-i\omega t})$$

$$\times \frac{1}{2}(b^*e^{i\omega t} + be^{-i\omega t}) = \frac{1}{4}(a^*b + ab^* + a^*b^*e^{2i\omega t} + abe^{-2i\omega t})$$

Mas

$$\left\langle e^{\pm 2i\omega t} \right\rangle = \frac{1}{nT}\int_{t_0}^{t_0+nT} e^{\pm 2i\omega t}\,dt = \frac{e^{\pm 2i\omega t_0}}{e^{\pm 2i\omega}}\left(\frac{e^{\pm 4in\pi}}{e^{\pm 2i\omega nT}} - 1\right) = 0$$

de forma, que finalmente,

$$\boxed{\left\langle \mathrm{Re}(ae^{-i\omega t})\mathrm{Re}(be^{-i\omega t}) \right\rangle = \frac{1}{4}(a^*b + ab^*) = \frac{1}{2}\mathrm{Re}(a^*b)} \qquad (5.19)$$

Em particular, os valores médios temporais das densidades de energia elétrica e magnética associadas às (5.16) são

$$\begin{aligned}\langle U_E(\mathbf{r},\,t)\rangle &= \frac{1}{4}\kappa\varepsilon_0|\mathbf{E}|^2 \\ \langle U_M(\mathbf{r},\,t)\rangle &= \frac{1}{4\mu_0}|\mathbf{B}|^2\end{aligned}$$ (5.20)

e, para o vetor de Poynting, obtemos

$$\langle \mathbf{S}\rangle = \left\langle \frac{1}{\mu_0}\mathbf{E}\times\mathbf{B}\right\rangle = \mathrm{Re}\,\mathbf{S}^+$$ (5.21)

onde

$$\mathbf{S}^+ = \frac{1}{2\mu_0}\mathbf{E}\times\mathbf{B}^*$$ (5.22)

chama-se o *vetor de Poynting complexo*.

Para uma onda plana na direção $\hat{\mathbf{u}}$, a (5.13) resulta em

$$\mathbf{S}^+ = \frac{1}{2\mu_0 v}\mathbf{E}\times\left(\hat{\mathbf{u}}\times\mathbf{E}^*\right) = \frac{1}{2}\sqrt{\frac{\kappa\varepsilon_0}{\mu_0}}|\mathbf{E}|^2\,\hat{\mathbf{u}}$$

ou, ainda, [cf.(5.15) e (5.20)]

$$\langle\mathbf{S}\rangle = \mathbf{S}^+ = v\langle U\rangle\hat{\mathbf{u}} = v\cdot\frac{1}{2}\kappa\varepsilon_0|\mathbf{E}|^2\,\hat{\mathbf{u}}$$ (5.23)

A *intensidade I* da onda eletromagnética é

$$I \equiv \langle\mathbf{S}\rangle\cdot\hat{\mathbf{u}} = v\langle U\rangle = \frac{1}{2}\kappa\varepsilon_0 v|\mathbf{E}|^2$$ (5.24)

ou seja, é proporcional a $|\mathbf{E}|^2$; vemos que $\mathbf{E}$ representa a "função de onda" vetorial associada à luz.

5.3 ONDAS PLANAS MONOCROMÁTICAS. POLARIZAÇÃO

A onda plana mais geral possível que se propaga na direção z é da forma

$$\begin{aligned}E_x &= f(z-vt) \\ E_y &= g(z-vt)\end{aligned}$$ (5.25)

onde f e g são funções arbitrárias. O campo $\mathbf{B}$ correspondente é dado pela (5.12):

$$\mathbf{B} = \frac{1}{v}\hat{\mathbf{z}} \times \left(E_x\hat{\mathbf{x}} + E_y\hat{\mathbf{y}}\right) = \frac{1}{v}\left(-E_y\hat{\mathbf{x}} + E_x\hat{\mathbf{y}}\right)$$

ou seja:

$$\boxed{\begin{aligned} B_x &= -\frac{1}{v}g(z-vt) \\ B_y &= \frac{1}{v}f(z-vt) \end{aligned}} \quad (5.26)$$

Para uma onda plana *monocromática* de frequência angular ω, a dependência do tempo (em notação complexa) deve ser da forma $\exp(-i\omega t)$. Como $z - vt = -v(t - \frac{z}{v})$, a dependência com z é da forma $\exp(ikz)$, onde

$$\boxed{k = \frac{\omega}{v} = n\frac{\omega}{c} = nk_0} \quad (5.27)$$

Logo, a onda plana monocromática mais geral possível que se propaga na direção $\hat{\mathbf{u}} \equiv \hat{\mathbf{z}}$ é dada por

$$\boxed{\begin{aligned} E_x &= ae^{i\delta_x} \cdot e^{i(kz-\omega t)} = vB_y \\ E_y &= be^{i\delta_y} \cdot e^{i(kz-\omega t)} = -vB_x \end{aligned}} \quad (5.28)$$

onde a e b (≥ 0) são as *amplitudes reais* das duas componentes transversais e (δ_x, δ_y) as respectivas *constantes de fase*. Sem restrição de generalidade (por escolha adequada da origem de t ou de z), podemos tomar $\delta_x = 0$. Passando para a notação real, teremos então,

$$\boxed{\begin{aligned} E_x &= a\cos\Phi \\ E_y &= b\cos(\Phi+\delta) \end{aligned}} \quad \Phi = kz - \omega t \quad (5.29)$$

onde

$$\boxed{\delta \equiv \delta_y - \delta_x} \quad (5.30)$$

é a *diferença de fase* entre as duas componentes.

Consideremos um plano *fixo*, por exemplo, $z = 0$. Nesse plano, o vetor **E** varia com o tempo ($\Phi = -\omega t$), e sua extremidade descreve uma curva. Que curva é? Suas equações paramétricas (5.29) mostram que $|E_x| \leq a$, $|E_y| \leq b$, de modo que a curva está inscrita num retângulo de lados $2a$ e $2b$. É a "curva de Lissajous" associada à composição de duas oscilações em direções perpendiculares com defasagem δ, já estudada no curso anterior (**FB2**, Seção 3.5).

Para obter a equação da curva, basta eliminar Φ entre as (5.29):

$$\left. \begin{array}{l} \dfrac{E_y}{b} = \cos(\Phi + \delta) = \cos\Phi\cos\delta - \operatorname{sen}\Phi\operatorname{sen}\delta \\ \dfrac{E_x}{a} = \cos\Phi \quad \left\{ \operatorname{sen}\Phi = \pm\sqrt{1 - \left(\dfrac{E_x}{a}\right)^2} \right. \end{array} \right\} \Rightarrow$$

$$\Rightarrow \dfrac{E_y}{b} - \dfrac{E_x}{a}\cos\delta = \pm\sqrt{1 - \left(\dfrac{E_x}{a}\right)^2}\operatorname{sen}\delta \quad \Rightarrow$$

$$\Rightarrow \left(\dfrac{E_y}{b}\right)^2 - 2\left(\dfrac{E_y}{b}\right)\left(\dfrac{E_x}{a}\right)\cos\delta + \left(\dfrac{E_x}{a}\right)^2\cos^2\delta = \operatorname{sen}^2\delta\left[1 - \left(\dfrac{E_x}{a}\right)^2\right]$$

o que, finalmente, leva a

$$\boxed{\left(\dfrac{E_y}{b}\right)^2 - 2\left(\dfrac{E_y}{b}\right)\left(\dfrac{E_x}{a}\right)\cos\delta + \left(\dfrac{E_x}{a}\right)^2 = \operatorname{sen}^2\delta} \qquad (5.31)$$

curva do 2° grau que, por estar inscrita num retângulo, só pode ser uma *elipse* (podendo degenerar num círculo ou segmento de reta).

Logo, a curva descrita pela extremidade de **E**, num plano fixo, é uma *elipse*. Decorre das (5.28) que **B** também descreve uma elipse, mantendo-se sempre $\perp$ **E**. *A onda plana monocromática mais geral possível é elipticamente polarizada.*

A forma da elipse depende da defasagem δ. Vejamos primeiro casos particulares.

(i) Luz linearmente polarizada

Corresponde a

$$\boxed{\delta = n\pi \quad (n = 0, \pm 1, \pm 2, \ldots)} \qquad (5.32)$$

o que, na (5.31) resulta em,

$$\left(\dfrac{E_y}{b}\right)^2 + 2(-1)^{n+1}\left(\dfrac{E_y}{b}\right)\left(\dfrac{E_x}{a}\right) + \left(\dfrac{E_x}{a}\right)^2 = 0$$

ou seja,

$$\begin{cases} n \text{ par} & \left\{ \left(\dfrac{E_y}{b} - \dfrac{E_x}{a}\right)^2 = 0 \right. \quad \left\{ \boxed{\dfrac{E_y}{E_x} = \dfrac{b}{a}} \quad (\delta = 0, \pm 2\pi, \ldots) \right. \\ n \text{ ímpar} & \left\{ \left(\dfrac{E_y}{b} + \dfrac{E_x}{a}\right) = 0 \right. \quad \left\{ \boxed{\dfrac{E_y}{E_x} = -\dfrac{b}{a}} \quad (\delta = \pm\pi, \pm 3\pi, \ldots) \right. \end{cases} \qquad (5.33)$$

As duas situações estão representadas na Figura 5.1. Como **E** permanece sempre numa mesma direção (idem para **B**), diz-se que a onda é *linearmente polarizada*. Convenciona-se chamar o plano (**E**, **û**) de *plano de vibração*, e o plano perpendicular (**B**, **û**), de *plano de polarização*. Em particular, se $b = 0$ ou $a = 0$, temos as duas direções de polarização ortogonais (independentes) x e y.

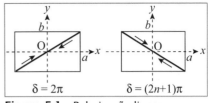

Figura 5.1 Polarização linear.

(ii) Luz circularmente polarizada

Para que a (5.31) se reduza à equação de um círculo, duas condições devem ser satisfeitas:

$$a = b \quad \text{e} \quad \delta = n\pi + \frac{\pi}{2} (n = 0, \pm 1, \pm 2, \ldots) \tag{5.34}$$

As (5.29) reduzem-se então às equações paramétricas de um círculo:

$$E_x = a \cos\Phi, \quad E_y = a \cos\left(\Phi + n\pi + \frac{\pi}{2}\right) = (-1)^{n+1} a \operatorname{sen} \Phi \tag{5.35}$$

ou ainda, como $\Phi \equiv -\omega t$,

$$E_x = a \cos(\omega t), \quad E_y = (-1)^n a \operatorname{sen}(\omega t) \tag{5.36}$$

A diferença entre n par e n ímpar está no *sentido de percurso* do círculo (Figura 5.2). A extremidade de **E** também pode ser representada no plano complexo por $E_x + i E_y$. Na Figura 5.2, vemos que, no espaço, ela descreve uma hélice, com eixo $\parallel \hat{\mathbf{z}}$.

$$n \text{ par } \left\{ E_x + iE_y = ae^{i\omega t} \right. \qquad n \text{ ímpar } \left\{ E_x + iE_y = ae^{-i\omega t} \right. \tag{5.37}$$
$$\text{(anti-horário)} \qquad\qquad \text{(horário)}$$

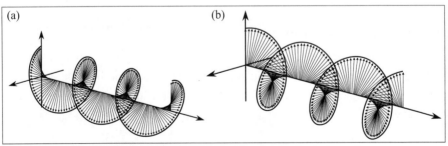

Figura 5.2 (a) Circular esquerda (*n* par); (b) Circular direita (*n* ímpar).

Voltando à notação complexa, as (5.35) se escrevem:

$$E_x = ae^{i\Phi}, \quad E_y = ae^{i\left(\Phi + n\pi + \frac{\pi}{2}\right)} = iae^{in\pi} e^{i\Phi} = (-)^n iae^{i\Phi}$$

de modo que

$$\boxed{\begin{array}{l} \mathbf{E} = E_x\hat{\mathbf{x}} + E_y\hat{\mathbf{y}} = ae^{i\Phi}\left(\hat{\mathbf{x}} \pm i\hat{\mathbf{y}}\right) \quad\quad +(n \text{ par}) \\ \quad\quad\quad\quad\quad\quad\quad\quad\quad\quad\quad\quad\quad\quad\quad -(n \text{ ímpar}) \\ \quad\quad\quad\quad\quad\quad (\Phi \equiv kz - \omega t) \end{array}} \quad (5.38)$$

Sejam

$$\boxed{\hat{\boldsymbol{\varepsilon}}_+ = \frac{1}{\sqrt{2}}(\hat{\mathbf{x}} + i\hat{\mathbf{y}}), \quad \hat{\boldsymbol{\varepsilon}}_- = \frac{1}{\sqrt{2}}(\hat{\mathbf{x}} - i\hat{\mathbf{y}})} \quad (5.39)$$

Então,

$$\boxed{\begin{cases} \mathbf{E}_+ = ae^{i\Phi}\,\hat{\boldsymbol{\varepsilon}}_+ = \text{luz circularmente polarizada } esquerda \\ \mathbf{E}_- = ae^{i\Phi}\,\hat{\boldsymbol{\varepsilon}}_- = \text{luz circularmente polarizada } direita \end{cases}} \quad (5.40)$$

Como

$$\boxed{\hat{\mathbf{x}} = \frac{1}{\sqrt{2}}(\hat{\boldsymbol{\varepsilon}}_+ + \hat{\boldsymbol{\varepsilon}}_-), \quad \hat{\mathbf{y}} = -\frac{i}{\sqrt{2}}(\hat{\boldsymbol{\varepsilon}}_+ - \hat{\boldsymbol{\varepsilon}}_-)} \quad (5.41)$$

a (5.38) pode ser reescrita:

$$\boxed{\mathbf{E} = \frac{1}{\sqrt{2}}\left(E_x - iE_y\right)\hat{\boldsymbol{\varepsilon}}_+ + \frac{1}{\sqrt{2}}\left(E_x + iE_y\right)\hat{\boldsymbol{\varepsilon}}_-} \quad (5.42)$$

mostrando que *uma onda plana monocromática arbitrária pode ser representada como superposição de uma onda circularmente polarizada direita com uma onda circularmente polarizada esquerda.*

(iii) Luz elipticamente polarizada

Voltando agora ao caso geral, vemos pela (5.31) que os eixos da elipse só coincidem com os eixos x e y quando $\delta = n\pi + \frac{\pi}{2}$; em outras situações, estão inclinados. Por argumentos de continuidade e analogia com polarização linear e circular, obtemos as seguintes representações gráficas (Figura 5.3) com a variação de δ:

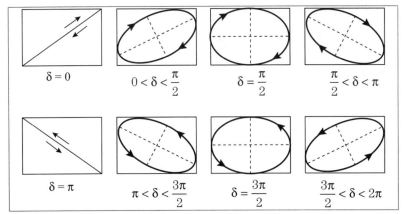

Figura 5.3 Polarização elíptica.

5.4 ATIVIDADE ÓTICA NATURAL

Existem substâncias transparentes que têm índices de refração diferentes para luz circularmente polarizada esquerda ou direita. Isso se deve, em geral, a uma estrutura assimétrica das moléculas, que têm "helicidade", ou seja, um sentido privilegiado de rotação em torno de um eixo, como um parafuso de rosca direita (ou esquerda). Um exemplo é uma solução de açúcar de cana (mais geralmente, de origem orgânica).

Vejamos o que acontece quando uma onda plana monocromática linearmente polarizada incide sobre um tal meio (Figura 5.4) e atravessa uma espessura d dele. Omitindo o fator $e^{-i\omega t}$, a onda incidente é da forma

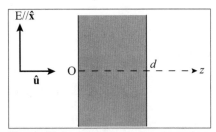

Figura 5.4 Atravessamento de meio oticamente ativo.

$$\boxed{\mathbf{E}_0 = E_0 e^{ik_0 z}\,\hat{\mathbf{x}} \quad (z \leq 0)} \tag{5.43}$$

e tomamos a origem na face de entrada, onde

$$\mathbf{E}_0 = E_0\,\hat{\mathbf{x}} \quad (z = 0) \tag{5.44}$$

(desprezaremos a reflexão).

Pela (5.42), podemos decompor essa onda em uma onda circularmente polarizada esquerda e outra direita:

$$\mathbf{E}_0(z=0) = \frac{E_0}{\sqrt{2}}\hat{\boldsymbol{\varepsilon}}_+ + \frac{E_0}{\sqrt{2}}\hat{\boldsymbol{\varepsilon}}_- \tag{5.45}$$

Os fatores de propagação das duas ondas dentro do meio são diferentes:

$$\boxed{\mathbf{E}(z) = \frac{E_0}{\sqrt{2}}e^{ik_+ z}\hat{\boldsymbol{\varepsilon}}_+ + \frac{E_0}{\sqrt{2}}e^{ik_- z}\hat{\boldsymbol{\varepsilon}}_- \;(z > 0)} \tag{5.46}$$

onde

$$k_+ = n_+ k_0, \quad k_- = n_- k_0 \tag{5.47}$$

e n_+ (n_-) é o índice de refração para polarização circular esquerda (direita). Seja

$$\bar{n} \equiv \frac{1}{2}(n_+ + n_-) \tag{5.48}$$

o índice de refração médio, e

$$\delta n \equiv n_+ - n_- \tag{5.49}$$

a diferença entre os índices. Temos então

$$n_+ = \bar{n} + \frac{1}{2}\delta n, \quad n_- = \bar{n} - \frac{1}{2}\delta n \tag{5.50}$$

e a (5.46) se escreve

$$\mathbf{E}(z) = \frac{E_0}{\sqrt{2}} e^{i\bar{n}k_0 z} \left(e^{\frac{i}{2}\delta n k_0 z} \underbrace{\hat{\boldsymbol{\varepsilon}}_+}_{\frac{1}{\sqrt{2}}(\hat{\mathbf{x}}+i\hat{\mathbf{y}})} + e^{-\frac{i}{2}\delta n k_0 z} \underbrace{\hat{\boldsymbol{\varepsilon}}_-}_{\frac{1}{\sqrt{2}}(\hat{\mathbf{x}}-i\hat{\mathbf{y}})} \right)$$

ou seja,

$$\mathbf{E}(z) = E_0 e^{i\bar{n}k_0 z} \left\{ \frac{1}{2}\left(e^{\frac{i}{2}\delta n k_0 z} + e^{-\frac{i}{2}\delta n k_0 z} \right)\hat{\mathbf{x}} \right.$$
$$\left. - \frac{1}{2i}\left(e^{\frac{i}{2}\delta n k_0 z} - e^{-\frac{i}{2}\delta n k_0 z} \right)\hat{\mathbf{y}} \right\}$$

Finalmente, após atravessar uma espessura d,

$$\mathbf{E}(d) = E_0 e^{i\bar{n}k_0 d} \left[\cos\left(\frac{\delta n}{2} k_0 d\right)\hat{\mathbf{x}} - \operatorname{sen}\left(\frac{\delta n}{2} k_0 d\right)\hat{\mathbf{y}} \right] \tag{5.51}$$

que, pela (5.33), é uma onda linearmente polarizada numa direção (Figura 5.5) formando um ângulo θ com Ox, onde

$$\operatorname{tg}\theta = -\operatorname{tg}\left(\frac{\delta n}{2} k_0 d\right) \left\{ \theta = -\frac{1}{2}(\delta n) k_0 d \right. \tag{5.52}$$

quando a polarização inicial (5.44) era $\hat{\mathbf{x}}$.

Logo, uma substância oticamente ativa produz uma *rotação do plano de polarização* de luz

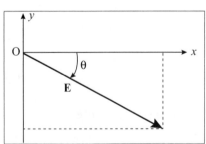

Figura 5.5 Rotação do plano de polarização.

linearmente polarizada incidente sobre ela, e o ângulo de rotação é proporcional à espessura do meio atravessada e à diferença δn entre os índices n_+ e n_-.

Se $n_+ > n_-$, a rotação é para a direita (sentido horário), e a substância se diz *dextrógira*; se $n_+ < n_-$, é *levógira*.

O açúcar de cana ou beterraba é dextrogiro, e é esse açúcar natural que é metabolizado pelos seres vivos; o açúcar levogiro (produzido em laboratório) não é metabolizado. Não se sabe se a origem dessa assimetria biológica é um acidente ligado a alguma assimetria do ambiente em que a vida se originou. Todos os aminoácidos são levogiros.

Aplicação à indústria do açúcar: n_+ e n_- são proporcionais à *concentração* da solução, de forma que a medida de θ é utilizada em *sacarímetros* para determinar essa concentração.

5.5 CONDIÇÕES DE CONTORNO

Para tratar o problema da reflexão e refração, precisamos saber o que acontece com o campo eletromagnético na interface entre dois meios de propriedades materiais diferentes. Embora idealizemos essa interface como uma superfície de descontinuidade, o que ocorre de fato é que a transição de um meio ao outro se dá através de uma região que cobre várias camadas atômicas; a espessura h dessa região é, porém, muito pequena, em confronto com os comprimentos de onda típicos no visível.

Assim, embora os operadores div e rot não possam ser aplicados a uma função descontínua (derivadas parciais na direção normal à camada divergem), podemos ver o que acontece com as equações de Maxwell aplicando-as, em sua forma *integral*, à camada de transição, e passando ao limite $h \to 0$. A discussão a seguir é análoga à que se encontra em **FB3**, Seção 5.7.

Seja P um ponto interno à camada e **v** um vetor que pode representar um qualquer dos campos eletromagnéticos. Apliquemos o teorema da divergência a um volume cilíndrico (Figura 5.6) centrado em P, com bases de área ΔS nos dois meios e altura h, onde faremos $h \to 0$, de modo que o fluxo através da superfície lateral do cilindro será desprezível em confronto com o fluxo através das bases. Se $\hat{\mathbf{n}}_{12}$ é o versor da normal a ΔS orientado *do meio 1 para o meio 2* (Figura 5.6), obtemos então:

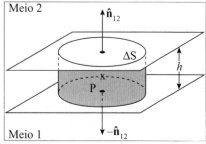

Figura 5.6 Cálculo da divergência superficial.

$$\int_S \mathbf{v} \cdot \hat{\mathbf{n}} dS = \Delta S \, \mathbf{v}_2 \cdot \hat{\mathbf{n}}_{12} - \Delta S \, \mathbf{v}_1 \cdot \hat{\mathbf{n}}_{12} = \int_V \text{div } \mathbf{v} \, dV$$
$$= \text{div } \mathbf{v} \Delta V = \text{div } \mathbf{v} \Delta S h$$

onde h é infinitésimo de ordem superior a ΔS. Logo,

$$\boxed{\lim_{h \to 0} (h \text{ div } \mathbf{v}) = \hat{\mathbf{n}}_{12} \cdot (\mathbf{v}_2 - \mathbf{v}_1) \equiv \text{Div } \mathbf{v}} \qquad (5.53)$$

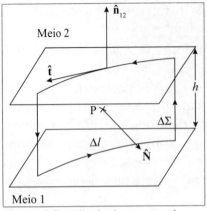

Figura 5.7 Cálculo do rotacional superficial.

onde Div **v** é chamado de *divergência superficial* do vetor **v**. Vemos que mede a *descontinuidade na componente normal de* **v** (diferença entre as componentes de **v** normais à interface nos dois meios). Analogamente, seja Γ um circuito orientado retangular, de altura h e base Δl (h infinitésimo de ordem superior a Δl), centrado em P e apoiado entre os dois meios (Figura 5.7), e apliquemos o teorema de Stokes à circulação de **v** ao longo de Γ, desprezando a contribuição dos lados de altura h:

$$\oint_\Gamma \mathbf{v}\cdot d\mathbf{l} = \mathbf{v}_2\cdot\hat{\mathbf{t}}\,\Delta l - \mathbf{v}_1\cdot\hat{\mathbf{t}}\,\Delta l = \int_{\Delta\Sigma}\text{rot}\,\mathbf{v}\cdot\hat{\mathbf{N}}\,d\Sigma = \text{rot}\,\mathbf{v}\cdot\hat{\mathbf{N}}\,\Delta l h \quad (5.54)$$

onde $\hat{\mathbf{t}}$ é o versor da tangente a Γ no meio 2 e $\hat{\mathbf{N}}$ é o versor da normal à área $\Delta\Sigma$ interna a Γ. Vemos pela Figura 5.7 que

$$\hat{\mathbf{t}} = \hat{\mathbf{N}}\times\hat{\mathbf{n}}_{12} \quad (5.55)$$

de modo que a (5.54) fica

$$\lim_{h\to 0}(h\,\text{rot}\,\mathbf{v})\cdot\hat{\mathbf{N}} = (\mathbf{v}_2-\mathbf{v}_1)\cdot(\hat{\mathbf{N}}\times\hat{\mathbf{n}}_{12}) = [\hat{\mathbf{n}}_{12}\times(\mathbf{v}_2-\mathbf{v}_1)]\cdot\hat{\mathbf{N}} \quad (5.56)$$

Como a orientação de $\hat{\mathbf{N}}$ num plano paralelo à interface é arbitrária, concluímos que[*]

$$\boxed{\lim_{h\to 0}(h\,\text{rot}\,\mathbf{v}) = \hat{\mathbf{n}}_{12}\times(\mathbf{v}_2-\mathbf{v}_1) \equiv \text{Rot}\,\mathbf{v}} \quad (5.57)$$

onde Rot **v** é o *rotacional superficial* de **v**, e mede a *descontinuidade na componente tangencial de* **v**.

Se multiplicarmos, nas equações de Maxwell (5.1), os dois membros das (**II**) e (**IV**) por h, fazendo $h \to 0$ e notando que derivadas em relação ao tempo, como $\partial\mathbf{B}/\partial t$, permanecem finitas, obtemos

$$\boxed{\begin{aligned}(\mathbf{II'})\ \hat{\mathbf{n}}_{12}\times(\mathbf{E}_2-\mathbf{E}_1)&=0\\(\mathbf{IV'})\ \hat{\mathbf{n}}_{12}\times(\mathbf{B}_2-\mathbf{B}_1)&=0\end{aligned}} \quad (5.58)$$

---

[*] Sendo sempre $\hat{\mathbf{N}}\cdot\hat{\mathbf{n}}_{12}=0$, poderia haver, em princípio, uma componente de h rot **v** $//\hat{\mathbf{n}}_{12}$. Entretanto, isso não acontece, porque uma tal componente, tomando **z** $//\hat{\mathbf{n}}_{12}$, seria

$$h\left(\frac{\partial v_y}{\partial x}-\frac{\partial v_x}{\partial y}\right)$$

que $\to 0$ com h, porque as derivadas de **v** em direções *tangenciais* à interface permanecem finitas.

que são *condições de contorno gerais* para o campo eletromagnético [porque as eqs. (**II**) e (**IV**) valem sempre]:

*A componente tangencial de **E** e a componente normal de **B** são sempre contínuas na interface entre dois meios diferentes.*

As (**I**) e (**III**) das (5.1), válidas para meios transparentes, com $\rho = \mathbf{j} = 0$, mostram que, *neste caso*, a componente *tangencial* de **B** também permanece contínua,

$$(\mathbf{I'}) \quad \hat{\mathbf{n}}_{12} \times (\mathbf{B}_2 - \mathbf{B}_1) = 0 \quad (5.58a)$$

de forma que $\mathbf{B}_2 = \mathbf{B}_1$, e a componente *normal* de $\mathbf{D} = \kappa \varepsilon_0 \mathbf{E}$ também é contínua.

5.6 REFLEXÃO E REFRAÇÃO. FÓRMULAS DE FRESNEL

Consideremos uma onda plana monocromática (omitimos o fator $e^{-i\omega t}$) incidente sobre a interface plana entre dois meios transparentes de índices de refração n_1 e n_2 (Figura 5.8):

Os versores das direções de propagação das ondas incidente, refletida e refratada são, respectivamente (Figura 5.8),

$$\begin{aligned} \hat{\mathbf{u}}_1 &= \text{sen }\theta_1\ \hat{\mathbf{x}} - \cos\theta_1\ \hat{\mathbf{y}} \\ \hat{\mathbf{u}}_1' &= \text{sen }\theta_1\ \hat{\mathbf{x}} + \cos\theta_1\ \hat{\mathbf{y}} \\ \hat{\mathbf{u}}_2 &= \text{sen }\theta_2\ \hat{\mathbf{x}} - \cos\theta_2\ \hat{\mathbf{y}} \end{aligned} \quad (5.59)$$

onde (x, y) é o plano de incidência e $y = 0$ é a interface. Os fatores de propagação são, respectivamente,

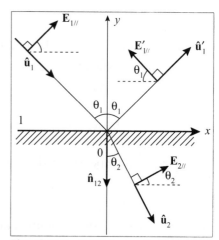

Figura 5.8 Reflexão e refração.

$$\begin{cases} \exp(i\varphi_1) = \exp(i n_1 k_0\ \hat{\mathbf{u}}_1 \cdot \mathbf{x}), & \exp(i\varphi_1') = \exp(i n_1 k_0\ \hat{\mathbf{u}}_1' \cdot \mathbf{x}) \\ \exp(i\varphi_2) = \exp(i n_2 k_0\ \hat{\mathbf{u}}_2 \cdot \mathbf{x}) \end{cases} \quad (5.60)$$

o que dá, pelas (5.59),

$$\begin{cases} \exp(i\varphi_1) = \exp\left[i n_1 k_0 (x\ \text{sen }\theta_1 - y\ \cos\theta_1)\right] \\ \exp(i\varphi_1') = \exp\left[i n_1 k_0 (x\ \text{sen }\theta_1 + y\ \cos\theta_1)\right] \\ \exp(i\varphi_2) = \exp\left[i n_2 k_0 (x\ \text{sen }\theta_2 - y\ \cos\theta_2)\right] \end{cases} \quad (5.61)$$

Os campos podem sempre ser representados como superposições de duas polarizações lineares perpendiculares. É conveniente escolher uma delas como *perpendicular ao plano de incidência*, ou seja, // Oz no sistema de eixos escolhido, e a outra *paralela ao plano de incidência*. Vamos representar as amplitudes de componentes ⊥ por A e as // por B.

Com o auxílio da Figura 5.8, obtêm-se as direções das componentes // de **E**. Os campos totais **E**$_1$ e **E**$_2$ nos dois meios são então:

$$\begin{cases} \mathbf{E}_1 = \left(A_1 e^{i\varphi_1} + A_1' e^{i\varphi_1'}\right)\hat{\mathbf{z}} + B_1 e^{i\varphi_1}\left(\hat{\mathbf{x}}\cos\theta_1 + \hat{\mathbf{y}}\,\text{sen}\,\theta_1\right) \\ \qquad\qquad\qquad\qquad + B_1' e^{i\varphi_1'}\left(-\hat{\mathbf{x}}\cos\theta_1 + \hat{\mathbf{y}}\,\text{sen}\,\theta_1\right) \\ \mathbf{E}_2 = A_2 e^{i\varphi_2}\hat{\mathbf{z}} + B_2 e^{i\varphi_2}\left(\hat{\mathbf{x}}\cos\theta_2 + \hat{\mathbf{y}}\,\text{sen}\,\theta_2\right) \end{cases}$$ (5.62)

Os campos magnéticos correspondentes resultam da (5.13)

$$\begin{cases} \mathbf{B}_1 = \dfrac{1}{v_1}\left\{\hat{\mathbf{u}}_1 \times \hat{\mathbf{z}}\, A_1 e^{i\varphi_1} + \hat{\mathbf{u}}_1' \times \hat{\mathbf{z}}\, A_1' e^{i\varphi_1'} + \left(B_1 e^{i\varphi_1} + B_1' e^{i\varphi_1'}\right)\hat{\mathbf{z}}\right\} \\ \mathbf{B}_2 = \dfrac{1}{v_2}\left(\hat{\mathbf{u}}_2 \times \hat{\mathbf{z}}\, A_2 e^{i\varphi_2} + B_2 e^{i\varphi_2}\hat{\mathbf{z}}\right) \end{cases}$$ (5.63)

onde as componentes ⊥ estão na direção $\hat{\mathbf{z}}$ (Figura 5.8).

As condições de contorno (5.58), onde $\hat{\mathbf{n}}_{12} = -\hat{\mathbf{y}}$, dão (lembrando que $\mathbf{B}_1 = \mathbf{B}_2$ na interface, neste caso)

$$\hat{\mathbf{y}} \times \mathbf{E}_1\big|_{y=0} = \hat{\mathbf{y}} \times \mathbf{E}_2\big|_{y=0}$$
$$\hat{\mathbf{y}} \times \mathbf{B}_1\big|_{y=0} = \hat{\mathbf{y}} \times \mathbf{B}_2\big|_{y=0}$$ (5.64)

Pelas (5.61) e pelas leis da reflexão e da refração, temos

$$e^{i\varphi_1}\big|_{y=0} = e^{i\varphi_1'}\big|_{y=0} = e^{i\varphi_2}\big|_{y=0}$$ (5.65)

de forma que esse fator comum pode ser cancelado. De fato, a dedução das leis pela teoria ondulatória, vista na Seção 2.2, equivale a dizer que *a componente tangencial do vetor de onda* **k** *se conserva*, o que leva às (5.65).

As (5.62) e (5.64), então, levam a:

$$\begin{cases} A_1 + A_1' = A_2 \\ \left(B_1 - B_1'\right)\cos\theta_1 = B_2 \cos\theta_2 \end{cases}$$ (5.66)

Pelas (5.59),

$$\begin{cases} \hat{\mathbf{u}}_1 \times \hat{\mathbf{z}} = -\cos\theta_1\,\hat{\mathbf{x}} - \text{sen}\,\theta_1\,\hat{\mathbf{y}} \\ \hat{\mathbf{u}}_1' \times \hat{\mathbf{z}} = +\cos\theta_1\,\hat{\mathbf{x}} - \text{sen}\,\theta_1\,\hat{\mathbf{y}} \\ \hat{\mathbf{u}}_2 \times \hat{\mathbf{z}} = -\cos\theta_2\,\hat{\mathbf{x}} - \text{sen}\,\theta_2\,\hat{\mathbf{y}} \end{cases}$$ (5.67)

de forma que as (5.63) e (5.64) resultam em

$$\begin{cases} \dfrac{1}{v_1}\left(B_1 + B_1'\right) = \dfrac{1}{v_2}B_2 \\ \dfrac{1}{v_1}\left(A_1 + A_1'\right)\cos\theta_1 = \dfrac{1}{v_2}A_2\cos\theta_2 \end{cases}$$ (5.68)

Vemos que as (5.66) e (5.68) se separam em dois grupos independentes, um contendo só as amplitudes A e outro só para as amplitudes B. É por essa razão que o uso de polarizações lineares // e $\perp$ ao plano de incidência é o mais conveniente. Dadas as amplitudes A_1 e B_1 do campo elétrico da onda incidente, interessa-nos obter:

$$\boxed{\begin{aligned} R_\perp &\equiv \frac{A_1'}{A_1}, & R_\| &\equiv \frac{B_1'}{B_1} & \text{amplitudes de reflexão} \\ T_\perp &\equiv \frac{A_2}{A_1}, & T_\| &\equiv \frac{B_2}{B_1} & \text{amplitudes de transmissão} \end{aligned}}$$ (5.69)

o que pode ser feito, porque temos, para cada par destas grandezas, um sistema de duas equações a duas incógnitas. Lembrando que [cf.(2.7)] $v_1/v_2 = n_{12} \equiv n$ (vamos omitir o índice 12), as (5.66) e (5.68) levam a:

$$\boxed{\begin{aligned} A_1 + A_1' &= A_2 \\ A_1 - A_1' &= n \frac{\cos\theta_2}{\cos\theta_1} A_2 \end{aligned}}$$ (5.70)

e

$$\boxed{\begin{aligned} B_1 + B_1' &= n\, B_2 \\ B_1 - B_1' &= n \frac{\cos\theta_2}{\cos\theta_1} B_2 \end{aligned}}$$ (5.71)

As amplitudes de reflexão e de transmissão obtêm-se facilmente resolvendo essas equações. Combinando os resultados com a lei de Snell, obtém-se (Problema 5.10)

$$\boxed{R_\perp = -\frac{\operatorname{sen}(\theta_1 - \theta_2)}{\operatorname{sen}(\theta_1 + \theta_2)}}$$ (5.72)

e

$$\boxed{R_\| = \frac{\operatorname{tg}(\theta_1 - \theta_2)}{\operatorname{tg}(\theta_1 + \theta_2)}}$$ (5.73)

que são as *fórmulas de Fresnel* para as amplitudes de reflexão. Obtêm-se resultados análogos para as amplitudes de transmissão.

Os resultados se simplificam para incidência $\perp$ ($\theta_1 = \theta_2 = 0$). Resulta

$$\boxed{R_\| = \frac{n-1}{n+1} = -R_\perp \quad (\theta_1 = 0)}$$ (5.74)

que, na verdade, é o mesmo resultado nos dois casos. Com efeito, para $\theta_1 = 0$, o plano de incidência não é definido; a diferença de sinal na (5.74) resulta só de ter adotado convenções de orientação opostas para $E'_{1\|}$ e $E'_{1\perp}$ neste caso (Figura 5.8). Como $R_\| > 0$

para $n > 1$, isto implica que as direções de $\mathbf{E}_1'$ e $\mathbf{E}_1$ são *opostas* neste caso [defasagem de π, cf. (3.27)].

5.7 REFLETIVIDADE

Por definição, a *refletividade* é a fração da intensidade incidente sobre uma determinada área da interface que se reflete (porcentagem de reflexão). Lembrando a expressão da intensidade (5.24) e que as ondas incidente e refletida se propagam no mesmo meio e são simétricas em relação à normal, resulta que a refletividade r é dada por (em notação complexa)

$$\boxed{r = \frac{|\mathbf{E}_1'|^2}{|\mathbf{E}_1|^2}} \tag{5.75}$$

Em particular, para uma onda incidente *linearmente polarizada* com polarização $\perp$ ou *polarização //*, respectivamente, as fórmulas de Fresnel dão

$$\boxed{r_\perp = \frac{\text{sen}^2(\theta_1 - \theta_2)}{\text{sen}^2(\theta_1 + \theta_2)}; \quad r_\parallel = \frac{\text{tg}^2(\theta_1 - \theta_2)}{\text{tg}^2(\theta_1 + \theta_2)}} \tag{5.76}$$

e, para incidência $\perp$ [cf.(5.74)]

$$\boxed{r_\perp = r_\parallel = \left(\frac{n-1}{n+1}\right)^2 \quad (\theta_1 = 0)} \tag{5.77}$$

Vamos discutir o andamento de $r_\perp$ e $r_\parallel$ em função do ângulo de incidência θ_1, supondo $n > 1$ (meio 2 mais refringente que 1). Conforme já foi antecipado na Seção 2.4, a refletividade é em geral muito pequena na *incidência* $\perp$. A (5.77) mostra que é $\approx (1/7)^2$ ~ 2% para uma interface ar/água ($n \approx 4/3$), e é $\approx (1/5)^2$ ~ 4% para uma interface ar/vidro ($n \approx 3/2$).

Por outro lado, para *incidência rasante* ($\theta_1 \to \pi/2$), as (5.76) mostram que $r_\perp$ e $r_\parallel$ tendem a 1, ou seja, a luz tende a ser *totalmente refletida* (a superfície de um lago atua como um espelho, em relação a uma margem distante).

Que acontece entre esses dois limites? Pode-se mostrar (Problema 5.15) que

$$dr_\perp/d\theta_1 > 0 \quad \left(0 < \theta_1 < \frac{\pi}{2}\right) \tag{5.78}$$

de modo que $r_\perp$ cresce *monotonicamente* entre seus valores extremos. Para valores de n usuais (não >> 1) é preciso aproximar-se bastante da incidência rasante para que a reflexão seja apreciável.

Já $r_\parallel$ tem um andamento diferente. Com efeito, a (5.76) mostra que existe um ângulo de incidência $\theta_1 = \theta_B$ para o qual $r_\parallel = 0$. É aquele para o qual o denominador $\to \infty$, ou seja, $\theta_1 + \theta_2 = \pi/2$, o que dá, usando a lei de Snell (cf. Problema 2.1),

$$\boxed{\operatorname{tg}\theta_B = n} \tag{5.79}$$

Para $0 < \theta_1 < \theta_B$, $r_\parallel$ decresce monotonicamente; para $\theta_1 > \theta_B$, cresce monotonicamente para 1 (Figura 5.9).

Que acontece se a luz incidente é linearmente polarizada numa direção intermediária entre $\perp$ e $/\!/$? Seja $\mathbf{E}_1$ o campo elétrico da onda incidente e α seu *azimute*, definido como o ângulo que faz com *sua projeção* $\mathbf{E}_{1\parallel}$ sobre o plano de incidência. As componentes $\perp$ e $/\!/$ de $\mathbf{E}_1$ são dadas por (Figura 5.10)

$$\boxed{|\mathbf{E}_{1\parallel}| = |\mathbf{E}_1|\cos\alpha; \quad |\mathbf{E}_{1\perp}| = |\mathbf{E}_1|\sen\alpha} \tag{5.80}$$

Logo, as componentes $\perp$ e $/\!/$ da onda refletida são

$$|\mathbf{E}'_{1\parallel}| = |\mathbf{R}_\parallel||\mathbf{E}_{1\parallel}| = |\mathbf{R}_\parallel||\mathbf{E}_1|\cos\alpha$$

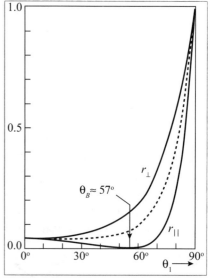

Figura 5.9 Refletividades para uma interface ar/vidro.

$$|\mathbf{E}'_{1\perp}| = |\mathbf{R}_\perp||\mathbf{E}_{1\perp}| = |\mathbf{R}_\perp||\mathbf{E}_1|\sen\alpha$$

e, como $|\mathbf{E}'_1|^2 = |\mathbf{E}'_{1\parallel}|^2 + |\mathbf{E}'_{1\perp}|^2$ a (5.75) dá

$$\boxed{r = r_\parallel \cos^2\alpha + r_\perp \sen^2\alpha} \tag{5.81}$$

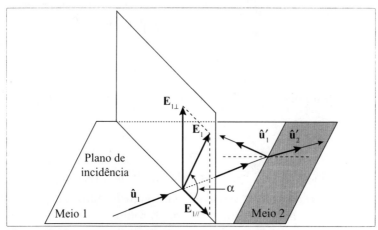

Figura 5.10 Azimute de incidência.

5.8 POLARIZAÇÃO POR REFLEXÃO

Para $\theta_1 = \theta_B$, temos $r_\parallel = 0$. Logo, se, a onda incidente tiver polarização linear $/\!/$, *não há onda refletida*: toda a luz é transmitida. Se a onda incidente é linearmente polarizada com azimute α qualquer, somente a componente $\mathbf{E}_{1\perp}$ é refletida nesse ângulo. Logo, nesse caso, *a luz refletida é linearmente polarizada, com* $\mathbf{E}'_1$ *perpendicular ao plano de incidência*.

Mais geralmente, isso acontece qualquer que seja a polarização (elíptica) de uma onda incidente monocromática, pois também podemos decompô-la em componentes // e $\perp$. E acontece também para *luz natural*, emitida por um corpo incandescente, como a luz solar, por exemplo.

Com efeito, cada componente monocromática do espectro da luz solar pode ser decomposta em componentes // e $\perp$. Assim, se luz solar incide sobre uma placa de vidro segundo um ângulo $\theta_1 = \theta_B \approx 57°$, a luz refletida é linearmente polarizada, com $\mathbf{E}'_1 \perp$ ao plano de incidência. Foi assim que Malus descobriu a polarização por reflexão: estava observando, em Paris, a luz do sol poente refletida pelas janelas do palácio do Luxemburgo, através de um cristal sensível à polarização.

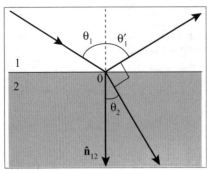

Figura 5.11 A lei de Brewster.

Para $\theta_1 = \theta_B$, por definição, $\theta_1 + \theta_2 = \pi/2$. Isso equivale a dizer que *o ângulo de polarização* θ_B *é aquele ângulo de incidência para o qual, segundo as leis da reflexão e da refração, o raio refletido é perpendicular ao raio refratado* (Figura 5.11). Este resultado, descoberto por David Brewster em 1815, chama-se *lei de Brewster*.

Para luz natural, o vetor $\mathbf{E}_1$ da onda incidente, em cada instante t, pode ser decomposto em $\mathbf{E}_{1\|}$ e $\mathbf{E}_{1\perp}$, associados ao azimute instantâneo $\alpha(t)$. Entretanto, $\alpha(t)$ variará rapidamente e *ao acaso* com o tempo: todos os valores de α serão igualmente prováveis, o que implica

$$\langle \cos^2 \alpha \rangle = \langle \text{sen}^2 \alpha \rangle = \frac{1}{2} \tag{5.82}$$

onde $\langle \ldots \rangle$ é a média temporal. A (5.81) resulta, então, a *refletividade para luz natural*

$$\boxed{r = \frac{1}{2}\left(r_\| + r_\perp\right)} \tag{5.83}$$

A curva correspondente está representada em linha interrompida na Figura 5.9.

Embora a luz *incidente* natural seja *não polarizada* [cf.(5.82)], isto não é verdade para a luz *refletida*. Com efeito, na luz refletida, teremos

$$\boxed{\frac{\left\langle |E'_{1\|}|^2\right\rangle}{\left\langle |E'_{1\perp}|^2\right\rangle} = \frac{r_\| \left\langle |E_{1\|}|^2\right\rangle}{r_\perp \left\langle |E_{1\perp}|^2\right\rangle} = \frac{r_\|}{r_\perp} = \frac{\cos^2(\theta_1 + \theta_2)}{\cos^2(\theta_1 - \theta_2)}} \tag{5.84}$$

onde usamos as (5.76).

A razão (5.84) só é = 1 para incidência ⊥ ($\theta_1 = 0$) ou rasante ($\theta_1 = \pi/2$). Entre esses dois extremos, como se vê pela Figura 5.9, ela é < 1, ou seja, a luz refletida é *parcialmente polarizada*, com predomínio da componente ⊥. O *grau de polarização* é definido por

$$\boxed{P = \frac{r_\perp - r_\parallel}{r_\perp + r_\parallel}} \tag{5.85}$$

com $0 \le P \le 1$. Para $\theta_1 = 0$ ou $\theta_1 = \pi/2$, tem-se $P = 0$: a luz refletida continua sendo luz natural. Para $\theta_1 = \theta_B$, é $r_\parallel = 0$ e $P = 1$: a luz refletida é *totalmente polarizada*.

Isso pode ser verificado experimentalmente, fazendo com que a luz refletida por uma placa do material (por exemplo, vidro) segundo o ângulo θ_B incida sobre uma placa do mesmo material, situada de tal forma que a componente $\mathbf{E}_\perp$ em relação à 1ª placa (*polarizador*) passe a ser a componente $\mathbf{E}_\parallel$ em relação a 2ª (*analisador*). Para isso, basta que o 2° plano de incidência seja ⊥ ao 1° (Figura 5.12). Se, além disso, orientarmos a placa analisadora de tal forma que o ângulo de incidência sobre ela também seja θ_B, *não há luz refletida* pela 2ª placa (Figura 5.12).

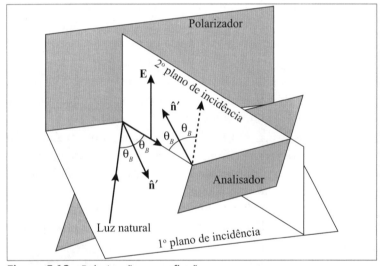

Figura 5.12 Polarização por reflexão.

Suponhamos agora que, sempre mantendo fixo o ângulo de incidência θ_B sobre o analisador, façamos que ele gire (a normal $\hat{\mathbf{n}}'$ ao plano do analisador na Figura 5.12 permanece sobre o cone com eixo sobre o raio e abertura θ_B). O ângulo β entre os dois planos de incidência deixa de ser $\pi/2$. Esse é também o ângulo entre as normais ao dois planos. Como $\mathbf{E}$ da onda incidente sobre o analisador é ⊥ ao 1° plano de incidência (fixo), β é também o ângulo entre $\mathbf{E}$ e a normal ao 2° plano de incidência, o que implica (veja a Figura 5.10)

$$\beta = \frac{\pi}{2} - \alpha \tag{5.86}$$

onde α é o *azimute* de incidência sobre o analisador.

Podemos então aplicar a (5.81), onde $r_\| = 0$:

$$\underset{\substack{\uparrow \\ \text{refletividade} \\ \text{na 2}^a \text{ reflexão}}}{r} = r_\perp \text{sen}^2\alpha = r_\perp \text{sen}^2\left(\frac{\pi}{2} - \beta\right) \quad \{ \quad \boxed{r = r_\perp \cos^2\beta} \qquad (5.87)$$

Essa relação mostra como varia a intensidade da luz refletida pelo analisador com o ângulo β. Ela é = 0 na situação anterior [diz-se neste caso que *o polarizador e o analisador estão com seus eixos cruzados* ($\beta = \pi/2$)], e é máxima para $\beta = 0$, quando os dois planos de incidência são paralelos, de modo que o vetor **E** incidente é $\perp$ a ambos. Note que β é o ângulo entre a direção de vibração da luz incidente sobre o analisador (direção de **E**) e a direção para a qual a intensidade é máxima ($\beta = 0$).

A (5.87) é um caso particular da *LEI de MALUS*: *a intensidade analisada varia proporcionalmente ao quadrado do cosseno do ângulo entre a direção de vibração da luz incidente sobre o analisador e a direção para a qual a intensidade da luz analisada é máxima*.

O aparelho constituído pelo par de placas de vidro chama-se *polariscópio de Nörrenberg*. O *polarizador* transforma luz natural em luz linearmente polarizada; o *analisador* permite detectar (analisar) a existência de polarização, fazendo variar β. Polarizador e analisador funcionam como *filtros de polarização*.

Uma placa de vidro não é um polarizador muito eficiente. O gráfico da Figura 5.9 mostra que $r_\perp \approx 0{,}15$ para $\theta_1 = \theta_B$. Aplicando a (5.83), concluímos que apenas 7,5% da intensidade incidente sobre o polarizador são aproveitados.

Outros métodos de polarizar e analisar a luz empregam a *transmissão* através de *meios anisotrópicos*, como os cristais, cujas propriedades variam com a direção relativamente a seus eixos de simetria. Em seu "Tratado sobre a Luz" (1690), Huygens já discutia as propriedades óticas da calcita (conhecida naquela época como *espato da Islândia*), que pode ser empregada para produzir e analisar luz polarizada (*prismas de Nicol*).

Edwin Land criou um material artificial, o *Polaroid*, capaz de absorver fortemente uma polarização linear preferencial, ao mesmo tempo em que transmite a polarização ortogonal a essa. Um material que absorve diferentemente duas polarizações lineares ortogonais é chamado de *dicróico*. O polaroide é um plástico constituído de moléculas de um polímero orgânico sintético, o álcool polivinílico; são moléculas muito longas. Lâminas desse material são estiradas numa direção, produzindo o alinhamento preferencial das moléculas; o dicroismo é reforçado pela adição de iodo. Como a luz solar refletida é parcialmente polarizada [cf. (5.85)], os óculos de Polaroid funcionam como óculos de sol e atenuam a luz refletida.

5.9 REFLEXÃO TOTAL

Até aqui, só discutimos o comportamento da refletividade para índice de refração relativo $n > 1$, quando o meio 2 é mais refringente que 1. Para ver o que acontece quando $n < 1$, notemos primeiro que, pelas leis da reflexão e da refração, se invertermos o percurso do raio refratado [Figura 5.13(b)], inverte-se também o percurso do raio incidente, que passa a ser o raio transmitido.

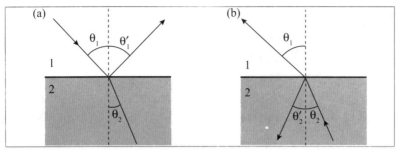

Figura 5.13   Reversibilidade dos raios.

Por outro lado, as expressões (5.76) da refletividade não se alteram se trocarmos os papéis de θ_1 e θ_2: $\theta_1 \leftrightarrow \theta_2$, o que troca $n \leftrightarrow 1/n$ [isto também não altera a (5.77)], ou seja, *a interface reflete igualmente bem de ambos os lados*.

Essa *lei de reciprocidade* permite obter o andamento de $r_\|$ e $r_\perp$ em função do ângulo de incidência θ_1 para uma interface com $n < 1$ (por exemplo, vidro/ar, $n = 2/3$) a partir dos valores correspondentes para a transição inversa (ar/vidro, $n = 3/2$), trocando a escala de abscissas $\theta_1 \to \theta_2$.

O resultado, para uma interface vidro/ar ($n \approx$ 2/3), está representado na Figura 5.14. As curvas do gráfico da Figura 5.9 aparecem "comprimidas" entre $\theta_1 = 0$ e $\theta_1 = \theta_c$, onde θ_c é o ângulo crítico definido na (2.13),

$$\boxed{\operatorname{sen} \theta_c = n} \qquad (5.88)$$

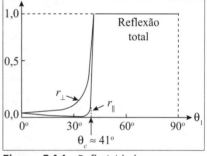

Figura 5.14   Refletividades para uma interface vidro/ar.

que, para uma interface vidro/ar, é $\approx 41°$. Para $\theta_1 \to \theta_c$, tanto $r_\perp$ como $r_\|$ tendem a 1 (reflexão total).

Que acontece para $\theta_1 > \theta_c$? Como indicado na Figura 5.14 e visto na Seção 2.4, ocorre a *reflexão total*, ou seja, $r_\|$ e $r_\perp$ permanecem iguais a 1. Entretanto, isso não significa que o campo eletromagnético no meio 2 seja identicamente nulo, pois ele é $\neq 0$ no meio 1 e isto violaria as condições de contorno.

A lei de Snell resultaria em

$$\operatorname{sen} \theta_2 = \frac{1}{n} \operatorname{sen} \theta_1 > 1 \quad \text{para } \theta_1 > \theta_c \qquad (5.89)$$

o que não pode ser satisfeito por um valor *real* de θ_2, mas pode ser satisfeito por um valor *complexo*, o que é permitido porque estamos usando notação complexa.

As funções $\cos z$ e $\operatorname{sen} z$ para $z = x + iy$ complexo são definidas pelas fórmulas de Euler,

$$\cos z \equiv \frac{1}{2}\left(e^{iz} + e^{-iz}\right), \quad \operatorname{sen} z \equiv \frac{1}{2i}\left(e^{iz} - e^{-iz}\right) \quad (5.90)$$

o que leva a

$$\operatorname{sen}\left(\frac{\pi}{2} - i\Psi\right) = \cos(i\Psi) = \frac{1}{2}\left(e^{-\Psi} + e^{\Psi}\right) = \operatorname{ch}\Psi \quad (5.91)$$

que é a função *cosseno hiperbólico*, que é > 1 para $\Psi > 0$.

Logo, podemos continuar satisfazendo a lei de Snell para $\theta_1 > \theta_c$, tomando

$$\theta_2 = \frac{\pi}{2} - i\Psi, \quad \operatorname{sen}\theta_2 = \operatorname{ch}\Psi = \frac{\operatorname{sen}\theta_1}{n} > 1 \quad (\theta_1 > \theta_c) \quad (5.92)$$

Embora até aqui tenhamos interpretado θ_2 geometricamente, como um ângulo, a verificação das equações de Maxwell e das condições de contorno só depende das propriedades *analíticas* de $\cos z$ e $\operatorname{sen} z$, que permanecem as mesmas para z complexo.

Assim, as fórmulas de Fresnel (5.72) e (5.73) permanecem válidas, o que resulta em

$$\begin{cases} R_\perp = -\dfrac{\operatorname{sen}\left(\theta_1 - \dfrac{\pi}{2} + i\Psi\right)}{\operatorname{sen}\left(\theta_1 + \dfrac{\pi}{2} - i\Psi\right)} = \dfrac{\cos(\theta_1 + i\Psi)}{\cos(\theta_1 - i\Psi)} = e^{i\delta_\perp} \\[2em] R_\parallel = \dfrac{\operatorname{tg}\left(\theta_1 - \dfrac{\pi}{2} + i\Psi\right)}{\operatorname{tg}\left(\theta_1 + \dfrac{\pi}{2} - i\Psi\right)} = \dfrac{\cot(\theta_1 + i\Psi)}{\cot(\theta_1 - i\Psi)} = e^{i\delta_\parallel} \end{cases} \quad (5.93)$$

onde usamos o fato de que o numerador e denominador são *complexos conjugados*, de forma que o quociente é um *fator de fase* ($\delta_\perp$ e $\delta_\parallel$ são reais). Logo,

$$r_\perp = |R_\perp|^2 = r_\parallel = |R_\parallel|^2 = 1, \quad \theta_1 \geq \theta_c \quad (5.94)$$

confirmando a ocorrência de *reflexão total* acima da incidência crítica.

Além disso, vemos pelas (5.93) que as componentes $\perp$ e $//$ da luz refletida sofrem defasagens diferentes, criando uma diferença de fase

$$\delta \equiv \delta_\perp - \delta_\parallel \quad (5.95)$$

entre as duas componentes; δ varia com θ_1. Podemos usar esse resultado para produzir *luz elipticamente polarizada* a partir de luz incidente linearmente polarizada, através de uma única reflexão total.

5.10 PENETRAÇÃO DA LUZ NO MEIO MENOS DENSO

Vejamos agora como interpretar o valor complexo (5.92) de θ_2 para o campo eletromagnético que penetra no meio oticamente menos denso ($n_2 < n_1$). O fator de propagação dos campos no meio 2, $\exp(i\varphi_2)$, é dado pela (5.61), onde temos de substituir θ_2 pela (5.92), que também fornece sen θ_2.

Por outro lado,

$$\cos\theta_2 = \cos\left(\frac{\pi}{2} - i\Psi\right) = \text{sen}(i\Psi) = \frac{e^{-\Psi} - e^{\Psi}}{2i} = i\,\text{sh}\,\Psi \qquad (5.95)$$

de modo que obtemos

$$\boxed{\begin{aligned}\exp(i\varphi_2) &= \exp\left[i\,n_2\,k_0\left(x\,\text{ch}\,\psi - i\,y\,\text{sh}\,\Psi\right)\right] \\ &= \exp(i\,n_2\,\text{ch}\,\Psi\,k_0\,x)e^{+n_2 k_0\,\text{sh}\,\Psi\,y}\end{aligned}} \qquad (5.96)$$

o que representa uma onda que se *propaga na direção x* e se *atenua exponencialmente na direção y < 0, isto é, à medida que penetra no meio 2*: temos de tomar $\Psi > 0$ na (5.82). Como o meio 2 é transparente, *essa atenuação não está associada à absorção de energia*. Uma onda desse tipo (Figura 5.15) chama-se *onda evanescente*. Já encontramos ondas evanescentes nos filtros elétricos (**FB3**, Seção 10.9).

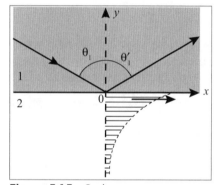

Figura 5.15 Onda evanescente.

Se tomarmos, por exemplo, a componente $\perp$ na (5.62), supondo A_2 real, e voltarmos à notação real, o campo elétrico no meio 2 fica (reintroduzindo a dependência temporal)

$$\boxed{\mathbf{E}_2 = A_2 \cos(k'x - \omega t)e^{\kappa y}\mathbf{z}} \quad (y < 0) \qquad (5.97)$$

onde

$$\boxed{k' \equiv n_2 k_0\,\text{ch}\,\Psi; \quad \kappa \equiv n_2 k_0\,\text{sh}\,\Psi} \qquad (5.98)$$

O campo magnético correspondente é dado pela (5.62), onde $\hat{\mathbf{u}}_2 \times \hat{\mathbf{z}}$ resulta da (5.72):

$$\mathbf{B}_2 = -\frac{A_2}{v_2}\left(\underbrace{\cos\theta_2\,\hat{\mathbf{x}}}_{i\,\text{sh}\,\Psi} + \underbrace{\text{sen}\,\theta_2\,\hat{\mathbf{y}}}_{\text{ch}\,\Psi}\right)e^{i(\varphi_2 - \omega t)}$$

ou, voltando à notação real,

$$\boxed{\begin{aligned}\mathbf{B}_2 &= +\frac{A_2}{v_2}\operatorname{sh}\Psi\operatorname{sen}(k'x-\omega t)e^{\kappa y}\,\hat{\mathbf{x}}\\ &\quad -\frac{A_2}{v_2}\operatorname{ch}\Psi\cos(k'x-\omega t)e^{\kappa y}\,\hat{\mathbf{y}}\end{aligned}}$$ (5.99)

As (5.97)-(5.99) mostram a estrutura da onda no meio 2.

Definimos a *profundidade de penetração* como a profundidade $|y| = d$ para a qual as amplitudes de $\mathbf{E}_2$ e $\mathbf{B}_2$ se reduzem a $e^{-1} = 1/e$ do seu valor na interface. Portanto,

$$\boxed{d = \frac{1}{\kappa} = \frac{1}{n_2 k_0 \operatorname{sh}\Psi} = \frac{\lambda_0}{2\pi n_2 \operatorname{sh}\Psi}}$$ (5.100)

No ângulo crítico $\theta_1 = \theta_c$, temos $\Psi = 0$ e a profundidade de penetração é infinita, mas Ψ aumenta rapidamente para $\theta_1 > \theta_c$ [cf.(5.92)], e d cai logo a uma fração de comprimento de onda.

À primeira vista, parece haver uma contradição com a conservação da energia: como pode haver penetração da onda no meio 2 se a reflexão é total? Para ver o que acontece com a energia, calculemos a densidade de corrente de energia no meio 2, dada pelo vetor de Poynting (real) associado às (5.97)-(5.99):

$$\boxed{\begin{aligned}\mathbf{S}_2 &= \frac{1}{\mu_0}\mathbf{E}_2\times\mathbf{B}_2 = \frac{(A_2)^2}{\mu_0 v_2}\operatorname{ch}\Psi\, e^{2\kappa y}\cos^2(k'x-\omega t)\,\hat{\mathbf{x}}\\ &\quad +\frac{(A_2)^2}{\mu_0 v_2}\operatorname{sh}\Psi\, e^{2\kappa y}\operatorname{sen}(k'x-\omega t)\cos(k'x-\omega t)\,\hat{\mathbf{y}}\end{aligned}}$$ (5.101)

Vemos que, em cada instante, há uma corrente de energia *positiva* na direção $\hat{\mathbf{x}}$, ao passo que a componente $\hat{\mathbf{y}}$ oscila entre valores positivos e negativos (com valor médio = 0) ao longo da interface.

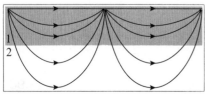

Figura 5.16 Linhas de corrente da energia na reflexão total.

Uma porção das "linhas de força" de $\mathbf{S}_2$ (linhas de corrente da energia) num dado instante t, na vizinhança da interface, está representada na Figura 5.16. O conjunto se desloca para a direita com a variação de t. Se tomarmos uma média temporal ou espacial (sobre um intervalo de vários comprimentos de onda), obtemos das (5.101)

$$\boxed{\begin{aligned}\langle\mathbf{S}_{2,x}\rangle &= \frac{1}{2}\frac{(A_2)^2}{\mu_0 v_2}\operatorname{ch}\Psi\, e^{2\kappa y}\\ \langle\mathbf{S}_{2,y}\rangle &= 0\end{aligned}}$$ (5.102)

É fácil verificar que o vetor de Poynting complexo leva ao mesmo resultado.

Vemos assim que, na direção y, a energia penetra e sai do meio 2, sem que, em média, haja transporte de energia para dentro do meio: *a corrente de energia faz meandros* em torno da interface.

Isso ainda não explica como a energia pôde inicialmente penetrar no meio 2. Não é possível ver isso numa solução *estacionária*, como a que estamos considerando: a dependência temporal foi suposta *monocromática* de frequência ω para $-\infty < t < \infty$: seria preciso considerar um problema *não estacionário*, correspondendo a uma superposição de frequências.

Outra idealização foi termos considerado uma onda *plana* incidente, que tem extensão infinita. No caso mais realista de um feixe de luz limitado lateralmente, tem-se uma superposição de ondas planas cujas direções de propagação variam, de modo que para uma parte delas a incidência está abaixo do ângulo crítico. Verifica-se nesse caso que a energia penetra e sai do meio 2 pelas *fronteiras* do feixe.

Que acontece se tivermos uma *lâmina de faces paralelas* de espessura h, com $n_2 < n_1$, e um ângulo $\theta_1 > \theta_c$ no 1° meio? A onda evanescente no meio 2 terá, então, ainda uma amplitude finita ao atingir a outra interface, e dará origem a uma onda transmitida $\mathbf{E}_3$ que se propaga na direção θ_1 (Figura 5.17).

Logo, a reflexão deixa de ser total: o fenômeno é chamado de *reflexão total frustrada*. Entretanto, para que $\mathbf{E}_3$ tenha amplitude perceptível, é preciso que a espessura h não seja $\gg$ que a profundidade de penetração d; caso contrário, a atenuação exponencial da onda evanescente torna $|\mathbf{E}_3|$ tão pequeno que não se consegue detectar a onda transmitida através da camada.

Por isso, é muito difícil de observar esse efeito na região do visível, uma vez que h não pode ser $\gg$ que o comprimento de onda (d é $\sim \lambda$). Mas ele pode ser facilmente detectado com ondas de rádio. Num experimento feito por J. Bose, dois prismas de asfalto (Figura 5.18a) estavam separados por uma distância h de vários cm e uma onda incidente de $\lambda \cong 20$ cm sofria reflexão total frustrada no 1.° prisma. Sinais mais fracos puderam ser detectados

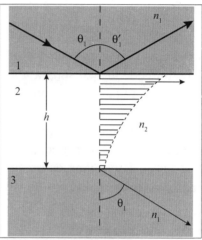

Figura 5.17 Reflexão total frustrada.

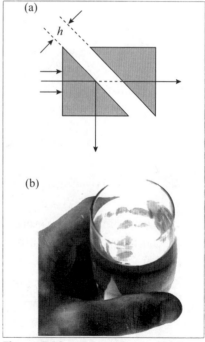

Figura 5.18 (a) Experimento de J. Bose; (b) Reflexão total frustrada num copo com água.

atrás do 2° prisma, com intensidade crescente à medida que h diminuía. Conforme veremos ao abordar física quântica (Seção 10.4), esse efeito é o análogo eletromagnético do efeito quântico conhecido como *tunelamento*. Quando apertamos fortemente os dedos contra o vidro ao segurar um copo com água, iluminado de cima (Figura 5.18b), é graças à reflexão total frustrada que podemos ver as saliências de nossas impressões digitais. A camada de ar entre essas saliências e o vidro é tão fina que deixa a luz tunelar através dela.

Surpreendentemente, o efeito já havia sido observado por Newton em seu segundo artigo publicado, que data de 1675! Na experiência dos anéis de Newton (Figura 3.10), na lâmina de ar que separa a lente plano-convexa da placa de vidro, pode não haver exatamente um contato com a placa, deixando uma camada de ar muito fina entre os dois. Newton percebeu que luz que deveria ser totalmente refletida conseguia atravessar essa camada desde que fosse suficientemente fina, e estimou a espessura em no máximo alguns comprimentos de onda: ele já havia usado suas medidas dos raios dos anéis para determinar, com grande precisão, o comprimento de onda. Foi Newton, portanto, quem descobriu a reflexão total frustrada (tunelamento da luz).

■ PROBLEMAS

5.1 Mostre que as equações de Maxwell (5.1), (5.2) num meio dielétrico não se alteram pela substituição:

$$\mathbf{E}' = \frac{1}{a}\mathbf{B}, \quad \mathbf{B}' = -a\mathbf{E}$$

desde que a constante a seja escolhida apropriadamente. Que acontece com o vetor de Poynting $\mathbf{S}$ nessa substituição? E com as densidades de energia U_E, U_M?

5.2 Demonstre, a partir das equações de Maxwell incluindo uma corrente $\mathbf{j}$, a expressão do balanço de energia *médio* para um campo monocromático,

$$\boxed{-\text{div}\,\mathbf{S}^+ = \frac{1}{2}\mathbf{j}^* \cdot \mathbf{E} + 2i\omega(\langle U_E \rangle - \langle U_M \rangle)}$$

onde $\mathbf{S}^+$ é o vetor de Poynting complexo. Interprete a parte real e a parte imaginária.

5.3 Demonstre que os vetores de polarização circular (5.39) formam uma base ortonormal para um produto escalar de vetores complexos $\mathbf{a}$ e $\mathbf{b}$ definido como $\mathbf{a}^* \cdot \mathbf{b}$, ou seja, que

$$\boxed{\hat{\boldsymbol{\varepsilon}}_+^* \cdot \hat{\boldsymbol{\varepsilon}}_- = \hat{\boldsymbol{\varepsilon}}_+ \cdot \hat{\boldsymbol{\varepsilon}}_-^* = 0, \quad \hat{\boldsymbol{\varepsilon}}_+^* \cdot \hat{\boldsymbol{\varepsilon}}_+ = \hat{\boldsymbol{\varepsilon}}_-^* \cdot \hat{\boldsymbol{\varepsilon}}_- = 1}$$

5.4 Demonstre, para o caso geral de polarização elíptica (5.29), que o ângulo ψ entre o eixo maior da elipse de polarização e o eixo Ox é dado por (figura ao lado)

$$\mathrm{tg}(2\psi) = \mathrm{tg}(2\alpha)\cos\delta$$

onde

$$\mathrm{tg}\,\alpha \equiv b/a$$

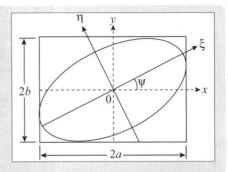

5.5 Duas ondas circularmente polarizadas de mesma frequência propagam-se na mesma direção, com amplitudes a e $2a$, respectivamente. Descreva a polarização e orientação da onda resultante: (a) Se ambas são levógiras; (b) Se a é levógira e $2a$ é dextrógira.

5.6 Num meio anisotrópico, para luz que se propaga ao longo de uma "direção principal", há dois índices de refração diferentes, n_1 e n_2 conforme a direção de vibração do campo elétrico esteja numa das duas outras "direções principais" perpendiculares entre si e à direção de propagação. Chama-se *placa de um quarto de onda* uma lâmina do material cuja espessura d introduz uma diferença de caminho $\frac{1}{4}\lambda_0$ (λ_0 = comprimento de onda reduzido) entre essas duas componentes do campo elétrico. (a) Calcule d. (b) Se uma onda linearmente polarizada segundo a bissetriz dessas duas direções principais incide perpendicularmente sobre uma lâmina de um quarto de onda, qual é a polarização da luz transmitida? (c) Calcule d para uma lâmina de mica, em que n_1 = 1,5941 e n_2 = 1,5997, se λ_0 = 6.000 Å.

5.7 Faz-se girar um analisador de polarização em torno da direção da luz incidente como eixo, observando-se a intensidade da luz transmitida. (a) Mostre que isso não permite distinguir entre luz incidente circularmente polarizada e luz natural. (b) Coloca-se agora no trajeto da luz incidente, antes de atingir o analisador, uma lâmina de um quarto de onda (veja o Problema 5.6). Mostre que isso torna possível fazer a distinção entre polarização circular e luz natural, e explique como.

5.8 Chama-se *eixo* de um filtro de polarização (polarizador ou analisador) a direção de vibração para a qual sua transmissão é máxima. Um par de filtros tem seus eixos cruzados (perpendiculares), de modo que bloqueia a luz incidente. Coloca-se agora um terceiro filtro entre os dois, com seu eixo formando um ângulo θ com o eixo do 1° filtro. Se luz natural de intensidade I_0 incide sobre esse sistema, qual é a intensidade da luz transmitida?

5.9 Use o operador Div para obter a condição de contorno na interface entre dois meios quando existe sobre ela uma distribuição de carga com densidade superficial σ. Aplique o resultado a um condutor perfeito.

5.10 Calcule $R_\perp$ e $R_\parallel$, definidos pelas (5.69), inclusive no caso particular $\theta_1 = 0$. Calcule $T_\perp$ e $T_\parallel$.

5.11 A *transmissividade* t é definida como a fração da intensidade incidente sobre uma dada área da superfície de separação (indicada por $\overline{AB}$ na figura ao lado) que é transmitida para o meio 2.

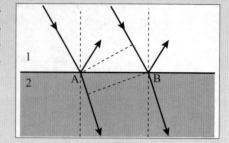

(a) Mostre que

$$t = \frac{|\langle \mathbf{S}_2 \rangle|\cos\theta_2}{|\langle \mathbf{S}_1 \rangle|\cos\theta_1} = \frac{\operatorname{tg}\theta_1}{\operatorname{tg}\theta_2}\frac{|\mathbf{E}_2|^2}{|\mathbf{E}_1|^2}$$

(b) Calcule $t_\parallel$, $t_\perp$ (inclusive para $\theta_1 = \theta_2 = 0$).

5.12 Verifique que $r_\perp + t_\perp = r_\parallel + t_\parallel = 1$.

5.13 Para $\theta_1 = \theta_B$ (ângulo de Brewster). (a) Calcule $r_\perp$. (b) Calcule $t_\perp$. (c) Calcule o grau de polarização da luz transmitida,

$$P = \left(\frac{t_\perp - t_\parallel}{t_\perp + t_\parallel}\right)$$

5.14 Para que se tenha um *filme antirrefletor* (Seção 3.3), de índice de refração n_2, situado entre dois meios de índices n_1 e n_3, não basta que a espessura do filme seja de 1/4 do comprimento de onda no meio 2 [cf. (3.30)]. É preciso também que a refletividade das interfaces 1/2 e 2/3, na incidência perpendicular, seja a mesma. Mostre que a condição para isso é: $n_2 = \sqrt{n_1 n_3}$.

5.15 Demonstre a (5.78).

6
Introdução à relatividade

6.1 O PRINCÍPIO DE RELATIVIDADE NA ELETRODINÂMICA

Vimos que, como consequência das equações de Maxwell, as ondas eletromagnéticas se propagam, no vácuo, com velocidade $c = 1/\sqrt{\varepsilon_0 \mu_0}$, que é uma *constante universal*. Entretanto, ainda não discutimos uma questão básica: a que referencial se refere essa velocidade?

A dependência das leis físicas com respeito ao referencial foi discutida na Mecânica Clássica (**FB1**, Seção 13.1), onde vimos que as leis básicas da Mecânica assumem sua forma mais simples nos *referenciais inerciais*. Por definição, um referencial é inercial se nele vale a lei da inércia, ou seja, se uma partícula não sujeita a forças (suficientemente afastada das demais) permanece em repouso ou em movimento retilíneo uniforme. Com boa aproximação, um referencial vinculado às estrelas fixas é inercial. Vimos também que qualquer referencial em movimento retilíneo uniforme em relação a um referencial inercial é também inercial.

Se o referencial (S') (Figura 6.1) se move em relação a (S) com velocidade constante **V** e as origens O e O' dos dois referenciais coincidem no instante $t = t' = 0$, vimos que a relação entre as coordenadas $[\mathbf{x}(x, y, z), t]$ e $[\mathbf{x}'(x', y', z'), t']$ nos dois referenciais é dada pela *transformação de Galileu*

$$\boxed{\begin{aligned} \mathbf{x}' &= \mathbf{x} - \mathbf{V}t \\ t' &= t \end{aligned}} \quad (6.1)$$

da qual decorre a *lei de Galileu de composição de velocidades*

$$\boxed{\mathbf{v}' = \mathbf{v} - \mathbf{V}} \quad (6.2)$$

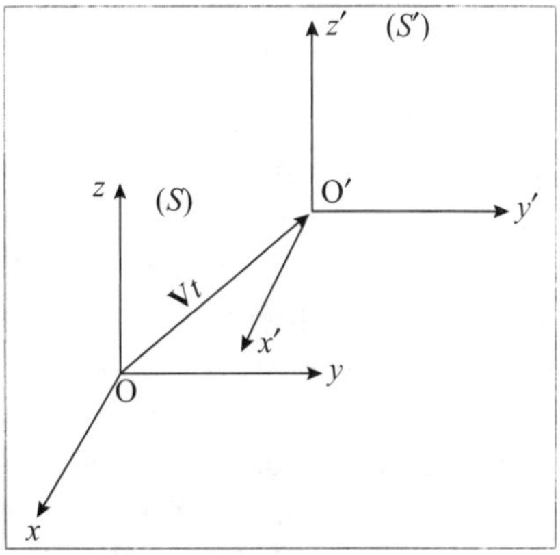

Figura 6.1 Referências (S) e (S').

onde **v** e **v'** são velocidades relativas a (S) e (S'), respectivamente. Decorre também a *igualdade das acelerações*:

$$\frac{d\mathbf{v}}{dt} = \mathbf{a} = \mathbf{a}' = \frac{d\mathbf{v}'}{dt'}$$ (6.3)

Como a transformação de Galileu não afeta as distâncias entre partículas nem a massa, também não afeta uma força **F** que só dependa dessas distâncias (como a gravitação), de modo que

$$\mathbf{F} = m\mathbf{a} \quad \Rightarrow \quad \mathbf{F}' = m'\mathbf{a}' \quad (m' = m)$$ (6.4)

isto é, a lei básica da dinâmica não se altera.

Daí decorre o *princípio de relatividade da Mecânica*, devido a Galileu: *é impossível detectar um movimento retilíneo uniforme de um referencial em relação a outro por qualquer efeito sobre as leis da dinâmica* (Galileu deu o exemplo de experiências de mecânica feitas sob o convés de um navio, com as escotilhas fechadas, que seriam incapazes de distinguir se o navio estaria ancorado ou em movimento retilíneo uniforme).

Vimos também na Mecânica que esse princípio deixa de valer para referenciais não inerciais: aparecem efeitos *detectáveis* sobre as leis da mecânica, por meio das *forças de inércia* (força centrífuga, força de Coriolis etc.).

Entretanto, se procurarmos estender à Eletrodinâmica o princípio de relatividade, deparamo-nos imediatamente com um problema: decorre das leis da Eletrodinâmica (equações de Maxwell) que a luz se propaga, no vácuo, com velocidade c. Admitindo que isso vale num dado referencial inercial, e que valem as leis da Mecânica Clássica, o resultado não poderia valer num outro referencial inercial em movimento retilíneo uniforme em relação ao primeiro com velocidade **V**. Com efeito, pela lei de Galileu de composição de velocidades, seria

$$\mathbf{c}' = \mathbf{c} - \mathbf{V}$$ (6.5)

e, por conseguinte, seria $c' \neq c$ (e c' variaria com a direção de propagação), contradizendo o princípio de relatividade no caso da Eletrodinâmica.

A validade das equações de Maxwell estaria restrita então a *um referencial inercial privilegiado*, onde a velocidade da luz é c em todas as direções. Isso seria análogo ao que acontece na acústica: as ondas de som se propagam através de um meio material, que é o suporte das oscilações, e a velocidade do som é *isotrópica* (a mesma em todas as direções) somente num referencial em que esse meio está em repouso. Observada de outro referencial em movimento em relação a esse, a velocidade do som é diferente e varia com a direção (Efeito Doppler: cf. **FB2**, Seção 6.9).

A identificação do "vácuo" com um tal suporte material das ondas eletromagnéticas corresponde ao conceito do *éter*, meio hipotético cuja existência já havia sido postulada por Descartes. Vimos (**FB3**, Capítulo 11) que o próprio Maxwell chegou a suas equações com base num modelo mecânico para o campo eletromagnético, um "éter celular".

Se o éter existisse como referencial privilegiado, deveria ser possível, por experimentos de propagação da luz, detectar um movimento retilíneo uniforme em relação a ele, ou seja, o princípio de relatividade não seria válido na eletrodinâmica (da mesma forma que não é válido na propagação do som).

Se quiséssemos, porém, manter o princípio de relatividade também na eletrodinâmica, a (6.5) mostra que isto não seria compatível com a validade simultânea das equações de Maxwell e das leis da mecânica newtoniana: uma das duas teria de ser abandonada.

Teria de ser válida, portanto, uma das seguintes opções:

(i) A mecânica newtoniana e as equações de Maxwell são válidas, mas o princípio de relatividade não se aplica a todas as leis físicas: existe um referencial absoluto (o éter), onde a velocidade da luz é c em todas as direções, e deve ser possível, por meio de experimentos eletromagnéticos, detectar um movimento retilíneo e uniforme em relação ao referencial absoluto do éter.

(ii) O princípio de relatividade aplica-se a todas a leis físicas e a mecânica newtoniana é correta. Nesse caso, as equações de Maxwell teriam de ser modificadas, e deveria ser possível observar desvios das leis eletrodinâmica clássica.

(iii) O princípio de relatividade aplica-se a todas as leis físicas, e as equações de Maxwell são corretas. Nesse caso, a mecânica newtoniana e a transformação de Galileu não podem ser corretas: deve ser possível observar desvios das leis da mecânica newtoniana.

A única opção compatível com os fatos experimentais, conforme vamos ver, é a (iii).

6.2 O EXPERIMENTO DE MICHELSON E MORLEY

Consideraremos primeiro o teste experimental da opção (i). Se ela fosse válida, deveria ser possível detectar um movimento retilíneo uniforme em relação ao éter, usando a lei de Galileu de composição de velocidades (6.5): a velocidade da luz num referencial em movimento relativo ao éter deveria ser diferente em direções diferentes.

Um referencial no qual o Sol estaria em repouso é com boa aproximação um referencial inercial. A velocidade de translação da Terra em relação a esse referencial é da ordem de 30 km/s, e sabemos que tem sentidos opostos em intervalos de meio ano, o que corresponde a uma *variação* de velocidade da ordem de 60 km/s.

Logo, mesmo que um referencial ligado à Terra (laboratório) esteja em repouso no éter num dado instante, terá uma velocidade relativa a ele de ~ 60 km/s meio ano mais tarde. Durante metade do ano, a Terra tem uma velocidade V de, pelo menos, 30 km/s em relação a *qualquer* referencial inercial fixo. Pela lei de composição de velocidades, isso daria origem a desvios da ordem de $V/c \geqslant 10^{-4}$ na velocidade de propagação da luz.

Numa série de experimentos realizados entre 1881 e 1887, Albert A. Michelson e Edward W. Morley procuraram detectar esses desvios (muito pequenos), usando o interferômetro de Michelson (Seção 3.5). O interferômetro está representado esquematicamente na Figura 6.2 (não foi representada a placa

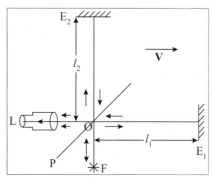

Figura 6.2 Experimento de Michelson e Morley.

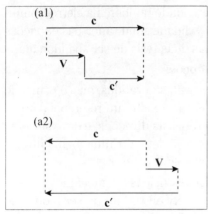

Figura 6.3 Percursos longitudinais. A velocidade é $c' = c - V$ na ida (a1) e $c' = c + V$ na volta (a2).

de compensação do caminho ótico). Seus braços têm comprimentos l_1 e l_2. F é a fonte de luz, P a placa semiespelhada divisora do feixe, E_1 e E_2 são os espelhos e L é a luneta de observação.

O experimento foi repetido muitas vezes, com diferentes orientações da montagem como um todo. Suponhamos que, na situação da figura 6.2, a Terra esteja se movendo em relação ao (hipotético) éter com velocidade **V** na direção $\mathbf{OE_1}$. Como **c** é // **V** ao longo de l_1), temos [cf.(6.5) e Figura 6.3]:

Tempo total para ida e volta ao longo de $l_1 =$

$$= t_1 = \frac{l_1}{c-V} + \frac{l_1}{c+V} = \frac{2l_1 c}{c^2 - V^2} \quad \left\{ \boxed{t_1 = \frac{2l_1}{c\left(1-\beta^2\right)}} \right.$$

(6.6)

onde

$$\boxed{\beta \equiv V/c} \quad \text{(parâmetro adimensional)} \quad (6.7)$$

Visto do referencial do éter, o percurso na direção de l_2 é oblíquo, porque, durante o tempo de ida e volta da luz do espelho E_2, a placa P se terá deslocado de O_1 para O_2. Conforme mostram as Figuras 6.4 (a2) e (b2), tanto na ida como na volta a velocidade da luz no referencial da Terra será

$$\boxed{c' = \sqrt{c^2 - V^2} = c\sqrt{1-\beta^2}} \quad (6.8)$$

de modo que o tempo do percurso de ida e volta ao longo de l_2 será

$$\boxed{t_2 = \frac{2l_2}{c\sqrt{1-\beta^2}}} \quad (6.9)$$

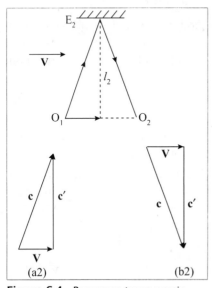

Figura 6.4 Percursos transversais.

A diferença de caminho ótico entre os dois percursos é

$$\boxed{\Delta = c(t_1 - t_2) = \frac{2}{\sqrt{1-\beta^2}} \left(\frac{l_1}{\sqrt{1-\beta^2}} - l_2 \right)} \quad (6.10)$$

Se os espelhos E_1 e E_2 não são exatamente perpendiculares entre si, essa diferença de caminho dá origem a *franjas de interferência de igual inclinação* na cunha de ar de pequena abertura formada por E_2 e pela imagem de E_1 na placa P (cf. Figura 3.18).

Se girarmos agora de 90° o dispositivo todo, os papéis de l_1 e l_2 serão intercambiados, o que resulta em:

$$t'_1 = \frac{2l_1}{c\sqrt{1-\beta^2}}, \quad t'_2 = \frac{2l_2}{c(1-\beta^2)}$$

$$\boxed{\Delta' = c(t'_1 - t'_2) = \frac{2}{\sqrt{1-\beta^2}}\left(l_1 - \frac{l_2}{\sqrt{1-\beta^2}}\right)} \tag{6.11}$$

A figura de interferência observada anteriormente sofrerá um deslocamento correspondente ao caminho ótico

$$\boxed{\Delta' - \Delta = \frac{2}{\sqrt{1-\beta^2}}(l_1 + l_2)\left(1 - \frac{1}{\sqrt{1-\beta^2}}\right)} \tag{6.12}$$

Como esperamos que seja $\beta \ll 1$, podemos aproximar

$$\boxed{\frac{1}{\sqrt{1-\beta^2}} = (1-\beta^2)^{-1/2} \approx 1 + \frac{1}{2}\beta^2} \tag{6.13}$$

O deslocamento (6.12), medido em termos de *número de franjas*, é então

$$\boxed{\delta m \equiv \frac{\Delta' - \Delta}{\lambda} \cong -\frac{(l_1 + l_2)}{\lambda}\beta^2} \tag{6.14}$$

ou seja, *o efeito é de 2ª ordem em V/c* $\equiv \beta$. É por ser tão pequeno que se necessita de uma técnica interferométrica.

No primeiro experimento de Michelson e Morley, em 1881), era $l_1 \approx l_2 \approx 1{,}2$ m e $\lambda = 6 \times 10^{-7}$ m (luz amarela). Tomando $\beta \sim 10^{-4}$, como vimos no início desta Seção, resulta então que $|\delta m| \sim 0{,}4 \times 10^7 \times 10^{-8} \sim 0{,}04$ de franja, o que teria sido detectado por um observador perito como Michelson (fim da Seção 3.5). O resultado, para grande surpresa dele, foi, em suas palavras: "...Não há deslocamento das franjas de interferência. Assim, demonstramos que a hipótese de um éter estacionário é incorreta".

Na repetição do experimento em 1887, era $l_1 \approx l_2 \approx 11$ m, o que daria $|\delta m| \sim 0{,}4$ de franja, e Michelson e Morley deram como resultado (limite superior) $|\delta m| < 0{,}01$ de franja (não observaram nenhum deslocamento). G. Joos, em 1930, usou $l_1 \approx l_2 \approx 21$ m, dando um $|\delta m|$ esperado de $\sim 0{,}75$ de franja, e achou como limite superior $|\delta m| < 0{,}02$ de franja. Experimentos recentes de outros tipos (não baseados no interferômetro de Michelson) dão limites superiores para V menores que 30 m/s, compatíveis com $V = 0$, embora a velocidade orbital típica da Terra seja 30 km/s. Com isso, a opção (i) do final da Seção 6.1 fica descartada (houve algumas tentativas de mantê-la com hipóteses diferentes, que também foram descartadas).

As tentativas mais consistentes dentro da opção (ii), aceitando o caráter geral do princípio de relatividade e a validade da mecânica newtoniana e modificando as equações de Maxwell, foram baseadas na "teoria da emissão" de W. Ritz (1908).

Segundo Ritz, c deveria ser interpretado como *a velocidade da luz no vácuo relativa à fonte emissora*, e não como velocidade de propagação de ondas num meio. Como c seria então sempre uma *velocidade relativa*, o resultado nulo do experimento de Michelson e Morley estaria explicado (a transformação de Galileu não altera velocidades relativas), mas as equações de Maxwell teriam de ser modificadas.

As modificações da eletrodinâmica preditas pela teoria de Ritz foram descartadas com base em observações astronômicas, que seriam incompatíveis com elas, mas os argumentos empregados não são atualmente considerados como satisfatórios.

Entretanto, a hipótese de Ritz foi eliminada por medidas *diretas* da velocidade da luz (na desintegração $\pi^0 \to \gamma + \gamma$) emitida por uma fonte em movimento rápido, realizadas no CERN em 1964 por T. Alvager et al. O resultado experimental foi que, se representássemos uma eventual dependência da velocidade v da fonte por $c' = c + kv$, resultaria que $k = (0 \pm 1,3) \times 10^{-4}$.

Podemos tirar dos resultados acima descritos as seguintes conclusões:

(A) *PRINCÍPIO DE RELATIVIDADE RESTRITA*: *As leis físicas são as mesmas em todos os referenciais inerciais.*

Por outro lado, as equações de Maxwell foram amplamente confirmadas como leis físicas válidas, e daí decorre o

(B) *PRINCÍPIO DE CONSTÂNCIA DA VELOCIDADE DA LUZ*: *A velocidade da luz no vácuo, c, é a mesma em todas as direções e em todos os referenciais inerciais, e é independente do movimento da fonte.*

Esses dois princípios, porém, são incompatíveis com a mecânica newtoniana, tornando indispensável modificá-la. As modificações necessárias, tomando (A) e (B) como pontos de partida, foram propostas por Albert Einstein em 1905, em seu trabalho "*Sobre a eletrodinâmica dos corpos em movimento*".

Einstein era um jovem empregado no Escritório de Patentes em Berna, recém-formado pela universidade, quando publicou esse trabalho. Dados biográficos adicionais sobre Einstein encontram-se no portal www.blucher.com.br, em "material de apoio". No mesmo ano, publicou dois outros trabalhos fundamentais: um deles sobre o efeito fotoelétrico (Seção 7.3), reintroduzindo a teoria corpuscular da luz no contexto da teoria dos quanta de Planck, e o outro sobre o movimento Browniano. Ao que tudo indica, Einstein não foi diretamente influenciado pelos resultados do experimento de Michelson e Morley quando formulou a relatividade restrita; eles não são citados no seu artigo.

Na introdução a seu trabalho de 1905 sobre relatividade, Einstein comenta de início a descrição aparentemente assimétrica dos efeitos de indução eletromagnética entre um ímã e um fio condutor, conforme seja o ímã ou o fio que se move, embora só importe o movimento relativo (**FB3**, Seção 9.1). Depois diz:

> "Exemplos desse tipo, bem como as tentativas malogradas para detectar um movimento da Terra em relação a um "éter", sugerem que os fenômenos eletrodinâmicos,

da mesma forma que os mecânicos, não têm quaisquer propriedades compatíveis com a ideia de repouso absoluto. Sugerem, pelo contrário, que as mesmas leis da eletrodinâmica e da ótica serão válidas em todos os referenciais para os quais valem as leis da mecânica. Vamos elevar esta conjectura... à categoria de um postulado, e vamos introduzir outro postulado, que é *só aparentemente* incompatível com o primeiro, a saber, que a luz sempre se propaga no vácuo com uma velocidade c bem definida, independente do estado de movimento da fonte emissora".

6.3 A RELATIVIDADE DA SIMULTANEIDADE

Consideremos dois referenciais inerciais diferentes S e S' (S' se desloca em relação a S com movimento retilíneo uniforme). Podemos escolher as origens O e O' das coordenadas em S e S' de tal forma que coincidam num instante que tomamos como origem dos tempos, $t = t' = 0$:

$$\boxed{O \equiv O' \quad \text{para} \quad t = t' = 0} \tag{6.15}$$

Suponhamos que, nesse instante comum, uma fonte puntiforme, localizada em $O \equiv O'$, emite um sinal luminoso. Decorre então do postulado (B) que esse sinal se propaga em todas as direções com velocidade c em *ambos* os referenciais. Logo, a frente de onda num instante posterior é *esférica* em *ambos* os referenciais: em S é uma esfera de centro O; em S' é uma esfera de centro O'. Aqui surge a aparente incompatibilidade a que Einstein se referiu: como é possível que a mesma esfera tenha dois centros diferentes?

O paradoxo desaparece se não se tratar da *mesma* esfera. O que é uma frente de onda? Num dado referencial, é o lugar geométrico dos pontos atingidos pela onda *simultaneamente* nesse referencial. Se o que é *simultâneo em relação a S* não é necessariamente *simultâneo em relação a S'*, as frentes de onda nos dois referenciais são formadas de *pontos diferentes*, o que é compatível com centros diferentes.

Einstein percebeu que a validade dos Princípios (A) e (B) exigia que fosse aprofundada a análise do conceito da *simultaneidade de eventos em pontos distantes*, quando analisada em referenciais diferentes. Como ele observa no seu trabalho de 1905,

"...Todos os nossos julgamentos com respeito a tempo são sempre julgamentos de eventos simultâneos. Por exemplo, quando se diz "O trem chega aqui às 7 h", isto significa: "A chegada do trem e a observação de que os ponteiros do relógio marcam 7 h são eventos simultâneos".

Até aí não há problema, porque as observações da chegada do trem e do relógio são feitas *no mesmo lugar* [como o disparo do sinal luminoso na (6.15)]. Mas como podemos saber que dois eventos que ocorrem em *lugares diferentes*, tais como dois pontos P_1 e P_2, são simultâneos?

Poderíamos dizer que isso ocorre quando cada evento coincide com uma leitura de relógio: t_1 em P_1 e t_2 em P_2, e a simultaneidade significa que $t_1 = t_2$. Mas para isso é necessário que os relógios em P_1 e P_2 estejam *sincronizados*. Poderíamos imaginar diversos métodos para efetuar a sincronização:

1: Enviando um sinal de P_1 a P_2. Se v é a velocidade do sinal e $l = |\overline{P_1P_2}|$ é a distância de P_1 a P_2, convencionando que o sinal é emitido em $t_1 = t_0$, basta que o relógio em P_2, no momento da recepção do sinal, seja ajustado para marcar $t_2 = t_1 + \frac{l}{v}$.

Mas como sabemos que a velocidade do sinal é v? A partir da medida do tempo que leva o sinal para se propagar entre dois pontos distantes, e esta medida pressupõe a sincronização, de modo que a definição é circular.

2: Os dois relógios podem ser sincronizados em P_1 e um deles, posteriormente, transportado para P_2. Mas *um relógio é um sistema físico*, quer se trate de um pêndulo ou de um relógio atômico, baseado numa linha espectral emitida por um átomo. Como sabemos que a marcha do relógio não é afetada pelo transporte de P_1 a P_2? Só poderíamos comprovar isso se já tivéssemos em P_2 um relógio sincronizado com o de P_1, para compará-lo com o que foi transportado. Novamente, chegamos a um impasse.

Conclusão: Ao contrário da simultaneidade de eventos que ocorrem no mesmo ponto, *a simultaneidade de eventos em dois pontos distantes não tem nenhum significado a priori*: ela tem de ser *definida* por uma *convenção*.

A definição de Einstein da simultaneidade de eventos distantes está relacionada com o *método* **1** acima e com o Princípio (B), que confere à velocidade da luz no vácuo o caráter de uma *constante universal*. Veremos logo que ela tem um significado mais amplo, representando uma *velocidade limite para a propagação de quaisquer sinais*.

Definição de Einstein da simultaneidade

Se um evento 1 ocorre em P_1 no instante t_1, sendo marcado pela emissão de um sinal luminoso que parte de P_1 nesse instante, e o mesmo vale para P_2 em t_2 (evento 2), dizemos que esses dois eventos são simultâneos ($t_1 = t_2$) quando o ponto de encontro dos dois sinais luminosos é o ponto médio do segmento $\overline{P_1P_2}$.

Essa definição implica imediatamente que a simultaneidade de eventos distantes não tem caráter absoluto: dois eventos simultâneos num particular referencial inercial S podem não ser simultâneos noutro referencial inercial S' que se move em relação a S com movimento retilíneo uniforme.

Com efeito, suponhamos que os dois eventos sejam a queda de relâmpagos em P_1 e P_2, e que cada um desses pontos coincida com uma extremidade de um trem (referencial S'), que se desloca com velocidade constante **V** em relação ao referencial S dos trilhos, suposto inercial. Cada relâmpago gera seu próprio sinal luminoso (Figura 6.5). Se os dois eventos são *simultâneos* em S, os dois sinais se encontram no ponto médio M de $\overline{P_1P_2}$. Mas esse não é o ponto médio M' do trem, porque M', em virtude do movimento do trem, recebe o sinal vindo de P_1 antes de receber aquele originário de P_2.

Na mecânica newtoniana, a *posição* de um evento já era um conceito relativo, dependente do referencial: dois eventos que ocorrem "no mesmo ponto" do trem S' em instantes diferentes não ocorrem no mesmo ponto no referencial S dos trilhos.

Assim, por exemplo, um passageiro que esquece a carteira no carro restaurante e volta depois para buscá-la, encontra-a (se tiver sorte!) no "mesmo ponto" do trem, mas em pontos diferentes em relação aos trilhos.

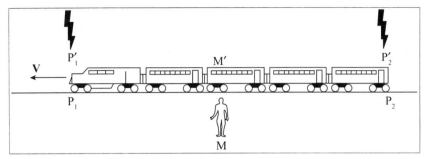

Figura 6.5 Relatividade da simultaneidade.

Entretanto, o *instante* de ocorrência de um evento era considerado como tendo caráter absoluto, o mesmo em qualquer referencial, o que também se aplicaria à simultaneidade de eventos distantes: daí a relação $t' = t$, na transformação de Galileu. Newton escreveu nos *Principia*:

"O tempo absoluto, verdadeiro e matemático, por sua própria natureza, sem relação a nada externo, permanece sempre semelhante e imutável."

Esse caráter absoluto do tempo na mecânica newtoniana seria justificável se existissem sinais de velocidade arbitrariamente grande ("instantâneos"). Na prática, c é tão grande comparado com velocidades macroscópicas típicas que a mecânica newtoniana é, para fins práticos, uma excelente aproximação.

Entretanto, vemos que a transformação de Galileu terá de ser substituída por outra em que as *quatro* coordenadas de um evento (x, y, z, t) se transformam.

6.4 A TRANSFORMAÇÃO DE LORENTZ

Para encontrar a transformação que deve substituir a de Galileu, convém ter uma imagem bastante concreta de um referencial onde se emprega a definição de Einstein da simultaneidade.

O "relógio" atualmente empregado para definir a unidade de tempo já é um sistema físico bem definido (relógio atômico): baseia-se no período de oscilação de uma dada linha espectral emitida por um átomo, em repouso no referencial considerado. Como c é uma constante universal, a unidade de comprimento se define em função da unidade de tempo (a distância percorrida pela luz numa unidade de tempo é o valor numérico de c). Essas definições são as mesmas em qualquer referencial.

Uma forma concreta de pensar num referencial é então como uma estrutura ou arcabouço tridimensional no qual as distâncias entre pontos vizinhos de coordenadas inteiras são "réguas" que medem uma unidade de comprimento, e em cada ponto existe um "relógio", todos os relógios sendo sincronizados de acordo com a definição de Einstein.

Uma forma mais simples é imaginar uma estação de radar operando continuamente. Num dado referencial basta então haver um único relógio, por exemplo, na origem O, emitindo continuamente pulsos de radar.

Para definir as coordenadas de um evento que ocorre num ponto P, num dado instante, nesse referencial, pode-se determinar o instante t_2 em que um pulso emitido por

O em t_1 retorna a O como "eco" após atingir P. Nesse caso, o instante t em que o pulso atingiu P é $t = \frac{1}{2}(t_2+t_1)$, e a distância $\overline{OP}$ é $\frac{1}{2}c(t_2-t_1)$; a direção $\mathbf{OP}$ também pode ser determinada, fornecendo assim as quatro coordenadas do evento. Essas coordenadas são consistentes com o critério de Einstein de simultaneidade.

Vamos considerar primeiro um caso especial, em que escolhemos o eixo dos x na direção do movimento relativo entre os dois referenciais inerciais e é satisfeita a (6.15) (origens coincidentes em $t = t' = 0$).

A transformação

$$(x, y, z, t) \to (x', y', z', t')$$

tem de satisfazer as seguintes condições:

(i) Um movimento retilíneo uniforme em relação a (S) *também deve ser retilíneo e uniforme em (S')*.

(ii) Para $V = 0$ ($\mathbf{V} \equiv V\hat{\mathbf{x}}$ é a velocidade de S' em relação a S), a transformação deve reduzir-se à identidade [porque vale a (6.15) e escolhemos as mesmas unidades de medida em S e S'].

(iii) Se um sinal luminoso é enviado de $O \equiv O'$ em $t = t' = 0$, a sua frente de onda deve propagar-se com velocidade c em ambos os referenciais, de modo que

$$\boxed{x^2 + y^2 + z^2 - c^2 t^2 = 0 \quad \underset{\Leftarrow}{\Rightarrow} \quad x'^2 + y'^2 + z'^2 - c'^2 t'^2 = 0} \quad (6.16)$$

(cada uma dessas equações deve implicar a outra).

Pode-se demonstrar que uma transformação que satisfaz essas condições é, necessariamente, uma transformação linear. Vamos admitir esse resultado.

Transformação de comprimentos transversais

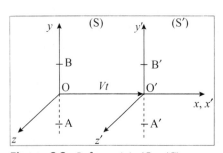

Figura 6.6 Referenciais (S) e (S').

Seja $\overline{AB}$ um segmento do eixo y com centro em O e de comprimento = 1, e $\overline{A'B'}$ um segmento com as mesmas características em S' (Figura 6.6). Pela definição de Einstein, A' e B' cruzam o eixo y *simultaneamente em S*; analogamente, A e B cruzam o eixo y' *simultaneamente em S'*, e ambos os eventos ocorrem em $t = t' = 0$. Nesse instante, (ou mais tarde, se os cruzamentos deixarem registros permanentes, tais como marcas de tinta, nos eixos y, y'), os comprimentos $\overline{AB}$ e $\overline{A'B'}$ podem ser comparados.

A única conclusão possível é que eles são iguais: qualquer outra violaria o princípio de relatividade. Com efeito, se em S se verificasse que $\overline{A'B'}$, em virtude do movimento, é, por exemplo, $< \overline{AB}$, a relatividade exigiria que $\overline{AB}$, que está em movimento visto de S', é $< \overline{A'B'}$ o que seria uma contradição (em virtude do fato de que a comparação é simultânea em *ambos* os referenciais). Logo, tem de ser $\overline{AB} = \overline{A'B'}$, o que se aplica a comprimentos *transversais* à direção x do movimento:

$$\boxed{y' = y, \quad z' = z} \tag{6.17}$$

Note, porém, que o raciocínio não se aplica a comprimentos *longitudinais*, ou seja, paralelos à direção do movimento, porque neste caso, como vimos anteriormente (Seção 6.3), as posições dos extremos de um segmento que são simultâneas em relação a (S) *não* são simultâneas em relação a (S').

Como a origem O' ($x' = 0$) de (S') deve ter a coordenada $x = Vt$ em (S), deve ser (relação linear)

$$x' = A(x - Vt) \tag{6.18}$$

Por outro lado, a transformação de t' deve ser linear:

$$t' = Bt + Cx \tag{6.19}$$

onde não há termos adicionais em y e z (tipo $+ Dy + Ez$) porque a única direção privilegiada (direção do movimento) é a direção x; termos adicionais violariam a *isotropia* do espaço, definindo outra direção privilegiada.

É imediato que a transformação definida pelas (6.17) a (6.19) satisfaz as condições (i) e (ii) acima. Resta impor a condição (iii): sempre que

$$x^2 + y^2 + z^2 - c^2 t^2 = 0 \tag{6.20}$$

devemos ter

$$\begin{aligned} 0 = x'^2 + y'^2 + z'^2 - c^2 t'^2 &= A^2 (x - Vt)^2 + y^2 + z^2 - c^2 (Bt + Cx)^2 \\ &= A^2 (x^2 - 2xVt + V^2 t^2) + \underbrace{y^2 + z^2}_{=c^2 t^2 - x^2} - c^2 (B^2 t^2 + 2BCxt + C^2 x^2) \\ &= (A^2 - c^2 C^2 - 1) x^2 - 2(A^2 V + c^2 BC) xt + (A^2 V^2 - c^2 B^2 + c^2) t^2 \end{aligned} \tag{6.21}$$

quaisquer que sejam x e t.

Isso só é possível se os coeficientes forem identicamente nulos, o que dá

$$\begin{cases} A^2 V + c^2 BC = 0 \\ A^2 - c^2 C^2 = 1 \\ B^2 - \dfrac{V^2}{c^2} A^2 = 1 \end{cases} \tag{6.22}$$

A primeira equação dá

$$\boxed{A^2 = -\frac{c^2}{V} BC} \tag{6.23}$$

Substituindo nas duas outras, vem

$$\left.\begin{array}{l}-c^2 \dfrac{C}{V}(B+VC) = 1 \\ B^2 + VBC = B(B+VC) = 1\end{array}\right\} \boxed{B = -\dfrac{c^2}{V}C} \qquad (6.24)$$

e, substituindo este resultado na (6.23),

$$\boxed{A^2 = B^2} \qquad (6.25)$$

Levando na última (6.22),

$$\boxed{A^2\left(1 - \dfrac{V^2}{c^2}\right) = 1} \qquad (6.26)$$

Vamos introduzir as notações

$$\boxed{\beta \equiv \dfrac{V}{c}; \quad \gamma \equiv \dfrac{1}{\sqrt{1-\beta^2}}} \qquad (6.27)$$

As (6.25) dão então, com a (6.24),

$$A = \pm B = \pm\gamma; \quad C = -\dfrac{V}{c^2}B \qquad (6.28)$$

Mas, pela condição (ii), tem de ser $A = B = 1$ e $C = 0$ para $V = 0$ (quando $\gamma = 1$). Logo,

$$\boxed{A = B = \gamma; \quad C = -\dfrac{V}{c^2}\gamma} \qquad (6.29)$$

o que leva univocamente à *TRANSFORMAÇÃO de LORENTZ ESPECIAL*

$$\boxed{\begin{aligned} x' &= \gamma(x - Vt) \\ t' &= \gamma\left(t - \dfrac{V}{c^2}x\right) \\ y' &= y \\ z' &= z \end{aligned}} \qquad (6.30)$$

Para que γ seja real, tem de ser $\beta < 1$. Isso sugere que c seja não apenas a velocidade da luz, mas também uma *velocidade limite*, no sentido de que nenhum referencial deve poder mover-se com velocidade $V > c$. Isso será confirmado mais tarde.

Se resolvermos o sistema de equações lineares (6.30) em relação a (x, y, z, t), resulta (verifique!)

$$\boxed{\begin{aligned} x &= \gamma\left(x' + Vt'\right) \\ t &= \gamma\left(t' + \frac{V}{c^2}x'\right), \quad y = y', \ z = z' \end{aligned}}$$
Transf. de Lorentz especial inversa (6.31)

que só difere da (6.30) pela substituição $V \to -V$. Logo, (S) *se move em relação a* (S') *com velocidade* $(-V)$, o que *não* é uma conclusão trivial.

A transformação de Galileu como caso limite

Se $\beta \ll 1$, temos [cf.(6.13)]

$$\boxed{\gamma = \left(1-\beta^2\right)^{-1/2} \approx 1 + \frac{1}{2}\beta^2} \qquad (6.32)$$

e, para $x \ll ct$, as (6.30) se reduzem à transformação de Galileu, exceto por termos de 2^a *ordem* em $\beta = V/c$, que são extremamente pequenos para velocidades V usuais.

A transformação de Lorentz também se reduz à de Galileu no limite formal em que se faz $c \to \infty$. Como já foi mencionado, se existissem sinais "instantâneos", de velocidade infinita, a simultaneidade de eventos distantes teria caráter absoluto e valeria a transformação de Galileu.

Transformação de Lorentz geral

A partir da *TL* (transformação de Lorentz) especial, é fácil obter a expressão de uma *TL* geral, em que a velocidade **V** de (S') em relação a (S) tem direção arbitrária. Para isso, basta decompor o vetor de posição de um ponto P numa componente // **V**, que se transforma como x na *TL* especial, e numa componente $\perp$**V**, que se transforma como as coordenadas (y, z) na *TL* especial.

A componente paralela se obtém projetando na direção de **V**. Seja $\hat{\mathbf{V}}$ o versor da direção **V**:

$$\hat{\mathbf{V}} \equiv \frac{\mathbf{V}}{V} \qquad (6.33)$$

Temos então

$$\begin{aligned} \mathbf{x}_\| &= \left(\mathbf{x} \cdot \hat{\mathbf{V}}\right)\hat{\mathbf{V}} = \frac{(\mathbf{x} \cdot \mathbf{V})\mathbf{V}}{V^2} \\ \mathbf{x}_\perp &= \mathbf{x} - \mathbf{x}_\| = \mathbf{x} - \left(\mathbf{x} \cdot \hat{\mathbf{V}}\right)\hat{\mathbf{V}} \end{aligned} \qquad (6.34)$$

e analogamente para **x'**. As equações da *TL* geral são:

$$\boxed{\begin{aligned}&\mathbf{x}'_{\parallel} = \gamma\left(\mathbf{x}_{\parallel} - \mathbf{V}t\right)\\ &\mathbf{x}'_{\perp} = \mathbf{x}_{\perp}\\ &t' = \gamma\left(t - \frac{V}{c^2}\mathbf{x}\cdot\hat{\mathbf{V}}\right) = \gamma\left(t - \frac{\mathbf{V}\cdot\mathbf{x}}{c^2}\right)\end{aligned}}\quad\text{TL GERAL}\qquad(6.35)$$

Nessa transformação, mantivemos a mesma orientação espacial dos eixos em (S) e (S'). Naturalmente, podemos ainda efetuar transformações puramente espaciais (translações da origem e rotações dos eixos) sem afetar o caráter inercial dos referenciais.

6.5 EFEITOS CINEMÁTICOS DA TL

A *TL* dá origem a uma série de efeitos que são puramente *cinemáticos*, ou seja, não envolvem a formulação relativística das leis da dinâmica.

(a) A contração de Lorentz

Chama-se *valor próprio* de uma grandeza física o valor dessa grandeza medido num referencial onde o objeto ao qual está associada encontra-se em repouso.

Consideremos uma barra que está em repouso ao longo do eixo $O'x'$ em (S'), com suas extremidades nos pontos x_1' e x_2'. O *comprimento próprio* da barra é então

$$\boxed{l_0 \equiv x_2' - x_1'}\qquad(6.36)$$

Como definimos o comprimento l da barra em (S), uma vez que ela está se deslocando com velocidade V em relação a (S)?

Se $x_1(t)$ e $x_2(t)$ são os pontos de (S) que coincidem com as extremidades da barra no mesmo instante t em (S), ou seja, *simultaneamente em relação a (S)*, o comprimento l em S é definido como

$$\boxed{l \equiv x_2(t) - x_1(t)}\qquad(6.37)$$

onde $x_1(t)$ e $x_2(t)$ são dados pela *TL* (6.30),

$$\left.\begin{array}{l}x_1'(t) = \gamma(x_1 - Vt)\\ x_2'(t) = \gamma(x_2 - Vt)\end{array}\right\}\underset{x_2'-x_1'}{\underbrace{l_0}} = \gamma(x_2 - x_1) = \frac{l}{\sqrt{1-\beta^2}}$$

ou seja,

$$\boxed{\begin{aligned}l = \sqrt{1-\beta^2}\, l_0\\ (\leq l_0)\end{aligned}}\quad\text{CONTRAÇÃO DE LORENTZ - FITZGERALD}\qquad(6.38)$$

Assim, *o comprimento da barra em movimento é menor que seu comprimento próprio*. Esse efeito já havia sido sugerido por Lorentz e por FitzGerald antes da teoria da relatividade, para explicar o resultado nulo do experimento de Michelson e Morley, mas sem justificativa.

Convém notar a diferença entre comprimentos longitudinais e transversais a **V**: vimos na Figura 6.17 que comprimentos transversais não se alteram, porque podem ser determinados simultaneamente em ambos os referenciais. No caso longitudinal, o que é simultâneo em (S) não é simultâneo em (S'), o que é a razão da diferença.

Se consideramos um *volume*, como as dimensões transversais não se alteram, o volume próprio v_0 aparece contraído quando medido em movimento:

$$\boxed{v = \sqrt{1-\beta^2}\, v_0} \tag{6.39}$$

A contração é um efeito recíproco: uma barra em repouso em (S) também aparece contraída quando seu comprimento é medido em (S'), como tem de ser, pelo princípio de relatividade $(V \to -V)$.

Embora o conceito de simultaneidade entre na definição do comprimento da barra em movimento, a contração pode ser detectada sem o auxílio de relógios, conforme Einstein observou. Basta considerar (Figura 6.7) duas barras A_1B_1 e A_2B_2, de mesmo comprimento próprio l_0, que se movem, em relação a (S), em sentidos opostos, com velocidades v e $-v$.

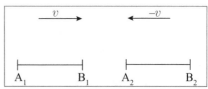

Figura 6.7 Deteção da contração de Lorentz sem relógios.

Por simetria, as extremidades se superpõem (A_2 com A_1 e B_2 com B_1), simultaneamente em (S), coincidindo neste instante com dois pontos A e B de (S). A distância $\overline{AB}$ em (S) é $l = l_0\sqrt{1-\beta^2}$. Vemos, portanto, que a contração não é uma propriedade de uma única barra, mas uma relação *recíproca* entre duas barras em movimento relativo entre si.

O aspecto visual de objetos em movimento

Em livros de divulgação sobre relatividade, encontram-se muitas vezes ilustrações como a Figura 6.8, do livro *Mr. Tompkins in Wonderland*, de George Gamow, em que o personagem sonha com um país onde a velocidade da luz seria de 16 km/h. Será que se observaria mesmo dessa forma achatada a aparência visual de um objeto em movimento com velocidade suficientemente alta?

A resposta, mostrando que a figura 6.8 seria inteiramente falsa, só foi dada em 1959 por J. Terrell[*]. A razão é que a imagem de um objeto, quer em nossa retina, quer numa chapa fotográfica, é formada por raios de luz que *chegam* essencialmente ao

Figura 6.8 A contração de Lorentz, num sonho de Mr. Tompkins (reproduzido de George Gamow, *Mr. Tompkins in Wonderland*, Macmillan, N. Y., 1940).

---

[*] J. Terrell, *Phys. Ver.* **116**, 1041 (1959); V. F. Weisskopf, *Phys. Today* **13**, 24 (1960).

mesmo tempo para formar a imagem, mas, por isto mesmo, *partiram* do objeto *em instantes diferentes*, conforme o ponto de onde provêm. Devido ao movimento do objeto, não temos então uma representação "instantânea" dele, mas sim uma imagem *distorcida*, representando a posição de diferentes pontos em diferentes instantes (em relação a S).

Surpreendentemente, para objetos que subtendem um ângulo visual pequeno, a contração de Lorentz-Fitzgerald *corrige* uma distorção que apareceria se ela não existisse, e fornece uma visão do objeto com sua aparência "normal" (a mesma que tem em repouso), tendo apenas o efeito equivalente a uma *rotação*.

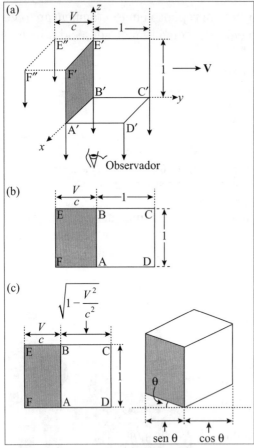

Figura 6.9 Aspecto visual de um cubo em movimento.

Para ver como isso acontece, consideremos um cubo, de aresta = 1 unidade de comprimento, que se move na direção de uma aresta, com velocidade V, e está sendo observado desde uma distância muito grande (ângulo visual pequeno, raios de luz quase paralelos) numa direção $\perp$ ao movimento [Figura 6.9(a)]. Os pontos da face A'B'C'D' são equidistantes do observador, de modo que na física não relativística (N.R.), ela aparece ao observador como um quadrado de lado 1. Entretanto, para a face A'B'E'F', perpendicular a **V**, a luz da aresta E'F' deixou o cubo $\overline{E'B'}/c$ = $1/c$ segundos antes da luz proveniente de A'B', para chegar ao observador ao mesmo tempo. Assim, deixou o cubo quando $\overline{E'F'}$ estava na posição $\overline{E''F''}$ [Figura 6.9(a)], uma distância V/c para trás, de forma que a face ABEF aparece como um retângulo de altura 1 e base V/c [Figura 6.9(b)]. O resultado se assemelha à visão em perspectiva de um paralelepípedo alongado, não de um cubo.

A contração de Lorentz faz com que AD e BC apareçam com comprimento em (S) igual a $\sqrt{1-V^2/c^2}$, sem alterar a visão da face ABEF transversal ao movimento. O resultado [Figura 6.9(c)] é a imagem em perspectiva de um *cubo* (a distorção é eliminada) que sofreu uma *rotação* por um ângulo θ, onde

$$\text{sen } \theta = \frac{V}{c}, \quad \cos \theta = \sqrt{1-\frac{V^2}{c^2}} \tag{6.40}$$

Da mesma forma, pode-se mostrar que uma esfera não é vista como um esferoide: permanece com a aparência visual de uma esfera *em virtude da* contração de Lorentz.

Vejamos agora o efeito da TL sobre intervalos de tempo.

(b) A dilatação dos intervalos de tempo

Consideremos um relógio em repouso em (S'), por exemplo, na origem O' das coordenadas. O tempo t marcado por esse relógio é, portanto, *tempo próprio*, e vamos representá-lo por τ.

A coordenada tempo t correspondente em (S) obtém-se da TL inversa (6.31) fazendo $x' = 0$:

$$t = \gamma t' = \gamma \tau \tag{6.41}$$

de forma que a relação entre intervalos de tempo $\Delta\tau$ em (S') (*tempo próprio* do relógio em repouso) e os intervalos de tempo correspondentes em (S), onde o relógio está em movimento, é

$$\boxed{t = \gamma\Delta\tau = \frac{\Delta\tau}{\sqrt{1-\beta^2}} \quad (\geq \Delta\tau)} \tag{6.42}$$

Daí o nome de *dilatação dos intervalos de tempo* dado a esse efeito.

Da mesma forma que para os comprimentos, o efeito é recíproco: um relógio em repouso em (S) marca intervalos de tempo maiores em (S'). O efeito é contrário ao dos comprimentos, porém: *o movimento contrai os comprimentos, mas dilata os tempos.*

Como detectar o efeito? O relógio de (S'), por hipótese, está sincronizado com o de (S) na origem comum: $t = t' = 0$ para $x = x' = 0$. Decorrido um tempo t' em (S'), o relógio em O' está passando por um *outro* relógio em (S) e podem-se comparar as leituras; a leitura em (S) será t, dado pela (6.41). Logo, o efeito resulta de comparar *um único* relógio em (S') com *dois* relógios diferentes em (S), sincronizados segundo o critério de Einstein.

Uma confirmação experimental de grande impacto desse efeito é a desintegração dos muons (mésons μ) dos raios cósmicos, partículas carregadas análogas aos elétrons, mas de massa cerca de 200 vezes maior, que se desintegram segundo o esquema

$$\mu^- \to e^- + \bar{\nu}_e + \nu_\mu \quad \left(\mu^+ \to e^+ + \nu_e + \bar{\nu}_\mu\right)$$
$$\uparrow \quad \uparrow$$
antineutrino do e | neutrino do μ

Observando a desintegração de muons em repouso no laboratório, pode-se medir sua *vida média* τ_μ, que é $\approx 2{,}2 \times 10^{-6}$ s.

Sabe-se, por outro lado, que muons são produzidos quando raios cósmicos colidem com núcleos, ao penetrar na atmosfera da Terra. Uma fração apreciável deles chegam até a superfície. Ora, durante uma vida média, mesmo viajando com velocidade $v \sim c$, um muon só percorreria uma distância $\sim c\tau_\mu \sim 3 \times 10^8 \times 2{,}2 \times 10^{-6}$ m ≈ 660 m, em lugar de distâncias $\geqslant 10$ km, como ocorre quando são produzidos na alta atmosfera. Como se explica a observação de uma fração apreciável dos muons após um número tão grande de vidas médias?

A explicação é dada pela dilatação dos intervalos de tempo. A vida média τ_μ é um *tempo próprio*, no referencial de repouso do muon. Em relação à Terra, muitos muons se movem com velocidades relativísticas, tendo $V/c \geqslant 0{,}995$, o que corresponde a um fator de dilatação temporal $\gamma \geqslant 10$. A vida média no referencial da Terra passa a ser $\geqslant 2{,}2 \times 10^{-5}$ s e os muons podem penetrar através de $\geqslant 6{,}6$ km de atmosfera durante uma vida média, o que explica os resultados observados.

Obtemos uma explicação equivalente deslocando-nos para o referencial do muon, onde a vida média é τ_μ. Entretanto, para um muon com $V/c \geqslant 0{,}995$, é a *espessura da atmosfera* que sofre uma contração de Lorentz, por um fator $\gamma \geqslant 10$, levando ao mesmo resultado.

6.6 A LEI RELATIVÍSTICA DE COMPOSIÇÃO DE VELOCIDADES

Consideremos uma partícula em movimento *arbitrário* em relação a (S'), com

$$x' = x'(t'),\ y' = y'(t'),\ z' = z'(t') \qquad (6.43)$$

A *velocidade instantânea* $\mathbf{v}'(t')$ da partícula em (S') tem as componentes

$$v'_x = \frac{dx'}{dt'},\quad v'_y = \frac{dy'}{dt'},\quad v'_z = \frac{dz'}{dt'} \qquad (6.44)$$

A velocidade $\mathbf{v}(t)$ da partícula em relação a (S) tem componentes

$$v_x = \frac{dx}{dt},\quad v_y = \frac{dy}{dt},\quad v_z = \frac{dz}{dt} \qquad (6.45)$$

onde $x(t), y(t), z(t)$ estão relacionados com $x'(t'), y'(t'), z'(t')$ pela TL (6.30) (tomamos $\mathbf{x} \parallel \mathbf{V}$).

Resulta então das (6.30) que

$$\begin{cases} dx' = \gamma(dx - Vdt),\quad dy' = dy,\ dz' = dz \\ dt' = \gamma\left(dt - \dfrac{V}{c^2}dx\right) \end{cases}$$

o que implica

$$v'_x = \frac{dx'}{dt'} = \frac{dt\left(\frac{dx}{dt} - V\right)}{dt\left(1 - \frac{V}{c^2}\frac{dx}{dt}\right)} \quad \left\{ \boxed{v'_x = \frac{v_x - V}{\left(1 - \frac{v_x V}{c^2}\right)}} \right.$$

$$v'_y = \frac{dy'}{dt'} = \frac{dy}{\gamma dt\left(1 - \frac{V}{c^2}\frac{dx}{dt}\right)} \quad \left\{ \boxed{v'_y = \frac{\sqrt{1-\beta^2}\, v_y}{\left(1 - \frac{v_x V}{c^2}\right)}} \right. \quad (6.46)$$

$$v'_z = \frac{dz'}{dt'} = \frac{dz}{\gamma dt\left(1 - \frac{V}{c^2}\frac{dx}{dt}\right)} \quad \left\{ \boxed{v'_z = \frac{\sqrt{1-\beta^2}\, v_z}{\left(1 - \frac{v_x V}{c^2}\right)}} \right.$$

As (6.46) dão a *lei relativística de composição de velocidades*. Se $|v| \ll c$, $V \ll c$, ela se reduz à lei de Galileu (6.2), a menos de pequenas correções (e exatamente, quando $c \to \infty$). O caso geral, em que **V** tem uma direção qualquer, obtém-se, por um método análogo, das expressões (6.35) da TL geral ($v'_x \to v'_{\parallel}$, $v_x V \to \mathbf{v} \cdot \mathbf{V}$).

Também podemos interpretar as (6.46) de forma diferente (Figura 6.10). A partícula P se move em relação a (S) com velocidade **v**. Podemos considerar em (S) outra partícula O' que se move, em (S), com velocidade **V**, e perguntar: qual é a *velocidade relativa* da partícula P em relação à partícula O'?

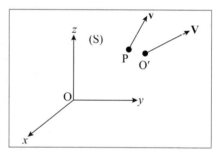

Figura 6.10 Velocidade relativa.

Na mecânica newtoniana, essa velocidade relativa é dada por $\mathbf{v}' = \mathbf{v} - \mathbf{V}$, como consequência da transformação de Galileu (6.2). Daí seguiria que, se duas partículas se movem em sentidos opostos com velocidades c e $-c$, a sua velocidade relativa seria $2c$. Assim, essa definição não é aceitável.

A definição correta da *velocidade relativa* de P *em relação a* O' é: ela é a velocidade **v'** de P em relação a um referencial (S') onde O' está em repouso. Vemos então que a velocidade relativa **v'** é dada precisamente pelas (6.46).

Decorre das (6.46) (a demonstração será deixada como problema [Probl. 6.4]) que

$$\boxed{1 - \frac{v'^2}{c^2} = \frac{\left(1 - \frac{v^2}{c^2}\right)\left(1 - \frac{V^2}{c^2}\right)}{\left(1 - \frac{\mathbf{v} \cdot \mathbf{V}}{c^2}\right)^2}} \quad (6.47)$$

Uma consequência importante desse resultado é que, se as magnitudes de *duas* das velocidades **v**, **v'** e **V** são $< c$, o mesmo vale para a 3ª: *a composição de duas velocidades menores que c, relativisticamente, nunca pode levar a uma resultante maior que c*. Em particular, se $v \to c$, o mesmo vale para v', mesmo que $|\mathbf{V}|$ tenda a c.

6.7 INTERVALOS

Consideremos dois *eventos* 1 e 2, que ocorrem nos "pontos do espaço-tempo" $(\mathbf{x}_1, t_1)$ e $(\mathbf{x}_2, t_2)$, respectivamente, em relação a um dado referencial (S). Sem restrição da generalidade, podemos supor que $\mathbf{x}_1 = 0$ e $t_1 = 0$, tomando o evento 1 como origem das coordenadas e do tempo, e escrever: $\mathbf{x}_2 = \mathbf{x}$, $t_2 = t$.

Tanto $\mathbf{x}$ como t são grandezas *relativas*, isto é, dependentes do referencial, mas existe uma grandeza associada às coordenadas espaçotemporais dos dois eventos que é *invariante*, tendo o mesmo valor em qualquer referencial inercial:

$$\boxed{(s_{12})^2 \equiv (\mathbf{x}_2 - \mathbf{x}_1)^2 - c^2(t_2 - t_1)^2} \tag{6.48}$$

Com efeito, com a escolha de origem feita,

$$(s_{12})^2 = \mathbf{x}^2 - c^2 t^2 = x^2 + y^2 + z^2 - c^2 t^2 \tag{6.49}$$

e as equações da *TL* foram obtidas precisamente impondo a condição de que essa grandeza *tenha o mesmo valor em qualquer referencial inercial* [o fato de que este valor fosse = 0 não entrou na (6.21)].

A grandeza, *invariante por TL*, $(s_{12})^2$, que pode ter qualquer sinal (> 0, < 0 ou $= 0$), é denominada *quadrado do* **intervalo** *entre os eventos 1 e 2*. Vejamos agora, sempre adotando um dos eventos como origem, como na (6.49), a interpretação física do *sinal* de $(s_{12})^2$, que tem um caráter *absoluto*, pois é o mesmo em qualquer referencial inercial.

$$\boxed{(a) \quad (s_{12})^2 < 0}$$

Nesse caso, escrevemos

$$\boxed{(s_{12})^2 = -c^2 (\tau_{12})^2} \tag{6.50}$$

onde τ_{12} é real. Pela (6.49), temos

$$\mathbf{x}^2 - c^2 t^2 < 0 \Rightarrow |\mathbf{x}| < c|t| \tag{6.51}$$

de modo que a *distância* entre os pontos onde ocorrem os dois eventos é menor do que aquela que seria percorrida por um sinal luminoso durante o intervalo de tempo t que os separa. Isso implica que é possível enviar um sinal de um dos eventos ao outro, de forma que um deles *pode* ser a *causa* do outro.

A (6.51) admite duas possibilidades: (i) $t > |\mathbf{x}|/c$: nesse caso, o evento 2 ocorre *depois* de 1 e pode ser causado por 1; (ii) $t < -|\mathbf{x}|/c$: inverte-se a ordem temporal entre 1 e 2 – o evento 1 ocorre depois de 2 e pode ter sido causado por 2.

Consideremos um referencial (S') que se move em relação a (S) com velocidade $\mathbf{V}$; pela *TL* geral (6.35),

$$t' = \gamma \left(t - \frac{\mathbf{V} \cdot \mathbf{x}}{c^2} \right) \tag{6.52}$$

Temos

$$-\frac{|\mathbf{V}|}{c}\cdot\frac{|\mathbf{x}|}{c} \leq \frac{\mathbf{V}\cdot\mathbf{x}}{c^2} \leq \frac{|\mathbf{V}|}{c}\cdot\frac{|\mathbf{x}|}{c}$$

ou, como $|V/c| = \beta$,

$$\left|\frac{\mathbf{V}\cdot\mathbf{x}}{c^2}\right| \leq \beta|t| \qquad (6.53)$$

onde usamos a (6.51).

Comparando com a (6.52), e com $\beta < 1$ ($|\mathbf{V}| < c$), vemos que (i) $t > 0 \Rightarrow t' > 0$; (ii) $t < 0 \Rightarrow t' < 0$.

Logo, no caso (i), o evento 2 *ocorre depois do evento* 1, *em qualquer referencial* com $\beta < 1$, isto é, *está no futuro absoluto* de 1, o que é consistente com o fato de que 1 pode ter causado 2. No caso (ii), o evento 2 *ocorre antes do evento* 1 *em qualquer referencial* com $\beta < 1$, ou seja, *está no passado absoluto* de 1, podendo, portanto, ter sido a causa de 1.

Vemos agora por que c não é apenas a velocidade da luz no vácuo, mas tem de ser a **velocidade limite** *de propagação de qualquer sinal e de movimento de qualquer referencial*: se assim não fosse, se admitíssemos a possibilidade de $\beta > 1$, seria possível *violar o princípio de causalidade*, invertendo a sucessão de causa e efeito! (Morrer antes de ter nascido, por exemplo).

Podemos mostrar também que, *para* $(s_{12})^2 < 0$, *sempre existe um referencial inercial onde os eventos* 1 *e* 2 *ocorrem no mesmo ponto do espaço*. Com efeito, na TL geral (6.35),

$$\mathbf{x}'_\parallel = \gamma\left(\mathbf{x}_\parallel - \mathbf{V}t\right)$$
$$\mathbf{x}'_\perp = \mathbf{x}_\perp \qquad (6.54)$$

Se escolhermos $\mathbf{V} \parallel \mathbf{x}$, será $\mathbf{x}_\perp = 0$, e basta tomar

$$\mathbf{V} = \frac{\mathbf{x}}{t} \quad (\Rightarrow \mathbf{x}' = 0 = \mathbf{x}) \qquad (6.55)$$

o que é possível porque $|\mathbf{V}| = |\mathbf{x}|/|t| < c$. Esse é o referencial que *sai de* 1 no instante 0 em que 1 ocorre e *chega a* 2 no instante t da sua ocorrência.

Nesse referencial, como $\mathbf{x}' = 0$,

$$(s_{12})^2 = -c^2(\tau_{12})^2 = -c^2 t'^2 \quad \{\quad \boxed{\tau = t'} \qquad (6.56)$$

mostrando que τ é o intervalo de tempo entre os eventos 1 e 2 num referencial onde eles ocorrem em repouso (no mesmo ponto O), ou seja, τ *é o intervalo de tempo próprio entre os dois eventos (marcado por um relógio em repouso)*. Dizemos nesse caso que *a separação entre eles é do gênero tempo*.

$$\boxed{(b) \quad (s_{12})^2 > 0}$$

Nesse caso, em lugar da (6.51), teremos

$$|\mathbf{x}| > c|t| \quad \left\{ \quad -\frac{|\mathbf{x}|}{c} < t < \frac{|\mathbf{x}|}{c} \right. \tag{6.57}$$

de modo que nenhum sinal com velocidade $\leq c$ pode ligar um evento ao outro: um dos eventos não pode ser a causa do outro.

Nessas condições, *sempre existe um referencial no qual os dois eventos são simultâneos*. Com efeito, para que seja [cf.(6.52)]

$$t' = \gamma\left(t - \frac{\mathbf{V} \cdot \mathbf{x}}{c^2}\right) = 0$$

basta tomar $\mathbf{V} \,/\!/\, \mathbf{x}$ e

$$\boxed{\mathbf{V} = \frac{c^2 t}{|\mathbf{x}|}\hat{\mathbf{x}}} \quad \left\{ \quad \boxed{\left|\frac{\mathbf{V}}{c}\right| = \frac{ct}{|\mathbf{x}|} < 1} \right. \tag{6.58}$$

Nesse referencial,

$$(s_{12})^2 = \mathbf{x}'^2 - c^2 t'^2 = \mathbf{x}'^2 \quad \left\{ \quad \boxed{s'_{12} = |\mathbf{x}'|} \right. \tag{6.59}$$

é a *distância própria* entre os dois eventos.

Um intervalo desse tipo diz-se ser do *gênero espaço*: os dois eventos têm uma separação do gênero espaço, ou ainda, são *absolutamente separados*. Conforme tomemos |**V**| maior ou menor que o valor (6.58), podemos encontrar $t' < 0$ ou $t' > 0$. Logo, nesse caso, dizer que um evento ocorre "antes" ou "depois" do outro é um conceito relativo: depende do referencial. Isso é consistente com a inexistência de relação de causa e efeito entre eles.

Um exemplo de dois eventos com separação do gênero espaço é o da queda dos relâmpagos (simultânea no referencial dos trilhos) nas duas extremidades de um trem (Seção 6.3): conforme o trem se mova para a frente ou para trás, qualquer um dos dois eventos pode ser visto como ocorrendo antes do outro, no referencial do trem.

$$\boxed{(c) \quad (s_{12})^2 = 0}$$

Neste caso,

$$\boxed{|\mathbf{x}| = c|t|} \tag{6.60}$$

e os dois eventos podem ser ligados por um sinal luminoso. Diz-se que a separação entre eles é do *gênero luz*.

A (6.60), no espaço-tempo quadridimensional, é a equação de um cone, o *cone de luz* associado ao evento 1 (tomado como origem, vértice do cone), que corta o plano (x, t) num par de retas de coeficiente angular $\pm c$. A linha de universo de uma partícula livre (sua trajetória no espaço-tempo) é uma reta (coeficiente angular |v| < c) contida dentro desse cone (cf. Figura 6.20). A região $t > 0$ do cone é o *cone futuro* de 1: eventos nela localizados estão no futuro absoluto de 1. A região $t < 0$ do cone é o *cone passado* de 1. A região externa ao cone contém os eventos *absolutamente remotos* com relação a 1, ou seja, eventos com separação do gênero espaço.

6.8 O EFEITO DOPPLER

O fator de propagação de uma onda eletromagnética plana monocromática no vácuo é

$$\exp\left[i(\mathbf{k}\cdot\mathbf{x}-\omega t)\right] = \exp\left[-i\omega\left(t - \frac{\hat{\mathbf{u}}\cdot\mathbf{x}}{c}\right)\right] = \exp(-2\pi i F) \quad (6.61)$$

onde

$$F \equiv \nu\left(t - \frac{\hat{\mathbf{u}}\cdot\mathbf{x}}{c}\right) \quad (6.62)$$

tem uma interpretação física simples.

Com efeito, suponhamos que, para $t = 0$, a origem O de um referencial (S) esteja sendo cruzada por uma crista de onda. Essa crista atinge o ponto **x** no instante

$$t_0 = (\hat{\mathbf{u}}\cdot\mathbf{x})/c \quad (6.63)$$

Se escolhermos t de tal forma que F na (6.62) seja um número inteiro, este número

$$F \equiv \nu(t-t_0) \quad (6.64)$$

é então *o número de cristas de onda que cruzaram a origem depois de $t = 0$ e atingem* **x** *entre t_0 e o instante t*. Assim, $F = 1$ para $t - t_0 = \tau = 1/\nu$ (um período), $F = 2$ para $t - t_0 = 2\tau$ etc..

Seja agora (S') outro referencial inercial que se desloca em relação a (S) com velocidade V na direção x, e tal que $O \equiv O'$ para $t = t' = 0$. Se $(\mathbf{x'}, t')$ corresponde a $(\mathbf{x}, t)$ em (S'),

$$F' \equiv \nu'\left(t' - \frac{\mathbf{u'}\cdot\mathbf{x'}}{c}\right) = \nu'\left(t' - t'_0\right) \quad (6.65)$$

é o número de cristas de onda que cruzaram **x'** [mesmo ponto P em (S')] depois daquela que passou por $O' \equiv O$ em $t' \equiv t = 0$, entre os instantes t_0' (correspondente a t_0) e t'. Esse número tem de ser idêntico a F, porque a primeira e a última frente de onda se correspondem em ambos os referenciais [as coordenadas do evento "cruzamento da última" são $(\mathbf{x}, t)$ em (S) e $(\mathbf{x'}, t')$ em (S')], e o número de cristas entre os dois eventos tem um sentido absoluto (tem de ser o mesmo em ambos os referenciais); também poderíamos tomar o número de zeros do campo eletromagnético, $\mathbf{E} = \mathbf{B} = 0$, que tem caráter absoluto.

Logo,
$$F = F' \qquad (6.66)$$

ou seja, *a fase de uma onda eletromagnética plana monocromática é uma grandeza invariante.*

Suponhamos, para simplificar, que o ponto P, de coordenadas **x** em (S) e **x'** em (S'), está no plano (x, y), de forma que (Figura 6.11)

$$\hat{u} \equiv (\cos \theta, \operatorname{sen} \theta, 0); \qquad \hat{u}' \equiv (\cos \theta', \operatorname{sen} \theta', 0) \qquad (6.67)$$

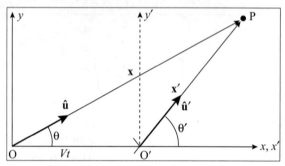

Figura 6.11 Efeito Doppler e aberração.

Temos então

$$F' \equiv v'\left(t' - \frac{x'}{c}\cos\theta' - \frac{y'}{c}\operatorname{sen}\theta'\right) \qquad (6.68)$$

e, usando as equações (6.31) da *TL* inversa,

$$F \equiv v\left(t - \frac{x}{c}\cos\theta - \frac{y}{c}\operatorname{sen}\theta\right)$$
$$= v\left[\gamma\left(t' + \frac{V}{c^2}x'\right) - \frac{\gamma}{c}\cos\theta(x' + Vt') - \frac{y'}{c}\operatorname{sen}\theta\right]$$

$$F = \gamma v\left(1 - \frac{V}{c}\cos\theta\right)t' - \frac{\gamma v}{c}\left(\cos\theta - \frac{V}{c}\right)x' - \frac{v}{c}\operatorname{sen}\theta\, y' \qquad (6.69)$$

que, pela (6.66), tem de ser idêntica à (6.68) quaisquer que sejam t', x' e y'.

Isto só é possível se os coeficientes forem idênticos, o que dá, com $\dfrac{V}{c} \equiv \beta$,

$$\boxed{v' = \gamma v(1 - \beta \cos \theta)} \qquad (6.70)$$

que é a *expressão relativística do efeito Doppler.*

Também se pode obter dessa forma a relação entre as direções de propagação θ' e θ, que são diferentes, em virtude da relatividade da simultaneidade [frentes de onda em (S) não coincidem com frentes de onda em (S')]. Essa variação de direção corresponde ao fenômeno da *aberração*, que desloca a posição aparente das estrelas. O efeito astronômico foi primeiro observado por Bradley em 1728. A relação entre θ' e θ será deixada como exercício (Problema 6.5).

Voltando ao efeito Doppler relativístico para a luz, é interessante comparar a (6.70) com os resultados análogos da física não relativística na acústica, obtidos em **FB2**, Equação (6.9.11) e Problema 6.16. Para adaptá-los à notação atual, é preciso trocar neles $V \to -V$, pois V é para nós a velocidade do *observador* em relação à fonte, e lá foi tomado como velocidade da fonte em relação ao observador.

Na acústica, a definição de β seria,

$$\beta = V/v \quad (v = \text{veloc. do som no ar } em\ repouso) \tag{6.71}$$

e é preciso considerar duas situações diferentes:

$$\left.\begin{array}{l}\text{Fonte em repouso na atmosfera}\\ \text{Observador em movimento com}\\ \text{velocidade } V \text{ na direção } \theta\end{array}\right\} \quad \boxed{\nu = \nu_0(1-\beta\cos\theta)} \tag{6.72}$$

$$\left.\begin{array}{l}\text{Observador em repouso na atmosfera}\\ \text{Fonte em movimento com velocidade } V\\ \text{na direção } \theta\end{array}\right\} \quad \boxed{\nu = \frac{\nu_0}{1+\beta\cos\theta}} \tag{6.73}$$

onde ν_0 é a "frequência própria" da fonte em seu sistema de repouso.

No caso da acústica, as duas situações dão resultados *diferentes*, porque existe um referencial privilegiado: aquele em que a atmosfera está em repouso. Para $\theta = 0$, por exemplo, e para $\beta \ll 1$,

$$\begin{array}{ll}\text{Fonte em repouso} & \{\quad \nu = \nu_0(1-\beta)\\ \text{Observador em repouso} & \{\quad \nu = \dfrac{\nu_0}{1+\beta} = \nu_0(1-\beta+\beta^2-\ldots)\end{array} \tag{6.74}$$

vemos que as duas expressões diferem por termos de 2^a *ordem* em β. Por outro lado, para observação *transversal* ($\theta = \pi/2$), não há efeito Doppler acústico: $\nu = \nu_0$ nos dois casos.

O efeito Doppler relativístico para a luz, dado pela (6.70), só depende da *velocidade relativa V* do observador com respeito à fonte, como tinha de ser. Para $\theta = 0$,

$$\boxed{\nu' = \gamma\nu(1-\beta) = \nu\frac{(1-\beta)}{\sqrt{1-\beta^2}} = \nu\sqrt{\frac{1-\beta}{1+\beta}}} \tag{6.75}$$

Se existisse o éter como referencial absoluto, ele desempenharia o mesmo papel que a atmosfera para o som, e teríamos de distinguir entre os dois casos. Aliás, as (6.72) e (6.73) também resultariam da (6.66) se aplicássemos a transformação de Galileu em lugar da TL (Problema 6.20).

O efeito relativístico (6.70) só difere da (6.72) pelo fator $\gamma = (1 - \beta^2)^{-1/2}$, que representa o efeito cinemático da *dilatação dos intervalos de tempo*. No caso relativístico, esse fator persiste para *observação transversal*.

$$\boxed{\nu'\left(\theta = \frac{\pi}{2}\right) = \gamma \nu = \left(1 - \beta^2\right)^{-1/2} \nu \approx \left(1 + \frac{1}{2}\beta^2 + \ldots\right)\nu} \quad \text{EFEITO DOPPLER TRANSVERSAL} \quad (6.76)$$

A observação é difícil, não só por ser um efeito de 2ª ordem, mas também porque um pequeno desvio da direção $\theta = \pi/2$ introduz correções adicionais de ordem β. Entretanto, uma observação direta foi feita por W. Kundig em 1963, usando raios γ de uma fonte radioativa colocada no rotor de uma centrífuga em alta rotação. Os resultados confirmaram inteiramente a (6.76), e podem ser considerados como outra verificação experimental do efeito de dilatação dos intervalos de tempo.

Quando se compara o espectro da luz proveniente de uma galáxia distante, onde é possível identificar linhas de absorção características (cf. Seção 7.6) (por exemplo, duas linhas de absorção devidas ao cálcio ionizado), com as mesmas linhas num espectro terrestre, verifica-se que os comprimentos de onda na luz proveniente da galáxia sofreram um *desvio para o vermelho* ($\nu' < \nu$).

Em 1929, o astrônomo americano Edwin P. Hubble propôs a hipótese arrojada de que esse desvio seja devido ao *efeito Doppler*, com a galáxia observada se afastando de nós com um dado valor de β, determinado pela (6.75) a partir de ν'/ν.

A aplicação da ideia de Hubble a um grande número de galáxias mostrou que a velocidade de recessão V é proporciona à distância r da galáxia à Terra:

$$\boxed{V = H_0 r} \quad (6.77)$$

onde H_0 se chama a constante de *Hubble*. O valor de H_0 teve sua determinação mais recente em 2013, a partir de observações efetuadas pelo satélite Planck, resultando ser igual a 67,80 ($\pm$0,77) km/s por Mpc (1 Mpc = 1 Megaparsec = 10^6 pc; 1 pc $\approx$ 3,6 anos-luz).

O resultado de Hubble foi a primeira indicação de que o Universo não é estático, encontrando-se em *expansão*; voltaremos a discutir este resultado mais adiante (Seção 6.13).

6.9 MOMENTO RELATIVÍSTICO

Após substituir a *cinemática* newtoniana, baseada na transformação de Galileu, pela cinemática relativística (*TL*), é preciso reformular a *dinâmica* newtoniana para que seja compatível com a nova cinemática.

Esperamos que, de conformidade com a experiência, a mecânica relativística se reduza à mecânica newtoniana, com muito boa aproximação, quando *todas* as velocidades envolvidas forem $\ll c$.

Entretanto, já aparece uma diferença básica se perguntarmos que tipos de *forças* podemos considerar. Na mecânica newtoniana, admitem-se forças de interação entre partículas que ficam inteiramente determinadas pelas suas posições (distâncias) instantâneas, tais como a *gravitação*, dada pela lei de Newton da gravitação universal.

Tais forças são inadmissíveis na mecânica relativística: o conceito de "posições simultâneas" das partículas de um sistema depende do referencial, e a velocidade limite de propagação das interações é c.

Entre as interações fundamentais, podemos admitir as eletromagnéticas, cuja formulação é compatível com a relatividade; a velocidade de propagação no vácuo das interações eletromagnéticas é c.

Um outro tipo de interação, descrita fenomenologicamente, em nível macroscópico, que podemos admitir, são *forças de contato*, que atuam apenas quando duas partículas entram em contato numa colisão, e podem ser idealizadas como atuando apenas no instante e no ponto de contato, sendo, portanto, compatíveis com a relatividade.

As leis da dinâmica relativística, como as leis da dinâmica newtoniana, não podem ser "deduzidas". Procuraremos chegar a elas de forma heurística, usando forças de contato e admitindo a validade geral de *leis de conservação*, que, como sabemos, englobam alguns dos princípios mais básicos da dinâmica.

Há outra forma de inferir essas leis utilizando de forma sistemática o *formalismo covariante*, que garante automaticamente a compatibilidade com o princípio de relatividade, mas as limitações deste curso não permitirão desenvolvê-lo aqui (cf. Seção 6.12).

Qualquer que seja a abordagem, a justificativa final das leis inferidas para a dinâmica relativística encontra-se no seu acordo com a experiência.

O princípio básico do qual vamos partir é o da *conservação do momento* num processo muito simples de colisão elástica entre duas partículas idênticas [este método é devido a G. N. Lewis e R.C. Tolman (1909)].

Na mecânica newtoniana, o momento de uma partícula é definido por

$$\mathbf{p} = m\mathbf{v} = m\frac{d\mathbf{x}}{dt} \tag{6.78}$$

onde $\mathbf{v}$ é o seu vetor velocidade e m uma grandeza *escalar* que se admite implicitamente ser uma característica invariável da partícula, sua massa inercial.

Vamos *admitir* que na mecânica relativística o momento seja da mesma forma, proporcional a $\mathbf{v}$, mas vamos admitir maior generalidade para o coeficiente m; continuará sendo um escalar, mas não necessariamente invariável: pode depender da única grandeza escalar associada a $\mathbf{v}$, a *magnitude* $v = |\mathbf{v}|$ da velocidade:

$$\boxed{m = m(v); \quad v = |\mathbf{v}|} \tag{6.79}$$

de forma que

$$\boxed{\mathbf{p} = m(v)\mathbf{v}} \tag{6.80}$$

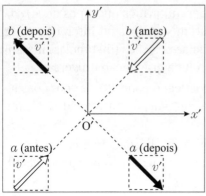

Figura 6.12 Colisão elástica.

Vamos chamar de a e b as duas partículas idênticas (podemos imaginá-las como duas bolinhas), e vamos adotar um referencial (S') (referencial do CM) em que o *momento total* do sistema se anula antes da colisão (portanto também depois), e no qual ela ocorre num plano, que escolhemos como (x', y'); o efeito da colisão consiste em *inverter* as componentes da velocidade das partículas ao longo de um eixo, que escolhemos como y', sem alterar as componentes x'.

As componentes x' e y' das velocidades das partículas a e b em (S') antes e depois da colisão estão representadas na Tabela 1, conforme a Figura 6.12, onde

$$v' = \sqrt{v_x'^2 + v_y'^2} \tag{6.81}$$

tem o mesmo valor para ambas as partículas, antes e depois da colisão [logo, também $m(v')$].

TABELA 1

	Componentes das velocidades em (S') antes e depois			
	x'	y'	x'	y'
Antes	v_x'	v_y'	$-v_x'$	$-v_y'$
Depois	v_x'	$-v_y'$	$-v_x'$	v_y'
	Partícula *a*		Partícula *b*	

Pela (6.80), o momento *total* é = 0 antes e depois, qualquer que seja a forma da função $m(v)$, de modo que a lei de conservação do momento é satisfeita no referencial (S').

Pelo Princípio de Relatividade, o mesmo deve valer em qualquer outro referencial inercial. Seja então (S) um referencial em relação ao qual (S') se desloca na direção x com velocidade V; as componentes das velocidades em relação a (S) resultam da lei relativística (6.46) de composição de velocidades aplicada à TL inversa $(V \to -V)$, o que dá, partindo da Tabela 1, os resultados da Tabela 2.

TABELA 2 ($\beta = V/c$)

	Componentes das velocidades em (S) antes e depois			
Componente	x	y	x	y
Antes	$\dfrac{(v_x' + V)}{\left[1 + \left(v_x'V/c^2\right)\right]}$	$\dfrac{\sqrt{1-\beta^2}\, v_y'}{\left[1 + \left(v_x'V/c^2\right)\right]}$	$\dfrac{(-v_x' + V)}{\left[1 - v_x'V/c^2\right]}$	$\dfrac{-\sqrt{1-\beta^2}\, v_y'}{\left[1 - v_x'V/c^2\right]}$
Depois	$\dfrac{(v_x' + V)}{\left[1 + \left(v_x'V/c^2\right)\right]}$	$-\dfrac{\sqrt{1-\beta^2}\, v_y'}{\left[1 + \left(v_x'V/c^2\right)\right]}$	$\dfrac{(-v_x' + V)}{\left[1 - v_x'V/c^2\right]}$	$+\dfrac{\sqrt{1-\beta^2}\, v_y'}{\left[1 - v_x'V/c^2\right]}$
	Partícula *a*		Partícula *b*	

O módulo v_a da velocidade da partícula a antes e depois da colisão é o mesmo, e o mesmo vale para a velocidade v_b, da partícula b, mas $v_a \neq v_b$. A conservação do momento em (S) se escreve:

$$\left[m(v_a)\mathbf{v}_a + m(v_b)\mathbf{v}_b\right] \text{ antes} = \left[m(v_a)\mathbf{v}_a + m(v_b)\mathbf{v}_b\right] \text{ depois} \qquad (6.82)$$

o que é *automaticamente* satisfeito para a componente x. Para a componente y, pela Tabela 2, a (6.82) resulta em

$$m(v_a) \cdot \frac{\sqrt{1-\beta^2}\, v_y'}{\left(1+\dfrac{v_x'V}{c^2}\right)} - m(v_b) \cdot \frac{\sqrt{1-\beta^2}\, v_y'}{\left(1-\dfrac{v_x'V}{c^2}\right)}$$

$$= -m(v_a) \cdot \frac{\sqrt{1-\beta^2}\, v_y'}{\left(1+\dfrac{v_x'V}{c^2}\right)} + m(v_b) \cdot \frac{\sqrt{1-\beta^2}\, v_y'}{\left(1-\dfrac{v_x'V}{c^2}\right)} \qquad (6.83)$$

o que só pode ser satisfeito para valores arbitrários de v_x' e v_y' se ambos os membros forem identicamente nulos, ou seja,

$$\frac{m(v_a)}{m(v_b)} = \frac{1+\dfrac{v_x'V}{c^2}}{1-\dfrac{v_x'V}{c^2}} \qquad (6.84)$$

Resulta, porém, da identidade (6.47), onde $\beta \equiv -V/c$, que

$$\left.\begin{array}{l} \sqrt{1-\dfrac{v_a^2}{c^2}} = \dfrac{\sqrt{1-\dfrac{v'^2}{c^2}}\sqrt{1-\beta^2}}{1+\dfrac{v_x'V}{c^2}} \\[2em] \sqrt{1-\dfrac{v_b^2}{c^2}} = \dfrac{\sqrt{1-\dfrac{v'^2}{c^2}}\sqrt{1-\beta^2}}{1-\dfrac{v_x'V}{c^2}} \end{array}\right\} \quad \dfrac{1+\dfrac{v_x'V}{c^2}}{1-\dfrac{v_x'V}{c^2}} = \dfrac{\sqrt{1-\dfrac{v_b^2}{c^2}}}{\sqrt{1-\dfrac{v_a^2}{c^2}}} \qquad (6.85)$$

e, substituindo na (6.84),

$$\sqrt{1-\left(\frac{v_a}{c}\right)^2}\, m(v_a) = \sqrt{1-\left(\frac{v_b}{c}\right)^2}\, m(v_b) \qquad (6.86)$$

Logo, embora as duas partículas que colidem sejam idênticas, os escalares correspondentes $m(v_a)$ e $m(v_b)$ não são os mesmos para velocidades $v_a \neq v_b$. Entretanto, a grandeza

$$\sqrt{1-\frac{v^2}{c^2}}\, m(v)$$

é independente da magnitude v da velocidade (invariante). Isso leva a

$$m(v) = \frac{m_0}{\sqrt{1-\frac{v^2}{c^2}}}, \quad m_0 \equiv m(0) \tag{6.87}$$

onde m_0 é o *valor próprio* de $m(v)$, obtido quando a partícula está em repouso.

Mas, no limite de baixas velocidades, devemos obter a mecânica não relativística (newtoniana), em que m representa a *massa da partícula*. Logo, m_0 é a *massa de repouso*, e a expressão relativística do momento deve ser dada por

$$\mathbf{p} = m(v)\,\mathbf{v} = \frac{m_0 \mathbf{v}}{\sqrt{1-\frac{v^2}{c^2}}} \tag{6.88}$$

A característica da inércia da partícula que tem um significado invariante é a sua *massa própria* m_0.

6.10 ENERGIA RELATIVÍSTICA

A lei fundamental da dinâmica, na forma em que foi enunciada por Newton, é mantida na relatividade:

$$\mathbf{F} = \frac{d\mathbf{p}}{dt} \tag{6.89}$$

mas, como vimos, nem todos os tipos de leis de forças são compatíveis com o princípio de relatividade.

Para uma partícula de carga q movendo-se com velocidade $\mathbf{v}$ num campo eletromagnético, permanece válida a expressão da força de Lorentz,

$$\mathbf{F} = q(\mathbf{E} + \mathbf{v} \times \mathbf{B}) \tag{6.90}$$

de modo que a (6.89) assume a mesma forma que na mecânica não relativística, exceto pela definição do momento $\mathbf{p}$, que é dado pela (6.88).

O movimento de partículas carregadas em aceleradores, onde elas adquirem velocidades próximas de c, fornece testes experimentais abundantes das (6.88) a (6.90), confirmando-as com grande precisão. Em particular, isso se aplica à "variação da massa com a velocidade" (6.87).

A taxa de variação temporal da energia cinética de uma partícula continua sendo dada por

$$\boxed{\frac{dT}{dt} = \mathbf{F} \cdot \mathbf{v} = \mathbf{v} \cdot \frac{d\mathbf{p}}{dt}}$$ (6.91)

onde T representa a *energia cinética*. Pela (6.88),

$$\frac{dT}{dt} = m_0 \mathbf{v} \cdot \frac{d}{dt}\left[\frac{\mathbf{v}}{\left(1-\frac{v^2}{c^2}\right)^{1/2}}\right] =$$

$$= m_0 \mathbf{v} \cdot \left\{ \frac{\frac{d\mathbf{v}}{dt}}{\left(1-\frac{v^2}{c^2}\right)^{1/2}} - \frac{1}{2}\frac{\left(-2\frac{v}{c^2}\right)\mathbf{v}\frac{dv}{dt}}{\left(1-\frac{v^2}{c^2}\right)^{3/2}} \right\} =$$

$$= \frac{m_0 \mathbf{v} \cdot \frac{d\mathbf{v}}{dt}}{\left(1-\frac{v^2}{c^2}\right)^{1/2}} + \frac{m_0 v \frac{v^2}{c^2}\frac{dv}{dt}}{\left(1-\frac{v^2}{c^2}\right)^{3/2}} = \frac{m_0 v \frac{dv}{dt}\left(1-\frac{v^2}{c^2}+\frac{v^2}{c^2}\right)}{\left(1-\frac{v^2}{c^2}\right)^{3/2}}$$

onde usamos $\overbrace{\mathbf{v}\cdot\frac{d\mathbf{v}}{dt}}^{\frac{1}{2}\frac{d}{dt}(v^2)}$

ou seja

$$\boxed{\frac{dT}{dt} = \frac{m_0 \cdot \frac{1}{2}\frac{d}{dt}(v^2)}{\left(1-\frac{v^2}{c^2}\right)^{3/2}} = \frac{d}{dt}\left[\frac{m_0 c^2}{\left(1-\frac{v^2}{c^2}\right)^{1/2}}\right] = \frac{dE}{dt}}$$ (6.92)

onde

$$\boxed{E \equiv \frac{m_0 c^2}{\sqrt{1-\frac{v^2}{c^2}}} = mc^2}$$ (6.93)

Resulta que da (6.92) que

$$T = E + \text{constante}$$ (6.94)

Por definição, a energia cinética de uma partícula deve anular-se quando ela está em repouso ($v = 0$). Portanto, a constante de integração na (6.94) tem de valer $-m_0 c^2$), o que resulta em

$$T = m_0 c^2 \left(\frac{1}{\sqrt{1 - \frac{v^2}{c^2}}} - 1 \right)$$ (6.95)

Para movimentos com velocidades $|v| \ll c$, podemos empregar a expansão:

$$\left(1 - \frac{v^2}{c^2}\right)^{-1/2} = 1 + \frac{1}{2}\frac{v^2}{c^2} + \text{termos de ordem } \left(\frac{v}{c}\right)^4$$

Substituindo na (6.95), resulta

$$T = \frac{1}{2} m_0 v^2 + \ldots$$ (6.96)

ou seja, desprezando correções de ordem superior, recuperamos a expressão não relativística da energia cinética.

As (6.93) e (6.95) dão:

$$E = m_0 c^2 + T$$ (6.97)

Conforme veremos a seguir, E representa a *energia total* da partícula, e a constante $m_0 c^2$ é a *energia de repouso*.

Elevando ao quadrado ambos os membros da (6.88), obtemos

$$\mathbf{p}^2 = \frac{m_0^2 v^2}{1 - \frac{v^2}{c^2}} \quad \left\{ \frac{p^2}{c^2} = \frac{m_0^2 \left(\frac{v^2}{c^2} - 1 + 1\right)}{1 - \frac{v^2}{c^2}} = \left(\frac{E}{c^2}\right)^2 - m_0^2 \right.$$

ou seja

$$p^2 - \frac{E^2}{c^2} = -m_0^2 c^2$$ (6.98)

Comparando a (6.88) com a (6.93), obtemos também

$$\mathbf{p} = \frac{E}{c^2} \mathbf{v}$$ (6.99)

Vemos pelas (6.88) e (6.93) que, para $m_0 \neq 0$, tanto $|\mathbf{p}|$ como E crescem indefinidamente quando $v \to c$. Logo, *uma partícula de massa de repouso $\neq 0$ nunca pode atingir a velocidade da luz*. Por outro lado, isso não fica excluído pelas (6.98) e (6.99) para $m_0 = 0$; neste caso, temos:

$$m_0 = 0 \left\{ |\mathbf{v}| = c \text{ e } |\mathbf{p}| = \frac{E}{c} \right. \tag{6.100}$$

ou seja, uma partícula com $m_0 = 0$ se move com velocidade c e a magnitude de seu momento é igual à sua energia total dividida por c. Não é apropriado falar de "massa de repouso" nesse caso, porque uma tal partícula não pode ser reduzida ao repouso (seria necessário um referencial com velocidade c).

A única partícula conhecida que se propaga com velocidade c é o fóton. Até recentemente se acreditava que os neutrinos também tinham massas de repouso nulas, mas verificou-se que, embora muito pequenas, são $\neq 0$.

No caso da radiação eletromagnética já se sabia desde Maxwell que ela transporta não só energia, mas também momento. Resulta das equações de Maxwell, fazendo o balanço local de momento, que a *densidade de momento* transportada é dada por

$$\mathbf{g} = \frac{\mathbf{S}}{c^2} \tag{6.101}$$

onde $\mathbf{S}$ é o vetor de Poynting, ou seja, a densidade de corrente de energia. No caso de uma onda plana, vimos [cf. (5.15)] que (no vácuo)

$$\mathbf{S} = cU\,\hat{\mathbf{u}} \equiv U\mathbf{c} \tag{6.102}$$

onde U é a densidade de energia. Logo, a (6.101) fica

$$\mathbf{g} = \frac{U}{c}\hat{\mathbf{u}} \left\{ |\mathbf{g}| = \frac{U}{c} \right. \tag{6.103}$$

o que equivale à (6.100), em termos de densidades. Por conseguinte, a teoria de Maxwell confirma a (6.100).

Uma das manifestações do momento transportado por uma onda eletromagnética é a *pressão de radiação*. Quando a radiação eletromagnética é refletida ou absorvida por uma superfície, ela sofre uma variação de momento, exercendo, portanto, uma força sobre essa superfície, que corresponde à pressão da radiação.

É a pressão da radiação solar sobre as caudas dos cometas, formadas em grande parte por partículas de gelo, que as leva a apontar em direções que se afastam do Sol (isto já havia sido conjecturado em 1619, por Kepler). Recentemente, a Nasa fez testes com uma "vela espacial", que usa a pressão da radiação solar para propulsão de um veículo espacial.

6.11 A INÉRCIA DA ENERGIA

A inércia da energia foi descoberta por Einstein em 1905. No ano seguinte, ele mostrou que se poderia obter o resultado com o auxílio de um argumento heurístico, que vamos reproduzir agora. Como é típico em muitas contribuições de Einstein, baseia-se numa "experiência imaginada".

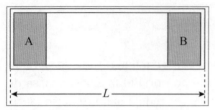

Figura 6.13 Cavidade cilíndrica.

Imaginemos que uma cavidade cilíndrica evacuada de comprimento L flutua no espaço (vácuo), tendo massa M. Nas extremidades da cavidade (Figura 6.13) estão colocados dois corpos A e B, cujas massas supomos desprezíveis em confronto com M.

Suponhamos agora que o corpo A transmita para B uma energia ΔE, sob a forma de radiação eletromagnética, e que essa energia seja totalmente absorvida por B. Admitimos que a duração dos processos de emissão e absorção (na região do visível, $\sim 10^{-9}$ s) é desprezível em confronto com o tempo $T = L/c$ que a radiação leva para atravessar o cilindro.

Pela (6.100), a radiação transporta um momento $\Delta P = \Delta E/c$. A lei de conservação do momento implica então que o centro de massa do cilindro adquire um momento $-\Delta P$ (recuo), no sentido $B \to A$. Logo, durante o intervalo de tempo T que a radiação leva para atravessar o cilindro, o CM (centro de massa) se desloca de

$$-\frac{\Delta P}{M}T = -\frac{\Delta E}{Mc}\cdot\frac{L}{c} = -\frac{L}{Mc^2}\Delta E \quad (\text{sentido } B \to A) \tag{6.103}$$

Suponhamos agora que, após ter absorvido a radiação, o corpo B se desloca, sob o efeito unicamente de forças *internas* ao sistema, com velocidade v, até atingir A. Seja m_1 a massa de B *após* a absorção da energia ΔE. Novamente pela conservação do momento total, o CM do cilindro adquire, durante o movimento de B, uma velocidade $V = m_1 v/M$ no sentido $A \to B$, e se desloca de

$$V\cdot\frac{L}{v} = \frac{m_1}{M}L \quad (\text{sentido } A \to B) \tag{6.104}$$

durante o tempo L/v que B leva até atingir A.

Após atingir A, B transfere de volta para A a energia ΔE que havia recebido, ficando com massa m_2, e volta para a outra extremidade do cilindro, produzindo, por analogia com a (6.104), um deslocamento do CM de

$$\frac{-m_2}{M}L \quad (\text{sentido } B \to A) \tag{6.105}$$

Na situação final, a distribuição de energia é idêntica à inicial. O deslocamento resultante do CM do cilindro é, pelas (6.103) – (6.105),

$$\Delta x = \frac{L}{M}\left(m_1 - m_2 - \frac{\Delta E}{c^2}\right) \quad (\text{sentido } A \to B) \tag{6.106}$$

Como no cilindro só agiram forças internas, e a configuração final é idêntica à inicial, não pode ter havido um deslocamento do CM. Logo,

$$\Delta x = 0, \quad \text{e daí segue que} \quad \boxed{m_1 - m_2 = \frac{\Delta E}{c^2}} \tag{6.107}$$

ou seja, esta é a *variação de massa do corpo B devida à transferência da energia* ΔE.

Mas a energia pode ser armazenada por B sob qualquer forma (térmica, potencial, química, ...). Logo, *qualquer forma de energia tem inércia, e a massa inercial m associada à energia E é dada pela célebre relação de Einstein*

$$\boxed{E = mc^2} \tag{6.108}$$

que é um dos resultados mais importantes da teoria da relatividade restrita.

Em virtude do valor extremamente elevado do "fator de conversão" c^2, a variação de massa associada à variação de energia em processos macroscópicos usuais é demasiado pequena para ser detectada. Por exemplo, quando 1 mol de O_2 se combina com 2 mol de H_2 para formar 2 mol de água, a variação de massa associada ao calor de reação é ~10^{-10} da massa total, várias ordens de grandeza menor do que o limite da precisão na medida da massa.

Entretanto, o próprio Einstein chamou a atenção, já em 1905, para a possibilidade de verificação experimental em *processos radioativos*, em que a energia liberada é muito maior. Com efeito, a relação de Einstein desempenha um papel extremamente importante em física nuclear, onde ela foi verificada com grande precisão.

Caso exista um processo pelo qual massa de uma partícula possa ser convertida em energia, a (6.108) também define a "taxa de conversão". Depois da descoberta do pósitron por Anderson (1932), foi verificado por Blackett e Occhialini que um raio γ, passando próximo de um núcleo (cuja presença é necessária para que haja conservação do momento), pode criar um *par elétron-pósitron*. Para isso, é necessário que a energia do γ seja superior ao dobro da energia associada à massa de repouso do elétron, ou seja, > 1,02 MeV. Recentemente, observou-se também a criação *direta* de um par por colisão entre dois fótons. Reciprocamente, um par elétron-pósitron pode aniquilar-se em dois raios γ, convertendo toda a massa em energia de radiação.

Na física pré-relativística, o princípio de conservação da energia e o princípio de conservação da massa eram considerados como independentes. A relação de Einstein unificou esses dois princípios. Entretanto, na maioria dos processos, a massa (determinada por pesagem, por exemplo) e a energia (medida pelo trabalho realizado) se conservam separadamente. A razão é que apenas uma pequena parte da energia total tem um papel ativo no processo: o restante, incluindo a massa de repouso, não toma parte no processo, permanecendo passivo.

Essa subdivisão da energia em ativa e passiva depende do processo. Nas reações químicas, só a energia de ligação dos elétrons das camadas externas dos átomos é ativa. Numa reação nuclear, a energia associada com as forças nucleares é ativa, mas aquela associada às massas de repouso das partículas constituintes do núcleo permanece passiva. A explicação do caráter passivo de uma parte da energia só pode ser dada analisando a *dinâmica* de cada processo; trata-se de um típico *efeito quântico*.

6.12 O ESPAÇO-TEMPO DE MINKOWSKI

Vimos na Seção 6.7 que o *intervalo* entre dois eventos é invariante por transformação de Lorentz, tendo um sentido absoluto: é o mesmo em qualquer referencial inercial. Se, num dado referencial, os dois eventos se caracterizam por coordenadas $(\mathbf{x}_1, t_1)$ e $(\mathbf{x}_2, t_2)$, o quadrado do intervalo entre eles é dado pelas (6.48) e (6.50),

$$(\Delta s)^2 \equiv (\Delta \mathbf{x})^2 - (c\Delta t)^2 \equiv -c^2 (\Delta \tau)^2 \qquad (6.109)$$

onde

$$\Delta \mathbf{x} \equiv \mathbf{x}_2 - \mathbf{x}_1, \quad \Delta t \equiv (t_2 - t_1)$$

O matemático Hermann Minkowski (que havia sido professor de Einstein em Zürich) observou que, introduzindo formalmente uma coordenada imaginária x_4 em lugar da coordenada temporal, com $\mathbf{x} = (x_1, x_2, x_3)$, $x_0 = ct$, $x_4 = ix_0$, obtém-se

$$\text{TL especial} \begin{cases} x_1' = \gamma(x_1 - \beta x_0) \\ x_0' = \gamma(x_0 - \beta x_1) \end{cases} x_2' = x_2, \; x_3' = x_3 \qquad (6.110)$$

$$x_4 \equiv ict \equiv i x_0$$

e a (6.109) se escreve

$$(\Delta s)^2 = (\Delta x_1)^2 + (\Delta x_2)^2 + (\Delta x_3)^2 + (\Delta x_4)^2 \qquad (6.111)$$

que é idêntica à expressão do quadrado da distância entre dois pontos num *espaço-tempo* quadridimensional, onde as coordenadas de um evento seriam (x_1, x_2, x_3, x_4), conforme a geometria euclidiana.

Como a contribuição do termo temporal na (6.111) é porém *negativa*, $-(\Delta x_0)^2$, diz-se que o espaço-tempo tem *métrica pseudo-euclideana*. Em particular, se $\Delta x_2 = \Delta x_3 = 0$, resulta

$$(\Delta s)^2 = (\Delta x_1)^2 + (\Delta x_4)^2 \qquad (6.112)$$

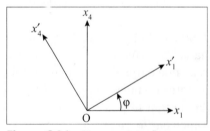

Figura 6.14   *TL como rotação.*

Essa expressão é invariante para uma rotação de coordenadas (Figura 6.14) no plano (x_1, x_4):

$$\begin{cases} x_1' = x_1 \cos \varphi + x_4 \sin \varphi \\ x_4' = -x_1 \sin \varphi + x_4 \cos \varphi \end{cases} \qquad (6.113)$$

Como x_1' deve permanecer real e x_4' imaginário puro, é preciso que cos φ seja real e sen φ imaginário. Pelas (5.91) e (5.95), basta tomar

$$\varphi = i\psi \begin{cases} \cos \varphi = \operatorname{ch} \psi \\ \operatorname{sen} \varphi = i \operatorname{sh} \psi \end{cases} \qquad (6.114)$$

o que dá

$$\begin{cases} x_1' = x_1 \operatorname{ch} \psi - x_0 \operatorname{sh} \psi \\ x_0' = x_1 \operatorname{ch} \psi + x_0 \operatorname{sh} \psi \end{cases} \tag{6.115}$$

Se identificarmos a origem O' ($x_1' = 0$) com $x_1 = Vt = \dfrac{V}{c} x_0 = \beta x_0$, isto dá

$$\operatorname{th} \psi = \beta \left\{ \operatorname{ch} \psi = \dfrac{1}{\sqrt{1 - \operatorname{th}^2 \psi}} = \dfrac{1}{\sqrt{1 - \beta^2}} = \gamma, \operatorname{sh} \psi = \gamma \beta \right. \tag{6.116}$$

e as (6.115) se reduzem às equações (6.30) da *TL especial*. Logo, *a TL especial pode ser interpretada geometricamente como uma rotação por um ângulo imaginário no plano* (x_1, x_4) *do espaço-tempo*.

Minkowski escreveu: "Daqui por diante, o espaço, como entidade separada, e o tempo, como entidade separada, estão fadados a se dissiparem em meras sombras, e somente uma espécie de união dos dois preservará uma realidade independente". Entretanto, é importante notar que a coordenada temporal preserva um caráter diferente das coordenadas espaciais, o que se manifesta pelo sinal (−) no quarto termo − $(\Delta x_0)^2$ da (6.111) ou, equivalentemente, pela unidade imaginária na (6.110).

A principal vantagem da interpretação geométrica de Minkowski é metodológica: ela permite escrever expressões de leis físicas de forma a garantir automaticamente que elas sejam preservadas pela transformação de Lorentz, ou seja, satisfaçam automaticamente o princípio de relatividade.

Basta para isso introduzir um formalismo de *vetores no espaço-tempo*. Como efeito, sabemos que, no espaço tridimensional, uma lei física expressa em termos de vetores (como **F** = d**p**/dt) é automaticamente satisfeita num sistema de coordenadas obtido por uma rotação de eixos, porque os dois membros se transformam da mesma maneira (são *covariantes*). Podemos definir um vetor dizendo que *a lei de transformação das suas componentes numa rotação de eixos é a mesma que a das coordenadas* (x_1, x_2, x_3).

Essa definição se estende à de um *quadrivetor* no espaço-tempo de Minkowski: suas quatro componentes se transformam numa rotação de eixos (em particular, numa *TL*) da mesma forma que as coordenadas (x_1, x_2, x_3, x_4). A 4ª componente do quadrivetor é também imaginária pura.

Exemplo

$$x_\beta \equiv (x_1, x_2, x_3, x_4) \quad \text{é um 4-vetor} \quad (\beta = 1, 2, 3, 4)$$

$$dx_\beta \equiv (dx_1, dx_2, dx_3, dx_4) \quad \text{é um 4-vetor}$$

$$(cd\tau)^2 = ds^2 = (cdt)^2 - (d\mathbf{x})^2 = (cdt)^2 \left[1 - \overbrace{\left(\dfrac{dx}{cdt}\right)^2}^{\mathbf{v}^2/c^2} \right]$$

é um invariante. O mesmo vale para

$$d\tau = dt\sqrt{1 - \frac{\mathbf{v}^2}{c^2}} \qquad (6.117)$$

que é o *intervalo infinitesimal de tempo próprio* no movimento de uma partícula.

Logo,

$$m_0 \frac{dx_\alpha}{d\tau} \equiv p_\alpha \qquad (6.118)$$

onde m_0 é um invariante, é também um 4-vetor.

A *parte espacial* de p_α é

$$m_0 \frac{d\mathbf{x}}{d\tau} = \frac{m_0 \mathbf{v}}{\sqrt{1 - \frac{v^2}{c^2}}} = \mathbf{p} \qquad (6.119)$$

que é o *momento relativístico* (6.88).

A *parte temporal* de p_α é

$$p_4 = m_0 \frac{dx_4}{d\tau} = \frac{im_0 c}{\sqrt{1 - \frac{v^2}{c^2}}} = i\frac{E}{c} \qquad (6.120)$$

onde E é a *energia relativística* (6.93).

O quadrivetor $p_\alpha = (\mathbf{p}, iE/c)$ chama-se *quadrimomento* da partícula, e as leis de conservação do momento e da energia se unificam na *conservação do quadrimomento*. Da mesma forma que

$$\sum_{\alpha=1}^{4}(x_\alpha)^2 = x_1^2 + x_2^2 + x_3^2 + x_4^2$$

é um invariante, a *norma* do 4-vetor x_α, a norma do 4-momento

$$\sum_{\alpha=1}^{4}(p_\alpha)^2 = p^2 - \frac{E^2}{c^2} \qquad (6.121)$$

também deve ser um invariante. Com efeito, pela (6.98), esse invariante é $(-m_0^2 c^2)$, onde m_0 é a massa de repouso da partícula.

As equações de Maxwell podem ser escritas em forma *explicitamente covariante*, demonstrando que satisfazem o princípio de relatividade. Para isso, introduz-se um *quadritensor de 2ª ordem*, $F_{\alpha\beta}$, que se chama o *tensor campo eletromagnético*, pois suas componentes contêm tanto **E** como **B**. Numa *TL*, essas componentes se misturam, mostrando que a separação em **E** e **B** não tem sentido absoluto: depende do referencial; o que tem sentido é o *campo eletromagnético*. Dessa forma resolve-se a aparente assimetria na lei de Faraday comentada por Einstein na introdução de seu trabalho de 1905 (**FB3**, Seção 9.1).

6.13 NOÇÕES SOBRE RELATIVIDADE GERAL

Vimos na Seção 6.7 que nenhum sinal pode propagar-se com velocidade $> c$. A interação eletromagnética, descrita pelas equações de Mawell, satisfaz esta condição. Entretanto, ela *não* é satisfeita pela descrição newtoniana de outra interação fundamental existente na natureza: a gravitação.

Com efeito, pela lei de Newton da gravitação, ela é descrita como uma *interação instantânea a distância*: se mudarmos a posição de uma massa, mudam instantaneamente as forças gravitacionais entre ela e quaisquer outras massas, por mais distantes que estejam.

Einstein propôs-se, já em 1907, a reformular a teoria da gravitação de forma a torná-la compatível com as limitações impostas pela relatividade restrita. Conforme ele descreveu posteriormente,

> "Ocorreu-me então a ideia mais feliz da minha vida, da seguinte forma. O campo gravitacional só tem uma existência relativa, analogamente ao campo elétrico produzido pela indução eletromagnética. *Assim, para um observador em queda livre do telhado de uma casa, não existe* – pelo menos na sua vizinhança imediata – *nenhum campo gravitacional.* De fato, se o observador soltar alguns corpos, eles permanecerão em repouso ou em movimento uniforme [...] (desprezando a resistência do ar). O observador tem, portanto, o direito de interpretar o seu estado como sendo 'em repouso'.
>
> Em vista disso, o resultado experimental extremamente peculiar de que, no campo gravitacional, todos os corpos caem com a mesma aceleração, adquiriu imediatamente um significado físico profundo."

A peculiaridade a que Einstein se refere já havia despertado a atenção de Newton, mas jamais havia sido explicada: é a *igualdade da massa inercial e da massa gravitacional*, verificada experimentalmente por Newton com precisão de uma parte em 10^3, e atualmente com precisão melhor que uma parte em 10^{12} (**FB1**, Seção 13.7). O experimento de queda livre imaginado por Einstein tornou-se realidade corriqueira para astronautas em órbita, conforme foi possível visualizar em inúmeros vídeos.

(a) O Princípio de Equivalência

É decorrência da igualdade entre massa inercial m_i e massa gravitacional m_g que o campo gravitacional, numa pequena região, próxima à superfície da Terra, produz a mesma aceleração ($-\mathbf{g}$) de queda livre em qualquer corpo material ("experimento" da Torre de Pisa de Galileu). Com efeito, a 2ª lei de Newton dá

$$m_i \ddot{\mathbf{x}} = -m_g \mathbf{g} \quad \text{(eixo vertical para cima)} \tag{6.122}$$

onde, no 1º membro, temos a massa inercial, e no 2º a massa gravitacional (resposta de um corpo de prova ao campo gravitacional). Como $m_i = m_g$, resulta que

$$\ddot{\mathbf{x}} = -\mathbf{g}$$

Logo, a força gravitacional tem a notável propriedade de ser *proporcional à massa inercial* de uma partícula (corpo de prova) sobre a qual atua. Vimos no curso de Mecânica (**FB1**, Cap. 13) que essa propriedade é sempre válida para *forças de inércia*, características de referenciais não inerciais. Isso sugere que possa existir uma relação entre gravidade e forças de inércia, e que convenha examinar *referenciais não inerciais*. Na relatividade especial, o contínuo espaço-tempo tem caráter absoluto (atua sobre a matéria, mas a matéria não atua sobre ele). Por outro lado, referenciais inerciais concretos são definidos relativamente à distribuição de matéria no Universo (Princípio de Mach).

Num referencial inercial (S) próximo à superfície da Terra, e numa região suficientemente pequena para que o campo gravitacional possa ser tratado como uniforme, a 2ª lei de Newton se escreve, para uma partícula de massa m,

$$m\ddot{\mathbf{x}} = -m\mathbf{g} + \mathbf{F}_1 \qquad (6.123)$$

onde $\mathbf{F}_1$ representa forças não gravitacionais que atuem sobre a partícula.

Se considerarmos agora um referencial (S') que se desloca em relação a (S) com *movimento retilíneo uniformemente acelerado* de aceleração $\mathbf{A}$, vimos (**FB1**, Seção 13.2) que a aceleração da partícula em relação a (S') é, como consequência da lei de Galileu de composição de velocidades,

$$\ddot{\mathbf{x}}' = \ddot{\mathbf{x}} - \mathbf{A} \qquad (6.124)$$

de modo que a (6.123) fica

$$m(\ddot{\mathbf{x}}' + \mathbf{A}) = -m\mathbf{g} + \mathbf{F}_1 \qquad (6.125)$$

e, em particular, se $\mathbf{A} = -\mathbf{g}$

$$m\ddot{\mathbf{x}}' = \mathbf{F}_1 \qquad (6.126)$$

ou seja, num *referencial em queda livre no campo gravitacional* ($\mathbf{A} = -\mathbf{g}$, "elevador de Einstein"), *desaparecem os efeitos do campo gravitacional sobre a partícula*. É o efeito da "ausência de peso" dos astronautas em órbita. A (6.126) mostra que (S') se comporta como se fosse um referencial inercial na ausência de campo gravitacional.

Por conseguinte as leis da mecânica, na presença de um campo gravitacional $-\mathbf{g}$ *uniforme*, são as mesmas que resultariam, na ausência do campo, num referencial uniformemente acelerado, com aceleração $-\mathbf{g}$: não é possível distinguir entre as duas situações por experimentos de mecânica, o que generaliza o princípio de relatividade de Galileu.

Em 1908, Einstein estendeu essa conclusão a todas as leis físicas, formulando o *Princípio de Equivalência: num recinto suficientemente pequeno para que o campo gravitacional dentro dele possa ser tomado como uniforme, em queda livre dentro desse campo*, **todas** *as leis físicas são as mesmas que num referencial inercial, na ausência do campo gravitacional.*

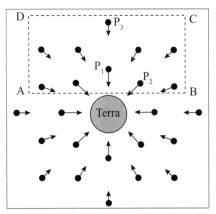

Figura 6.15 Campo gravitacional da Terra.

Por que a restrição a um "recinto suficientemente pequeno"? Porque, para o campo gravitacional da Terra, por exemplo, se tomarmos um recinto de dimensões comparáveis às da Terra (ABCD, na Figura 6.15), o campo gravitacional não será mais uniforme nessa escala, e é perfeitamente possível detectá-lo. As trajetórias de dois pontos materiais bem separados, como P_1 e P_2 na Figura 6.15, tenderão a *aproximar-se uma da outra*.
Analogamente, para dois pontos a distâncias bastante diferentes do centro da Terra, como P_1 e P_3, as acelerações serão sensivelmente diferentes. Logo, *usando como "corpo de prova" um* **par** *de partículas suficientemente afastadas entre si, é* possível neste caso detectar a existência do campo gravitacional, e não é possível eliminá-lo por uma mudança para um referencial uniformemente acelerado.

Por requerer como corpo de prova um par de partículas bastante separadas, as forças gravitacionais são chamadas "forças de maré", por analogia com a explicação das marés (**FB1**, seção 10.7) em termos da atração desigual da Lua sobre as superfícies da Terra e dos oceanos, em virtude da distância que as separa.

Vemos assim que o Princípio de Equivalência tem de ser aplicado *localmente*, em pequenos recintos, que podemos chamar de *referenciais localmente inerciais*. Tomando essa precaução, porém, o Princípio de Equivalência nos permite inferir a existência de alguns dos efeitos novos característicos da relatividade geral. Assim, já vimos [**FB1**, Seção 13.7(b)] que ele permite prever a existência de uma *deflexão gravitacional da luz*. O resultado previsto por Einstein para a deflexão pelo campo gravitacional do Sol foi confirmado pelas observações de estrelas realizadas em Sobral (Ceará) e na ilha de Príncipe (Guiné) durante o eclipse solar de 1919, que tiveram grande repercussão. Pela primeira vez, a teoria de Newton da gravitação tinha seus alicerces abalados.

(b) O desvio para o vermelho

Consideremos um pequeno recinto em queda livre, no campo gravitacional próximo à superfície da Terra, com aceleração $-\mathbf{g}$. No instante $t_0 = 0$ em que se inicia a queda, a partir do repouso, é emitido um raio de luz monocromática, de frequência ν_0, por uma fonte F no chão do recinto, verticalmente em direção ao teto, que se encontra a uma altura h do chão (Figura 6.16), e que é suposto transparente.

Pelo Princípio de Equivalência, a luz chega ao teto no instante $t = h/c$, e sua frequência, medida no referencial (S') do recinto em queda livre, continua sendo ν_0. Para um observador externo, no referencial (S) em que atua o campo gravitacional $\mathbf{g}$, qual é a

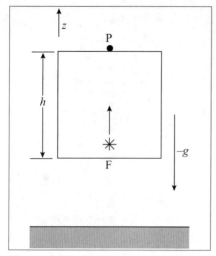

Figura 6.16 Recinto em queda livre.

frequência da luz detectada, no instante em que ela chega ao ponto P, na altura do teto (Figura 6.16)?

Nesse instante, a fonte de luz está-se *afastando* do observador em (S) com velocidade $V = gt$. Logo, a frequência da luz medida em (S) terá sofrido um efeito Doppler, dado pela (6.70) com $\theta = 0$:

$$\nu = \nu_0(1-\beta) = \nu_0\left(1-\frac{gt}{c}\right) \qquad (6.127)$$

ou, como $t = h/c$,

$$\nu = \nu_0\left(1-\frac{gh}{c^2}\right) \qquad (6.128)$$

onde, pelas condições impostas, é $\beta \ll 1$, de modo que tomamos $\gamma = (1-\beta^{2)-1/2} \equiv 1$. Como $\Delta\nu \equiv \nu - \nu_0 < 0$, vemos que este é um *desvio para o vermelho*. O "desvio percentual" $\Delta\nu/\nu_0$ é dado pela *diferença de potencial gravitacional gh* entre o teto e o chão, dividida pelo quadrado da velocidade da luz.

Se, em lugar de estar "subindo" no campo gravitacional, a luz estivesse "descendo" do teto para o chão, a fonte estaria se *aproximando* de um observador em (S) ao nível do chão, e o desvio seria para o azul; correspondentemente, a diferença de energia potencial gravitacional (gh) seria negativa.

O desvio gravitacional foi medido em 1960 por R. V. Pound e G. A. Rebka com raios γ de 14,4 keV, caindo de uma altura de 22,6 m num tubo onde se havia feito vácuo, o que dá $-gh/c^2 \approx -2{,}46 \times 10^{-15}$; a experiência deu $(-2{,}57 \pm 0.26) \times 10^{-15}$ (precisão de 10%), e foi refinada depois por Pound e Snyder (1964, 65), verificando o resultado com precisão de 1%. O elevado grau de precisão foi possível empregando uma técnica de ressonância (efeito Mössbauer).

Entretanto, uma verificação ainda mais precisa foi feita em 1976 por R. Vessot e M. Levine, que compararam a frequência de um relógio atômico (maser de hidrogênio) colocado num foguete, que subiu a uma altitude de 10.000 km, com um relógio idêntico no solo. O efeito foi verificado com precisão de 7×10^{-5}.

Como o potencial gravitacional (energia potencial por unidade de massa) é, para o campo $-\mathbf{g}$,

$$\varphi(z) = gz \qquad (6.129)$$

(campo $-\mathbf{g} = -\nabla\varphi$), a (6.128) se escreve

$$\nu_P = \nu_F\left[1-\frac{(\varphi_P - \varphi_F)}{c^2}\right] \qquad (6.130)$$

onde os pontos F e P estão indicados na Figura 6.16.

Apliquemos esses resultados ao potencial gravitacional newtoniano de um corpo de massa M, dado por (**FB1**, Seção 10.9)

$$\varphi(r) = -\frac{GM}{r}$$ (6.131)

onde G é a constante gravitacional e tomamos o nível 0 de energia potencial no infinito ($\varphi_\infty = 0$). Notando que a unidade de tempo é definida em termos do período $\Delta t = 1/\nu$ da luz emitida por um átomo, a (6.130) mostra então que a relação entre intervalos de tempo medidos por um relógio à distância r do corpo e um relógio idêntico no infinito será

$$\Delta t(r) = \Delta t_\infty \left(1 - \frac{GM}{rc^2}\right) = \Delta t_\infty \left[1 + \frac{\varphi(\mathbf{x})}{c^2}\right]$$ (6.132)

ou seja, *o campo gravitacional afeta a marcha de um relógio*: o relógio, no campo gravitacional, "anda mais devagar", de modo que luz emitida na sua vizinhança chega avermelhada ao "infinito", onde não há campo gravitacional.

O "paradoxo das gêmeas"

Ana e Bia, também conhecidas como "A" e "B", são gêmeas. Enquanto A permanece na Terra, B viaja num foguete para uma estrela situada a 15 anos-luz da Terra, à velocidade V, com $V/c = \beta = 3/5$; o fator de dilatação temporal é $\gamma = (1 - \beta^2)^{-1/2} = 5/4$. Chegando à estrela, B volta para a Terra à mesma velocidade ($\beta = -3/5$). Para A, a viagem de B durou $2 \times \frac{15}{(3/5)} = 50$ anos, ao passo que, para B, durou apenas $\frac{4}{5} \times 50 = 40$ anos.

Por outro lado, para Bia, é Ana que se deslocou em relação a ela, com $\beta = \pm 3/5$, e B pode afirmar que a dilatação temporal ocorreu para A, de modo que, segundo B, devem ter decorrido apenas $4/5 \times 40 = 32$ anos para A.

Quem tem razão? Ana é 10 anos mais velha ou 8 anos mais moça do que Bia, quando esta retorna?

Admitindo que o referencial de Ana (a Terra) seja inercial, é Ana quem tem razão. O referencial de Bia (o foguete) *não* é inercial, porque tem de *ir e voltar*: o foguete precisa *desacelerar* chegando à estrela e *acelerar* de novo para voltar à Terra; essas acelerações são muito grandes, porque têm de ter como efeito a passagem de $\beta = \frac{3}{5}$ para $\beta = -\frac{3}{5}$. No referencial *acelerado* do foguete, como num campo gravitacional, o tempo passa mais devagar, e é por isso que Bia está mais moça do que Ana, ao voltar.

Uma comprovação experimental desse efeito foi obtida em 1971 por J. C. Hefele e R. E. Keating. Eles viajaram em torno da Terra em aviões a jato comerciais, tanto dirigindo-se para leste como para oeste, transportando a bordo relógios atômicos de césio, cujas leituras após a volta ao mundo foram comparadas com as de relógios idênticos que haviam permanecido no Observatório Naval, em Washington. As diferenças entre viagens para leste e para oeste resultam da rotação da Terra, que introduz outras forças inerciais (centrífuga, Coriolis). A tabela a seguir compara as previsões teóricas da relatividade geral com as diferenças de tempo Δt (em nanossegundos) observadas.

Sentido da circunavegação	$\Delta t \equiv t_B - t_A$ (em 10^{-9} s)	
	Experimental	Teórico
Para oeste	273 ± 7	275 ± 21
Para leste	− 59 ± 10	− 40 ± 23

Não é um método muito prático de retardar o envelhecimento!

Efeitos relativísticos sobre a marcha de relógios têm de ser levados em conta no funcionamento do sistema GPS (geo-posicionamento por satélite), empregado por grande número de usuários para determinar de forma extremamente precisa sua posição, a cada instante. O aparelho capta sinais de satélites que circundam a Terra duas vezes por dia, a 20.200 km de altitude, transportando relógios atômicos, e utiliza esses sinais para determinar suas próprias coordenadas. Além da dilatação temporal da relatividade restrita, é essencial efetuar a correção (6.132) da relatividade geral, associada à diferença de potencial gravitacional entre a altitude dos satélites e a superfície da Terra.

(c) A curvatura do espaço-tempo

Pelo que vimos na (6.132), um intervalo de tempo infinitésimo dt num ponto **x**, na presença de um campo gravitacional com potencial $\varphi(\mathbf{x})$, está relacionado com o intervalo de tempo dt_∞ correspondente no referencial localmente inercial em queda livre em **x**, no qual o campo gravitacional está ausente, por

$$\boxed{dt(\mathbf{x}) = dt_\infty \left[1 + \frac{\varphi(\mathbf{x})}{c^2} \right]} \qquad (6.133)$$

A energia potencial de uma massa m no campo, dada por $m\varphi(\mathbf{x})$, é geralmente (excluindo campos gravitacionais muito intensos) uma fração muito pequena da energia total mc^2, de forma que

$$\frac{m|\varphi(\mathbf{x})|}{mc^2} = \frac{|\varphi(\mathbf{x})|}{c^2} \ll 1 \qquad (6.134)$$

o que dá

$$(dt)^2 \approx (dt_\infty)^2 \left[1 + 2\frac{\varphi(x)}{c^2} \right] \qquad (6.135)$$

No recinto *localmente inercial* em queda livre, o quadrado de um intervalo infinitésimo de espaço-tempo, que define a *métrica* do espaço-tempo, é dado pela (6.109):

$$\boxed{(ds)^2 = (dx)^2 + (dy)^2 + (dz)^2 - c^2 (dt)^2} \qquad (6.136)$$

que é a *métrica de Minkowski* da relatividade especial.

Entretanto, num referencial onde existe um campo gravitacional, temos de substituir $(dt)^2$ pela (6.135), o que resulta em

$$(ds)^2 = (dx)^2 + (dy)^2 + (dz)^2 - c^2(dt)^2 \left[1 + 2\frac{\varphi(\mathbf{x})}{c^2}\right] \quad (6.137)$$

ou seja, *a presença de um campo gravitacional modifica a métrica (geometria) do espaço-tempo*.

Em geral, essa modificação não se restringe à componente temporal. Para ver que afeta também a parte espacial, basta considerar um exemplo.

Consideremos um disco de raio r em rotação, com velocidade angular ω (Figura 6.17), em torno de um eixo $\perp$ ao plano da figura. Supomos $\omega r \ll c$, mas ainda assim suficientemente grande para que efeitos relativísticos não sejam desprezíveis. Imaginemos que se meça o raio do disco alinhando ao longo de $\overline{OP}$ "réguas" de uma unidade de comprimento em contato entre si; o resultado são r réguas. Se fizermos o mesmo ao longo da circunferência do disco, e o resultado são C réguas, sabemos que, com o disco em repouso num referencial inercial[**],

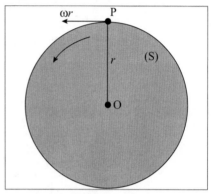

Figura 6.17 Plataforma girante.

$$\frac{C}{r} = 2\pi \quad (6.138)$$

Entretanto, quando o disco está em rotação com velocidade angular ω, o comprimento das réguas ao longo do raio, transportadas numa direção $\perp$ à velocidade, não muda (r não se altera), mas as que estão alinhadas ao longo da periferia (transportadas *na* direção da velocidade) sofrem contração de Lorentz. Logo, é preciso alinhar um número $C' > C$ de unidades para cobrir toda a periferia, o que implica

$$\frac{C'}{r'} > 2\pi \quad (6.139)$$

Logo, num disco em rotação, *deixa de valer a geometria euclidiana*. Por outro lado, de acordo com o Princípio de Equivalência, no referencial (S) do disco, tomado como referencial de repouso, existe um "campo gravitacional" (campo das forças centrífugas e de Coriolis). Logo, a presença de um campo gravitacional deve afetar a geometria (tanto espacial quanto temporal) do espaço-tempo.

A geometria (geometria "física") torna-se *não euclidiana*. Isso corresponde a ter *curvatura* no espaço-tempo. Para ilustrar o conceito de curvatura, é conveniente considerar um espaço bidimensional, ou seja, uma *superfície*.

[**] Podemos imaginar a régua suficientemente pequena para aproximar 2π tanto quanto quisermos.

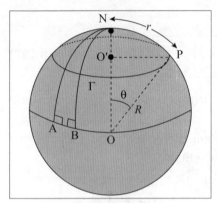

Figura 6.18 Curvatura da esfera.

Um plano não tem curvatura; o mesmo se aplica a um cilindro, que pode ser "desenrolado" sobre um plano: a curvatura é uma propriedade *intrínseca* da superfície, detectável em pequenas regiões, não afetada pelo "desenrolamento", desde que não haja dilatação ou dobra.

Já a superfície de uma esfera tem curvatura. Numa esfera de raio R, o "paralelo" Γ da Figura 6.18 é um círculo, por ser o lugar geométrico dos pontos "equidistantes" do polo norte N, onde a *distância* tem de ser medida ao longo de uma *geodésica*, que é o caminho mais curto (ou *estacionário* com respeito a pequenas variações) entre dois pontos sobre a superfície. Assim, o raio r do círculo Γ é (Figura 6.18)

$$r = R\theta \qquad (6.140)$$

ao passo que sua circunferência é

$$C = 2\pi \times \overline{O'P} = 2\pi\, R\, \text{sen}\,\theta \qquad (6.141)$$

Logo,

$$\frac{C}{r} = 2\pi \frac{\text{sen}\,\theta}{\theta} < 2\pi \qquad (6.142)$$

o que é característico de uma superfície de *curvatura positiva*. A soma dos ângulos internos de um triângulo esférico é também maior que 180° (Figura 6.18, triângulo NAB).

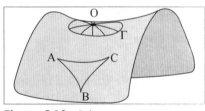

Figura 6.19 Sela.

Um exemplo de superfície com *curvatura negativa* é uma *sela* (Figura 6.19). Nesse caso, para um círculo Γ, tem-se $C/r > 2\pi$, e a soma dos ângulos internos de um triângulo, como ABC, é $< 180°$.

É importante novamente observar, como foi salientado por Gauss, que a curvatura de uma superfície é uma propriedade *intrínseca*, que pode ser determinada a partir de medidas *locais*, feitas *sobre* a superfície (sem sair dela).

Assim, por exemplo, as (6.140) e (6.142) dão, para $r \ll R$, ou seja, para círculos *pequenos* sobre a esfera,

$$\frac{C}{2\pi r} = \frac{\text{sen}\,\theta}{\theta} = 1 - \frac{\theta^2}{3!} + \ldots \cong 1 - \frac{1}{6}\left(\frac{r}{R}\right)^2$$

A curvatura K da esfera é definida por (definição válida para $K > 0$),

$$K \equiv \frac{1}{R^2} \qquad (6.143)$$

e o resultado mostra que

$$\frac{C}{2\pi r} - 1 \approx -\frac{r^2}{6} K \quad \left\{ \quad K = \frac{3}{\pi} \lim_{r \to 0} \left(\frac{2\pi r - C}{r^3} \right) \right. \qquad (6.144)$$

onde o 2º membro pode ser determinado sem sair da superfície.

Para um campo gravitacional, a curvatura pode ser positiva ou negativa, e em geral varia de ponto a ponto: é uma curvatura do *espaço-tempo quadridimensional*. Conforme foi mostrado por Gauss e Riemann, a curvatura pode ser obtida a partir da *métrica* $g_{\alpha\beta}$, onde

$$(ds)^2 = \sum_{\alpha=1}^{4} \sum_{\beta=1}^{4} g_{\alpha\beta}(x_1, x_2, x_3, x_4) dx_\alpha dx_\beta \qquad (6.145)$$

e estamos usando a notação quadridimensional da Seção 6.12. A definição da geometria por meio da métrica é característica da geometria riemanniana.

Os efeitos gravitacionais estão contidos na forma pela qual a métrica $g_{\alpha\beta}$ varia com (x_1, x_2, x_3, x_4), ou seja, na *geometria do espaço-tempo*, especialmente na sua *curvatura*. As *equações de Einstein da relatividade geral relacionam essa curvatura com a presença de matéria (equivalente a energia), que produz o campo gravitacional*.

Na ausência de curvatura, tem-se a métrica (6.136) de Minkowski. A lei da inércia, nesse caso, diz que uma partícula livre se move com movimento retilíneo uniforme. Sua *linha de universo* (trajetória quadridimensional) é, portanto, uma *reta*, (Figura 6.20) que é uma *geodésica* no espaço--tempo de Minkowski, satisfazendo a

$$\delta \int_1^2 ds = 0 \qquad (6.146)$$

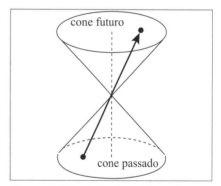

Figura 6.20 Linha de universo de uma partícula livre, situada dentro do cone de luz.

ou seja, o "caminho" (*intervalo*) entre os pontos 1 e 2 da linha de universo de uma partícula livre é *estacionário* (compare com o Princípio de Fermat).

A *lei de movimento básica* na relatividade geral é uma extensão ao espaço-tempo curvo: postula-se que *a linha de universo de uma partícula no espaço-tempo é uma geodésica*.

Uma analogia com essa descrição, para o movimento sobre uma superfície curva (espaço bidimensional) seria imaginar esse espaço como, por exemplo, a superfície de um sofá. Se colocarmos uma bolinha de chumbo sobre o sofá, ela produzirá uma depressão, imprimindo uma *curvatura* à superfície, que seria o análogo do "campo gravitacional"

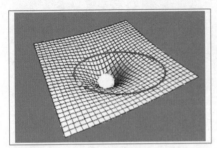

Figura 6.21 O Sol deforma a métrica do espaço-tempo e um planeta segue uma geodésica.

da bolinha. Se agora colocarmos outra partícula (bolinha) sobre essa superfície deformada, ela se moverá sobre uma trajetória que é "guiada" pela curvatura, representando o análogo da geodésica no espaço-tempo. A Figura 6.21 ilustra essa ideia para a órbita de um planeta em torno do Sol.

As equações de Einstein da relatividade geral associam a gravitação à curvatura do espaço-tempo, que relacionam à presença de matéria. Na expressão do físico John Wheeler, "a matéria diz ao espaço-tempo como se encurvar, e o espaço-tempo diz à matéria como se mover". É importante observar que, no caso gravitacional, a curvatura afeta tanto o espaço como o tempo, conforme veremos agora.

(d) A solução de Schwarzschild

O problema mais simples seria o do *campo gravitacional central* de uma partícula de massa M em repouso (no movimento planetário, seria o Sol). É natural, nesse caso, tomar origem na partícula e adotar coordenadas esféricas (r, θ, ϕ). A grande distância da partícula $(r \to \infty)$, esperamos que o campo gravitacional tenda a zero e que a métrica do espaço-tempo seja, portanto, a de Minkowski,

$$(ds)_\infty^2 = (dr)_\infty^2 + (rd\theta)_\infty^2 + (r \operatorname{sen} \theta\, d\phi)_\infty^2 - (cdt)_\infty^2 \qquad (6.147)$$

A presença de M deve alterar a métrica a distância finita, introduzindo curvatura no espaço-tempo. Como o problema *é estático*, os coeficientes da métrica devem ser independentes do tempo, e, pela simetria esférica, não devem depender de θ e ϕ. Pela mesma razão, a métrica nessas variáveis angulares não deve ser alterada. Assim, esperamos que a métrica seja da forma

$$(ds)^2 = a(r)(dr)^2 + (rd\theta)^2 + (r \operatorname{sen} \theta\, d\phi)^2 - b(r)(cdt)^2 \qquad (6.148)$$

onde $a(r)$ e $b(r)$ são funções a determinar, resolvendo as equações de Einstein para o campo gravitacional da teoria da relatividade geral.

Um argumento de plausibilidade para $b(r)$ resulta da (6.135). O caráter estático da métrica implica que a sincronização dos relógios em posições diferentes (por meio de sinais luminosos) não deve variar com o tempo. Entretanto, pelas (6.132) e (6.135), a presença do campo gravitacional afeta a marcha dos relógios diferentemente conforme a posição. Para manter a sincronia e o caráter estático do espaço-tempo, é preciso, portanto, *corrigir* o coeficiente de $(cdt)^2$ por um fator que compense a (6.135), o que daria

$$b(r) = 1 - 2\frac{GM}{c^2 r} \qquad (6.149)$$

Em 1916, Schwarzschild obteve uma solução *exata* das equações de Einstein da relatividade geral, que tem essa forma. O resultado para $a(r)$ é o inverso de $b(r)$, como na relação entre dilatação de Lorentz temporal e contração de Lorentz espacial, o que dá a *solução de Schwarzschild*,

$$(ds)^2 = \frac{(dr)^2}{\left(1-\dfrac{r_S}{r}\right)} + r^2\left[(d\theta)^2 + (\operatorname{sen}\theta\, d\phi)^2\right] - \left(1-\frac{r_S}{r}\right)(cdt)^2 \qquad (6.150)$$

onde

$$r_S \equiv \frac{2GM}{c^2} \qquad (6.151)$$

chama-se o *raio de Schwarzschild* associado à massa M. Para $r \to \infty$, a (6.150) tende à (6.147).

Se interpretarmos M como a massa do Sol, a linha de universo de um planeta seria uma geodésica no espaço-tempo com a métrica de Schwarzschild (Figura 6.22).

O cálculo mostra que a órbita não é mais a elipse newtoniana. Ela não é fechada: é em geral uma *rosácea* (Figura 6.23), correspondendo a uma *precessão do periélio*.

A mecânica newtoniana prediz a existência de uma precessão, quando levamos em conta a presença dos demais planetas, como uma *perturbação* do problema de dois corpos. Entretanto, havia uma pequena discrepância entre a precessão calculada pela mecânica newtoniana e a precessão observada.

O valor dessa discrepância, para o planeta Mercúrio, é de 43,11″ ± 0,45″ (segundos de arco) por século. A relatividade geral, calculando as órbitas como geodésicas na métrica de Schwarzschild, prediz para este desvio o valor de 43,03″ por século, em excelente acordo com a experiência.

Também se pode empregar a métrica de Schwarzschild para obter a trajetória de um raio luminoso no campo gravitacional da massa M. Isso leva ao valor numérico da *deflexão gravitacional* da luz. Para luz que passa próxima do Sol, encontra-se uma deflexão $\Delta\varphi = 1{,}75''$.

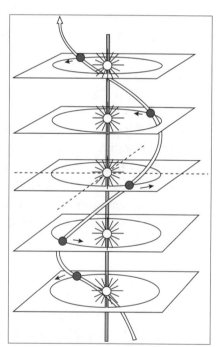

Figura 6.22 Linha de universo de um planeta em torno do Sol.

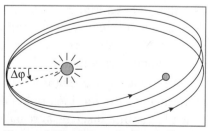

Figura 6.23 Precessão do periélio.

Para medir essa deflexão, é preciso comparar a posição aparente de uma estrela no céu noturno com sua posição quando vista no céu, próxima do Sol, o que só pode ser feito durante um eclipse solar, quando a visibilidade não é ofuscada pela luz solar. O valor médio observado é de 1,89", mas os erros de observação são grandes.

Por outro lado, o quasar 3C279, fonte intensa de ondas de rádio, é ocultado pelo Sol uma vez por ano, permitindo que se meça a deflexão gravitacional com precisão bem maior. O resultado é 1,73" ± 0,05", em excelente acordo com a predição da relatividade geral.

(e) Buracos negros

O coeficiente de $(dr)^2$ na métrica de Schwarzschild (6.151) tem uma singularidade ($\to \infty$) para $r = r_S$ (raio de Schwarzschild). Para $M \cong 2 \times 10^{30}$ kg (massa do Sol), com $G = 6{,}67 \times 10^{-11}$ N·m^2/(kg)^2 e $c = 3 \times 10^8$ m/s, acha-se $r_S \approx 3$ km. Muito antes de atingir essa distância, porém, o campo gravitacional do Sol já não seria assimilável ao de uma "massa puntiforme".

Em 1939, J. R. Oppenheimer e H. Snyder estudaram o que acontece na evolução de uma estrela quando ela atinge a etapa final, em que todo o combustível nuclear, que alimenta a reação termonuclear, fornecedora da energia estelar, já foi exaurido. Não há mais como produzir o calor e a pressão necessários para contrabalançar a atração gravitacional.

Para um tal objeto compacto, de massa maior que da ordem de duas a três vezes a massa do Sol, resulta então que ele entra em *colapso gravitacional*: seu raio vai diminuindo até atingir r_S, e tornar-se menor que r_S. O que acontece para $r < r_S$?

É fácil verificar que *nenhuma partícula pode permanecer em repouso para $r < r_S$*. Com efeito, a linha de universo de uma partícula só pode ser formada de intervalos *do gênero tempo* situados dentro do seu cone de luz em cada ponto (Seção 6.7). Caso pudesse existir uma partícula em repouso, seria $dr = d\theta = d\phi = 0$ ao longo de sua linha de universo, o que daria, pela (6.150),

$$(ds)^2 = -\left(1 - \frac{r_S}{r}\right)(cdt)^2 > 0 \quad \text{para } r < r_S$$

intervalo do gênero espaço, o que é impossível.

Logo, qualquer partícula com $r < r_S$ continua colapsando para o centro: forma-se um *buraco negro*, assim chamado porque a própria luz é capturada pela atração gravitacional intensa, não podendo emergir da região interna, o que justifica o nome de buraco negro. O que acontece com o cone de luz ao penetrar dentro de um buraco negro está ilustrado na Figura 6.24: todas as linhas de universo de partículas apontam para dentro dele, permanecendo confinadas. A fronteira $r = r_S$ representa o *horizonte de eventos*. Na região externa $r > r_S$, porém, o campo gravitacional do buraco negro continua atuando normalmente.

A forte atração gravitacional exercida pelo buraco negro torna-o um sorvedouro de matéria ao seu redor, incluindo poeira, radiação e, mesmo, estrelas vizinhas, podendo rodeá-lo por um "disco de agregação". Esse processo libera grande quantidade de radiação de energia elevada, em particular na região de raios X.

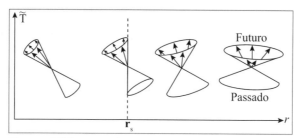

Figura 6.24 Cone de luz na vizinhança do raio de Schwarzschild.

Um exemplo típico é a fonte binária de raios X Cygnus X-I, proposta em 1972 como primeiro candidato a conter um buraco negro. A emissão de raios X foi associada à energia liberada na captura de uma estrela "companheira" pelo buraco negro. Já foi encontrada uma vintena de fontes binárias desse tipo, associadas a buracos negros com massas de até uma a duas dezenas de massas solares.

Em outra categoria estão os buracos negros *supermassivos*, com massas da ordem de centenas de milhares a bilhões de massas solares. Acredita-se atualmente que eles existem no centro da maioria das galáxias. Em particular, na Via Láctea, encontra-se um dos mais estudados, na região conhecida como *Sagittarius A**, com massa estimada em 4,1 milhões de massas solares. A extrema intensidade da atração gravitacional e da energia associadas a tais buracos negros e ao disco de agregação em torno deles pode levar à formação de *quasares*, com luminosidade capaz de exceder aquela de toda uma galáxia, partindo de uma região com as dimensões do nosso sistema solar!

Em 1974, o físico Stephen Hawking propôs que os buracos negros não são de todo negros, podendo emitir radiação. O mecanismo que conduz a essa emissão é um processo quântico: a criação de um par partícula-antipartícula (cf. Seção 6.11) na vizinhança do buraco negro, com um componente do par sendo capturado por ele, permitindo a emergência do outro, que aparece como radiação para um observador externo. Ela se comporta como *radiação térmica* (cf. Seção 7.2), com temperatura inversamente proporcional à massa do buraco negro. Esse processo de "evaporação" de um buraco negro dá margem a dificuldades conceituais, que ainda continuam sendo objeto de pesquisas.

(f) Cosmologia

Na escala cósmica de galáxias, a gravidade é a força dominante. Já em 1917, Einstein aplicou a relatividade geral para modelar o comportamento do universo como um todo. Naquela época, sequer estava estabelecida a existência de galáxias diferentes da nossa. Também se desconhecia a expansão do universo, de forma que o modelo inicial de Einstein era estático.

O modelo para o universo é o de um "fluido de galáxias". As distâncias típicas associadas a *estrelas* são ~ 1 A.L. (Ano Luz), para *galáxias* são ~10^6 A.L. e para aglomerados de galáxias são ~ 3×10^7 A.L. Na *maior* dessas escalas (mas não nas outras!), as observações astronômicas indicam que o "fluido de galáxias" parece ser homogêneo e isotrópico. Isso é postulado no modelo ("princípio cosmológico"), de forma que ele descreve essa situação extremamente simplificada e só se aplica nessa escala dos aglomerados de galáxias.

Desse princípio, resulta que a curvatura $K(t)$ do espaço *tridimensional* é *constante* para um dado tempo t, mas varia com t. O primeiro modelo cosmológico dependente do tempo foi proposto por Alexander Friedmann em 1922 (depois foi generalizado), e era consistente com a expansão do universo, observada posteriormente por Hubble (Seção 6.8).

A curvatura $K(t)$ é dada por

$$K(t) = \frac{k}{R^2(t)} \qquad R(t) = \text{fator de escala cósmico}$$

onde $k = +1, 0$ ou -1.

Há várias possibilidades. Se a curvatura do espaço é *positiva*, resulta que o universo é espacialmente finito, embora ilimitado, da mesma forma que, em duas dimensões, a superfície de uma esfera é finita mas ilimitada. Para $k = -1$, tem-se o modelo *hiperbólico*. Os dados experimentais são compatíveis com $k = 0$, modelo *plano* (universo "chato"), com geometria euclidiana.

A *escala de distâncias entre galáxias* (mas não o tamanho delas) evolui com o tempo, correspondendo à expansão do universo. A taxa de expansão é dada pela *lei de Hubble* (6.77): $H = \dot{R}(t)/R(t)$. Isso significa que, no passado, as distâncias eram menores. Extrapolando para o passado remoto, chega-se a uma singularidade (sinalizando a inaplicabilidade das leis físicas conhecidas) num "instante inicial", que corresponderia a uma "grande explosão" ("big bang"). A "idade do Universo" associada é de $13{,}77 \pm 0{,}06$ bilhões de anos.

A hipótese do "big bang" foi consideravelmente reforçada pela descoberta feita em 1965 por A. Penzias e R. Wilson (que lhes valeu o Prêmio Nobel de 1978) da *radiação de fundo primordial*. Trata-se de *radiação térmica*, de temperatura atual $\approx 2{,}73$ K, remanescente do "big bang" e "resfriada" pela expansão (atualmente dominada por micro-ondas). Resultados obtidos a partir de 1990 pela missão espacial COBE ("Cosmic Background Explorer") confirmaram o caráter extremamente isotrópico dessa radiação, com flutuações locais de temperatura muito pequenas, da ordem de uma parte em 100.000, que poderiam ter nucleado galáxias.

A missão WMAP ("Wilkinson Microwave Anisotropy Explorer"), lançada em 2001, aprofundou o estudo das flutuações de temperatura, produzindo a imagem dessas flutuações, reproduzida na Figura 6.25, que representa uma espécie de "retrato do Universo" ≈ 380.000 anos após o "big bang", quando ele esfriou o suficiente para tornar-se transparente para propagação da radiação (antes disso, elétrons e íons estavam dissociados e a radiação era absorvida; a recombinação levou à transparência).

Os dados do WMAP, pela sua precisão, tiveram grande importância no rejuvenescimento da cosmologia, contribuindo para formular o atual "modelo cosmológico padrão". Em particular, confirmaram que o Universo é formado de apenas $\approx 4{,}6\%$ de matéria ordinária, $\approx 24\%$ de matéria escura e $\approx 71{,}4\%$ de energia escura. Até hoje, ignoramos a natureza das duas últimas contribuições.

Figura 6.25 Imagem WMAP da radiação cósmica de fundo.
(Fonte: Nasa, 2012).

■ PROBLEMAS

6.1 Um sinal luminoso que, partindo de um ponto O' de um referencial (S'), se reflete num espelho à distância y' de O' e volta para O', pode ser considerado como um "relógio" que marca intervalos de tempo $\Delta t'$ correspondentes à ida e volta do sinal (figura ao lado). Suponha que (S') se desloca em relação a (S) com velocidade V na direção x' e calcule o intervalo de tempo

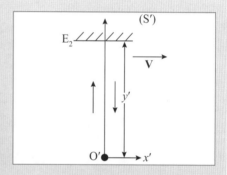

correspondente Δt em (S), admitindo o princípio da constância da velocidade da luz. Mostre que o resultado equivale à dilatação dos intervalos de tempo da relatividade restrita.

6.2 Considere agora a situação (figura ao lado) em que o raio luminoso se reflete entre O' e um espelho à distância x' em (S'), na direção da velocidade V. Calcule o tempo necessário para esse percurso de ida e volta no referencial (S), levando em conta a dilatação dos intervalos de tempo obtida

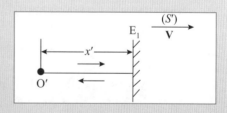

no Problema 6.1. Mostre que isso permite obter a contração de Lorentz (*Observação*: os trajetos dos Problemas 6.1 e 6.2 correspondem aos dois braços do interferômetro de Michelson).

6.3 Demonstre que duas *TL* especiais sucessivas na mesma direção, com parâmetros $\beta_1 \equiv V_1/c$ e $\beta_2 \equiv V_2/c$, equivalem a uma *TL* única, e calcule o parâmetro β correspondente. Relacione o resultado com a lei relativística de composição de velocidades.

6.4 Demonstre a (6.47).

6.5 Partindo da invariância da fase de uma onda plana monocromática (Seção 6.8), obtenha as expressões relativísticas do efeito de *aberração*, demonstrando que as direções θ' e θ de propagação da luz em (S') e (S) estão relacionadas por

$$\cos\theta' = \frac{\cos\theta - \beta}{1 - \beta\cos\theta}; \quad \sin\theta' = \frac{\sin\theta}{\gamma(1 - \beta\cos\theta)}$$

6.6 (a) Escreva as equações da TL especial em termos das coordenadas $x_1 = x$, $x_2 = y$, $x_3 = z$, $x_0 = ct$. Note que elas adquirem uma forma mais simétrica. (b) Usando a notação da parte (a), mostre que a equação de ondas

$$\Delta\psi - \frac{\partial^2\psi}{\partial t^2} = 0$$

é invariante por uma *TL* especial, mas não é invariante por uma transformação de Galileu.

6.7 O comprimento l de uma régua num referencial (S) em relação ao qual ela se move com velocidade V constante na direção x também pode ser definido por: $l = V(\Delta t)$, onde (Δt) é o tempo que ela leva para passar por um ponto *fixo* de (S). Mostre que essa definição também leva à contração de Lorentz.

6.8 Em 1851, H. Fizeau mediu a velocidade da luz v quando ela se propaga num tubo cheio de água em movimento. O escoamento da água, com velocidade V, é na mesma direção em que a luz se propaga. O resultado obtido por Fizeau foi

$$v = \frac{c}{n} + V\left(1 - \frac{1}{n^2}\right)$$

onde n é o índice de refração da água e $V \ll c$. Mostre que esse resultado decorre da lei relativística de composição de velocidades.

6.9 Uma régua em repouso num referencial (S') faz um ângulo θ_0 com a direção de movimento desse referencial, que se desloca em relação a (S) com velocidade V. Qual é o valor θ desse ângulo em (S)?

6.10 Um físico está sendo julgado por ter avançado um sinal vermelho e alega para o juiz de trânsito que o sinal lhe pareceu verde, em decorrência do efeito Doppler. O juiz, que também estudou física, o condena a pagar uma multa de R$ 1,00 para cada km/h de excesso de velocidade ultrapassando os 50 km/h regulamentares. Qual é o valor da multa? (Tome $\lambda_{vermelho} = 6.500$ Å, $\lambda_{verde} = 5.300$ Å).

6.11 No Fermilab, prótons são acelerados a uma energia de 500 GeV. Ao atingir essa energia, (a) por que fator terá aumentado a massa do próton, em relação a sua massa de repouso? (b) que porcentagem da velocidade da luz terá sido atingida pelo próton?

6.12 Duas fontes idênticas de luz monocromática, de frequência própria v_0, afastam-se uma da outra (figura ao lado) com velocidades v e $-v$ num referencial inercial (S).

Qual a frequência v de uma das fontes, quando observada pela outra?

6.13 Considere o movimento relativístico de uma partícula carregada de carga q e massa de repouso m_0 num campo magnético uniforme de magnitude B. (a) Mostre que a energia cinética da partícula não se altera, e que a partícula descreve uma órbita circular se sua velocidade inicial é $\perp \mathbf{B}$ (como no caso não relativístico). Mostre que permanecem válidas as fórmulas não relativísticas para o raio da órbita e a frequência de cíclotron (**FB1**, Seção 5.4), desde que a massa empregada seja a massa relativística. (b) No Problema 6.11, os prótons de 500 GeV são mantidos, por um campo magnético uniforme, numa órbita circular de 750 m de raio. Qual é a intensidade do campo magnético?

6.14 Uma partícula de massa de repouso m_0, em repouso na origem para $t = 0$, é submetida a uma força constante F_0 até o instante t. (a) Calcule a posição $x(t)$ da partícula. (b) Calcule o limite não relativístico do resultado e mostre que concorda com a previsão da mecânica newtoniana. (c) Calcule $x(t)$ no limite de tempos muito longos.

6.15 Uma partícula em repouso de massa m_0 se desintegra em duas outras, de massas de repouso m_1 e m_2. Calcule as energias E_1 e E_2 desses dois fragmentos. *Sugestão*: Use as leis de conservação e a relação (6.98).

6.16 Uma partícula de massa de repouso m_0 e velocidade **v** colide com outra partícula idêntica, mas que está em repouso. Após a colisão, as duas partículas caminham juntas, formando uma partícula composta. Calcule, para essa partícula composta: (a) sua massa de repouso M_0; (b) sua velocidade **V**. Exprima os resultados em função do parâmetro

$$\alpha \equiv \frac{1}{\sqrt{1-(v/c)^2}}$$

6.17 Uma barra de comprimento próprio L_0 está em repouso no plano vertical, num referencial onde forma um ângulo θ' com o eixo horizontal. Esse referencial se move em relação a outro referencial (S), com velocidade V constante, na direção do eixo horizontal.

(a) Calcule o ângulo θ entre a barra e a horizontal em (S).

(b) Calcule o comprimento L da barra em (S).

6.18 Um fóton de energia E é espalhado por um elétron livre. Demonstre que a máxima energia cinética que o fóton pode transferir ao elétron é dada por

$$T_{\max} = \frac{E^2}{E + \frac{1}{2}mc^2}$$

onde m é a massa de repouso do elétron.

6.19 Dois nêutrons 1 e 2 aproximam-se um do outro ao longo da mesma reta, com velocidades opostas v e $-v$, respectivamente, vistos do referencial do laboratório.

(a) Calcule a velocidade V de 1 em relação a 2, e verifique que é sempre $< c$.

(b) Calcule a energia total do nêutron 2 vista do referencial de 1, em função da massa de repouso M_0 do nêutron.

6.20 Obtenha as expressões não relativísticas do efeito Doppler a partir da invariância da fase de uma onda plana, usando a transformação de Galileu.

6.21 Demonstre que um fóton, propagando-se no vácuo, não pode desintegrar-se em dois outros, exceto se eles tiverem a mesma direção de propagação.

6.22 Calcule, usando a mecânica newtoniana, qual seria a velocidade de escape a partir da superfície de uma esfera de massa M cujo raio fosse o raio de Schwarzschild (6.151).

6.23 Demonstre que a curvatura K de uma esfera pode ser expressa em termos da área A de um círculo de raio r, por

$$K = \frac{12}{\pi} \lim_{r \to 0} \left[\frac{\pi r^2 - A}{r^4} \right]$$

6.24 Uma plataforma horizontal de raio r está em rotação com velocidade angular ω em relação a um referencial inercial. (a) Para $\omega r \ll c$, calcule a razão $\Delta t(r)/\Delta t(0)$ entre intervalos de tempo registrados por um relógio na periferia e outro no centro da plataforma. (b) Associando a força centrífuga $\mathbf{F}_c$ a um potencial φ_c, pela relação $\mathbf{F}_c = -\nabla \varphi_c$, mostre que, nessa aproximação, tem-se

$$\frac{\Delta t(r)}{\Delta t(0)} = 1 + \frac{\varphi_c(r)}{c^2}$$

Os primórdios da teoria quântica

7.1 INTRODUÇÃO

Neste capítulo e nos próximos, vamos introduzir os conceitos básicos da transformação mais profunda pela qual a física passou desde a época de Newton: a *física quântica*. Ela constitui uma alteração muito mais radical das ideias fundamentais da física do que a relatividade. Esta marcou, num certo sentido, o apogeu do que chamamos hoje a *física clássica*.

A física clássica lida principalmente com fenômenos *macroscópicos*, na escala que nos é familiar. Seus conceitos são abstraídos dessa escala, e é dela também que resulta nossa intuição, de modo que podemos formar imagens "intuitivas" desses conceitos, com base na nossa experiência quotidiana.

Já a física quântica trata principalmente de fenômenos na escala *atômica e subatômica*, mais de um milhão de vezes menor do que as dimensões macroscópicas (também trata das *repercussões* desses fenômenos no nível macroscópico). Como essa escala é totalmente remota da nossa experiência, não há nenhuma razão para esperar que possa ser descrita pelos conceitos da física clássica. Efetivamente não pode: *a física quântica não se parece com nada do que vimos até agora*. Daqui por diante, entraremos em território realmente novo!

É uma grande conquista da física do século XX que ela tenha conseguido não apenas desenvolver conceitos adequados à nova escala, mas também tratá-los com grande precisão. Mais que isso: os novos conceitos e princípios vêm sendo aplicados a escalas cada vez menores, até que já atingimos uma escala tão remota da escala atômica quanto esta o é da macroscópica: distâncias da ordem de 10^{-15} cm ou menos, sem que se tenha encontrado, até hoje, qualquer indício de inaplicabilidade da física quântica.

Da mesma forma como a mecânica newtoniana é uma aproximação da mecânica relativística, válida com precisão mais que satisfatória para velocidades muito menores do que c, a física clássica é também uma aproximação da física quântica (*princípio de correspondência* de Bohr). Entretanto, a transição de uma para a outra é bastante mais sutil, conceitualmente, do que a transição da mecânica relativística para a newtoniana.

Mesmo na escala macroscópica, conforme veremos adiante, a física era uma teoria bastante incompleta, incapaz de explicar inúmeros fenômenos importantes, a começar pela própria existência e estabilidade da matéria!

Para alguns fenômenos, inclusive, a física clássica levava a conclusões inaceitáveis. Um deles será mencionado na Seção 7.2, porque marca a própria origem histórica da teoria quântica, mas vamos nos limitar a enunciar os resultados, porque se trata de um fenômeno complexo, cujo tratamento teórico nos afastaria muito do nosso objetivo, de introduzir, de forma tão direta quanto possível, os conceitos básicos da física quântica: trata-se da *distribuição espectral da radiação térmica*.

7.2 A HIPÓTESE DE PLANCK

O espectro da radiação emitida por um corpo aquecido varia com a temperatura desse corpo. Podemos observar o que acontece no interior de um forno em equilíbrio térmico a uma certa temperatura T, através de um buraquinho numa das paredes, que deixa escapar um feixe de radiação. Trata-se de radiação eletromagnética, cujo espectro pode ser determinado experimentalmente.

Sabemos pela experiência que, à medida que a temperatura se eleva, a radiação visível passa, de uma coloração avermelhada, a um vermelho vivo, depois vai se tornando mais "branca" (como o filamento de uma lâmpada incandescente), tendendo para o azulado. O espectro é *contínuo*, mas a coloração dominante se desloca para frequências mais elevadas, à medida que a temperatura aumenta.

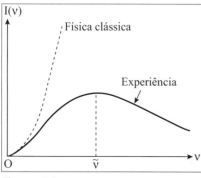

Figura 7.1 Distribuição espectral da radiação térmica.

A uma dada temperatura T, a distribuição espectral em frequência da intensidade da radiação observada tem o aspecto ilustrado na Figura 7.1, no qual a frequência de pico, $\tilde{\nu}$, cresce com T.

A predição da física clássica concorda muito bem com a experiência para frequências abaixo do pico, mas depois desvia-se cada vez mais (curva em linha pontilhada, na Figura 7.1). Pior ainda: ela prediz que $I(\nu)$ cresce como uma potência de ν (ν^3), de forma que a energia total emitida pela cavidade (integrando sobre todo o espectro de frequências) seria infinita! Como esse efeito se deve às frequências elevadas, ele é chamado de "catástrofe ultravioleta".

O equilíbrio térmico da radiação, no interior da cavidade, ocorre através de trocas de energia entre a radiação e os átomos das paredes, à temperatura T. Os átomos absorvem e reemitem a radiação. O modelo clássico, para absorção e emissão de radiação eletromagnética de frequência ν por um sistema de cargas (átomo), é que as cargas oscilem com essa frequência (oscilador de Hertz: cf. **FB3**, Seção 11.5).

Em 14 de dezembro de 1900, Max Planck apresentou, numa reunião da Sociedade Alemã de Física, uma proposta que permitia obter uma expressão para $I(v)$ em excelente acordo com a experiência, à custa de abandonar uma das ideias mais arraigadas da física clássica. Classicamente, a troca de energia, entre a radiação e os "osciladores" nas paredes, se dá de forma *contínua*: qualquer quantidade de energia pode ser absorvida ou emitida.

Para obter acordo com a experiência[*], Planck postulou que a troca seria "quantizada": *um oscilador de frequência v só poderia emitir ou absorver energia em múltiplos inteiros de um "quantum de energia"*

$$\boxed{E = hv = \hbar\omega} \tag{7.1}$$

onde h é uma nova *constante universal*, a *constante de Planck*. Ela tem dimensões de [energia] × [tempo], correspondendo ao que se chama de *ação*. O valor numérico de h é

$$\boxed{h \cong 4{,}136 \times 10^{-15}\,\text{eV}\cdot\text{s} \cong 6{,}6261 \times 10^{-34}\ \text{joule} \times \text{segundo}} \tag{7.2}$$

Na (7.1),

$$\boxed{\hbar \equiv \frac{h}{2\pi} \cong 1{,}0546 \times 10^{-34}\ \text{J}\cdot\text{s} \cong 6{,}582 \times 10^{-16}\ \text{eV}\cdot\text{s}} \tag{7.3}$$

Para radiação visível de comprimento de onda $\lambda = 5.000$ Å, temos $v = c/\lambda \approx 6 \times 10^{14}\ \text{s}^{-1}$, de forma que $hv \cong 3{,}98 \times 10^{-19}$ J, uma energia extremamente pequena na escala macroscópica. Por outro lado, em eletronvolts,

$$1\ \text{eV} \cong 1{,}602 \times 10^{-19}\,\text{J} \tag{7.4}$$

esta energia é $\cong 2{,}5$ eV, o que absolutamente não é pequeno na escala atômica. A constante de Boltzmann é

$$\kappa \cong 1{,}381 \times 10^{-23}\,\frac{\text{J}}{\text{K}} \cong 8{,}62 \times 10^{-5}\,\frac{\text{eV}}{\text{K}} \tag{7.5}$$

Assim, para temperaturas $T \sim 10^4$ K, a energia térmica κT torna-se da ordem de 1 eV (à temperatura ambiente, $\kappa T \sim \frac{1}{40}$ eV).

Desvios apreciáveis em relação à predição da física clássica, na curva da Figura 7.1, começam a aparecer para

$$hv \geq \kappa T \tag{7.6}$$

Podemos compreender esse resultado lembrando que, segundo a mecânica estatística, em equilíbrio termodinâmico à temperatura T, a probabilidade de encontrar um sistema com energia E deve conter um fator de Boltzmann (**FB2**, Seção 12.2)

---

[*] Planck confessou, mais tarde, que só foi levado a formular esse postulado por "um ato de desespero", dizendo: "era uma hipótese puramente formal, e não lhe dei muita atenção, adotando-a porque era preciso, a qualquer preço, encontrar uma explicação teórica".

$$e^{-E/(\kappa T)} \tag{7.7}$$

o que, pela (7.1), reduziria exponencialmente a possibilidade de trocas de energia com $h\nu \gg \kappa T$. É um fator desse tipo o responsável pela queda da curva de $I(\nu)$, eliminando a catástrofe ultravioleta.

O postulado de quantização de Planck é, porém, inteiramente incompreensível na física clássica, onde a energia de uma oscilação não tem qualquer relação com sua frequência: depende apenas da *amplitude* de oscilação, que pode variar continuamente.

Planck procurou por muitos anos, com grande esforço, encontrar uma explicação para o seu postulado dentro da física clássica. Acabou, muito a contragosto, convencendo-se de que isso não seria possível.

7.3 O EFEITO FOTOELÉTRICO

Em seus experimentos de 1887, em que demonstrou a validade da teoria de Maxwell, produzindo e detectando ondas eletromagnéticas, como vimos (**FB3**, Seção 11.5), Heinrich Hertz produzia uma descarga oscilante, fazendo saltar uma faísca entre dois eletrodos, para gerar as ondas, e detectava-as usando uma antena ressonante, onde a detecção também era acompanhada de uma faísca entre eletrodos. Ele observou que a faísca de detecção saltava com mais dificuldade quando os eletrodos da antena receptora não estavam expostos à luz (predominantemente violeta e ultravioleta) proveniente da faísca primária na antena emissora, ou seja, quando se introduzia um anteparo entre as duas para bloquear a luz.

Paradoxalmente, ao comprovar a teoria de Maxwell, coroamento da física clássica, Hertz estava assim descobrindo o *efeito fotoelétrico*, uma das primeiras evidências experimentais da quantização. Verificou-se logo que a razão pela qual a luz ultravioleta facilitava a descarga era o fato de ser capaz de ejetar elétrons da superfície metálica dos eletrodos. Os elétrons assim ejetados, acelerados pela diferença de potencial entre os eletrodos, contribuíam para ionizar o ar e facilitar a descarga. Hoje em dia, as *fotocélulas*, que têm inúmeras aplicações práticas (fotômetros, controle de portas de elevadores, etc.), empregam o efeito fotoelétrico para converter um sinal luminoso numa corrente elétrica.

As investigações posteriores do efeito, devidas principalmente a P. Lenard (1899), revelaram uma série de características intrigantes, contraditórias ao que seria esperado pela física clássica. Para as experiências, o material de onde serão ejetados os fotoelétrons deve estar limpo e polido, para evitar quaisquer contaminações. Na prática, isso implica que ele esteja num recipiente em alto vácuo.

Num experimento típico, os eletrodos estão dentro de uma ampola de quartzo (transparente à luz ultravioleta) evacuada, e se estabelece entre eles uma diferença de potencial V, iluminando depois o catodo com luz de frequência ν e intensidade I_0. Mede-se a intensidade i da corrente elétrica assim gerada, com o auxílio de um amperímetro (Figura 7.2).

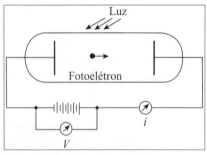

Figura 7.2 Efeito fotoelétrico.

Os resultados de um experimento típico têm o aspecto ilustrado na Figura 7.3. Para I_0 e ν fixos e um dado material do catodo, todos os fotoelétrons arrancados pela luz são coletados pelo anodo, quando a diferença de potencial V é positiva, correspondendo a uma corrente constante i_s (corrente de saturação).

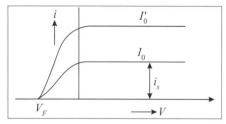

Figura 7.3 Variação de *i* com V.

Se agora invertemos a polaridade da voltagem, procurando *frear* os elétrons em lugar de acelerá-los, a corrente *continua passando no mesmo sentido*, mas diminui à medida que $|V|$ aumenta, até que se anula para $V = -V_F$, onde V_F (> 0) é denominado *potencial de freamento*.

Se aumentarmos a intensidade, de I_0 para I_0' (Figura 7.3), o aspecto da curva permanece o mesmo: apenas a *intensidade i da corrente*, ou seja, *o número de fotoelétrons arrancados*, cresce, sendo *diretamente proporcional à intensidade da luz*: duplica ao passar de I_0 a $2\,I_0$.

Que acontece se variarmos a *frequência* ν da luz incidente? Verifica-se que o aspecto qualitativo das curvas tende a permanecer o mesmo, mas o valor do *potencial de freamento V_F muda, aumentando à medida que se aumenta a frequência* ν, conforme ilustrado na Figura 7.4. A figura se aplica a um catodo de metal alcalino, como potássio, em que ocorre efeito fotoelétrico com luz visível (mesmo assim, deixaria de ocorrer com luz infravermelha). Para a maioria dos metais, é preciso ir ao ultravioleta para que o efeito ocorra. O potencial de freamento V_F, para uma dada frequência ν, varia de substância para substância: é uma característica do material.

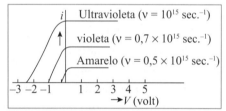

Figura 7.4 Variação de *i* com a frequência da luz.

Como interpretar esses resultados? A produção da fotocorrente pela luz deve resultar de que a luz forneça energia suficiente para arrancar elétrons da vizinhança da superfície do material do catodo. Quando um elétron é extraído, a carga positiva remanescente tende a atraí-lo de volta, e é preciso fornecer energia suficiente para vencer essa atração.

Como os elétrons no interior do catodo podem ter uma *distribuição de energias* (num metal, existem elétrons livres) e podem provir de profundidades diferentes, os elétrons arrancados devem ter direções de movimento diferentes e velocidades (energias cinéticas) diferentes.

Para frear um elétron de energia cinética $T = \frac{1}{2}\,m_e v^2$ (m_e = massa do elétron), é preciso usar uma diferença de potencial retardador V tal que $eV = T$, onde ($-e$) é a carga do elétron. Logo, o potencial de freamento deve estar associado a elétrons com direção de movimento perpendicular ao catodo e com *energia cinética máxima* $T_m = \frac{1}{2}\,m_e v_m^2$:

$$\boxed{\frac{1}{2}\,m_e v_m^2 = eV_F} \qquad (7.8)$$

Pela conservação da energia, essa energia cinética máxima deve corresponder à energia E fornecida pela luz, menos o trabalho W necessário (valores típicos de W são da ordem de alguns eV) para extrair um elétron da superfície, contra a força atrativa da carga positiva remanescente:

$$\frac{1}{2} m_e v_m^2 = eV_F = E - W \tag{7.9}$$

onde W é uma característica do material empregado, denominada *função de trabalho*.

O que se esperaria então, segundo a teoria eletromagnética clássica? Uma onda eletromagnética transporta *energia*, que, como vimos, é *diretamente proporcional à intensidade I_0 da onda*, qualquer que seja sua frequência ν. Essa energia pode ser transferida aos elétrons do catodo, pois eles são colocados em oscilação forçada pelo campo elétrico da onda.

Esperaríamos, portanto, que, à medida que I_0 *aumenta, deveria aumentar E* na (7.9), e por conseguinte também V_F. Não é o que se observa experimentalmente: as curvas da Figura 7.3 mostram que o aumento de I_0 *só aumenta a intensidade i da fotocorrente* (número de fotoelétrons ejetados), sem aumentar V_F. Por outro lado, a variação de V_F com a frequência ν (curvas da Figura 7.4) não tem explicação clássica.

Num trabalho publicado em 1905, intitulado "Um ponto de vista heurístico sobre a produção e transformação da luz", Einstein propôs uma teoria do efeito fotoelétrico baseada numa extensão muito mais audaciosa[*] das ideias de Planck sobre quantização: a de que *radiação eletromagnética de frequência* ν **consiste** *de quanta de energia*

$$\boxed{E = h\nu} \tag{7.10}$$

Nas palavras de Einstein, "A ideia mais simples é que um quantum de luz transfere toda a sua energia a um único elétron: vamos supor que é isto que acontece".

A (7.9) fica então

$$\boxed{\frac{1}{2} m_e v_m^2 = eV_F = h\nu - W} \tag{7.11}$$

que é a equação de *Einstein do efeito fotoelétrico*. Ela explica imediatamente o aumento de V_F com ν. Como Einstein observou a seguir,

"Se a fórmula deduzida é correta, um gráfico de V_F, em função da frequência da luz incidente, deve resultar numa reta, cujo coeficiente angular deve ser independente da natureza da substância iluminada".

---

[*] Para explicar a diferença entre a sua hipótese e a de Planck, o próprio Einstein fez, mais tarde, um paralelo bem humorado: "O fato de que a cerveja seja sempre vendida em garrafas não implica que a cerveja *consista* de porções indivisíveis, de uma garrafa cada uma".

Com efeito, esse coeficiente angular, pela (7.11), é dado por h/e (h = constante de Planck). O físico americano R. A. Millikan não acreditou na explicação de Einstein, e passou os dez anos seguintes fazendo uma série de experimentos com o objetivo de demonstrar que a predição de Einstein era incorreta. O resultado foi que, nas palavras de Millikan, "...contra todas as minhas expectativas, vi-me obrigado, em 1915, a afirmar sua completa verificação experimental, embora nada tivesse de razoável, uma vez que parecia violar tudo o que conhecíamos sobre a interferência da luz".

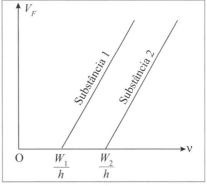

Figura 7.5 Variação de V_F com v.

Conforme ilustrado na Figura 7.5, o coeficiente angular da reta é o mesmo para diferentes substâncias, mas as intersecções com o eixo das abcissas são diferentes, correspondendo à função de trabalho W dividida por h. O valor de W para cada substância corresponde, como vimos, ao trabalho necessário para remover um elétron da superfície.

O nome "fóton" para um "quantum de luz" só apareceu em 1926, num trabalho de G. N. Lewis. A *intensidade* da luz é proporcional à energia total que transporta, e por conseguinte ao *número de fótons*, o que explica por que a fotocorrente é diretamente proporcional à intensidade da luz.

Várias outras características do efeito fotoelétrico, classicamente inexplicáveis, têm explicação imediata por meio da hipótese de Einstein. Por mais intensa que seja, luz infravermelha não produz efeito fotoelétrico. Por outro lado, luz ultravioleta, mesmo de intensidade extremamente fraca, produz fotoelétrons alguns nanossegundos depois de incidir sobre um material, quando, segundo a imagem clássica, levaria muito mais tempo para transmitir energia suficiente a um fotoelétron.

Conforme o próprio Einstein percebeu ao usar no título de seu artigo a expressão "um ponto de vista heurístico", a equação do efeito fotoelétrico (7.11) não *demonstra* a existência de fótons: apenas pode ser interpretada dessa forma. Após a formulação da mecânica quântica, foi mostrado por Guido Beck[*] (1927) que a relação de Einstein resulta da quantização da *matéria* (átomos), sendo desnecessário, para obtê-la, quantizar a *radiação* (fótons).

Não foi apenas Millikan que recebeu com incredulidade a hipótese dos fótons, por contrariar a teoria ondulatória da luz, que era considerada como firmemente estabelecida. Em 1913, quatro físicos alemães, entre os quais se incluía Planck, encaminharam à Academia de Ciências da Prússia uma proposta inusitada: a eleição para membro titular de Albert Einstein, que então tinha apenas 34 anos.

---

[*] Beck, físico austríaco, veio em 1942 para a Argentina. Lá e no Brasil, deu importantes contribuições para a formação de escolas de física teórica.

A proposta terminava dizendo:

"Em suma, pode-se afirmar que não há praticamente nenhum dos grandes problemas em que a física moderna é tão rica, ao qual Einstein não tenha dado alguma notável contribuição. Que ele às vezes tenha errado o alvo em suas especulações, como por exemplo em sua hipótese dos "quanta de luz", não pode realmente ser tomado como uma acusação muito séria contra ele, pois não é possível introduzir ideias verdadeiramente novas, mesmo nas ciências mais exatas, sem correr alguns riscos de vez em quando".

O prêmio Nobel de Einstein, em 1921, foi dado pela teoria do efeito fotoelétrico. O comitê Nobel, extremamente conservador, tinha resistido à ideia de premiá-lo pela relatividade, mas acabou optando pelo seu outro trabalho de 1905, que, na avaliação do próprio Einstein, iria ter as consequências mais revolucionárias, a introdução dos fótons.

7.4 O EFEITO COMPTON

Evidência mais direta de propriedades corpusculares da luz foi obtida entre 1919 e 1923 por Arthur H. Compton, observando o espalhamento de raios X monocromáticos por um alvo de grafite (Compton recebeu o prêmio Nobel de 1927 por esses trabalhos).

Compton usou raios X de comprimento de onda $\lambda_0 = 0{,}7$ Å. O alvo espalha a radiação incidente em todas as direções, e Compton usou um *espectrômetro de Bragg* para raios X (Seção 4.11) para fazer a análise espectral dos raios X espalhados em diversos ângulos. Encontrou uma componente de mesmo comprimento de onda λ_0 que a radiação incidente e outra de comprimento de onda $\lambda > \lambda_0$, onde o valor de λ variava com o ângulo de espalhamento: $\Delta\lambda \equiv \lambda - \lambda_0$ é o *deslocamento Compton*.

Para explicar esses resultados, Compton levou às últimas consequências a hipótese de Einstein, tratando os raios X em termos de fótons, ou seja, como *partículas* de energia dada pela relação de Einstein (7.10). Para $\lambda_0 = 0{,}7$ Å $= 7 \times 10^{-11}$ m, tem-se $\nu_0 \cong \frac{3}{7} \times 10^{19}\,\text{s}^{-1}$ e $E_{\gamma 0}$ (energia dos raios X incidentes) $\cong \frac{3}{7} \times 4{,}1 \times 10^4$ eV (usando $h = 4{,}136 \times 10^{-15}$ eV·s), o que dá $E_{\gamma 0} \approx 18$ keV.

Além da energia, a radiação eletromagnética transporta *momento*. Pela (6.100), o momento do fóton de raios X incidente é dado por

$$\boxed{\mathbf{p}_{\gamma 0} = \frac{E_{\gamma 0}}{c}\,\hat{\mathbf{u}}_0} \qquad (7.12)$$

onde $\hat{\mathbf{u}}_0$ é o versor da direção de propagação dos raios X incidentes. Como $E_{\gamma 0} = h\nu_0$, resulta

$$\boxed{|\mathbf{p}_{\gamma 0}| = \frac{h\nu_0}{c} = \frac{h}{\lambda_0} = \hbar k_0} \qquad (7.13)$$

Grafite é uma forma de carbono, e a energia dos raios X incidentes, 18 keV, é muito maior que a energia de ligação dos elétrons (particularmente os mais externos) ao átomo de carbono. Compton admitiu que os raios X pudessem ser espalhados pelos *elétrons* do átomo. Neste caso a energia de ligação seria desprezível, ou seja, cada elétron se comportaria como se estivesse livre.

Finalmente, Compton tratou o espalhamento como uma *colisão* entre um *fóton*, de energia $E_{\gamma 0}$ e momento $\mathbf{p}_{\gamma 0}$, e um *elétron livre*, inicialmente em repouso. Em virtude do *recuo* do elétron na colisão, o fóton espalhado tem energia $E_\gamma < E_{\gamma 0}$, ou seja, comprimento de onda $\lambda > \lambda_0$, conforme observado.

Para encontrar de que forma λ depende do ângulo de espalhamento θ dos raios X, Compton aplicou as *leis de conservação da energia e do momento na colisão*, em forma relativística, porque o fóton é uma partícula relativística.

Sejam E_γ e $\mathbf{p}_\gamma$ a energia e o momento do fóton espalhado na direção $\hat{\mathbf{u}}$, e $(E, \mathbf{p})$ a energia e o momento do elétron após a colisão (recuo). As leis de conservação relativísticas dão então:

$$\boxed{E_{\gamma 0} + m_0 c^2 = E_\gamma + E} \quad (7.14)$$

e

$$\boxed{\frac{E_{\gamma 0}}{c} \hat{\mathbf{u}}_0 = \frac{E}{c} \hat{\mathbf{u}} + \mathbf{p}} \quad (7.15)$$

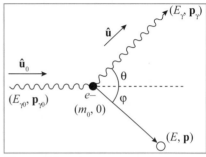

Figura 7.6 Efeito Compton.

onde E e $\mathbf{p}$ do elétron estão relacionados pela (6.98):

$$\boxed{E^2 - \mathbf{p}^2 c^2 = m_0^2 c^4} \quad (7.16)$$

A (7.14) resulta em

$$E^2 = \left(E_{\gamma 0} - E_\gamma + m_0 c^2\right)^2 = \left(E_{\gamma 0} - E_\gamma\right)^2 + 2\left(E_{\gamma 0} - E_\gamma\right) m_0 c^2 + m_0^2 c^4$$

ou seja

$$E^2 - m_0^2 c^4 = \left(E_{\gamma 0} - E_\gamma\right)^2 + 2\left(E_{\gamma 0} - E_\gamma\right) m_0 c^2 = \mathbf{p}^2 c^2 \quad (7.17)$$

Por outro lado, a (7.15) leva a

$$\mathbf{p}^2 c^2 = \left(E_{\gamma 0} \hat{\mathbf{u}}_0 - E_\gamma \hat{\mathbf{u}}\right)^2 = \left(E_{\gamma 0}\right)^2 + \left(E_\gamma\right)^2 - 2 E_{\gamma 0} E_\gamma \cos \theta \quad (7.18)$$

pois $\hat{\mathbf{u}} \cdot \hat{\mathbf{u}}_0 = \cos \theta$ (veja a Figura 7.6).

Substituindo a (7.18) na (7.17) e cancelando os temos idênticos, resulta

$$\left(E_{\gamma 0} - E_\gamma\right) m_0 c^2 = E_{\gamma 0} E_\gamma \left(1 - \cos \theta\right)$$

$$\therefore \quad \frac{1}{E_\gamma} - \frac{1}{E_{\gamma 0}} = \frac{\left(1 - \cos \theta\right)}{m_0 c^2} \quad (7.19)$$

Mas, pela relação de Einstein, $\dfrac{c}{E_{v0}} = \dfrac{c}{h\nu_0} = \dfrac{\lambda_0}{h}$, e da mesma forma para E_γ.

$$\therefore \quad \Delta\lambda \equiv \lambda - \lambda_0 = \left(\dfrac{h}{m_0 c}\right)(1 - \cos\theta) \quad \text{Deslocamento Compton} \quad (7.20)$$

que fornece a variação de comprimento de onda em função do ângulo θ de espalhamento. A constante $\dfrac{h}{m_0 c}$, onde m_0 é a massa de repouso de elétron, é chamada de *comprimento de onda Compton do elétron*. Substituindo os valores numéricos de h, m_0 e c, obtemos

$$\lambda_C \equiv \dfrac{h}{m_0 c} \cong 2{,}426 \times 10^{-12}\,\text{m} = 0{,}02426 \text{ Å} \quad (7.21)$$

Compton verificou experimentalmente tanto o valor absoluto do deslocamento quanto sua dependência angular. Conforme já foi mencionado, a radiação espalhada também contém uma componente de comprimento de onda λ_0. Seu aparecimento pode ser explicado como resultante do espalhamento não por um elétron, mas pelo átomo como um todo. Como a massa do átomo de carbono é quatro ordens de grandeza maior do que a massa do elétron, o deslocamento correspondente é desprezível.

A interpretação de Compton recebe confirmação adicional quando se observa o elétron de recuo. Isso foi feito por G. N. Cross e N. F. Ramsey em 1950, usando raios γ de 2,6 MeV. O ângulo φ de recuo do elétron (Figura 7.6) foi verificado, concordando com seu valor teórico. Também foi verificado experimentalmente, por Z. Bay et al. (1955), que o elétron de recuo e o fóton espalhado emergem em coincidência (ao mesmo tempo), com precisão da ordem de 10^{-11} s. Logo, o tratamento do efeito Compton como uma *colisão entre duas partículas* (fóton e elétron) ficou plenamente justificado.

7.5 RUTHERFORD E A DESCOBERTA DO NÚCLEO

Nos primeiros anos do século XX, J. J. Thomson, o descobridor do elétron, procurou construir um modelo da estrutura de um átomo. Sabia-se que um átomo contém elétrons, que as massas atômicas são muito maiores que a massa de um elétron, e que o átomo é eletricamente neutro, com dimensões típicas da ordem de 10^{-10} m (= 1 Å).

Thomson propôs então um modelo em que a carga positiva estaria distribuída uniformemente, dentro de uma esfera com as dimensões do átomo, e os elétrons estariam dentro dessa nuvem positiva (como uvas passas num bolo). Pelo teorema de Earnshaw (**FB3**, Capítulo 3), essa distribuição não poderia estar em equilíbrio estável sob a ação puramente de forças eletrostáticas.

Entretanto, os elétrons poderiam mover-se dentro da nuvem. Aplicando o modelo ao hidrogênio, o elétron poderia ter um movimento de oscilação radial, com frequência correspondente à luz visível (**FB3**, Problema 3.10) – embora isto não explicasse o espectro do átomo de hidrogênio, que contém uma série de frequências diferentes: o modelo só daria uma.

Ernest Rutherford, natural da Nova Zelândia, foi o sucessor de J. J. Thomson no Laboratório Cavendish da Universidade de Cambridge. Rutherford desenvolveu inúmeros trabalhos experimentais empregando as radiações emitidas por substâncias radioativas: partículas α (He^{++}), β (e^-) e γ (fótons de energia elevada).

Em 1909, dois assistentes de Rutherford, o estudante de pós-graduação Hans Geiger e o estudante de graduação Ernest Marsden, observaram o espalhamento de partículas α por uma lâmina delgada de ouro, utilizando o dispositivo experimental da Figura 7.7. Uma fonte de radium emite partículas α, de velocidade $v \approx 1{,}52 \times 10^7$ m/s. Um feixe colimado de α incide sobre uma folha de ouro muito fina, de espessura ~ 10^{-3} mm, o que equivale a alguns milhares de camadas atômicas.

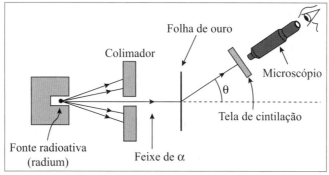

Figura 7.7 Espalhamento Rutherford.

As α espalhadas numa direção θ eram detectadas pelas cintilações provocadas pelo seu impacto sobre uma tela de sulfeto de zinco, observadas através de um microscópio. O ângulo de observação θ era variável, e o aparelho estava numa câmara evacuada, para evitar que as α do feixe fossem espalhadas por moléculas de ar.

Como a massa de uma α é ~ 8.000 vezes a do elétron, uma colisão com um elétron praticamente não desviaria a α de sua trajetória. Por outro lado, se valesse o modelo de Thomson, a carga positiva do átomo estaria uniformemente distribuída dentro do raio atômico, e também não poderia produzir desvios muito grandes na trajetória da α (mesmo efeitos cumulativos, por espalhamento múltiplo, tenderiam a se cancelar).

De fato, nas primeiras experiências, só se observaram desvios muito pequenos, como se a folha de ouro fosse praticamente transparente ao feixe de α. Rutherford relata o que aconteceu em 1910:

"Um dia Geiger veio ver-me e disse: 'Não seria bom que o jovem Marsden, que eu estou treinando em métodos radioativos, iniciasse uma pequena pesquisa?' Eu também tinha pensado nisso, e disse: 'Por que ele não olha se há partículas α espalhadas em grandes ângulos?' Aqui entre nós, eu não acreditava que houvesse, pois a α era uma partícula de massa e velocidade elevadas, portanto de grande energia, e podia-se mostrar que, se o espalhamento resultasse do efeito cumulativo de um grande número de pequenas deflexões, a probabilidade de que uma α fosse retroespalhada seria muito pequena. Lembro-me então de que, dois ou três dias depois, Geiger veio ver-me extremamente excitado, dizendo: 'Conseguimos obter algumas partículas α espalhadas para trás...'. Foi a coisa mais incrível que jamais me aconteceu em toda a minha vida. Era quase tão incrível como se você disparasse um obus de 15 polegadas contra um lenço de papel e ele fosse defletido para trás, atingindo você.".

E mais adiante:

"Refletindo, percebi que esse retroespalhamento deveria ser produzido por uma única colisão, e, fazendo as contas, vi que seria impossível obter qualquer coisa dessa ordem de grandeza, exceto num sistema em que a maior parte da massa do átomo estivesse concentrada num núcleo diminuto. Foi então que tive a ideia de um átomo com a carga (positiva) e a massa concentradas numa minúscula região central".

É fácil estimar até que distância do centro, onde se concentra a carga positiva de um átomo de ouro, uma partícula α, da energia empregada na experiência, precisa chegar para ser retroespalhada (**FB3**, Problema 4.6). O resultado, conforme foi estimado por Rutherford, é uma distância $\sim 10^{-12}$ cm, ou seja, $\sim 10^4$ vezes menor que o raio do átomo. Esse é então um limite superior para o raio do núcleo. Isso significa que *a matéria é, em grande parte, espaço vazio*. Ao mesmo tempo, verifica-se a *validade da lei de Coulomb* até distâncias dessa ordem!

Rutherford usou a mecânica clássica para calcular a fração dF das partículas incidentes que é espalhada em diferentes direções entre θ e $\theta + d\theta$ (as órbitas são hiperbólicas: o problema é análogo ao de um cometa na gravitação). Os resultados foram comparados com as experiências de Geiger e Marsden, mostrando bom acordo e completando assim a justificativa da existência do núcleo e do modelo atômico de Rutherford.

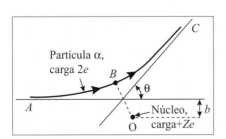

Figura 7.8 Deflexão coulombiana.

A força coulombiana responsável pela deflexão (Figura 7.8) é proporcional ao produto da carga $2e$ da α pela carga Ze do núcleo. Logo, determinando-se experimentalmente a fração dF espalhada entre θ e $\theta + d\theta$ pode-se medir a carga nuclear Ze.

Os resultados obtidos por Chadwick para Z coincidiam, dentro do erro experimental, com o *número atômico* do elemento utilizado como alvo, ou seja, com o seu número de ordem na tabela periódica dos elementos: 1 para H, 2 para He, 3 para Li etc.

Rutherford e sua escola estabeleceram assim, experimentalmente, que *o átomo consiste de um núcleo de carga Ze e dimensões $\lesssim 10^{-12}$ cm, que concentra quase toda a massa atômica, e Z elétrons, distribuídos em dimensões $\sim 10^{-8}$ cm, em torno dele.*

7.6 ESPECTROS ATÔMICOS

A primeira evidência experimental significativa[*] sobre espectros atômicos estava contida na descoberta, feita por Fraunhofer em 1814, de uma série de linhas escuras no espectro solar ("raias de Fraunhofer")[**].

---

[*] Thomas Melvill já havia observado espectros de emissão de gases em 1 752, mas com resolução muito pobre.
[**] William Wollaston havia visto algumas linhas escuras em 1802.

Em 1859, Kirchhoff e Bunsen descobriram que o *espectro de emissão* de um elemento, formado por uma série de frequências bem definidas (*raias espectrais*: as linhas obtidas são imagens da fenda do espectroscópio), é característico desse elemento. Assim, a emissão do vapor de sódio (obtida, por exemplo, lançando sal de cozinha na chama de um fogão) contém duas raias muito próximas no amarelo, responsáveis pela cor amarela da luz emitida. Os *mesmos* dois comprimentos de onda aparecem, como linhas escuras, entre as raias de Fraunhofer.

Esse último fato foi interpretado como significando que as raias escuras formam o *espectro de absorção*. A radiação térmica solar, que tem um espectro contínuo, é parcialmente absorvida ao atravessar a atmosfera do Sol, e as raias escuras sinalizam a presença do elemento responsável pela absorção (sódio, por exemplo) nessa atmosfera. Essa descoberta de Kirchhoff e Bunsen serviu de base à análise da composição química das estrelas em astrofísica, através do seu espectro de absorção – em particular, permitiu identificar o desvio Doppler para o vermelho, e descobrir a expansão do Universo (Seção 6.8). O elemento hélio (He) tem esse nome porque foi descoberto por uma raia de *emissão* no espectro solar.

No espectro de emissão do hidrogênio *atômico* (H, não H_2), por exemplo, aparece, na região do visível, estendendo-se até o ultravioleta, um conjunto de raias que vão se aproximando cada vez mais umas das outras (Figura 7.9), tendendo a um ponto de acumulação.

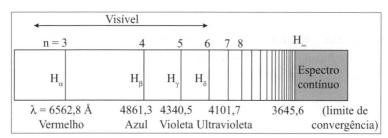

Figura 7.9 Espectro do H.

Em 1885, Johann Balmer, um professor de ginásio em Basel, encontrou uma formula empírica que reproduzia com grande precisão (dentro de 0,02%) as posições desse conjunto de raias:

$$\lambda_n = C\left(\frac{n^2}{n^2 - 4}\right) \quad (n = 3, 4, 5) \tag{7.22}$$

onde C é uma constante, que Balmer tomou = 3645,6 Å. Note que C é o *limite da série*: $C = \lambda_\infty$.

Uma forma mais sugestiva de apresentar esse resultado é em termos de *inversos de comprimentos de onda*:

$$\frac{1}{\lambda_n} = R_H \left(\frac{1}{2^2} - \frac{1}{n^2}\right) \quad (n = 3, 4, ...) \quad \text{(Balmer)} \tag{7.23}$$

onde $R_H = 4/C$ chama-se *constante de Rydberg para o hidrogênio*. Seu valor é

$$R_H \approx 109.677 \text{ cm}^{-1} \tag{7.24}$$

A linha H_α no vermelho é responsável pela cor avermelhada de uma descarga num tubo com hidrogênio. A série de linhas espectrais dada pela (7.23) chama-se *série de Balmer*.

Em 1906, Lyman descobriu outra série de raias no ultravioleta distante no espectro do H, com

$$\frac{1}{\lambda_n} = R_H \left(\frac{1}{1^2} - \frac{1}{n^2} \right) \quad (n = 2, 3, ...) \quad \text{(Lyman)} \tag{7.25}$$

e em 1908 Paschen descobriu mais uma série no H, dada por

$$\frac{1}{\lambda_n} = R_H \left(\frac{1}{3^2} - \frac{1}{n^2} \right) \quad (n = 4, 5, ...) \quad \text{(Paschen)} \tag{7.26}$$

esta, no infravermelho.

Todas essas séries são da forma geral

$$\frac{1}{\lambda_{n(m)}} = R_H \left(\frac{1}{m^2} - \frac{1}{n^2} \right) \quad (n = m+1, m+2, ...) \tag{7.27}$$

e são casos particulares de uma regra geral, associada ao *princípio de combinação de Rydberg e Ritz*, segundo o qual linhas espectrais podem sempre ser representadas como *diferenças* de dois *termos espectrais*:

$$\frac{1}{\lambda_{21}} = T_2 - T_1 \tag{7.28}$$

de forma que, se duas frequências ν_1 e ν_2 ($\nu = c/\lambda$) aparecem num espectro, podemos esperar que também apareçam $\nu_1 + \nu_2$ e $|\nu_1 - \nu_2|$.

Por exemplo, a 1ª linha da série de Lyman tem $1/\lambda$ dado por $R_H \left(1 - \frac{1}{4}\right)$, e a 1ª da série de Balmer por $R_H \left(\frac{1}{4} - \frac{1}{9}\right)$; a combinação das duas dá $R_H \left(1 - \frac{1}{9}\right)$, que é a 2ª linha da série de Lyman.

Todos esses resultados eram incompreensíveis pela física clássica. O modelo clássico de emissão de luz monocromática, como vimos, era o *oscilador de Hertz*, que só emite a frequência de oscilação ν. Sistemas oscilantes mais gerais podem emitir também harmônicos dessa frequência, como 2ν, 3ν, ..., mas não há nada que se pareça com o princípio de combinação de Rydberg-Ritz nem com as séries espectrais, como as do H.

7.7 O MODELO ATÔMICO DE BOHR

Os resultados de Rutherford trouxeram um novo desafio para a compreensão da estrutura do átomo, mostrando que o modelo de J. J. Thomson era inadmissível. Um modelo eletrostático era excluído pela impossibilidade de levar a uma configuração de equilíbrio estável (teorema de Earnshaw).

Modelos dinâmicos do tipo de um sistema planetário, com os elétrons orbitando em torno do núcleo, haviam sido considerados, mas também apresentavam uma dificuldade insuperável, dentro da física clássica.

Em qualquer órbita descrita em torno do núcleo, um elétron está continuamente se movendo com aceleração ≠ 0. Mas uma carga acelerada, de acordo com a teoria de Maxwell, emite radiação, e por conseguinte *perde energia*, tendendo a aproximar-se do núcleo. A órbita se transforma numa espiral, que acaba levando à captura dos elétrons pelo núcleo e ao colapso do átomo. Para uma órbita de dimensões atômicas, esse colapso ocorre num tempo inferior a 10^{-9} s! Logo, conforme já foi observado na Seção 7.1, *a física clássica não consegue sequer explicar a existência de átomos e a estabilidade da matéria*.

Em 1912, Niels Bohr transferiu-se do laboratório de J. J. Thomson em Cambridge para o de Rutherford, que nessa época estava em Manchester. Bohr procurou interpretar os resultados de Rutherford construindo um modelo para o átomo mais simples, o átomo de H, com base nas ideias de Planck e Einstein sobre quantização.

Bohr, percebendo que a teoria clássica não poderia explicar a estabilidade do átomo em seu estado normal, com o elétron orbitando em torno do núcleo sem emitir radiação, resolveu simplesmente *postular essa estabilidade*, admitindo a existência de *estados estacionários* com estas características.

De acordo com a mecânica clássica, o problema de um elétron orbitando em torno de um próton no átomo de H, sujeito apenas à força coulombiana, é inteiramente análogo ao problema de Kepler de dois corpos na gravitação, levando a órbitas em geral elípticas, como as dos planetas, podendo haver, como caso particular, órbitas circulares (Figura 7.10). Bohr resolveu considerar esse caso mais simples.

Se r é o raio de uma órbita circular e v a velocidade com que ela é descrita, sabemos que v é constante pela conservação do momento angular L (o campo é central):

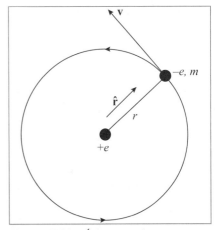

Figura 7.10   Órbita circular.

$$\boxed{L = mvr = \text{constante}} \qquad (7.29)$$

A aceleração **a** do elétron é puramente centrípeta,

$$\mathbf{a} = -\frac{v^2}{r}\hat{\mathbf{r}} \qquad (7.30)$$

A única força que atua é a força coulombiana entre o elétron e o próton,

$$\mathbf{F} = -\frac{q^2}{r^2}\hat{\mathbf{r}} = -\frac{mv^2}{r}\hat{\mathbf{r}} \qquad (7.31)$$

onde, para simplificar, fizemos

$$\boxed{q^2 \equiv e^2/(4\pi\varepsilon_0)} \qquad (7.32)$$

Obtemos, portanto,

$$\boxed{mv^2 = \frac{q^2}{r}} \qquad (7.33)$$

Tomando o nível zero de energia total no infinito, ou seja, com o elétron "infinitamente" afastado do núcleo e em repouso, a energia E do sistema é

$$\boxed{E = \frac{1}{2}mv^2 - \frac{q^2}{r} = -\frac{q^2}{2r}}$$
$$\uparrow \qquad (7.34)$$
$$\text{pela } (7.33)$$

onde o sinal $(-)$ se deve à escolha do nível zero para E: é preciso *fornecer* energia para remover o elétron até o "infinito".

Quando o átomo emite luz, sua energia tem de diminuir. Usando a (7.34), Bohr associou essa variação de energia ΔE a uma variação do raio da órbita, que passaria de um valor inicial r_i, a *um valor final* r_f:

$$\Delta E_{i \to f} = -\frac{q^2}{2r_i} - \left(-\frac{q^2}{2r_f}\right) = \frac{q^2}{2}\left(\frac{1}{r_f} - \frac{1}{r_i}\right) \qquad (7.35)$$

Bohr baseou-se na teoria de Einstein do efeito fotoelétrico para associar essa variação de energia à *frequência* ν do fóton emitido, usando a relação

$$\boxed{\Delta E_{i \to f} = h\nu = h\frac{c}{\lambda}} \qquad (7.36)$$

o que, levando na (7.35), resulta em

$$\boxed{\frac{1}{\lambda} = \frac{q^2}{2hc}\left(\frac{1}{r_f} - \frac{1}{r_i}\right)} \qquad (7.37)$$

que já tem a estrutura de uma *diferença entre dois termos espectrais*, como a (7.28).

Um espectroscopista havia informado Bohr sobre as fórmulas empíricas para o espectro do H. "Assim que vi a fórmula de Balmer", disse Bohr, "tudo se tornou claro para mim". Se identificarmos cada termo da (7.37) com a (7.27), inferimos, com efeito,

$$\frac{q^2}{2hcr_n} = \frac{R_H}{n^2} \qquad (7.38)$$

ou seja, que os *raios das órbitas* são dados por

$$\boxed{r_n = n^2 a_0 \quad (n = 1, 2, 3, \ldots)} \tag{7.39}$$

onde

$$\boxed{a_0 \equiv \frac{q^2}{2hcR_H}} \equiv \text{RAIO DE BOHR} \tag{7.40}$$
(da menor órbita, $n = 1$)

e a energia E_n associada à órbita n, pelas (7.34) e (7.39), é

$$\boxed{E_n = -\frac{q^2}{2n^2 a_0}} \quad (n = 1, 2, \ldots) \tag{7.41}$$

com [cf.(7.36)]

$$E_n - E_m = h\nu_{n \to m} = \frac{q^2}{2a_0}\left(\frac{1}{m^2} - \frac{1}{n^2}\right) \tag{7.42}$$

fornecendo a frequência da linha espectral emitida na passagem de n para m.

A (7.40) relaciona o raio da 1ª órbita de Bohr com a constante de Rydberg, que é determinada experimentalmente. Mas Bohr conseguiu relacioná-la com outras constantes físicas fundamentais usando seu *princípio de correspondência* (Seção 7.1), a ideia de que a física clássica deve ser obtida como caso limite.

No limite em que o "*número quântico*" n se torna muito grande, a (7.39) mostra que o raio da órbita correspondente cresce rapidamente, aproximando-se de dimensões macroscópicas. Hoje em dia, embora isso seja altamente não trivial, sabe-se preparar átomos nessa situação, que são chamados *átomos de Rydberg* (para $n \sim 10^2$, o raio é ~ 1 μm).

Se considerarmos então uma transição entre duas órbitas vizinhas, $n + 1 \to n$, a variação fracionária de raio é muito pequena, e podemos considerar que o elétron permanece numa única órbita circular, quase macroscópica. A frequência ν da radiação emitida nessa transição é, pela (7.42),

$$\nu_{n+1 \to n} = \frac{q^2}{2ha_0}\left[\frac{1}{n^2} - \frac{1}{(n+1)^2}\right] = \frac{q^2 \overbrace{(2n+1)}^{\approx 2n}}{2ha_0 n^2 \underbrace{(n+1)^2}_{\approx n^2}}$$

ou seja, para $n \gg 1$,

$$\nu_{n+1 \to n} \approx \frac{q^2}{ha_0 n^3} \quad (n \gg 1) \tag{7.43}$$

Mas nesse caso a física clássica, que deve resultar como caso limite, prevê que a frequência da radiação emitida coincide com a frequência do movimento circular uniforme ao longo da órbita,

$$\left(\nu_n\right)_{class} = \frac{v_n}{2\pi r_n} = \frac{v_n}{2\pi n^2 a_0} \quad \text{(Frequência clássica)} \tag{7.44}$$

onde, pela (7.33),

$$v_n^2 = \frac{q^2}{mr_n} = \frac{q^2}{ma_0 n^2}$$

de modo que

$$\left(\nu_n^2\right)_{class} = \frac{q^2}{ma_0 n^2} \cdot \frac{1}{4\pi^2 n^4 a_0^2} = \frac{q^2}{(2\pi)^2 m\left(n^2 a_0\right)^3} \tag{7.45}$$

Como $\nu_n = 1/\tau_n$, onde τ_n é o período, e $n^2 a_0 = r_n$, a (7.45) não passa da 3ª lei de Kepler: os quadrados dos períodos são proporcionais aos cubos dos raios das órbitas correspondentes (**FB1**, Seção 10.4).

Usando o princípio de correspondência, a (7.43) resulta em

$$\left(\nu_{n+1,n}\right)^2 = \left.\frac{q^4}{\hbar^2 a_0^2 n^6}\right| \approx \left(\nu^2\right)_{class} \tag{7.46}$$

e, comparando com a (7.45), resulta [cf. (7.32)]

$$\frac{q^2}{(2\pi)^2 m(a_0)^3} = \frac{q^4}{\hbar^2 a_0^2} \Bigg\{ \boxed{a_0 = \frac{\hbar^2}{mq^2} = \frac{h^2 \varepsilon_0}{\pi m e^2}} \tag{7.47}$$

que exprime o raio de Bohr em função de constantes fundamentais da física.

Substituindo os valores numéricos

$$\varepsilon_0 = 8{,}854 \times 10^{-12} \text{ F/m}, \quad h = 6{,}626 \times 10^{-34} \text{ J·s}$$
$$m = 9{,}109 \times 10^{-31} \text{ kg}, \quad e = 1{,}602 \times 10^{-19} \text{ C}$$

acha-se

$$\boxed{a_0 \cong 5{,}29 \times 10^{-11} \text{ m} \cong 0{,}529 \text{ Å}} \tag{7.48}$$

e a (7.40) dá o valor da constante de Rydberg R_H correspondente:

$$\boxed{R_H = \frac{q^2}{2hca_0} = \frac{2\pi^2 mq^4}{ch^3} = \frac{me^4}{8\varepsilon_0^2 ch^3}} \tag{7.49}$$

Substituindo os valores numéricos, acha-se $R_H \approx 109.600$ cm^{-1}, o que já concorda bastante bem com o valor experimental (7.24). A concordância ainda melhora quando se leva em conta que o próton foi tratado como em repouso (massa infinita), quando na verdade deveríamos ter usado o referencial do CM e a *massa reduzida* (**FB1**, Seção 10.10). Esse foi um grande sucesso da teoria de Bohr.

A expressão do raio de Bohr em termos da constante de Planck e da carga e massa do elétron foi um marco na história da física, definindo a *escala atômica de tamanho*. Como observou Dirac, "grande" e "pequeno" deixaram de ser conceitos relativos, com a introdução, pela primeira vez, de uma escala absoluta, baseada em constantes universais da Natureza.

Entretanto, a condição (7.38), que seleciona os raios das órbitas circulares, foi obtida identificando a (7.37) com a fórmula de Balmer. Haveria alguma justificativa *teórica* para essa regra de seleção? Pelas (7.29) e (7.33), o quadrado do *momento angular* L_n do elétron na órbita de raio r_n é

$$L_n^2 = m^2 v_n^2 r_n^2 = mq^2 r_n = mq^2 a_0 n^2 = n^2 \hbar^2$$
$$\uparrow$$
$$\text{pela (7.47)}$$

ou seja,

$$\boxed{L_n = n\hbar \quad (n = 1, 2, 3, \ldots)} \tag{7.50}$$

Isso significa que os raios das órbitas correspondem à *quantização do momento angular em unidades de* $\hbar$. As dimensões do momento angular são as mesmas da ação.

Refazendo em sentido inverso o caminho que nos levou a esses resultados, vemos que o modelo atômico de Bohr pode ser deduzido a partir das seguintes hipóteses:

(I) ESTADOS ESTACIONÁRIOS: *Existe no átomo um conjunto discreto de estados chamados de "estacionários"*. Pelo menos o estado estacionário de energia mais baixa [dado pela (7.41) com $n = 1$ para o H], chamado de *estado fundamental*, é realmente estacionário, no sentido de ser *estável*, pois o átomo pode permanecer nele indefinidamente.

Esses estados correspondem a órbitas eletrônicas em torno do núcleo, que Bohr calculou usando as leis da mecânica newtoniana (clássica!) e considerando somente órbitas coulombianas circulares. Esta hipótese já viola a teoria eletromagnética clássica, segundo a qual a aceleração do elétron nessas órbitas levaria à emissão de radiação, fazendo-o espiralar para dentro do núcleo.

(II) CONDIÇÃO DE QUANTIZAÇÃO DE BOHR: *Os estados estacionários são aqueles que satisfazem à condição de quantização do momento angular* (7.50).

(III) CONDIÇÃO DE FREQUÊNCIA DE BOHR: *Quando um elétron passa de um estado "estacionário" de energia E_n para outro de energia E_m, a diferença de energia corresponde, se $E_n > E_m$, à emissão de um fóton, de frequência dada por*

$$\boxed{\nu_{n \to m} = (E_n - E_m)/h} \tag{7.51}$$

Também pode ocorrer o processo inverso, em que o átomo passa de E_m para E_n por *absorção* de um fóton dessa frequência (espectro de absorção).

Com essa mistura audaciosa de física clássica e postulados que a contradizem, Bohr estava procurando penetrar no mundo novo dos fenômenos da escala atômica. Na opinião de Einstein,

> "Que esses fundamentos incertos e contraditórios tenham permitido a Bohr ... descobrir as leis básicas das linhas espectrais ... me pareceu – e continua parecendo – um milagre. Essa é a forma mais elevada de musicalidade na esfera do pensamento."

Pode-se perguntar por que os estados com $n = 2, 3, 4, ...$ são chamados de "estacionários", uma vez que tendem a passar para o estado fundamental $n = 1$, com emissão de um fóton da série de Lyman. A razão é que o período de revolução numa órbita é da ordem de grandeza do período da luz visível, ou seja, $\sim 10^{-14}$ s, ao passa que a "vida média" para emissão de radiação é tipicamente $\sim 10^{-8}$ s, de forma que o elétron, no modelo de Bohr, descreve um grande número de revoluções numa órbita antes de passar para outra.

A Figura 7.11 mostra um "diagrama de termos", no sentido da (7.28), ou, o que é equivalente, dos *níveis de energia dos estados estacionários*, previstos pela teoria de Bohr para o átomo de H. Com a escolha feita do nível zero de energia, a energia do estado fundamental do H, pelas (7.41) e (7.49), é

$$\boxed{E_1 = -\frac{q^2}{2a_0} = -chR_H}$$

$$\left. \begin{array}{l} h = 4{,}136 \times 10^{-15} \text{ eV} \cdot \text{s} \\ c = 3 \times 10^{10} \text{ cm/s} \\ R_H = 109.677 \text{ cm}^{-1} \end{array} \right\} \boxed{E_1 \approx -13{,}6 \text{ eV}} \qquad (7.52)$$

Isso significa que é preciso *fornecer* 13,6 eV ao átomo no seu estado fundamental para remover o elétron até uma distância "infinita" do núcleo com energia zero, ou seja, para *ionizar* o átomo de H. Esse resultado concorda com o valor experimental da *energia de ionização* do H.

Se fornecermos mais do que esta energia, o elétron não só será ionizado, como ainda terá uma energia cinética *positiva*, que pode variar de forma *contínua*. Por isso, a região sombreada acima de $n = \infty$ na Figura 7.11 corresponde ao "espectro contínuo". Como o elétron não está mais ligado ao núcleo, podemos pensar nesses estados como representando o *espalhamento* de um elétron por um próton.

A *energia de excitação* mínima que é preciso fornecer ao elétron para removê-lo do estado fundamental é aquela correspondente à transição para o 1° estado excitado, $n = 2$, dada por [cf. (7.42)]

$$E_2 - E_1 = E_1\left(1 - \frac{1}{4}\right) \cong \frac{3}{4} \times 13{,}6 \text{ eV} \approx 10{,}2 \text{ eV}.$$

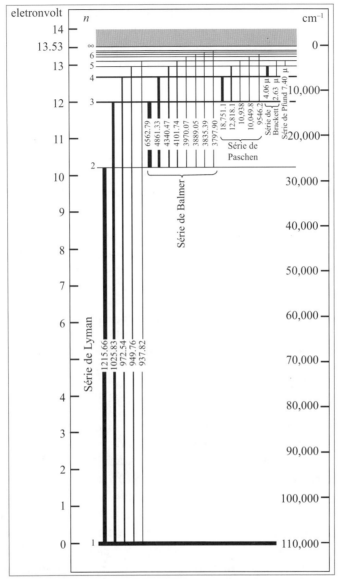

Figura 7.11 Diagrama de termos de H (comprimentos de onda em Å).

Os experimentos de Franck e Hertz

Uma verificação experimental importante das ideias de Bohr, em particular do conceito da *energia de excitação* mínima de um átomo, que acabamos de discutir, foi obtida numa série de experimentos de James Franck e Gustav Hertz* realizados a partir de 1914. Até então, o caráter quantizado de transferências de energia tinha-se restringido essencialmente à *emissão e absorção da radiação*. Os experimentos de Franck e

---

* Não confundir com seu tio Heinrich Hertz, que verificou a teoria de Maxwell.

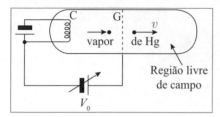

Figura 7.12 Experimento de Franck e Hertz.

Hertz foram os primeiros a demonstrar o caráter quantizado de transferências de energia em que a energia transferida era *energia cinética*, com a transferência efetuada através de *colisões*.

O arranjo experimental mais simples que empregaram está ilustrado na Figura 7.12. Num tubo contendo vapor de mercúrio a baixa pressão, elétrons emitidos por um filamento incandescente C (catodo) são acelerados por uma diferença de potencial V_0 variável, até atingir o anodo, que é uma *grade* G, cujos interstícios os elétrons podem atravessar. Penetram depois numa região livre de campo elétrico, onde a velocidade v adquirida pelos elétrons acelerados se mantém, enquanto eles não colidem com átomos de Hg.

A energia cinética adquirida pelos elétrons que atravessam a grade é

$$\frac{1}{2}mv^2 = eV_0 \tag{7.53}$$

(a energia térmica da emissão pelo filamento é desprezível em confronto com eV_0). Aumentando gradualmente V_0, verifica-se que o vapor de mercúrio permanece escuro, até que se atinge o valor $V_0 = 4,88$ V, quando ele começa a emitir radiação com $\lambda = 2.537$ Å, característica do espectro de emissão do Hg.

Usando a "condição de frequência" de Bohr (7.51), a diferença de energia associada à frequência $\nu = c/\lambda$, com $\lambda = 2.537$ Å, é $h\nu \approx 4,88$ eV. Isso leva à interpretação do resultado experimental. Enquanto o potencial acelerador é insuficiente para comunicar aos elétrons essa energia cinética, eles não podem transferir aos átomos de Hg, com os quais colidem, a energia de excitação mínima necessária para removê-los do estado fundamental. Assim que é atingido o *limiar de excitação* de 4,88 eV, começam a ocorrer *colisões inelásticas* entre os elétrons e os átomos, nas quais a *energia cinética* dos elétrons é convertida em *energia de excitação* e depois reemitida sob a forma de radiação de 2.537 Å.

Também foram observados limiares associados a transições para outros níveis. Essas experiências constituem um dos primeiros exemplos de *bombeamento atômico*, em que um átomo é transferido de seu estado fundamental a algum de seus estados excitados de forma controlada, no caso, através de colisões com elétrons.

Além disso, também foi determinada experimentalmente por Franck e Hertz a energia necessária para *ionizar* os átomos, que corresponde à transição do estado fundamental para o espectro contínuo. O valor de V_0 correspondente é o *potencial de ionização*, e concorda com aquele inferido espectroscopicamente, pelo limite da série de linhas espectrais.

7.8 AS ONDAS DE DE BROGLIE

Em 1923, o físico francês Louis de Broglie, que estava preparando sua tese de doutoramento, sugeriu uma série de ideias especulativas, baseadas nos resultados até então obtidos para fótons, na teoria de Bohr, e na analogia ótico-mecânica (Seção 2.11).

Para os fótons, como vimos no tratamento do efeito Compton, manifestam-se efeitos que os caracterizam como partículas, mas que ao mesmo tempo dependem de suas propriedades *ondulatórias*, como a relação (7.13) entre a magnitude do momento p do fóton e o seu comprimento de onda λ:

$$\boxed{p = \frac{h}{\lambda} = \hbar k} \quad (7.54)$$

O aparecimento de números inteiros na condição de quantização de Bohr para as órbitas dos elétrons no átomo de H foi uma pista importante. Nas palavras de de Broglie,

"A determinação do movimento estacionário dos elétrons no átomo introduz números inteiros; ora, até aqui, os únicos fenômenos em que intervinham inteiros na física eram os de interferência e modos normais de vibração. Esse fato me sugeriu a ideia de que também os elétrons não deveriam ser considerados somente como corpúsculos, mas de que deveriam estar associados com periodicidade".

Assim, a contrapartida das propriedades corpusculares da luz, antes considerada como onda, seria a existência de propriedades ondulatórias dos elétrons (mais geralmente, de outras partículas), até então tratados como corpúsculos. Por analogia com a (7.54), de Broglie postulou que o *comprimento de onda* associado a partículas (não relativísticas) de momento $p = mv$, seria

$$\boxed{\lambda = \frac{h}{p} = \frac{h}{mv}} \quad (7.55)$$

que se chama o *comprimento de onda de de Broglie* da partícula.

Qual seria o valor de λ para elétrons de diferentes energias E? Para um elétron livre não relativístico, a energia é puramente cinética:

$$E = \frac{p^2}{2m} \left\{ p = \sqrt{2mE} \right. \quad \boxed{\lambda = \frac{h}{\sqrt{2mE}}} \quad (7.56)$$

Para um elétron de 1 eV, temos:

$$E = 1{,}602 \times 10^{-19} \text{ J}, \quad m = 9{,}109 \times 10^{-31} \text{ kg}, \quad h = 6{,}626 \times 10^{-34} \text{ J} \cdot \text{s}$$

o que dá

$$\lambda_{(1 \text{ eV})} = 1{,}22 \times 10^{-9} \text{ m} = 12{,}2 \text{ Å}$$

ou seja

$$\boxed{\lambda(\text{elétrons}) = \frac{12{,}2}{\sqrt{E_{(\text{eV})}}} \text{ Å}} \quad (7.57)$$

Assim, para um elétron de 100 eV, tem-se $\lambda = 1{,}22$ Å; para 10^4 eV, $\lambda = 0{,}122$ Å; muito acima disso, já seria preciso usar a energia relativística. Por outro lado, para prótons de 1 keV, seria $\lambda = 0{,}009$ Å (devido a $M_p \approx 1836\, m_e$).

Os pequenos valores de λ, mesmo para partículas da escala atômica, explicariam por que as propriedades ondulatórias teriam passado desapercebidas. Conforme observou de Broglie, é a mesma razão pela qual as propriedades ondulatórias da luz visível passam, normalmente, desapercebidas, permitindo que se empregue a ótica geométrica em lugar da ótica ondulatória.

Durante a defesa de tese, Jean Perrin perguntou a de Broglie se as suas ondas poderiam ser detectadas experimentalmente. A resposta de de Broglie foi que isso talvez fosse possível fazendo experiências de difração de elétrons por cristais. Sem que Perrin ou de Broglie soubessem, já existiam alguns dados experimentais nessa ocasião indicativos do efeito, em experimentos no laboratório de C. H. Davisson em New York (antecessor dos laboratórios da Bell), com espalhamento de elétrons por amostras cristalinas de níquel.

Entretanto, efeitos muito mais claros apareceram, por acaso, nesses experimentos, devido a um acidente, ocorrido no laboratório em 1925. Um tubo de ar líquido explodiu, levando o alvo de níquel a ficar oxidado. Para eliminar o óxido, o alvo foi submetido a um tratamento térmico, que o transformou, de agregado policristalino, em um pequeno número de *monocristais*. O resultado foi uma mudança radical na distribuição angular dos elétrons espalhados: apareceu um pico intenso, correspondente a um ângulo de desvio de 50°, para um feixe de elétrons de 54 eV.

Por difração de raios X, sabia-se que o espaçamento D entre átomos de Ni, *na superfície* de um monocristal, era de 2,15 Å.

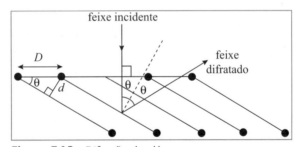

Figura 7.13 Difração de elétrons.

Se o feixe de elétrons sofre difração de Bragg por uma família de planos reticulares que forma um ângulo θ com a superfície (Figura 7.13), o espaçamento entre os planos é $d - D$ senθ, e a condição de Bragg (4.89) dá, para $m = 1$,

$$2d \operatorname{sen}\left(\frac{\pi}{2} - \theta\right) = \lambda = 2\,D\,\operatorname{sen}\theta\cos\theta = D\,\operatorname{sen}(2\theta) \tag{7.58}$$

Mas 2θ é o ângulo de desvio (Figura 7.3), de modo que

$$\lambda = 2{,}15\text{Å}\,\operatorname{sen}50° = 1{,}65\text{ Å}$$

ao passo que a (7.57) daria λ, = 1,66 Å. Confirmou-se assim que o pico a 50° era devido à *difração* de Bragg dos elétrons pelo cristal de Ni .

Vimos, na Seção 4.11, que outra técnica de difração de raios X é o método dos pós cristalinos de Debye e Scherrer, em que o agregado de microcristais do pó tem faces distribuídas ao acaso, levando à formação de anéis concêntricos de difração.

Experiências análogas de difração de elétrons foram feitas em 1927 por G. P. Thomson, mostrando os anéis de difração esperados. Trinta anos antes, em 1897, o pai de G. P. Thomson, J. J. Thomson, havia descoberto o elétron, tendo ganho o Prêmio Nobel de 1906 pela identificação dos elétrons como corpúsculos. Em 1937, juntamente com Davisson, G. P. Thomson ganhou o Nobel – por demonstrar que elétrons são ondas! A Figura 7.14 compara imagens de difração de raios X (à esquerda) e de elétrons (à direita), atravessando a mesma folha de alumínio, tornando patente a natureza ondulatória dos elétrons.

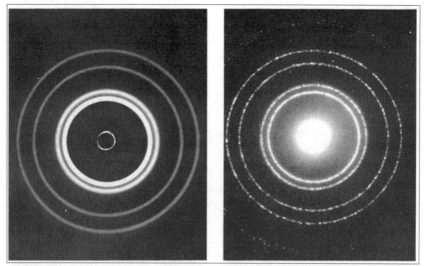

Figura 7.14 Difração de raios X (esq.) e de elétrons (dir.) pela mesma folha de Al.

Em 1929, I. Estermann e O. Stern demonstraram a difração de partículas neutras: átomos de He e moléculas de H_2, verificando a validade da relação de de Broglie também neste caso. Posteriormente, foram feitas experiências de difração com nêutrons, levando a técnicas valiosas de investigação da estrutura de cristais, complementares à difração de raios X.

Relatamos até aqui os eventos mais importantes que precederam a formulação da teoria quântica, correspondendo à "velha teoria quântica", desenvolvida durante o primeiro quarto do século XX. A característica principal dessa era foi a abordagem heurística, fenomenológica, procurando encontrar aspectos da nova dinâmica, do mundo atômico e subatômico, de forma semiempírica.

Embora tenha obtido alguns sucessos notáveis, a velha teoria quântica tinha defeitos muito sérios. Em primeiro lugar, era uma mistura extremamente arbitrária de física clássica com novos postulados, alheios e contraditórios à física clássica. Além disso, o modelo atômico de Bohr nunca pôde ser estendido a átomos com mais de um elétron "ótico", isto é, envolvido nas transições que dão origem ao espectro ótico: por exemplo, ao átomo de He. Mesmo para o átomo de H, conforme veremos, a predição da teoria de Bohr para o momento angular no estado fundamental ($L = \hbar$) é incorreta: o momento angular nesse estado é nulo.

7.9 A EQUAÇÃO DE SCHRÖDINGER PARA ESTADOS ESTACIONÁRIOS

Os trabalhos de de Broglie, antes da confirmação experimental dos efeitos ondulatórios associados a partículas, não haviam tido muita repercussão, mas sua importância foi logo reconhecida por Einstein.

Em 1926, Peter Debye, que estava na Escola Politécnica Federal de Zürich, organizava, juntamente com Erwin Schrödinger, seu sucessor na Universidade de Zürich, um colóquio conjunto. Conversando sobre a teoria de de Broglie, concordaram que não a entendiam, e Debye pediu a Schrödinger que preparasse um colóquio sobre esse tema. Foi a preparação do colóquio que acabou levando Schrödinger, poucos meses depois, à formulação da *mecânica ondulatória*, a sua versão da mecânica quântica.

Schrödinger, que tinha uma excelente formação em física matemática, preocupou-se (por sugestão de Debye durante o colóquio) em encontrar uma *equação de ondas* para as ondas materiais de de Broglie, começando pelos *estados estacionários*, ou seja, por partículas de energia E dada.

Para *partículas livres não relativísticas*, isso era bastante simples. Com efeito, nesse caso, as relações de de Broglie implicam, como vimos, que a frequência ν da onda e seu número de onda $k = 2\pi/\lambda$ estão relacionados com a energia e o momento da partícula por

$$\boxed{\begin{aligned} E &= h\nu = \hbar\omega \\ p &= \frac{h}{\lambda} = \hbar k \end{aligned}}$$ (7.59)

ao mesmo tempo que se tem, para uma partícula livre de massa m,

$$E = \frac{p^2}{2m}$$ (7.60)

(a energia é puramente cinética).

Por outro lado, a equação de ondas monocromáticas, de número de onda k, é, em três dimensões,

$$\boxed{\left(\Delta + k^2\right)\psi(\mathbf{x}) = 0}$$ (7.61)

ou seja, usando as (7.59) – (7.60),

$$\Delta\psi = -k^2\psi = -\frac{p^2}{\hbar^2}\psi = -\frac{2m}{\hbar^2} \cdot \underbrace{\frac{p^2}{2m}}_{E}\psi$$

resultando, finalmente, em

$$-\frac{\hbar^2}{2m}\Delta\psi(\mathbf{x}) = E\psi(\mathbf{x})$$ (7.62)

que é a *equação de Schrödinger estacionária* para partículas *livres* não relativísticas de massa m e energia E.

Consideremos agora o problema não relativístico do movimento de uma partícula, de massa m e energia E, num campo de forças, associado à energia potencial $V(\mathbf{x})$, para o qual

$$E = \frac{p^2}{2m} + V(\mathbf{x})$$ (7.63)

O problema do átomo de hidrogênio, por exemplo, é desse tipo.

Para obter a equação das ondas de de Broglie nesse caso, Schrödinger apelou, como o próprio de Broglie já fizera, para a *analogia ótico-mecânica* descoberta por Hamilton. Vimos, na Seção 2.11, que a trajetória de uma partícula de energia E *dada*, num campo de forças de energia potencial $V(\mathbf{x})$, segundo as leis da mecânica clássica, é idêntica à de um raio luminoso, num meio inomogêneo de índice de refração dado pela (2.73),

$$n(\mathbf{x}) = \sqrt{1 - \frac{V(\mathbf{x})}{E}}$$ (7.64)

segundo as leis da ótica geométrica.

Em seu primeiro trabalho de 1926, Schrödinger argumentou:

"Nossa mecânica clássica é talvez completamente análoga à ótica geométrica, e por isto falha e está em desacordo com a realidade [...] Portanto é preciso estabelecer uma mecânica ondulatória, e o método mais óbvio é a elaboração de uma teoria ondulatória a partir da analogia Hamiltoniana".

Schrödinger chegou a descrever a analogia como uma regra de três:

Ótica geométrica: Ótica ondulatória:: Mecânica clássica: Mecânica ondulatória

Sabemos (Seção 3.1) que, para ondas de número de onda reduzido k_0, num meio de índice de refração n, o número de onda no meio é $k = nk_0$. Logo, a equação de ondas monocromáticas (7.61) deve ser substituída por

$$\left[\Delta + n^2(\mathbf{x})k_0^2\right]\psi(\mathbf{x}) = 0$$ (7.65)

onde k_0 é o número de onda na ausência do meio, que, para partículas livres, de mesma energia (frequência), é dado, como na (7.61), por

$$k_0^2 = \frac{\mathbf{p}_0^2}{\hbar^2} = \frac{2m}{\hbar^2}\frac{\mathbf{p}_0^2}{2m} = \frac{2m}{\hbar^2}E$$ (7.66)

As (7.64) e (7.65) dão então

$$0 = \left\{ \Delta + \frac{2m}{\hbar^2} E \left[1 - \frac{V(\mathbf{x})}{E} \right] \right\} \psi(\mathbf{x}) = \Delta\psi - \frac{2m}{\hbar^2} V\psi + \frac{2m}{\hbar^2} E\psi$$

ou seja

$$\boxed{-\frac{\hbar^2}{2m} \Delta\psi + V(\mathbf{x})\psi = E\psi(\mathbf{x})} \qquad (7.67)$$

que é *a equação de Schrödinger para estados estacionários de energia E na presença da energia potencial V(**x**)*, generalização da (7.62). Para o átomo de H, por exemplo, seria

$$\boxed{V(\mathbf{x}) = -\frac{q^2}{r}} \qquad (7.68)$$

Não basta, entretanto, formular uma equação de ondas. É preciso que saibamos como *interpretá-la*. A que correspondem a amplitude e a intensidade da onda? Qual é a relação entre a onda e a partícula a ela associada?

O problema da interpretação também está relacionado com as condições que devem ser impostas às soluções da equação, para que sejam fisicamente aceitáveis, em particular, as condições de contorno que devem ser satisfeitas.

Trata-se precisamente de formular os novos conceitos físicos associados à escala atômica. Esse é um problema altamente não trivial, e ainda hoje, quase um século após a formulação da teoria quântica, alguns aspectos mais sutis continuam sendo elaborados (Seção 10.8). Deixando de seguir a evolução histórica, vamos abordar a formulação dos princípios e conceitos básicos da física quântica no próximo capítulo.

■ PROBLEMAS

7.1 Para verificar se o conceito de fóton é relevante no eletromagnetismo macroscópico, considere uma estação de rádio que transmite na frequência de 1 MHZ, com uma potência total emitida de 5 kW. (a) Calcule o comprimento de onda das ondas de rádio emitidas. (b) Calcule a energia correspondente dos fótons, em eV. (c) Quantos fótons são emitidos por segundo?

7.2 O comprimento de onda correspondente ao limiar para que ocorra o efeito fotoelétrico, no alumínio, é de 2.954 Å. (a) Qual é a função de trabalho do Al (em eV)? (b) Qual é a energia cinética máxima dos elétrons ejetados do Al por luz ultravioleta, de comprimento de onda de 1.500 Å?

7.3 Um fóton de 100 MeV colide com um próton em repouso. Calcule a perda máxima de energia que o fóton pode sofrer.

7.4 Relacione a direção φ de desvio do elétron de recuo, no efeito Compton (Seção 7.4), com as frequências ν_0 e ν dos fótons incidente e espalhado, e com o ângulo θ de espalhamento.

7.5 Um fóton de raios X de $\lambda_0 = 3$ Å é espalhado por um elétron livre em repouso, sendo desviado de 90°. Qual é a energia cinética de recuo do elétron (em eV)?

7.6 Um pósitron de momento **p** colide com um elétron em repouso, levando o par a aniquilar-se em dois fótons, cujas direções de propagação formam um ângulo θ uma com a outra. Demonstre que a soma dos comprimentos de onda dos dois fótons é igual a $\lambda_C (1 - \cos\theta)$, onde λ_C é o comprimento de onda Compton do elétron (observe que o cálculo é semelhante ao do efeito Compton).

7.7 Em 1965, Höglund e Mezger observaram, com um radiotelescópio, uma linha espectral de emissão, de frequência 5.009 MHz. (a) Mostre que essa linha corresponde a uma transição entre dois níveis de Rydberg do átomo de hidrogênio, $n = 110$ e $n = 109$. (b) Qual é o raio da órbita de Bohr $n = 110$?

7.8 Para verificar o possível efeito de correções relativísticas na teoria de Bohr do átomo de hidrogênio, pode-se calcular a razão v/c, onde v é a velocidade do elétron no estado fundamental do átomo. Mostre que

$$\boxed{\frac{v}{c} = \alpha, \quad \alpha \equiv \frac{q^2}{\hbar c}}$$

onde α é chamada de *constante de estrutura fina*. Mostre que $\alpha \approx 1/137$, de modo que $v/c < 1\%$.

7.9 No tratamento do modelo de Bohr do átomo de H na Seção 7.7, o núcleo (próton) foi tratado como se tivesse massa infinita, em repouso. Na realidade, o elétron e o núcleo se movem em torno do centro de massa do sistema. (a) Mostre, levando em conta esse efeito, que ele corrige a constante de Rydberg por um fator $M/(M + m)$, onde M é a massa do núcleo. (b) Considere o espectro do deutério (isótopo do hidrogênio de massa 2). Qual é a variação percentual de comprimento de onda, entre uma linha do espectro do H e a linha correspondente do espectro do deutério?

7.10 Considere um oscilador harmônico bidimensional, de energia

$$\boxed{E = \frac{p^2}{2m} + \frac{1}{2}m\omega^2 r^2}$$

onde r é a distância ao centro e ω a frequência angular do oscilador. Para órbitas circulares, aplicando a condição de quantização de Bohr, obtenha os níveis de energia. Qual seria a frequência da radiação emitida, numa transição entre dois níveis vizinhos?

7.11 Considere uma molécula diatômica, formada por dois átomos idênticos, de massa M (por exemplo H_2, O_2 etc.) e separação r_0. A molécula pode entrar em rotação (como um haltere) em torno de um eixo que passa pelo seu centro, perpendicular ao segmento que liga os dois átomos, tratado como uma barra rígida. (a) Aplicando a condição de quantização de Bohr, calcule os níveis de energia rotacional da molécula. (b) Para a molécula de H_2, calcule a energia (em eV) do primeiro nível rotacional, tomando $r_0 = 0{,}74$ Å.

7.12 Calcule o comprimento de onda de de Broglie associado às seguintes partículas: (a) elétron de energia igual a 10 MeV (relativístico!); (b) nêutron térmico (à temperatura $T = 300$ K).

7.13 Iluminando-se sucessivamente a superfície de um metal com luz de dois comprimentos de onda diferentes, λ_1 e λ_2, encontra-se que as velocidades máximas dos fotoelétrons emitidos estão relacionadas por: $v_{1,max} = \alpha\, v_{2,max}$. Demonstre que a função de trabalho é dada por

$$W = \frac{(\alpha^2 \lambda_1 - \lambda_2)hc}{(\alpha^2 - 1)\lambda_1 \lambda_2}$$

7.14 Um átomo de hélio uma vez ionizado, He⁺, tem um espectro análogo ao do hidrogênio, mas seu núcleo tem o dobro da carga do de hidrogênio. (a) Desenvolva a teoria de Bohr para o He⁺, calculando os níveis de energia E_n em função das constantes físicas e, m, c, h, ε_0. (b) Calcule a energia de ionização do He⁺.

8
Princípios básicos da teoria quântica

8.1 A DUALIDADE ONDA-PARTÍCULA

Vimos ao longo deste curso como as teorias sobre a natureza da luz evoluíram de uma teoria corpuscular, capaz de explicar leis básicas da ótica geométrica, à teoria ondulatória, que explica os efeitos de interferência e difração da luz. Por outro lado, as teorias do efeito fotoelétrico e do efeito Compton voltaram a apontar para características corpusculares da luz, levando à introdução dos fótons como "partículas de luz".

Para os elétrons, considerados como partículas desde sua descoberta, a confirmação experimental das conjecturas de de Broglie demonstrou efeitos de difração e interferência caracteristicamente ondulatórios.

Como conciliar conceitos tão diferentes como os de onda e partícula? Durante o período em que isso estava sendo tentado, William Bragg chegou a descrever a situação nestes termos: "Os elétrons se comportam como partículas às segundas, quartas e sextas e como ondas às terças, quintas e sábados". Aos domingos, presumivelmente, os físicos descansariam do esforço de tentar compatibilizar os dois comportamentos!

Procuremos definir de forma mais precisa o contraste entre "comportamento ondulatório" e "comportamento corpuscular" analisando o experimento de Young de duas fendas (Seções 3.1 e 3.2) em termos dos conceitos clássicos de *onda e de partícula*.

(a) Experimento de Young com ondas clássicas

Vamos pensar em ondas clássicas como ondas "macroscópicas" num meio: por exemplo, ondas de som na atmosfera. As ondas, produzidas por uma fonte suficientemente pequena para que possamos tratá-la como puntiforme (fonte coerente), incidem sobre um par de aberturas num anteparo opaco e são detectadas sobre um anteparo de observação por um detector móvel que varre o anteparo (por exemplo, um microfone acoplado a um alto-falante).

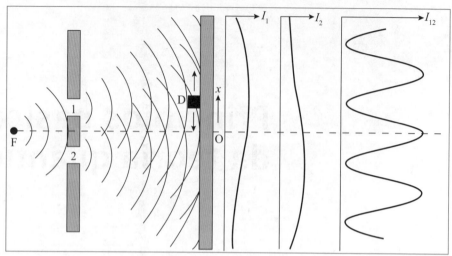

Figura 8.1 Experimento de Young com ondas clássicas.

Se apenas a fenda 1 estivesse aberta, a intensidade do som detectada seria $I_1(x)$ (Figura 8.1); analogamente para 2, sendo

$$I_j(x) = |\varphi_j(x)|^2 \quad (j = 1, 2) \tag{8.1}$$

onde $\varphi(x)$ é a amplitude da onda sonora (função de onda). A experiência de Young mostra *interferência*, ou seja: com 1 e 2 abertas, a intensidade observada é

$$I_{12}(x) = |\varphi_1(x) + \varphi_2(x)|^2 = I_1 + I_2 + 2\sqrt{I_1 I_2}\cos\Delta \tag{8.2}$$

onde Δ é a defasagem entre as duas contribuições [cf. (3.10)].

– Logo, em geral, $I_{12} \neq I_1 + I_2$; em particular, se $I_1 = I_2 = I_0$, a intensidade resultante I_{12} pode variar, de 0 até $4I_0$ (com *valor médio* $2I_0$), conforme a interferência seja destrutiva ou construtiva.

– Assim, se *fecharmos* uma das fendas, a intensidade num ponto x do anteparo de observação pode diminuir, mas também pode *aumentar*.

– Se formos gradualmente diminuindo a intensidade da fonte sonora, as franjas de interferência vão diminuindo proporcionalmente de intensidade, de forma *contínua*.

(b) Experimento de Young com partículas clássicas

Para simular uma fonte puntiforme, que emite isotropicamente em todas as direções, vamos imaginar uma *metralhadora giratória* F que dispara balas varrendo direções *ao acaso* (supondo também que as balas possam ricochetear, emergindo de cada fenda segundo um conjunto de direções). Para simular uma fonte estacionária, de intensidade constante, supomos que a taxa de disparos (n° de balas/unidade de tempo) é constante. Um detector D, por exemplo, uma caixa de areia, varre o anteparo de observação e registra a *probabilidade* $P(x)\,dx$ de encontrar, no anteparo, uma bala entre x e $x + dx$ (definida como a razão do número de balas detectadas, neste intervalo, por unidade de tempo, à taxa de disparo).

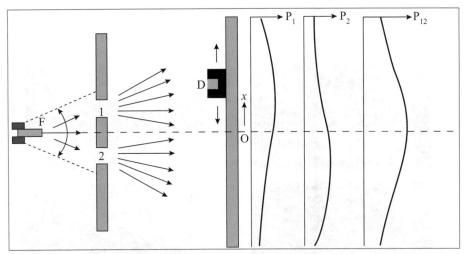

Figura 8.2 Experimento de Young com partículas clássicas.

Sejam $P_1(x)$ e $P_2(x)$ as distribuições encontradas, quando somente 1, ou somente 2 (respectivamente), está aberta. Supomos que as balas (partículas) não podem fragmentar-se, ou seja:

– Não podemos detectar uma *fração* de bala.

– Cada bala passa *ou* pela fenda 1 *ou* pela fenda 2. Esses eventos são independentes e mutuamente exclusivos. Logo, a distribuição P_{12} observada com ambas as fendas abertas é

$$\boxed{P_{12}(x) = P_1(x) + P_2(x)} \qquad (8.3)$$

– Se *fecharmos* uma das fendas, como $P_1 \geq 0$ e $P_2 \geq 0$, a distribuição $P_{12}(x)$, em cada ponto x, só pode *diminuir*.

– Se formos diminuindo a taxa de disparos, as balas continuam chegando, uma a uma, até o anteparo de observação, distribuídas em pontos x ao acaso, aproximando-se da distribuição (8.3) após um tempo de observação suficientemente grande.

(c) Experimento de Young com elétrons

Experimentos do tipo do de Young com partículas atômicas ou subatômicas são difíceis de realizar, em razão da escala, grau de monocromaticidade dos feixes e outros requisitos necessários. Entretanto, os efeitos a serem descritos já foram observados, com elétrons e com outros tipos de partículas.

No experimento de Tonomura et al. [*Am. J. Phys.* **57**, 117 (1989)], os elétrons eram emitidos por um filamento delgado, situado entre duas placas, análogas às duas fendas de Young, através das quais se estabelecia uma diferença de potencial, e eram depois focalizados por um microscópio eletrônico (Seção 2.11). Os elétrons eram detectados sobre uma chapa, transmitindo um sinal para um monitor de TV. As imagens de TV reproduzidas na Figura 8.3 mostram a evolução temporal do experimento, correspondendo a instantes em que se haviam acumulado os seguintes números totais de elétrons: (a) 10; (b) 100; (c) 3.000; (d) 20.000; (e) 70.000.

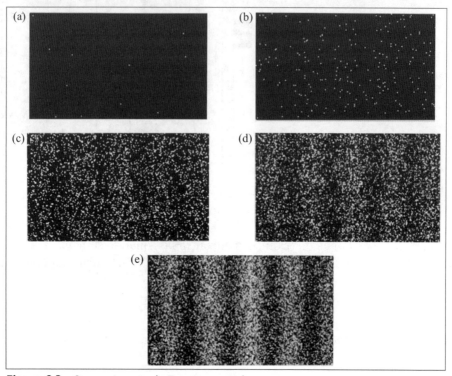

Figura 8.3 O experimento de Tonomura et al.

As características observadas são as seguintes:

(i) São registrados sempre números inteiros de elétrons, nunca uma fração de elétron (*como para partículas clássicas*).

(ii) A intensidade da corrente eletrônica era tão fraca que os elétrons chegavam *um a um*, com eficiência de detecção praticamente de 100%. As imagens mostram que eles chegam em pontos x *distribuídos ao acaso*, como no exemplo da metralhadora giratória (*partículas clássicas*). Podiam ser medidas a *distribuição de probabilidade* $P_j(x)$, correspondente a ter só a fenda j aberta ($j = 1,2$), bem como a distribuição $P_{12}(x)$ com as duas fendas abertas.

(iii) Acumulando as contagens durante um tempo longo (imagem final na Figura 8.3), obtêm-se *franjas de interferência* em P_{12},

$$\boxed{P_{12} \neq P_1 + P_2}$$ (8.4)

com uma figura de interferência idêntica à de ondas clássicas.

(iv) Fechando uma das aberturas, $P_{12}(x)$ tanto pode diminuir como aumentar, dependendo da posição x (*como para ondas clássicas*).

Resultados inteiramente análogos foram obtidos com nêutrons e outras partículas atômicas. Um filme de Shimizu et al. (1992) mostrando a evolução temporal do experimento de Young com átomos de Ne, a temperaturas muito baixas, encontra-se no portal www.blucher.com/materialdeapoio.

As propriedades (i) e (ii) são características de partículas clássicas, e (iii) e (iv) são características de ondas clássicas. A única *conclusão* possível é:

Os elétrons (e outras partículas atômicas e subatômicas, inclusive o fóton) **não são NEM partículas clássicas NEM ondas clássicas** (embora mostrem algumas das propriedades de ambas).

Entretanto, o fato notável, que pode ser inferido pela analogia entre a figura de interferência dos elétrons e a das ondas sonoras, é que *existe uma função de onda* $\psi(x)$ tal que, se $\psi_j(x)$ é o seu valor quando só a fenda j está aberta,

$$\boxed{\begin{array}{c} P_1(x) = |\psi_1(x)|^2, \quad P_2(x) = |\psi_2(x)|^2 \\ P_{12}(x) = \underbrace{|\psi_1(x) + \psi_2(x)|^2}_{\text{Superposição}} \end{array}}$$

(8.5)

8.2 A INTERPRETAÇÃO PROBABILÍSTICA

Identificando $\psi(x)$ com a função de onda de Schrödinger das ondas de de Broglie, a (8.5) implica que a interpretação física de $\psi(x)$ é que representa uma *amplitude de probabilidade*, ou seja que

$$\boxed{P(x)dx = |\psi(x)|^2 dx}$$

(8.6)

é a probabilidade de encontrar a partícula entre x e $x + dx$ (detecção ao longo da direção x descrita acima). Essa interpretação física, proposta por Max Born em 1928, é conhecida como **regra de Born**, e valeu-lhe o prêmio Nobel em 1954.

O fato de que *amplitudes de probabilidade podem interferir e propagar-se como ondas* é extremamente peculiar. *Ninguém conseguiu explicar por que a natureza funciona dessa forma*! A interferência encontrada no experimento de Young com elétrons, por exemplo, é incompatível com a ideia de que o elétron tem de passar pela fenda 1 ou pela fenda 2.

Para verificar isso diretamente, consideremos uma variante (altamente esquematizada) do experimento, em que procuraremos verificar *por qual das fendas* o elétron passa. Para isso, iluminamos as fendas com uma "lâmpada" L e procuramos observar a luz espalhada pelo elétron (Figura 8.4) por ocasião de sua passagem. Como partícula carregada, o elétron espalha a luz, e podemos verificar (usando um circuito de coincidências) se o "flash" em decorrência de sua passagem provém da fenda 1 ou da fenda 2. Para tornar a identificação possível, podemos reduzir a intensidade do feixe de elétrons a um valor tão baixo que corresponde a somente *um elétron de cada vez*. Por outro lado, é preciso que a luz seja suficientemente intensa para que tenhamos certeza de que *todos os elétrons são observados* (são acompanhados de "flashes").

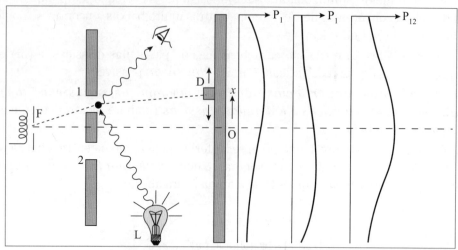

Figura 8.4 Observação da fenda pela qual um elétron passa.

Se fizéssemos a experiência nessas condições, verificaríamos que os elétrons que passam pela fenda 1 têm uma distribuição de probabilidade $P_1(x)$ (como seria de se esperar), e os que passam por 2 têm $P_2(x)$. Todos os "flashes" de luz provêm *ou* de 1 *ou* de 2; nunca se observarão "flashes" vindo *ao mesmo tempo* de 1 e 2 devidos à passagem de *um* elétron. E quanto vale $P_{12}(x)$? Como as observações foram feitas com as duas fendas abertas, e como todos os elétrons foram observados, apenas agrupando-os conforme a fenda pela qual passam, será

$$\boxed{P_{12}(x) = P_1(x) + P_2(x)} \tag{8.7}$$

ou seja, *ao observarmos por qual fenda o elétron passa, destruímos a interferência*. Um experimento de Young demonstrando que a observação de qual é a fenda de passagem destrói a interferência foi realizado pelo grupo de ótica quântica da UFMG[*] em 2002.

Por conseguinte, *a maneira pela qual se faz a observação, na escala microscópica (atômica ou subatômica), pode afetar drasticamente os resultados*. Na física clássica, o processo de observação também perturba os resultados, mas essa perturbação pode ser levada em conta e pode ser reduzida, em princípio, a um nível arbitrariamente pequeno.

No presente exemplo, a perturbação provém do espalhamento de luz pelo elétron. Não será possível também reduzir o seu efeito? Há dois parâmetros que podemos usar

---

[*] S. P. Walborn et al., *Phys. Rev. A* **65**, 033818 (2002).

como controles para isso: a *intensidade* da luz e o seu *comprimento de onda* (supondo-a monocromática). Classicamente, diminuir a intensidade equivaleria a diminuir a interação com os elétrons. Entretanto, a dualidade onda-partícula também se aplica à luz: ela é formada de fótons, e reduzir a intensidade equivale a *diminuir o n° de fótons incidentes por unidade de tempo e de área*, sem alterar a interação de *cada* fóton com o elétron.

O resultado[*] é então que diminui a probabilidade de que o elétron encontre um fóton ao passar, ou seja, a probabilidade de espalhamento torna-se < 1 (antes, supúnhamos que era = 1: havia um fóton espalhado na passagem de *cada* elétron).

Haverá então dois tipos de elétrons nas observações: os de "tipo A", cuja detecção está associada à observação de um fóton espalhado [com probabilidade $P_1(x)$ para os que passam por 1 e $P_2(x)$ por 2], e os de "tipo B", que foram detectados *sem* espalhamento de luz associado, de forma que não podemos dizer se passaram por 1 ou por 2.

Para os elétrons de tipo A, a distribuição de probabilidade continua sendo dada pela (8.7). Entretanto, para os elétrons do tipo B, *aparece o termo de interferência, ou seja, só interferem as amplitudes de probabilidade associadas aos elétrons para os quais não se pode determinar por que fenda passaram*.

Podemos, porém, reduzir a perturbação devida ao espalhamento de luz, *mantendo* a sua intensidade suficientemente elevada, para garantir que todos os elétrons que passam dão origem a um "flash" de luz espalhada. Basta para isso diminuir a *energia* de cada fóton, o que, pela relação de Einstein $E = h\nu$, equivale a diminuir ν, ou seja, *aumentar o comprimento de onda* λ da luz.

Verifica-se então que, para λ *suficientemente grande, reaparecem* os efeitos de interferência, mesmo com luz de intensidade elevada. Isso acontece quando λ é da ordem da distância d entre as duas fendas. Mas, em virtude das propriedades *ondulatórias* da luz (poder separador), não podemos localizar uma partícula, usando luz de comprimento de onda λ, com precisão melhor do que λ. Logo, nessa situação, não podemos mais saber se a luz espalhada provém da fenda 1 ou da fenda 2!

O resultado dessa "conspiração da natureza" é que *amplitudes de probabilidade associadas a duas possibilidades diferentes* (*fenda* 1 *ou fenda* 2) *interferem quando não é possível saber qual das duas foi seguida, e não interferem quando é possível distingui-las.* **Caminhos indistinguíveis interferem; os distinguíveis não interferem.**

Vemos assim que, na escala quântica, o processo de observação pode ter uma influência decisiva no resultado observado. Conforme foi observado por Dirac, isso permite definir, pela primeira vez na física, uma *escala absoluta de tamanho*, em que "grande" e "pequeno" deixam de ser apenas conceitos relativos. A escala atômica e subatômica é *pequena* no sentido *absoluto* de que, nela, se encontram limitações absolutas às possibilidades de observação. Nesse sentido, os objetos atômicos são "frágeis", e é preciso sempre especificar de que forma estão sendo observados.

---

[*] Um experimento equivalente a este foi realizado por X. Y. Zou, L. J. Wang e L. Mandel, *Phys, Rev. Lett.* **67**, 318 (1991), para fótons, e por E. Burks *et al.*, *Nature* **391**, 871 (1998), para elétrons.

A medida dessa escala é introduzida por meio da constante de Planck h: uma ação é "grande" quando é $\gg h$, condição necessária para que nos aproximemos do nível macroscópico.

Poderíamos perguntar, por exemplo, por que não se observam interferências de Young com balas de metralhadora (Seção 8.1(b)), uma vez que estas também devem ser descritíveis pela física quântica. Teríamos de admitir, para começar, que é possível criar um feixe monoenergético de balas, todas com a mesma velocidade v. Qual seria o comprimento de onda de de Broglie correspondente? Se tomarmos $m = 10$ g e $v = 500$ m/s,

$$\lambda = \frac{h}{mv} = \frac{6,63 \times 10^{-34}}{10^{-2} \times 5 \times 10^2} \text{m} \sim 1,3 \times 10^{-34} \text{m}$$

de modo que as oscilações da figura de interferência – se fosse concebível produzi-las – ocorreriam numa escala totalmente inacessível à resolução de qualquer detector imaginável, sendo, pois, inobserváveis.

Outro fator que contribui para a não observação de interferências ao nível macroscópico (o efeito conhecido como *"descoerência"*) será discutido na Seção 10.8.

8.3 ESTADOS DE POLARIZAÇÃO DA LUZ

Vamos introduzir os conceitos e os princípios básicos da teoria quântica sem nos preocupar, por enquanto, com uma discussão mais completa de sua interpretação, à qual retornaremos na Seção 10.8. Um exemplo particularmente adequado, pela sua simplicidade, é o da *polarização da luz*. A razão disso é que, classicamente, a polarização de um feixe pode ser descrita em termos de um pequeno número de variáveis; a descrição quântica será também, então, bem mais simples do que a da *posição de uma partícula*, que pode assumir uma infinidade contínua de valores.

Classicamente, como vimos na Seção 5. 3, o *estado de polarização* de uma onda plana monocromática, de intensidade e direção de propagação dadas, fica determinado por *dois parâmetros*: a razão b/a das amplitudes do campo elétrico em duas direções ortogonais (num plano $\perp$ à direção de propagação), e a *defasagem* δ entre essas componentes [cf. (5.29)].

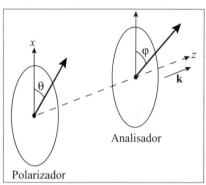

Figura 8.5 Filtros de polarização linear.

Procuraremos descrever quanticamente *apenas a polarização* dos fótons, sem nos preocupar com sua energia (frequência) e direção de propagação (ou seja, com a dependência de **x** e t). Vamos considerar, primeiro, estados de *polarização linear*.

Vimos, na Seção 5.8, o conceito de um *filtro de polarização*. Um filtro de polarização linear, usado como *polarizador*, tal como uma lente de óculos polaroid, só deixa passar luz de polarização *linear* numa dada direção (eixo do filtro). Se tomarmos a direção de propagação como eixo z, a direção de polarização linear produzida pelo filtro pode ser caracterizada pelo ângulo θ que faz com uma direção *fixa* no plano transversal, por exemplo, a direção x (Figura 8.5).

Podemos usar um filtro idêntico como *analisador*, para detectar a polarização. Se o eixo do analisador forma um ângulo φ com a direção de referência x, ele só deixará passar uma fração I/I_0 da intensidade da luz proveniente do polarizador, onde I/I_0, para um filtro ideal, é dado pela *lei de Malus* (5.87):

$$\boxed{I/I_0 = \cos^2(\theta - \varphi)} \tag{8.8}$$

Passará toda a intensidade se os eixos estão *alinhados* ($\theta = \varphi$), e ela será toda bloqueada se estiverem *cruzados* ($\theta - \varphi = \pm \pi/2$).

Como descrever esses resultados em termos de fótons? A polarização linear define a direção de oscilação do campo elétrico. No efeito fotoelétrico, é o campo elétrico que atua sobre os elétrons: com luz linearmente polarizada, a direção de polarização é a direção preferencial em que os elétrons são ejetados. Há evidência experimental de que isso vale para *cada fóton* incidente, ou seja, *num feixe de luz linearmente polarizado, cada fóton tem a mesma polarização linear*.

Sabemos que a *intensidade* do feixe é proporcional ao *número de fótons*. Logo, a (8.8) deve representar a *fração do* número total de fótons, incidente sobre o analisador, que é transmitida por ele. Mas o que acontece com *cada* fóton incidente?

Não pode ser transmitida uma fração de fóton: ou ele passa ou não passa. Logo, a única forma de interpretar a lei de Malus (8.8) é que ela dá a *probabilidade* de que um fóton linearmente polarizado na direção θ atravesse um analisador com seu eixo alinhado na direção φ.

Vimos na Seção 2.2 que um problema semelhante existe na interpretação corpuscular da existência de reflexão e transmissão *parciais* na interface entre dois meios: um corpúsculo que atinge a interface é refletido ou transmitido? (foi para resolver este problema que Newton propôs seu modelo dos "acessos" de fácil reflexão ou fácil transmissão, propagados por ondas: era uma espécie de antecessor da dualidade onda/corpúsculo!)

Classicamente, dizemos que um sistema se encontra num *estado bem definido* quando conhecemos a *máxima informação possível* a seu respeito: por exemplo, para uma partícula de massa m, o *estado clássico de movimento* da partícula é definido pela *posição* **x** e *velocidade* **v** (ou *momento* **p** = m **v**).

No mesmo sentido, diremos que o *estado quântico de polarização de um fóton* fica bem definido quando sabemos que ele é *linearmente polarizado numa dada direção* (θ ou φ, por exemplo). Podemos dizer então que o polarizador, na experiência acima descrita, *prepara* fótons no *estado de polarização linear* θ, e que, após atravessar o analisador, um fóton estará *no estado de polarização linear* φ.

Chegamos assim à seguinte conclusão: *a probabilidade de que um fóton, preparado no estado de polarização linear* θ, *passe por um analisador que seleciona fótons de polarização linear* φ *é*

$$\boxed{P(\varphi, \theta) = \cos^2(\theta - \varphi)} \tag{8.9}$$

Não é possível predizer *com certeza* o que acontece com um fóton, exceto para $\varphi = \theta$ ou $\theta + \pi$, quando $P = 1$, e para $\varphi = \theta \pm \pi/2$, quando $P = 0$.

Vamos tomar então como *amplitude de probabilidade* associada a esse processo

$$\boxed{\cos(\theta - \varphi) = \cos\theta\cos\varphi + \text{sen}\,\theta\,\text{sen}\,\varphi}$$

o que também pode ser escrito como um *produto de fatores* associados a θ e φ *separadamente* (ou seja, aos estados de polarização do fóton incidente e do fóton transmitido), da seguinte forma:

$$\boxed{\cos(\theta - \varphi) = (\cos\varphi \;\; \text{sen}\,\varphi)\begin{pmatrix}\cos\theta\\ \text{sen}\,\theta\end{pmatrix}} \tag{8.10}$$

onde estamos usando álgebra de matrizes para a multiplicação de uma *matriz linha* $(\cos\varphi \;\; \text{sen}\,\varphi)$ por uma *matriz coluna* $\begin{pmatrix}\cos\theta\\ \text{sen}\,\theta\end{pmatrix}$. O objetivo de representar a amplitude como um produto é evidenciar o papel dos estados do fóton incidente e do fóton transmitido.

8.4 VETORES DE ESTADO

Sabemos, pela álgebra linear, que uma matriz coluna pode ser considerada como um *vetor* num *espaço vetorial linear*. Para uma matriz de dois elementos, este espaço tem *dimensão* = 2. Assim, um *estado geral de polarização linear* é representado pelo *vetor coluna*

$$\boxed{\begin{pmatrix}c_1\\ c_2\end{pmatrix},\;\text{com}\;|c_1|^2 + |c_2|^2 = 1} \tag{8.11}$$

onde esta última condição, chamada de *condição de normalização*, corresponde neste caso ao fato de que tem de ser $P(\theta, \theta) = 1$ [cf. (8.9)]. Assim, o espaço vetorial é *normado*.

Veremos logo que essa representação se aplica não só à polarização linear, mas a qualquer estado de polarização (no caso geral, elíptica) do fóton. Entretanto, para representar o caso geral, é necessário que c_1 e c_2 possam tomar valores *complexos*.

Com efeito, vimos (Seção 5.3) que o estado geral de polarização depende de *dois parâmetros reais*. Se c_1 e c_2 são complexos, temos à disposição quatro parâmetros reais, mas que têm de obedecer ao vínculo de normalização, deixando três parâmetros reais livres. Mas, se multiplicarmos c_1 e c_2 por um *fator de fase* arbitrário $e^{i\alpha}$, isto não altera as *probabilidades*, que correspondem aos *módulos ao quadrado* de amplitudes de probabilidade: logo, a fase *absoluta* de c_1 e c_2 pode ser alterada, desde que não se altere a *diferença de fase* entre esses dois números complexos [como na onda clássica (5.29)]. Sobram então precisamente *dois parâmetros reais arbitrários*, confirmando a necessidade de c_1 e c_2

serem *complexos* para podermos descrever polarização geral. Isso já indica que a mecânica quântica *requer* números complexos.

Vamos utilizar uma notação devida a Dirac para representar o *vetor coluna* associado à polarização linear θ:

$$|\theta\rangle \equiv \begin{pmatrix} \cos\theta \\ \operatorname{sen}\theta \end{pmatrix} \tag{8.12}$$

que chamaremos de *vetor de estado* correspondente a essa polarização. O *vetor linha* da (8.10) será representado por

$$\langle\varphi| \equiv (\cos\varphi \;\; \operatorname{sen}\varphi) \tag{8.13}$$

com

$$\langle\varphi|\theta\rangle = (\cos\varphi \;\; \operatorname{sen}\varphi)\begin{pmatrix} \cos\theta \\ \operatorname{sen}\theta \end{pmatrix} = \cos(\theta-\varphi) \tag{8.14}$$

correspondendo ao *produto escalar* desses dois vetores. Dirac chama | ... ⟩ de "ket" e ⟨ ... | de "bra"; o produto escalar ⟨ ... | ... ⟩ é então um "bracket" (colchete de Dirac) e a (8.9) se escreve

$$P(\varphi,\theta) = |\langle\varphi|\theta\rangle|^2 \tag{8.15}$$

No caso geral, em que as componentes têm de ser complexas, o vetor linha associado ao vetor coluna (8.11) é definido por:

$$|c\rangle = \begin{pmatrix} c_1 \\ c_2 \end{pmatrix} \Rightarrow \langle c| = (c_1^* \; c_2^*) \tag{8.16}$$

onde o asterisco indica o *complexo conjugado*. O *produto escalar* é definido por

$$\langle a|b\rangle = (a_1^* \; a_2^*)\begin{pmatrix} b_1 \\ b_2 \end{pmatrix} = a_1^*b_1 + a_2^*b_2 \tag{8.17}$$

Em particular[*], a *norma* ‖ | c ⟩‖ é definida como

$$\| |c\rangle \|^2 = \langle c|c\rangle = |c_1|^2 + |c_2|^2 \tag{8.18}$$

que tem de ser = 1 pela (8.11). Se ⟨ a | b ⟩ = 0, diz-se que | a ⟩ e | b ⟩ são *ortogonais*.

---

[*] A norma tem de ser real e não negativa, o que requer a conjugação complexa na (8.16).

Chegamos assim à seguinte regra básica:

Regra I: *O estado quântico de polarização de um fóton (de luz monocromática, numa dada direção de propagação) é representado pelo vetor de estado normalizado*

$$|c\rangle = \begin{pmatrix} c_1 \\ c_2 \end{pmatrix}, \text{ com } \| |c\rangle \|^2 = \langle c|c\rangle = 1 \quad (8.19)$$

Não unicidade da representação

A representação *não é unívoca*. Por exemplo, o vetor de estado de polarização linear na direção θ pode ser representado, igualmente bem, por

$$|\theta\rangle = \frac{1}{\sqrt{2}} \begin{pmatrix} e^{-i\theta} \\ e^{+i\theta} \end{pmatrix} \quad (8.20)$$

Com efeito, isso leva a

$$\langle \varphi | \theta \rangle = \frac{1}{\sqrt{2}} \left(e^{+i\varphi} \; e^{-i\varphi} \right) \cdot \frac{1}{\sqrt{2}} \begin{pmatrix} e^{-i\theta} \\ e^{+i\theta} \end{pmatrix}$$

$$\frac{1}{2} \left[e^{(\theta - \varphi)} + e^{-i(\theta - \varphi)} \right] = \cos(\theta - \varphi) \quad (8.21)$$

que é o mesmo resultado (8.20), preservando a normalização e a probabilidade (8.9). Podemos também multiplicar ambas as componentes por um mesmo fator de fase arbitrário, como vimos. As diferentes representações correspondem ao mesmo *vetor de estado*, da mesma forma que o mesmo vetor de posição **x** é representado por componentes diferentes em diferentes sistemas de coordenadas (Seção 8.7).

8.5 OBSERVAÇÃO BINÁRIA. POLARIZAÇÃO CIRCULAR

Ao fazer um fóton passar por um analisador com eixo orientado na direção φ estamos *observando a polarização linear do fóton nessa direção*. Como não existe "fração de fóton", esse experimento tem as seguintes propriedades:

(i) *A observação só tem dois resultados possíveis*: o fóton *passa* ("sim") ou *não passa* ("não"), que podemos codificar, em linguagem binária, por 1 ("sim") ou 0 ("não").

(ii) *Só existe um estado para o qual o resultado é, com certeza, "sim"*: o estado | φ ⟩.

Uma observação que satisfaz às condições (i) e (ii) será chamada de "*observação binária*".

Para um fóton preparado num estado de polarização qualquer, só podemos, em geral, predizer a *probabilidade* de que passe pelo analisador, e inferimos da (8.15) a segunda regra básica:

Regra II: *Se um fóton é preparado num estado de polarização | a ⟩, a probabilidade de que seja observado com polarização | b ⟩ numa observação binária imediatamente posterior é*

$$P(b, a) = |\langle b|a \rangle|^2 \qquad (8.22)$$

Em particular, isso dá a justificativa geral da condição de normalização, pois $P(a,a)$ tem de ser = 1.

Para que a (8.22) possa representar uma probabilidade, seu valor tem de estar entre 0 e 1, o que decorre da bem conhecida *desigualdade de Schwarz* (Problema 8.1):

$$|\langle b|a \rangle|^2 \leq \| |b\rangle \|^2 \, \| |a\rangle \|^2 = 1 \qquad (8.23)$$

Luz circularmente polarizada

Resulta da representação da Seção 5.3 de luz circularmente polarizada *que a intensidade de um feixe circularmente polarizado, ao passar por um analisador de direção* φ, *sempre se reduz à metade, qualquer que seja* φ, ou seja, a probabilidade de passagem de um fóton circularmente polarizado é $= \frac{1}{2}$, independente de φ.

Logo, se representarmos o vetor de estado correspondente por $|c\rangle = \begin{pmatrix} c_1 \\ c_2 \end{pmatrix}$, a (8.22) resulta em

$$\frac{1}{2} = P(\varphi, c) = |\langle \varphi | c \rangle|^2 = \left| (\cos \varphi \; \operatorname{sen} \varphi) \begin{pmatrix} c_1 \\ c_2 \end{pmatrix} \right|^2$$

$$= |\cos \varphi \, c_1 + \operatorname{sen} \varphi \, c_2|^2 = (\cos \varphi \, c_1^* + \operatorname{sen} \varphi \, c_2^*)(\cos \varphi \, c_1 + \operatorname{sen} \varphi \, c_2)$$

ou seja,

$$\cos^2 \varphi |c_1|^2 + (c_1^* c_2 + c_2^* c_1) \cos \varphi \operatorname{sen} \varphi + \operatorname{sen}^2 \varphi |c_2|^2 = \frac{1}{2}, \; \forall \varphi \qquad (8.24)$$

Em particular, tomando $\varphi = 0$ e $\varphi = \frac{\pi}{2}$, obtemos

$$|c_1|^2 = |c_2|^2 = \frac{1}{2} \begin{cases} c_1 = \frac{1}{\sqrt{2}} e^{i\alpha} \\ c_2 = \frac{1}{\sqrt{2}} e^{i\beta} \end{cases}$$

e, tomando $\varphi = \frac{\pi}{4}$,

$$c_1^* c_2 + c_2^* c_1 = \frac{1}{2} \left[e^{i(\alpha-\beta)} + e^{-i(\alpha-\beta)} \right] = \cos(\alpha - \beta) = 0$$

o que leva a $\beta = \alpha \pm \frac{\pi}{2}$ (mod, 2π). Escolhendo convenientemente o fator de fase arbitrário, temos, portanto, duas soluções possíveis:

$$\left| + \right\rangle = \frac{1}{\sqrt{2}} \begin{pmatrix} 1 \\ i \end{pmatrix}, \quad \left| - \right\rangle = \frac{1}{\sqrt{2}} \begin{pmatrix} 1 \\ -i \end{pmatrix}$$ (8.25)

que correspondem às duas polarizações circulares independentes (esquerda e direita; cf. Figura 5.2).

8.6 OBSERVÁVEIS

Que grandezas são observáveis na física quântica? Uma grandeza que pode ser medida, como a polarização linear de um fóton numa dada direção, é observável, mas o resultado de uma medida não precisa ser "sim" ou "não", como numa observação binária. A energia de um fóton, por exemplo, é uma grandeza observável, e o resultado pode ser qualquer número real ≥ 0. Por outro lado, é condição *necessária* de observabilidade que o resultado da observação seja um número *real*.

Vamos nos limitar, por enquanto, a grandezas A *que só podem tomar um número finito de valores*, ou seja, tais que os resultados da observação de A só podem ser os números reais $a_1, a_2,...,a_n$. Vamos supor também, de início, que *existe um e um só estado quântico* $|e_j\rangle$ *para o qual A toma o valor* a_j ($j = 1, 2, ..., n$).

Podemos então definir como E_{jk} a observação binária que responde à pergunta:

Observação E_{jk}: O valor de A no estado $|e_j\rangle$ é dado por a_k?

Para ver que se trata de uma observação binária, basta notar que só há duas respostas possíveis: "sim", se $j = k$, e "não" para $j \neq k$, e só existe *um* estado, $|e_k\rangle$, para o qual a resposta é "sim".

Logo, pela *regra II*, se um fóton for preparado no estado $|e_j\rangle$, a probabilidade de que a medida de A produza o resultado a_k (portanto, que o fóton seja observado no estado $|e_k\rangle$) é

$$\langle e_k | e_j \rangle^2 = \delta_{jk} \quad (j, k) = 1, 2, ..., n$$ (8.26)

onde $\delta_{jk} = 1$ ($j = k$), $= 0$ ($j \neq k$).

Escolhendo convenientemente as fases dos vetores de estado, a (8.26) se reduz a

$$\langle e_k | e_j \rangle = \delta_{kj}$$ (8.27)

o que significa que $|e_1\rangle, |e_2\rangle,..., |e_n\rangle$ formam um *conjunto ortonormal* de n vetores de estado.

Sabemos, porém, da álgebra linear, que, num espaço vetorial de dimensão n, não podem existir mais de n vetores ortonormais. Vimos também que $n = 2$ para os vetores de estado associados à polarização do fóton. Logo, no conjunto de estados quânticos associados à polarização do fóton, nenhuma grandeza observável (ou seja, que só dependa da polarização), pode tomar mais do que dois valores diferentes: *a dimensão do espaço dos estados representa o número máximo de valores que uma grandeza observável nesse espaço pode tomar*.

Exemplo

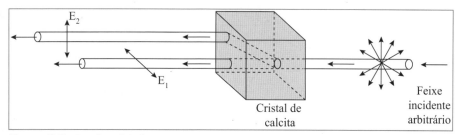

Figura 8.6 Dupla refração.

Quando um feixe de luz qualquer incide sobre um cristal de calcita ($Ca\ CO_3$) talhado de forma conveniente, dá origem a *dois* feixes transmitidos (feixe ordinário e feixe extraordinário), que têm polarizações *lineares ortogonais* (Figura 8.6). Nenhum material produz mais de dois feixes associados a polarizações diferentes, o que é consistente com termos tomado $n = 2$ para descrever o estado quântico de polarização de um fóton.

Valores médios

Num estado de polarização $|u\rangle$ qualquer do fóton, a grandeza A não tomará, em geral, um valor definido: isso só acontece nos estados $|e_j\rangle$. No caso geral, A tomará um de seus dois valores possíveis, a_1 ou a_2, em cada observação, e haverá *probabilidades* p_1 e p_2 dadas pela Regra II (generalizada) para cada um desses valores:

$$\boxed{p_1 = |\langle e_1|u\rangle|^2, \quad p_2 = |\langle e_2|u\rangle|^2} \tag{8.28}$$

Assim, se fizermos um número N muito grande de observações de A no estado $|u\rangle$, e obtivermos o resultado a_1 em n_1 delas e a_2 nas n_2 restantes, com $n_1 + n_2 = N$, as *frequências relativas* n_1/N e n_2/N se aproximarão respectivamente de p_1 e p_2 à medida que N for crescendo.

Conforme a definição usual, o *valor médio* (também chamado de *valor esperado*) de A no estado $|u\rangle$ é, então, a *média ponderada*

$$\boxed{\langle A\rangle_u \equiv \sum_{j=1}^{2} p_j\, a_j} \tag{8.29}$$

Substituindo os valores de p_j pelas (8.28),

$$\langle A\rangle_u \equiv \sum_{j=1}^{2} a_j |\langle e_j|u\rangle|^2 \tag{8.30}$$

Voltando à definição (8.17) do produto escalar, temos:

$$(\langle a|b\rangle)^* = a_1 b_1^* + a_2 b_2^* = \begin{pmatrix} b_1^* & b_2^* \end{pmatrix}\begin{pmatrix} a_1 \\ a_2 \end{pmatrix}$$

o que equivale a

$$\left(\langle a|b\rangle\right)^* = \langle b|a\rangle \tag{8.31}$$

de forma que a (8.30) se escreve:

$$\langle A\rangle_u = \sum_{j=1}^{2} a_j \langle u|e_j\rangle\langle e_j|u\rangle \tag{8.32}$$

Produto externo

Vamos introduzir a nova notação $|a\rangle\langle b|$ (*produto externo de* $|a\rangle$ e $\langle b|$), definida por sua atuação sobre um ket $|u\rangle$ qualquer:

$$(|a\rangle\langle b|)|u\rangle \equiv \langle b|u\rangle|a\rangle \tag{8.33}$$

é o produto do *número* $\langle b|u\rangle$ pelo *ket* $|a\rangle$. Logo, atuando sobre um ket $|u\rangle$, o resultado é outro ket: $|a\rangle\langle b|$ é um *operador sobre kets*, e é imediato que é um operador *linear*:

$$(|a\rangle\langle b|)(\alpha|u\rangle + \beta|v\rangle) = (\alpha\langle b|u\rangle + \beta\langle b|v\rangle)|a\rangle \tag{8.34}$$

Em termos das componentes $|a\rangle = \begin{pmatrix} a_1 \\ a_2 \end{pmatrix}$ e $|b\rangle = \begin{pmatrix} b_1 \\ b_2 \end{pmatrix}$, o produto externo está associado a uma matriz 2×2:

$$|a\rangle\langle b| = \begin{pmatrix} a_1 \\ a_2 \end{pmatrix}\begin{pmatrix} b_1^* & b_2^* \end{pmatrix} = \begin{pmatrix} a_1 b_1^* & a_1 b_2^* \\ a_2 b_1^* & a_2 b_2^* \end{pmatrix} \tag{8.35}$$

o que corresponde à relação bem conhecida entre *operadores lineares* e *matrizes*, em termos de álgebra vetorial, e satisfaz a (8.33) (verifique!).

Voltando à (8.32), vemos então que ela pode ser reescrita como

$$\langle A\rangle_u = \langle u|\hat{A}|u\rangle \tag{8.36}$$

onde $\hat{A}$ é o *operador linear* (**o circunflexo será adotado como notação para operador**)

$$\hat{A} \equiv \sum_{j=1}^{2} a_j \hat{\Pi}_j \tag{8.37}$$

com

$$\hat{\Pi}_j \equiv |e_j\rangle\langle e_j| \quad (j = 1, 2) \tag{8.38}$$

8.7 REPRESENTAÇÕES. MATRIZES

Antes de formular regras relativas a observáveis, vamos recapitular alguns resultados de álgebra linear sobre a *representação de operadores lineares por matrizes* e introduzir alguns desenvolvimentos da notação de Dirac.

Como o espaço vetorial dos vetores de estado de polarização do fóton tem dimensão 2, podemos introduzir nele uma *base ortonormal* $|e_1\rangle$, $|e_2\rangle$, onde

$$\boxed{\langle e_i | e_j \rangle = \delta_{ij} \quad (j = 1, 2)} \tag{8.39}$$

e representar qualquer vetor de estado $|c\rangle$ como *superposição* dos vetores da base:

$$\boxed{\begin{aligned} |c\rangle &= c_1 |e_1\rangle + c_2 |e_2\rangle \\ c_1 &= \langle e_1 | c \rangle, \; c_2 = \langle e_2 | c \rangle \end{aligned}} \tag{8.40}$$

onde c_1 e c_2 são as *componentes* do vetor coluna

$$\boxed{|c\rangle = \begin{pmatrix} c_1 \\ c_2 \end{pmatrix}} \tag{8.41}$$

Em particular,

$$\boxed{|e_1\rangle = \begin{pmatrix} 1 \\ 0 \end{pmatrix}, \; |e_2\rangle = \begin{pmatrix} 0 \\ 1 \end{pmatrix}} \tag{8.42}$$

Exemplo 1: Na representação em que $|\theta\rangle = \begin{pmatrix} \cos\theta \\ \sin\theta \end{pmatrix}$ corresponde ao estado de polarização linear na direção θ, os estados (8.42) correspondem a $\theta = 0$ e $\theta = \pi/2$, respectivamente, e qualquer outro estado de polarização é uma superposição destas duas polarizações ortogonais, na qual as componentes $c_1 = \cos\theta$ e $c_2 = \sin\theta$, pela (8.40),

$$\boxed{c_1 = \langle 0 | \theta \rangle, \; c_2 = \left\langle \frac{\pi}{2} \Big| \theta \right\rangle} \tag{8.43}$$

representam as *amplitudes de probabilidade*, no estado $|\theta\rangle$, de detectar o fóton com polarização linear na direção 0 ou $\frac{\pi}{2}$, respectivamente.

Exemplo 2: É fácil ver (verifique!) que os vetores de estado de polarização circular (8.25) são ortogonais:

$$\boxed{\langle + | - \rangle = 0} \tag{8.44}$$

de modo que formam outra base ortonormal para a polarização: fisicamente, *qualquer estado de polarização pode ser representado como superposição de polarizações circulares direita e esquerda*. Em particular,

$$|\theta\rangle = \begin{pmatrix} \cos\theta \\ \sin\theta \end{pmatrix} = c_1 |+\rangle + c_2 |-\rangle \tag{8.45}$$

onde

$$c_1 = \langle +|\theta\rangle = \frac{1}{\sqrt{2}}\begin{pmatrix}1 & -i\end{pmatrix}\begin{pmatrix}\cos\theta \\ \operatorname{sen}\theta\end{pmatrix} = \frac{e^{-i\theta}}{\sqrt{2}}$$

$$c_2 = \langle -|\theta\rangle = \frac{1}{\sqrt{2}}\begin{pmatrix}1 & i\end{pmatrix}\begin{pmatrix}\cos\theta \\ \operatorname{sen}\theta\end{pmatrix} = \frac{e^{i\theta}}{\sqrt{2}}$$

(8.46)

o que resulta em $|\theta\rangle = \frac{1}{\sqrt{2}}\begin{pmatrix}e^{-i\theta} \\ e^{i\theta}\end{pmatrix}$, que é a (8.20). Logo, a multiplicidade de representações dos vetores de estado corresponde à multiplicidade de escolhas de bases possíveis, exatamente como a de escolhas de sistemas de coordenadas para vetores em três dimensões.

A decomposição (8.45) é um caso particular, para luz linearmente polarizada, da representação de um estado geral de polarização como superposição de luz circularmente polarizada direita com polarização circular esquerda. A interpretação quântica em termos de fótons, porém, é que $|c_1|^2 = \frac{1}{2} = |c_2|^2$ dão as probabilidades de detectar o fóton linearmente polarizado, respectivamente, como fóton circularmente polarizado direito ou esquerdo. Fisicamente, isso pode ser realizado com o auxílio de cristais que têm a propriedade de *birrefringência circular*, decompondo luz incidente sobre eles em dois feixes, um de polarização circular direita e outro esquerda.

Operador de projeção

A (8.40) permite escrever a identidade

$$\begin{aligned}|c\rangle &= \langle e_1|c\rangle\,|e_1\rangle + \langle e_2|c\rangle\,|e_2\rangle \\ &= \hat{\Pi}_1|c\rangle + \hat{\Pi}_2|c\rangle\end{aligned}$$

(8.47)

onde, analogamente à (8.38),

$$\hat{\Pi}_1 = |e_1\rangle\langle e_1|, \quad \hat{\Pi}_2 = |e_2\rangle\langle e_2|$$

(8.48)

Temos

$$\hat{\Pi}_j|c\rangle = c_j|e_j\rangle \quad (j=1,2)$$

(8.49)

ou seja, $\hat{\Pi}_j|c\rangle$ representa a *componente* do estado $|c\rangle$ associada ao estado $|e_j\rangle$ da base (por exemplo, componente do estado $|\theta\rangle$ que tem polarização $|+\rangle$). Diz-se que $\hat{\Pi}_j|c\rangle$ é a *projeção* de $|c\rangle$ sobre o estado $|e_j\rangle$, e $\hat{\Pi}_j$ é denominado *operador de projeção*.

Para um vetor em três dimensões, a Figura 8.7 mostra que

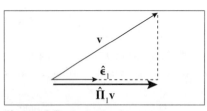

Figura 8.7 Projeção de um vetor.

$$\hat{\Pi}_1 \mathbf{v} = (\mathbf{v} \cdot \hat{\mathbf{e}}_1) \hat{\mathbf{e}}_1$$

é a *componente de* **v** *na direção* $\hat{\mathbf{e}}_1$, obtida *projetando* **v** sobre essa direção, o que justifica o nome de operador de *projeção* dado a $\hat{\Pi}_j$.

A (8.47) mostra que

$$\boxed{\hat{\Pi}_1 + \hat{\Pi}_2 = \sum_{j=1}^{2} |e_j\rangle\langle e_j| = \hat{1}} \quad (8.50)$$

onde $\hat{1}$ é o *operador identidade*: $\hat{1}|c\rangle = |c\rangle$, para *qualquer* vetor $|c\rangle$. A relação (8.50) exprime o caráter *completo* da base $|e_1\rangle$, $|e_2\rangle$, ou seja, que *qualquer vetor pode ser representado em termos dela*.

As (8.35) e (8.42) dão a representação matricial dos operadores de projeção e da (8.50):

$$\left.\begin{array}{l}\hat{\Pi}_1 = \begin{pmatrix}1\\0\end{pmatrix}(1\ 0) = \begin{pmatrix}1 & 0\\0 & 0\end{pmatrix}\\ \hat{\Pi}_2 = \begin{pmatrix}0\\1\end{pmatrix}(0\ 1) = \begin{pmatrix}0 & 0\\0 & 1\end{pmatrix}\end{array}\right\} \hat{\Pi}_1 + \hat{\Pi}_2 = \begin{pmatrix}1 & 0\\0 & 1\end{pmatrix} = \hat{1} \quad (8.51)$$

Matrizes

Dado um operador linear $\hat{A}$, a (8.50) permite escrever a identidade

$$\boxed{\begin{array}{l}\hat{A} = \sum_{i=1}^{2}|e_i\rangle\langle e_i|\hat{A}\sum_{j=1}^{2}|e_j\rangle\langle e_j|\\ = \sum_{i=1}^{2}\sum_{j=1}^{2}|e_i\rangle A_{ij}\langle e_j|\end{array}} \quad (8.52)$$

onde

$$\boxed{A_{ij} \equiv \langle e_i|\hat{A}|e_j\rangle} \quad (8.53)$$

chama-se *elemento de matriz do operador* $\hat{A}$ *entre os estados* $|e_i\rangle$ e $|e_j\rangle$ (para $i = j$, são os *elementos diagonais*).

Temos, por exemplo,

$$|e_1\rangle\langle e_2| = \begin{pmatrix}1\\0\end{pmatrix}(0\ 1) = \begin{pmatrix}0 & 1\\0 & 0\end{pmatrix}$$

matriz em que só o elemento (12) é $\neq 0$ (e $= 1$). Logo, a (8.53) permite interpretar A_{ij} como *o elemento (ij) de uma matriz que representa* o operador $\hat{A}$, associado ao observável A, da mesma forma que o *vetor* $\begin{pmatrix}c_1\\c_2\end{pmatrix}$ representa o estado $|c\rangle$. **Na mecânica quântica, estados são representados por vetores e observáveis por operadores**.

$$\hat{A} = \|A_{ij}\| = \begin{pmatrix} A_{11} & A_{12} \\ A_{21} & A_{22} \end{pmatrix} \tag{8.54}$$

Usando a (8.52), vemos que, para qualquer vetor de estado |c>,

$$|c'\rangle \equiv \hat{A}|c\rangle = \sum_{j=1}^{2} A_{ij}\langle e_j|c\rangle |e_i\rangle = \sum_{i,j=1}^{2} A_{ij}\, c_j |e_i\rangle \tag{8.55}$$

o que equivale a

$$c'_i = \sum_{j=1}^{2} A_{ij}\, c_j \tag{8.56}$$

que é o resultado da aplicação da *matriz* $\|A_{ij}\|$ ao vetor coluna $\begin{pmatrix} c_1 \\ c_2 \end{pmatrix}$, segundo a regra do *produto de matrizes*:

$$\hat{A}|c\rangle = \begin{pmatrix} A_{11} & A_{12} \\ A_{21} & A_{22} \end{pmatrix} \begin{pmatrix} c_1 \\ c_2 \end{pmatrix} = \begin{pmatrix} A_{11}c_1 + A_{12}c_2 \\ A_{21}c_1 + A_{22}c_2 \end{pmatrix} \tag{8.57}$$

Analogamente, aplicando sucessivamente dois operadores lineares $\hat{B}$ e $\hat{A}$ a um vetor $|c\rangle$, o resultado equivale (Problema 8.6) à regra do *produto*:

$$\left(\hat{A}\,\hat{B}\right)_{ij} = \sum_{k=1}^{2} A_{ik} B_{kj} \tag{8.58}$$

Conjugado hermiteano

A matriz

$$\|A_{ji}^*\| = \begin{pmatrix} A_{11}^* & A_{21}^* \\ A_{12}^* & A_{22}^* \end{pmatrix} \tag{8.59}$$

que se obtém da (8.54), transpondo linhas e colunas e tomando o complexo conjugado, chama-se *matriz conjugada hermiteana* de $\|A_{ij}\|$, e o operador linear correspondente, $\hat{A}^+$, chama-se *conjugado hermiteano* do operador $\hat{A}$.

Temos então, por definição,

$$\langle e_i|\hat{A}^+|e_j\rangle = \langle e_j|\hat{A}|e_i\rangle^* \tag{8.60}$$

o que, usando a decomposição (8.40), se estende a qualquer par de vetores $|a\rangle$ e $|b\rangle$:

$$\langle a|\hat{A}|b\rangle^* = \langle b|\hat{A}^+|a\rangle \tag{8.61}$$

Por outro lado, se

$$|c\rangle \equiv \hat{B}|b\rangle \leftrightarrow \begin{pmatrix} c_1 \\ c_2 \end{pmatrix} = \begin{pmatrix} B_{11}b_1 + B_{12}b_2 \\ B_{21}b_1 + B_{22}b_2 \end{pmatrix}$$

temos

$$\langle c| = \begin{pmatrix} c_1^* & c_2^* \end{pmatrix} = \begin{pmatrix} B_{11}^* b_1^* + B_{12}^* b_2^* & B_{21}^* b_1^* + B_{22}^* b_2^* \end{pmatrix}$$

$$= \begin{pmatrix} b_1^* & b_2^* \end{pmatrix} \begin{pmatrix} B_{11}^* & B_{21}^* \\ B_{12}^* & B_{22}^* \end{pmatrix} = \langle b | B^+$$

ou seja

$$\boxed{|c\rangle = \hat{B}|b\rangle \Rightarrow \langle c| = \langle b|\hat{B}^+} \qquad (8.62)$$

e, aplicando a (8.61) a $\langle a |\hat{A}| c\rangle^*$, obtemos (note a ordem inversa)

$$\boxed{\left(\hat{A}\hat{B}\right)^+ = \hat{B}^+ \hat{A}^+} \qquad (8.63)$$

Um operador $\hat{A}$ tal que

$$\boxed{\hat{A}^+ = \hat{A}} \qquad (8.64)$$

chama-se operador hermiteano.

Note as inversões de ordem nas (8.61) a (8.63).

8.8 REGRAS PARA OBSERVÁVEIS

Voltando agora à (8.36), que dá o valor médio (esperado) de um observável A num estado quântico de polarização arbitrário, vemos que ele é o *elemento de matriz diagonal* de um operador linear $\hat{A}$ associado a A, dado pela (8.37):

$$\boxed{\langle A \rangle_u = \langle u|\hat{A}|u\rangle}$$

Como o valor médio de uma grandeza observável é necessariamente um número real, devemos ter

$$\langle u|\hat{A}|u\rangle^* = \langle u|\hat{A}^+|u\rangle = \langle u|\hat{A}|u\rangle, \quad \forall |u\rangle \qquad (8.65)$$

o que implica

$$\boxed{\hat{A} = \hat{A}^+} \qquad (8.66)$$

e leva à regra

Regra IIIa: *Uma grandeza observável A é representada por um operador hermiteano $\hat{A}$.*

Na Seção 8.6, $\hat{A}$ foi representado em termos dos dois valores possíveis que pode tomar, a_1 e a_2, e dos vetores de estado (únicos) $|e_1\rangle$ e $|e_2\rangle$ a eles associados, por [cf. (8.37)]

$$\hat{A} = \sum_{j=1}^{2} a_j \underbrace{|e_j\rangle\langle e_j|}_{\hat{\Pi}_j} \qquad (8.67)$$

onde, como vimos, $|e_1\rangle$ e $|e_2\rangle$ formam uma base ortonormal, e $\hat{\Pi}_j$ são os operadores de projeção sobre os vetores da base.

A (8.67), como $\langle e_j|e_i\rangle = \delta_{ij}$, resulta em

$$\boxed{\hat{A}|e_i\rangle = a_i|e_i\rangle \quad (i = 1, 2)} \qquad (8.68)$$

o que se exprime dizendo que $|e_i\rangle$ é um *AUTOVETOR* de $\hat{A}$ associado ao *AUTOVALOR* a_i. Isso leva às regras:

Regra IIIb: *Os resultados possíveis das observações de A são os **autovalores** de $\hat{A}$.*

Regra IIIc: *Os estados (de polarização) para os quais A assume, com certeza, (probabilidade = 1) seus valores possíveis (a_1, a_2) são os **autovetores** (também chamados de **autoestados**) correspondentes de $\hat{A}$.*

Para que essa interpretação seja aceitável, é necessário que os autovalores sejam *reais*. Isso decorre do teorema: *Os autovalores de um operador hermiteano são sempre reais.*

A demonstração é imediata:

$$\hat{A}|v\rangle = \lambda|v\rangle \Rightarrow \langle v|\hat{A}|v\rangle = \lambda\overbrace{\langle v|v\rangle}^{=1} = \lambda$$

juntamente com a (8.65).

Finalmente, a (8.36) leva a

Regra IIId: *O **valor esperado** (médio) de A num estado qualquer $|u\rangle$ é dado por*

$$\boxed{\langle A\rangle_u = \langle u|\hat{A}|u\rangle} \qquad (8.69)$$

Levando em conta a (8.51), vemos também que a decomposição (8.37) equivale a

$$\boxed{\hat{A} = \begin{pmatrix} a_1 & 0 \\ 0 & a_2 \end{pmatrix}} \qquad (8.70)$$

ou seja, *na base de seus autoestados, a matriz $\hat{A}$ é diagonal, e seus elementos diagonais são os autovalores.*

Exemplo: *Observável POLARIZAÇÃO LINEAR.* Sabemos que é possível observar a polarização linear de um fóton numa direção θ, fazendo-o passar através de um analisador com eixo orientado nessa direção, e que se trata de uma observação *binária*: no estado $|\theta\rangle$, o fóton *passa* com certeza (autovalor 1), e no estado $|\theta + \frac{\pi}{2}\rangle$ *não passa* com certeza (autovalor 0). Logo, pela (8.38), esperamos que o observável $\hat{P}_\theta \equiv polarização$ *linear do fóton na direção* θ seja representado por

$$\hat{P}_\theta = |\theta\rangle\langle\theta| + 0 \times \left|\theta + \frac{\pi}{2}\right\rangle\left\langle\theta + \frac{\pi}{2}\right|$$

$$= |\theta\rangle\langle\theta| = \begin{pmatrix} \cos\theta \\ \sin\theta \end{pmatrix}(\cos\theta \;\; \sin\theta)$$

(8.71)

o que leva a

$$\boxed{\hat{P}_\theta \equiv \begin{pmatrix} \cos^2\theta & \cos\theta\,\sin\theta \\ \cos\theta\,\sin\theta & \sin^2\theta \end{pmatrix}}$$

(8.72)

que é claramente uma matriz hermiteana (regra IIIa).

Seus autovalores são dados por

$$\hat{P}_\theta \begin{pmatrix} c_1 \\ c_2 \end{pmatrix} = \lambda \begin{pmatrix} c_1 \\ c_2 \end{pmatrix}$$

o que leva a

$$\begin{cases} (\cos^2\theta - \lambda)c_1 + (\cos\theta\,\sin\theta)c_2 = 0 \\ (\cos\theta\,\sin\theta)c_1 + (\sin^2\theta - \lambda)c_2 = 0 \end{cases}$$

Para que haja solução não trivial, devemos ter

$$\begin{vmatrix} (\cos^2\theta - \lambda) & \cos\theta\,\sin\theta \\ \cos\theta\,\sin\theta & (\sin^2\theta - \lambda) \end{vmatrix} = 0$$

(8.73)

que se chama a *equação secular*, e leva a (verifique!)

$$\lambda^2 - \lambda = 0 \quad \{\lambda = (1, 0)\}$$

(8.74)

conforme previsto (regra IIIb).

Substituindo no sistema de equações lineares, resultam os autoestados correspondentes (Regra IIIc)

$$\boxed{\lambda = 1 \Leftrightarrow \begin{pmatrix} \cos\theta \\ \sin\theta \end{pmatrix} = |\theta\rangle; \quad \lambda = 0 \Leftrightarrow \begin{pmatrix} -\sin\theta \\ \cos\theta \end{pmatrix} = \left|\theta + \frac{\pi}{2}\right\rangle}$$

(8.75)

Finalmente, o valor esperado da polarização linear na direção θ para um estado $|\varphi\rangle$ é [cf.(8.71)], pela Regra IIId,

$$\boxed{\langle\varphi|\hat{P}_\theta|\varphi\rangle = \langle\varphi|\theta\rangle\langle\theta|\varphi\rangle = |\langle\varphi|\theta\rangle|^2 = \cos^2(\varphi-\theta)} \tag{8.76}$$

o que concorda com o resultado obtido anteriormente.

8.9 MOMENTO ANGULAR DO FÓTON

Que grandezas são observáveis na física quântica? Essa não é uma questão fácil de responder, uma vez que estamos lidando com propriedades de objetos da escala atômica, em muitos casos.

Entretanto, o Princípio de Correspondência, que já vimos na formulação de Bohr, pode sugerir pelo menos candidatos a grandezas observáveis. Com efeito, um objeto macroscópico é um agregado de objetos microscópicos, e deve ser possível extrapolar ao domínio quântico determinadas propriedades dos objetos macroscópicos, como fizemos para a polarização de fótons.

Isso se aplica pelo menos a grandezas *aditivas*, cujo valor para um sistema de partículas é a resultante dos valores associados a cada partícula. Exemplos de tais grandezas são o momento linear, o momento angular e a energia de sistemas sem interações entre as partículas. A "posição de um sistema", definida em termos do seu centro de massa, é também uma "variável coletiva", combinação das posições das partículas.

Vamos empregar essa ideia para procurar definir um observável quântico correspondente ao *momento angular de um fóton*. Na eletrodinâmica clássica, já se verifica que um feixe de luz pode transportar não só momento linear, mas também momento angular. Da mesma forma que a radiação pode transmitir momento linear a um corpo macroscópico (pressão da radiação, Seção 6.10), pode também transmitir momento angular.

Isso foi verificado experimentalmente por R. Beth em 1936. Fazendo luz circularmente polarizada atravessar uma lâmina de um cristal birrefringente, que modifica seu estado de polarização, ele verificou que a lâmina, absorvendo energia da luz, entra em rotação em torno da direção de propagação da luz; a transferência de momento angular pode ser medida.

Vamos ver como esse efeito pode ser descrito em termos da teoria clássica. A interação da luz com a matéria, classicamente, é descrita pela *teoria da dispersão*. O campo elétrico da onda, de frequência angular ω, coloca em *oscilação forçada* os elétrons atômicos, que são tratados classicamente como *osciladores harmônicos* de massa m, frequência própria ω_0 e constante de amortecimento γ, associada à absorção de energia da onda. Assim, tomando eixo z na direção de propagação da onda, as equações de movimento para um elétron atômico são:

carga do elétron
↓
$$\boxed{\begin{aligned} m(\ddot{x}+\gamma\dot{x}+\omega_0^2 x) &= eE_x \\ m(\ddot{y}+\gamma\dot{y}+\omega_0^2 y) &= eE_y \end{aligned}} \tag{8.77}$$

Pela (5.37), o campo elétrico da onda circularmente polarizada é tal que

$$E_x + iE_y = E_0 e^{\pm i\omega t} \tag{8.78}$$

de modo que, definindo

$$z \equiv x + iy \equiv re^{i\theta} \tag{8.79}$$

as (8.77) resultam em

$$\ddot{z} + \gamma\dot{z} + \omega_0^2 z = \frac{eE_0}{m} e^{\pm i\omega t} \tag{8.80}$$

Procuremos a solução como oscilação forçada sob a forma (8.79), onde

$$\theta = \pm(\omega t - \delta) \tag{8.81}$$

Vem, com $\dfrac{d}{dt} = \pm i\omega$,

$$\left(-\omega^2 \pm i\gamma\omega + \omega_0^2\right) re^{\pm i(\omega t - \delta)} = \frac{eE_0}{m} e^{\pm i\omega t}$$

o que dá

$$re^{\mp i\delta} = \frac{(eE_0)/m}{\omega_0^2 - \omega^2 \pm i\gamma\omega} \tag{8.82}$$

permitindo calcular r e δ; em virtude do amortecimento, será $\delta \neq 0$.

A Figura 8.8 ilustra o resultado para luz *esquerda* e $\omega < \omega_0$ ($\delta > 0$): o elétron descreve um movimento circular uniforme forçado, acompanhando o campo com uma *defasagem* δ. O campo tem $\therefore$ uma componente $E_\theta \neq 0$, tangencial à trajetória do elétron, que produz um torque, realizando trabalho sobre ele e transferindo-lhe momento angular.

A energia transferida pela onda por unidade de tempo (potência) é dada por (para um elétron)

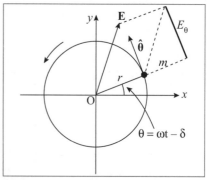

Figura 8.8 Oscilação forçada do elétron.

$$\frac{dW}{dt} = \mathbf{F}\cdot\mathbf{v} = e(\mathbf{E} + \mathbf{v}\times\mathbf{B})\cdot\mathbf{v} = e\mathbf{E}\cdot\mathbf{v} \tag{8.83}$$

onde

$$\mathbf{v} = \pm\omega r\,\hat{\boldsymbol{\theta}} \Rightarrow \frac{dW}{dt} = \pm e\omega r E_\theta \tag{8.84}$$

Mas

$$r\cdot eE_\theta = \tau_z \tag{8.85}$$

onde τ_z é a componente do *torque* (exercido pela onda) ao longo do eixo de rotação, que, pela dinâmica das rotações, está relacionada com a taxa dJ_z/dt *de variação do momento angular do elétron em torno do eixo de rotação*, por

$$\tau_z = \frac{dJ_z}{dt} \tag{8.86}$$

Finalmente, as (8.84) e (8.86) dão

$$\boxed{\frac{dW}{dt} = \pm\omega\frac{dJ_z}{dt}} \quad \begin{array}{l}\text{+ para polarização circular esquerda} \\ \text{- para polarização circular direita}\end{array} \tag{8.87}$$

notando que o sinal de ω teria de ser trocado para polarização circular *direita*.

Vamos agora usar o Princípio de Correspondência para interpretar essa relação em termos de fótons. No *limite clássico, o feixe incidente é composto por um grande número N de fótons de energia* $E = \hbar\omega$, de forma que

$$\boxed{\frac{dW}{dt} = \hbar\omega\frac{dN}{dt}} \tag{8.88}$$

onde dN/dt é a *taxa de absorção de fótons* pelo material, por unidade de tempo (que coloca a lâmina em rotação, no experimento de Beth).

Se admitirmos que cada fóton absorvido transfere um momento angular J_z para o elétron, ou seja, que J_z *é o momento angular do fóton ao longo de sua direção de propagação z*, teremos analogamente à (8.88),

$$\boxed{\frac{dJ_z}{dt} = J_z\frac{dN}{dt}} \tag{8.89}$$

Levando as (8.88) e (8.89) na (8.87), resulta

$$\boxed{J_z = \pm\hbar} \quad \begin{array}{l}\text{+para polarização circular esquerda} \\ \text{-para polarização circular direita}\end{array} \tag{8.90}$$

ou seja, *o momento angular do fóton ao longo de sua direção de propagação é quantizado*, assumindo os valores $+\hbar$ ou $-\hbar$: estes são seus *autovalores*. (Compare com a condição de quantização de Bohr na Seção 7.7)

Associando o autovetor $|+\rangle$ da (8.25) à polarização circular esquerda e $|-\rangle$ à *direita*, podemos então construir o observável $\hat{J}_z$ usando a (8.37):

$$\begin{aligned}\hat{J}_z &= +\hbar|+\rangle\langle+| + (-\hbar)|-\rangle\langle-| = \\ &= +\hbar\cdot\frac{1}{2}\begin{pmatrix}1\\i\end{pmatrix}(1\ -i) - \hbar\cdot\frac{1}{2}\begin{pmatrix}1\\-i\end{pmatrix}(1\ i) \\ &= \frac{\hbar}{2}\begin{pmatrix}1 & -i\\i & 1\end{pmatrix} - \frac{\hbar}{2}\begin{pmatrix}1 & i\\-i & 1\end{pmatrix}\end{aligned} \quad \boxed{\hat{J}_z = \hbar\begin{pmatrix}0 & -i\\i & 0\end{pmatrix}} \tag{8.91}$$

(Representação matricial na base dos estados de polarização linear $|\theta=0\rangle|\theta=\tfrac{\pi}{2}\rangle$).

8.10 RELAÇÃO DE INCERTEZA

Na física clássica, quando um sistema se encontra num estado bem definido, o resultado de *cada* observação feita sobre o sistema é bem definido. Como sabemos, isso não é verdade na física quântica: em geral, só é possível predizer a *probabilidade* de um resultado.

Assim, por exemplo, o momento angular J_z de um fóton só tem valores bem definidos nos autoestados $|+\rangle$ ($J_z = \hbar$) e $|-\rangle$ ($J_z = -\hbar$). Num estado de polarização linear $|\theta\rangle$, o valor esperado de J_z é dado pela Regra IIId:

$$\langle J_z \rangle = \langle \theta | \hat{J}_z | \theta \rangle = \hbar (\cos\theta \; \text{sen}\,\theta) \begin{pmatrix} 0 & -i \\ i & 0 \end{pmatrix} \begin{pmatrix} \cos\theta \\ \text{sen}\,\theta \end{pmatrix}$$

$$= \hbar (\cos\theta \; \text{sen}\,\theta) \begin{pmatrix} -i\,\text{sen}\,\theta \\ i\,\cos\theta \end{pmatrix} = i\hbar(-\cos\theta\,\text{sen}\,\theta + \text{sen}\,\theta\,\cos\theta)$$

ou seja

$$\boxed{\langle J_z \rangle_\theta = 0} \quad [\text{elementos diagonais da (8.91)}] \tag{8.92}$$

Como os valores obtidos para J_z em cada determinação (para cada fóton) só podem ser $+\hbar$ e $-\hbar$, a (8.92) significa, simplesmente, que *cada um destes resultados tem a mesma probabilidade*:

$$p(+\hbar) = p(-\hbar) = \frac{1}{2} \tag{8.93}$$

o que é confirmado pelas (8.46), pois, pela Regra II,

$$p(\pm\hbar) = |\langle \pm | \theta \rangle|^2 = \left| \frac{e^{\mp i\theta}}{\sqrt{2}} \right|^2 = \frac{1}{2} \tag{8.94}$$

De forma mais geral, como $|+\rangle$ e $|-\rangle$ formam uma base, qualquer estado de polarização do fóton é da forma

$$|v\rangle = v_+ |+\rangle + v_- |-\rangle \tag{8.95}$$

e $|v_+|^2 = p$ é a probabilidade de que se encontre $+\hbar$ numa determinação de J_z, no estado $|v\rangle$, com $|v_-|^2 = 1-p$ dando a probabilidade de encontrar $(-\hbar)$. O *valor médio* $\langle J_z \rangle_v$ será então

$$\boxed{\langle J_z \rangle_v = p \cdot \hbar + (1-p)(-\hbar) = (2p-1)\hbar} \tag{8.96}$$

que, sendo $0 \leq p \leq 1$, pode assumir qualquer valor entre $-\hbar$ e $+\hbar$ (embora o valor em *cada* observação seja $-\hbar$ ou $+\hbar$).

A (8.95) representa $|v\rangle$ como uma **superposição quântica** de $|+\rangle$ e $|-\rangle$. Esse é um conceito novo, tipicamente quântico, muito diferente do conceito clássico de superposição linear de dois estados. Os *valores* de J_z na superposição $|v\rangle$ *não são* intermediários entre os valores extremos correspondentes a $|+\rangle$ e $|-\rangle$. Os únicos valores possíveis continuam sendo $+\hbar$ e $-\hbar$. É a *probabilidade* de encontrar um desses resultados que assume valores intermediários entre 0 e 1 [por conseguinte, também o valor *médio* (8.96)].

Flutuação

O único caso em que a observação de uma grandeza A leva à *certeza* de um dado resultado é quando o estado $|a\rangle$ observado é um *autoestado* de $\hat{A}$ (a = autovalor). Nesse caso,

$$\langle \hat{A} \rangle_a = \langle a|\hat{A}|a \rangle = a\langle a|a \rangle = a \tag{8.97}$$

ou seja

$$\boxed{\left(\hat{A} - \langle \hat{A} \rangle_a\right)|a\rangle = 0} \tag{8.98}$$

Reciprocamente, se vale a (8.98), $|a\rangle$ é um autoestado de $\hat{A}$ com autovalor $\langle \hat{A} \rangle_a = a$. Em qualquer outro caso, a observação de A levará a valores *diferentes* em diferentes observações. Num estado $|u\rangle$ diferente de um autoestado, os resultados *flutuarão* em torno do valor médio $\langle \hat{A} \rangle_u$. Uma boa medida dessa *flutuação* ou *incerteza* de A no estado $|u\rangle$ é o *desvio quadrático médio*, $(\Delta A)_u$, definido por

$$\left[(\Delta A)_u\right]^2 \equiv \left\langle \left(\hat{A} - \langle \hat{A} \rangle_u\right)^2 \right\rangle_u = \langle u|\left(\hat{A} - \langle \hat{A} \rangle_u\right)^2|u\rangle \tag{8.99}$$

que leva em conta tanto flutuações positivas como negativas.

Temos

$$\left[(\Delta A)_u\right]^2 = \langle u|\left(\hat{A}^2 - 2\langle \hat{A} \rangle_u \hat{A} + \langle \hat{A} \rangle_u^2\right)|u\rangle$$

$$= \langle u|\hat{A}^2|u\rangle - 2\langle \hat{A} \rangle_u \underbrace{\langle u|\hat{A}|u\rangle}_{\left(\langle \hat{A} \rangle_u\right)^2} + \langle \hat{A} \rangle_u^2 \underbrace{\langle u|u\rangle}_{=1}$$

ou seja

$$\boxed{(\Delta A)_u = \sqrt{\langle \hat{A}^2 \rangle_u - \langle \hat{A} \rangle_u^2}} \tag{8.100}$$

Exemplo: Levando em conta a (8.92), a flutuação de J_z no estado $|\theta\rangle$ é

$$(\Delta J_z)_\theta = \sqrt{\langle \hat{J}_z^2 \rangle_\theta} \tag{8.101}$$

Pela (8.91),

$$\hat{J}_z^2 = \hbar^2 \begin{pmatrix} 0 & -i \\ i & 0 \end{pmatrix}\begin{pmatrix} 0 & -i \\ i & 0 \end{pmatrix} = \hbar^2 \begin{pmatrix} 1 & 0 \\ 0 & 1 \end{pmatrix} = \hbar^2 \cdot \hat{1} \tag{8.102}$$

de forma que a (8.101) leva a

$$\boxed{(\Delta J_z)_\theta = \hbar} \tag{8.103}$$

resultado consistente com a (8.94).

A relação de incerteza

Sejam $\hat{A} = \hat{A}^+$ e $\hat{B} = \hat{B}^+$ dois observáveis, $|u\rangle$ um vetor de estado e λ um *número real qualquer*, e consideremos a desigualdade

$$\left\| (\hat{A} + i\lambda\hat{B})|u\rangle \right\|^2 \geq 0 \tag{8.104}$$

(a *norma* de qualquer vetor é não negativa). Isso equivale a

$$\langle u|(\hat{A} - i\lambda\hat{B})(\hat{A} + i\lambda\hat{B})|u\rangle \geq 0 \tag{8.105}$$

ou, desenvolvendo a expressão,

$$\langle u|\hat{A}^2|u\rangle + i\lambda\langle u|(\hat{A}\hat{B} - \hat{B}\hat{A})|u\rangle + \lambda^2\langle u|\hat{B}^2|u\rangle \geq 0$$

ou seja,

$$\langle \hat{B}^2 \rangle_u \lambda^2 + i\lambda \langle [\hat{A}, \hat{B}] \rangle_u + \langle \hat{A}^2 \rangle_u \geq 0 \tag{8.106}$$

onde definimos

$$\boxed{\boxed{[\hat{A}, \hat{B}] \equiv \hat{A}\hat{B} - \hat{B}\hat{A}}} \tag{8.107}$$

que se chama o *comutador* dos operadores $\hat{A}$ e $\hat{B}$. Como é bem sabido, o produto de duas matrizes (ou dos operadores lineares a elas associados), em geral, não é comutativo.

Temos, pela (8.63), como $\hat{A}$ e $\hat{B}$ são hermiteanos,

$$(\hat{A}\hat{B} - \hat{B}\hat{A})^+ = \hat{B}\hat{A} - \hat{A}\hat{B} \quad \left\{ \quad \boxed{[\hat{A}, \hat{B}]^+ = -[\hat{A}, B]} \right. \tag{8.108}$$

de modo que

$$\left(i\langle [\hat{A}, \hat{B}] \rangle_u\right)^* = i\langle [\hat{A}, \hat{B}] \rangle_u$$

ou seja, o trinômio do 2° grau em λ (8.106) tem todos *os seus coeficientes reais*. Para que seja ≥ 0 para *qualquer* λ é preciso então que seu discriminante seja ≤ 0:

$$\left(i\langle [\hat{A}, \hat{B}] \rangle_u\right)^2 - 4\langle \hat{A}^2 \rangle_u \langle \hat{B}^2 \rangle_u \leq 0$$

onde o 1° termo é real e ≥ 0, pela (8.108). Logo,

$$\boxed{\left\langle \hat{A}^2 \right\rangle_u \left\langle \hat{B}^2 \right\rangle_u \geq \frac{1}{4}\left|\left\langle \left[\hat{A},\hat{B}\right]\right\rangle_u\right|^2} \tag{8.109}$$

desigualdade válida para quaisquer operadores hermiteanos $\hat{A}$ e $\hat{B}$ e qualquer estado $|u\rangle$.

Sejam $\hat{X}$ e $\hat{Y}$ dois operadores associados a observáveis, e tomemos na (8.109)

$$\hat{A} = \hat{X} - \left\langle \hat{X} \right\rangle_u, \quad B = \hat{Y} - \left\langle \hat{Y} \right\rangle_u \tag{8.110}$$

Então, pela (8.99), será

$$\left\langle \hat{A}^2 \right\rangle_u = (\Delta X)^2_u, \quad \left\langle \hat{B}^2 \right\rangle_u = (\Delta Y)^2_u \tag{8.111}$$

Por outro lado, é fácil ver (verifique!) que

$$\left[\hat{X} - \left\langle \hat{X} \right\rangle_u, \hat{Y} - \left\langle \hat{Y} \right\rangle_u\right] = \left[\hat{X}, \hat{Y}\right] \tag{8.112}$$

pois um número sempre comuta com um operador.

Finalmente, substituindo esses resultados na (8.109), resulta

$$\boxed{(\Delta X)_u (\Delta Y)_u \geq \frac{1}{2}\left|\left\langle \left[\hat{X},\hat{Y}\right]\right\rangle\right|} \tag{8.113}$$

que se chama **RELAÇÃO DE INCERTEZA**: *se $\hat{X}$ e $\hat{Y}$ não comutam, não é possível tornar, ao mesmo tempo, tão pequenas quanto se queira as flutuações em X e Y, qualquer que seja o estado $|u\rangle$ escolhido.*

Observações incompatíveis

Em consequência da relação de incerteza, a física quântica tem uma característica radicalmente diferente da física clássica: *a determinação simultânea, com precisão, de duas grandezas físicas diferentes pode ser incompatível, ou seja, impossível por princípio.*

Pela Regra IIIb, os resultados possíveis das determinações de um observável $\hat{X}$ são seus autovalores x_j. Logo após uma observação de $\hat{X}$ com resultado x_j, o sistema está no autoestado correspondente $|x_j\rangle$: *a observação **prepara** o sistema no estado $|x_j\rangle$* (por exemplo passagem por um analisador de polarização).

Assim, após uma observação tanto de $\hat{X}$ (com resultado x_j) como de $\hat{Y}$ (com resultado y_j) o sistema teria de estar num *autoestado simultâneo* de ambos, $|e_j\rangle$, com

$$\hat{X}|e_j\rangle = x_j|e_j\rangle, \quad \hat{Y}|e_j\rangle = y_j|e_j\rangle \tag{8.114}$$

o que implica

$$\left[\hat{X},\hat{Y}\right]|e_j\rangle = \left(\hat{X}\hat{Y} - \hat{Y}\hat{X}\right)|e_j\rangle = \left(x_j y_j - y_j x_j\right)|e_j\rangle = 0 \tag{8.115}$$

Vimos na Seção 8.6 que, se só existe um autoestado $|e_j\rangle$ associado a cada autovalor, os autoestados formam uma base ortonormal [cf. (8.27)]. Logo, qualquer estado $|v\rangle$ é da forma

$$|v\rangle = \sum_j v_j |e_j\rangle \qquad (8.116)$$

e a (8.115) implica

$$\left[\hat{X}, \hat{Y}\right]|v\rangle = 0, \quad \forall |v\rangle \qquad (8.117)$$

ou seja,

$$\boxed{\left[\hat{X}, \hat{Y}\right] = 0} \qquad (8.118)$$

como consequência da *mensurabilidade simultânea de X e Y em qualquer estado*.

Reciprocamente, com as mesmas hipóteses, a (8.118), aplicada aos autovetores $|e_j\rangle$ de $\hat{X}$, implica

$$\hat{X}\left(\hat{Y}|e_j\rangle\right) = \hat{Y}\left(\hat{X}|e_j\rangle\right) = x_j\left(\hat{Y}|e_j\rangle\right) \qquad (8.119)$$

ou seja, $\hat{Y}|e_j\rangle$ também é autovetor de $\hat{X}$, com o mesmo autovalor x_j. Como, por hipótese, só há um autovetor (a menos da normalização) com este autovalor, $\hat{Y}|e_j\rangle$ tem de ser *proporcional* a $|e_j\rangle$,

$$\hat{Y}|e_j\rangle = y_j |e_j\rangle \qquad (8.120)$$

Quando há mais de um autovetor linearmente independente associado ao mesmo autovalor (diz-se, neste caso, que o autovalor é *degenerado*), pode-se mostrar que a conclusão permanece válida, sendo possível construir uma base por um processo de ortonormalização, bem conhecido em álgebra linear.

A conclusão é, portanto, que *a condição necessária e suficiente para que dois observáveis X e Y sejam compatíveis, isto é, possam sempre ambos ter valores bem definidos no mesmo estado quântico (tendo então uma base ortonormal comum de autovetores) é que $\hat{X}$ e $\hat{Y}$ comutem*: $[\hat{X}, \hat{Y}] = 0$. Assim, **compatibilidade equivale a comutatividade**.

Exemplo: Consideremos os observáveis $\hat{P}_{\pi/4}$ e $\hat{P}_{\pi/2}$ (polarização linear do fóton nas direções $\theta = \pi/4$ e $\theta = \pi/2$, respectivamente). Pela (8.72),

$$\hat{P}_{\pi/4} = \frac{1}{2}\begin{pmatrix} 1 & 1 \\ 1 & 1 \end{pmatrix}, \quad \hat{P}_{\pi/2} = \frac{1}{2}\begin{pmatrix} 0 & 0 \\ 0 & 1 \end{pmatrix} \qquad (8.121)$$

o que resulta em

$$\left.\begin{array}{l}\hat{P}_{\pi/4}\,\hat{P}_{\pi/2}=\dfrac{1}{2}\begin{pmatrix}0&1\\0&1\end{pmatrix}\\[2mm]\hat{P}_{\pi/2}\,\hat{P}_{\pi/4}=\dfrac{1}{2}\begin{pmatrix}0&0\\1&1\end{pmatrix}\end{array}\right\}\left[\hat{P}_{\pi/2},\hat{P}_{\pi/4}\right]=\dfrac{1}{2}\begin{pmatrix}0&-1\\1&0\end{pmatrix}$$ (8.122)

mostrando que um fóton não pode, ao mesmo tempo, ter polarização linear bem definida na direção $\theta = \pi/4$ e na direção $\theta = \pi/2$.

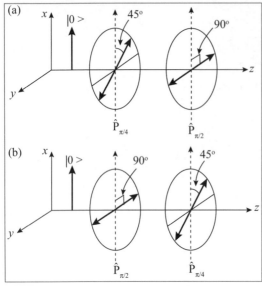

Figura 8.9 Observações incompatíveis.

Para verificar a incompatibilidade, consideremos um fóton incidente de polarização linear $\theta = 0$ que atravessa sucessivamente dois analisadores, um com $\varphi = \pi/4$ e outro com $\varphi = \pi/2$. Se atravessar *antes* o de $\varphi = \pi/4$ [Figura 8.9(a)], a probabilidade de passar por ele será $\cos^2(\pi/4) = 1/2$, e o fóton emergirá linearmente polarizado com $\theta = \pi/4$, de modo que a probabilidade de passar pelo 2° analisador será também $\cos^2(\pi/2 - \pi/4) = 1/2$. Logo, a probabilidade *total* de passagem é $p = 1/4$.

Por outro lado, se invertemos a ordem [Figura 8.9(b)], a probabilidade total se torna $p = 0$. Logo, a probabilidade total de passagem *depende da ordem* em que as determinações são efetuadas, mostrando que não pode haver um autoestado simultâneo de $\hat{P}_{\pi/4}$ e $\hat{P}_{\pi/2}$. Isso também nos dá uma ideia do significado físico do comutador: *para observáveis que não comutam, a ordem das medições pode afetar os resultados.*

8.11 DESCRIÇÃO QUÂNTICA DA ATIVIDADE ÓTICA NATURAL

Vimos na Seção 5.6 que existem substâncias transparentes (tais como uma solução de água com açúcar ou um cristal de quartzo) que têm *atividade ótica natural*: quando um feixe de luz linearmente polarizada penetra numa dessas substâncias, o plano de polarização *gira*, de um ângulo proporcional à profundidade de penetração.

Tomando o eixo z ao longo da direção de propagação, com origem na face de entrada, podemos dizer então que, se o vetor de estado inicial de polarização é $|\theta\rangle = \begin{pmatrix}\cos\theta\\\sin\theta\end{pmatrix}$ (direção de polarização θ), teremos, após penetrar uma distância z no meio, um vetor de estado

$$|\theta(z)\rangle = \begin{pmatrix} \cos(\theta + \alpha z) \\ \operatorname{sen}(\theta + \alpha z) \end{pmatrix} \quad (8.123)$$

onde α é o *poder rotatório específico* do meio.

Até agora, discutimos apenas o que se poderia chamar de *cinemática* quântica: como representar o *estado* de um sistema quântico (polarização do fóton), o que se faz por um *vetor de estado normalizado*, e como representar *grandezas observáveis*, por meio de *operadores lineares* sobre os vetores de estado. A atividade ótica natural é um efeito *dinâmico*, associado à *evolução* de um vetor de estado; neste caso, em decorrência da propagação dos fótons num meio material.

Na dinâmica newtoniana, a evolução do estado de uma partícula (movimento) é descrita por uma equação diferencial, a 2ª lei de Newton. Aqui estamos descrevendo a evolução não no tempo, mas em z (profundidade de penetração no meio); vamos tratar de fazê-lo também por meio de uma equação diferencial, obtida a partir de sua solução (8.123), que leva a

$$|\theta'(z)\rangle \equiv \frac{d}{dz}|\theta(z)\rangle = \alpha \begin{pmatrix} -\operatorname{sen}(\theta + \alpha z) \\ \cos(\theta + \alpha z) \end{pmatrix} \equiv \hat{D}|\theta(z)\rangle \quad (8.124)$$

onde representamos o resultado por um *operador linear* (como é a derivação) aplicado a $|\theta(z)\rangle$. Vamos achar $\hat{D}$.

A evolução em z tem de *preservar a normalização do* vetor de estado, ou seja, $\langle\theta(z)|\theta(z)\rangle = 1$:

$$\frac{d}{dz}\langle\theta(z)|\theta(z)\rangle = \langle\theta(z)|\theta'(z)\rangle + \underbrace{\langle\theta'(z)|\theta(z)\rangle}_{\langle\theta(z)|\hat{D}^+} =$$
$$= \langle\theta(z)|\hat{D}|\theta(z)\rangle + \langle\theta(z)|\hat{D}^+|\theta(z)\rangle = 0 \quad (8.125)$$

o que resulta em

$$\boxed{\hat{D}^+ = -\hat{D}} \quad (8.126)$$

ou seja, $\hat{D}$ é *anti-hermiteano*, o que implica que pode ser escrito como

$$\boxed{\hat{D} = -i\hat{A}, \ \hat{A}^+ = \hat{A}} \quad (8.127)$$

onde $\hat{A}$ é hermiteano.

A representação geral de uma matriz hermiteana 2×2 é

$$\boxed{\hat{A} = \begin{pmatrix} a & c \\ c^* & b \end{pmatrix}}, \ a \ \text{e} \ b \ \text{reais} \quad (8.128)$$

As (8.124) a (8.128) resultam em

$$\boxed{\theta_z \equiv \theta + \alpha z} \tag{8.129}$$

$$i\frac{d}{dz}|\theta_z\rangle = \hat{A}|\theta_z\rangle = \begin{pmatrix} a & c \\ c^* & b \end{pmatrix}\begin{pmatrix} \cos\theta_z \\ \sen\theta_z \end{pmatrix} =$$

$$= \begin{pmatrix} a\cos\theta_z + c\sen\theta_z \\ c^*\cos\theta_z + b\sen\theta_z \end{pmatrix} = \begin{pmatrix} -i\alpha\sen\theta_z \\ i\alpha\cos\theta_z \end{pmatrix} \begin{cases} a = b = 0 \\ c = -i\alpha \end{cases}$$

ou seja,

$$\boxed{i\frac{d}{dz}|\theta\rangle = \hat{A}|\theta\rangle \equiv \begin{pmatrix} 0 & -i\alpha \\ i\alpha & 0 \end{pmatrix}|\theta\rangle} \tag{8.130}$$

Pela (8.91),

$$\boxed{\hat{A} = \alpha \hat{J}_z / \hbar} \tag{8.131}$$

onde $\hat{J}_z$ é o operador *momento angular do* fóton. A (8.130) é uma *equação de evolução quântica* para o vetor de estado de polarização de um fóton, num meio oticamente ativo, com poder rotatório α. Embora obtida para estados de polarização linear, podemos tomá-la como aplicável a qualquer estado de polarização, pois os estados de polarização linear definem uma base.

Vemos então imediatamente que os autoestados de $\hat{J}_z$ têm características especiais. Pelas (8.90), são os estados de polarização *circular*:

$$\boxed{\frac{\hat{J}_z}{\hbar}|\pm\rangle = \pm|\pm\rangle} \tag{8.132}$$

o que, pelas (8.130) e (8.131), implica

$$i\frac{d}{dz}|\pm\rangle = \pm\alpha|\pm\rangle \quad \left\{ \quad \boxed{|\pm\rangle_z = e^{\mp i\alpha z}|\pm\rangle_{z=0}} \right. \tag{8.133}$$

Como $e^{\pm i\alpha z}$ é um *fator de fase*, que não altera o estado, vemos que um fóton circularmente polarizado (esquerdo ou direito) permanece com seu estado de polarização *inalterado*, ou seja, é *estacionário*, com respeito à propagação num meio oticamente ativo.

Os *estados estacionários* $|\pm\rangle$ da evolução num meio oticamente ativo constituem uma base especialmente cômoda para obter a evolução de um vetor de estado qualquer, dada a linearidade da equação de evolução (8.130). Com efeito, como $|\pm\rangle_{z=0}$ formam uma base, *qualquer* estado de polarização do fóton pode ser escrito como

$$\boxed{|u\rangle_{z=0} = u_+|+\rangle_{z=0} + u_-|-\rangle_{z=0}} \tag{8.134}$$

e, pelas (8.133) e pela linearidade, o estado de polarização evolui com

$$|u\rangle_z = e^{-i\alpha z}\, u_+|+\rangle_{z=0} + e^{i\alpha z}\, u_-|-\rangle_{z=0} \quad (8.135)$$

Em particular, para o estado $|\theta\rangle$ de polarização linear na direção θ, as (8.46) dão

$$|\theta\rangle_{z=0} = \frac{e^{-i\theta}}{\sqrt{2}}|+\rangle_{z=0} + \frac{e^{i\theta}}{\sqrt{2}}|-\rangle_{z=0} \quad (8.136)$$

e a (8.135) leva a

$$|\theta\rangle_z = \frac{e^{-i(\alpha z+\theta)}}{\sqrt{2}}|+\rangle_{z=0} + \frac{e^{i(\alpha z+\theta)}}{\sqrt{2}}|-\rangle_{z=0} \quad (8.137)$$

Na representação em que $|\theta\rangle = \begin{pmatrix}\cos\theta\\ \operatorname{sen}\theta\end{pmatrix}$, os vetores $|\pm\rangle_{z=0}$ são dados pela (8.25), e a (8.137) corresponde à solução (8.123), como é fácil verificar.

O operador de evolução

Na equação de evolução (8.130),

$$\frac{d}{dz}|u\rangle = -i\,\hat{A}|u\rangle \quad (8.138)$$

aplicada a um vetor de estado qualquer $|u\rangle$, $\hat{A} \equiv \frac{\alpha}{\hbar}\hat{J}_z$ é um operador *constante* (independente de z).

Se pudéssemos integrar a (8.138) como uma equação diferencial ordinária, a solução seria

$$|u\rangle_z = \exp(-i\,\hat{A}\,z)|u\rangle_0 \quad (8.139)$$

mas, tratando-se de um operador, é preciso verificar que sentido tem a exponencial. Para isso, notemos que, em termos de seus autovalores a_j e autovetores correspondentes $|e_j\rangle$, o operador hermiteano $\hat{A}$ é representado pela (8.67),

$$\hat{A} = \sum_j a_j\,\hat{\Pi}_j, \quad \hat{\Pi}_j \equiv |e_j\rangle\langle e_j| \quad (8.140)$$

e os $|e_j\rangle$ formam uma base ortonormal. Daí decorre imediatamente que (Problema 8.4)

$$\hat{\Pi}_j\,\hat{\Pi}_k = \delta_{jk}\,\hat{\Pi}_k \quad (8.141)$$

o que dá

$$\hat{A}^2 = \sum_j \left(a_j^2\right)\hat{\Pi}_j, \quad \hat{A}^3 = \sum_j \left(a_j^3\right)\hat{\Pi}_j, \ldots$$

o mesmo valendo para qualquer potência ou polinômio em $\hat{A}$. Para matrizes, a (8.140) é uma representação em que $\hat{A}$ é *diagonal*, e qualquer potência de $\hat{A}$ se calcula imediatamente.

Por extensão, para qualquer função $f(z)$ que possa ser expandida em série de potências, definimos

$$f(\hat{A}) \equiv \sum_j f(a_j)\hat{\Pi}_j \qquad (8.142)$$

o que se aplica, em particular, à função exponencial.

Os cálculos que levaram à (8.91) dão:

$$\hat{\Pi}_+ = |+\rangle\langle+| = \frac{1}{2}\begin{pmatrix} 1 & -i \\ i & 1 \end{pmatrix} = \frac{1}{2}\left(\hat{1} + \frac{\hat{J}_z}{\hbar}\right)$$
$$\hat{\Pi}_- = |-\rangle\langle-| = \frac{1}{2}\begin{pmatrix} 1 & i \\ -i & 1 \end{pmatrix} = \frac{1}{2}\left(\hat{1} - \frac{\hat{J}_z}{\hbar}\right) \qquad (8.143)$$

de modo que, com $\hat{A} = \alpha \hat{J}_z/\hbar$ [cf.(8.131)],

$$\hat{U}(z) \equiv \exp(-i\hat{A}z) = e^{-i\alpha J_+ z/\hbar}\hat{\Pi}_+ + e^{-i\alpha J_- z/\hbar}\hat{\Pi}_-$$

$$= \frac{1}{2}(e^{-i\alpha z} + e^{i\alpha z})\hat{1} + \frac{1}{2}(e^{-i\alpha z} - e^{i\alpha z})\frac{\hat{J}_z}{\hbar}$$

$$= \cos(\alpha z)\begin{pmatrix} 1 & 0 \\ 0 & 1 \end{pmatrix} - i\,\text{sen}(\alpha z)\underbrace{\begin{pmatrix} 0 & -i \\ i & 0 \end{pmatrix}}_{\hat{J}_z/\hbar\ [\text{cf.}(8.91)]}$$

Finalmente, a (8.139) fica

$$|u\rangle_z = \hat{U}(z)|u\rangle_0 \qquad (8.144)$$

onde o **operador de evolução em z**, $\hat{U}(z)$, é dado por

$$\hat{U}(z) = \begin{pmatrix} \cos(\alpha z) & -\text{sen}(\alpha z) \\ \text{sen}(\alpha z) & \cos(\alpha z) \end{pmatrix} \qquad (8.145)$$

Dado um estado inicial de polarização qualquer.

$$|u\rangle_0 = \begin{pmatrix} c_1 \\ c_2 \end{pmatrix} \qquad (8.146)$$

a (8.145) leva à solução da equação de evolução (8.138)

$$|u\rangle_z = \begin{pmatrix} c_1\cos(\alpha z) - c_2\,\text{sen}(\alpha z) \\ c_1\,\text{sen}(\alpha z) + c_2\cos(\alpha z) \end{pmatrix} \qquad (8.147)$$

que se reduz a $|u\rangle_0$ para $z = 0$ e permite recuperar a (8.123).

Os conceitos e o formalismo introduzidos neste capítulo, com base na polarização de fótons, já contêm grande parte do arcabouço da física quântica. Nos próximos capítulos, vamos estendê-los a sistemas mais gerais.

■ PROBLEMAS

8.1 Sejam $|u\rangle$ e $|v\rangle$ dois vetores de estado *fixos* (normalizados) e $\lambda = re^{i\theta}$ um número complexo variável. Demonstre que

$$\min_\lambda \||u\rangle + \lambda|v\rangle\|^2 = 1 - |\langle u|v\rangle|^2$$

quando λ varia, onde o mínimo é atingido para $\lambda = -\langle v|u\rangle$. Deduza daí a *desigualdade de Schwarz*

$$|\langle u|v\rangle|^2 \leq 1 \left(=\||u\rangle\|^2\; \||v\rangle\|^2\right)$$

Sugestão: Exprima a condição de mínimo em termos de r e θ.

8.2 Obtenha os vetores de estado de polarização circular na representação alternativa, em que

$$|\theta\rangle = \frac{1}{\sqrt{2}}\begin{pmatrix} e^{-i\theta} \\ e^{i\theta} \end{pmatrix}$$

por um método análogo ao que levou às (8.25). Interprete o resultado.

8.3 Mostre que, para qualquer operador $\hat{A}$, tem-se

$$\left(\hat{A}^+\right)^+ = \hat{A}$$

8.4 Mostre que os *operadores de projeção* $\hat{\Pi}_j$ definidos nas (8.48) têm a propriedade

$$\left(\hat{\Pi}_j\right)^2 = \hat{\Pi}_j$$

Demonstre que daí decorre que os únicos autovalores desses operadores são 0 e 1. Mostre que

$$\hat{\Pi}_1 \hat{\Pi}_2 = 0$$

8.5 Mostre que, na representação em que

$$|\theta\rangle = \frac{1}{\sqrt{2}}\begin{pmatrix} e^{-i\theta} \\ e^{i\theta} \end{pmatrix}$$

o observável (polarização linear do fóton na direção θ) é representado pela matriz

$$\hat{P}_\theta = \frac{1}{2}\begin{pmatrix} 1 & e^{-2i\theta} \\ e^{2i\theta} & 1 \end{pmatrix}$$

8.6 Demonstre a regra do produto (8.58).

8.7 Um feixe de fótons linearmente polarizados na direção x incide, em sequência, sobre um par de analisadores de polarização. O primeiro deles tem seu eixo de transmissão máxima orientado segundo um ângulo θ_1 com a direção x, e o segundo tem seu eixo de transmissão máxima orientado segundo um ângulo θ_2 com a direção x.

(a) Qual é a probabilidade de que um fóton passe através dos dois analisadores?

(b) Para θ_2 fixo, qual é o valor de θ_1 para o qual essa probabilidade de transmissão através dos dois analisadores será máxima?

8.8 Considere o seguinte vetor de estado de polarização de um fóton:

$$|\psi\rangle = \frac{(1+i)}{2}|+\rangle + \frac{(1-i)}{2}|-\rangle$$

onde $|+\rangle$ e $|-\rangle$ são vetores de estado normalizados de polarização circular esquerda e direita, respectivamente.

Mostre que $|\psi\rangle$ é normalizado.

(b) Mostre que $|\psi\rangle$ é linearmente polarizado, e calcule o ângulo de polarização, em valor absoluto e sinal.

8.9 Um fóton linearmente polarizado na direção θ incide sobre um analisador orientado na direção φ, podendo atravessá-lo (resultado = 1) ou não (resultado = 0). Mostre que a incerteza no resultado é

$$\boxed{\Delta X = \frac{1}{2}\left|\operatorname{sen}\left[2(\theta - \varphi)\right]\right|}$$

8.10 Mostre que

$$\left[\hat{P}_\theta, \hat{P}_\varphi\right] = 0$$

se e somente se $\theta - \varphi = n\pi/2$, com n inteiro. Discuta a interpretação física desse resultado.

8.11 Calcule $[\hat{P}_\theta, \hat{J}_z]$.

8.12 Mostre que, para

$$|u\rangle = \begin{pmatrix} c_1 \\ c_2 \end{pmatrix}$$

tem-se,

$$(\Delta P_\theta)_u (\Delta J_z)_u \geq \frac{1}{2}\hbar \left| \left(|c_1|^2 - |c_2|^2\right)\operatorname{sen}(2\theta) - \left(c_1^* c_2 + c_2^* c_1\right)\cos(2\theta) \right|$$

e que o segundo membro é da ordem de $\hbar$.

9

A equação de Schrödinger

Neste capítulo, vamos generalizar os princípios básicos desenvolvidos no Capítulo 8, formulando a equação de Schrödinger, fundamento da dinâmica quântica.

9.1 A EQUAÇÃO DE SCHRÖDINGER UNIDIMENSIONAL

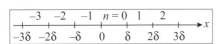

Figura 9.1 Divisão em intervalos.

Consideremos uma partícula não relativística de massa m limitada a mover-se somente ao longo de uma direção, que tomaremos como eixo Ox. Uma observação da partícula pode encontrá-la em qualquer ponto do eixo, ou seja, os valores possíveis do observável "posição da partícula" são todos os números reais, correspondendo a uma *infinidade contínua* de valores possíveis.

Como passo intermediário mais simples para descrever essa situação, vamos estabelecer, primeiro, uma descrição *aproximada*, dividindo a reta em *intervalos idênticos* (Figura 9.1), de comprimento δ. Diremos que a partícula está no intervalo n quando

$$n\delta \leq x < (n+1)\delta \quad (n = 0, \pm 1, \pm 2, \ldots) \tag{9.1}$$

Podemos interpretar δ como sendo a *precisão na determinação da posição* (o erro é $\leq \delta$). Isso leva, generalizando os conceitos do Capítulo 8, a uma representação aproximada do vetor de estado da partícula, em termos de sua posição,

$$|\varphi\rangle = \begin{pmatrix} \cdot \\ \cdot \\ \cdot \\ c_{n-1} \\ c_n \\ c_{n+1} \\ \cdot \\ \cdot \\ \cdot \end{pmatrix} \tag{9.2}$$

como um vetor coluna de infinitas componentes (infinidade discreta), onde o número complexo c_n representa a *amplitude de proba*bilidade de encontrar a partícula no intervalo n ($|c_n|^2$ = probabilidade de encontrar a partícula no intervalo n), com a condição de normalização

$$\sum_{n=-\infty}^{\infty} |c_n|^2 = 1 \tag{9.3}$$

Para passar à representação contínua, notemos que a probabilidade $|c_n|^2$, para δ suficientemente pequeno, deve ser proporcional ao comprimento δ do intervalo. Quando $\delta \to 0$,

$$\lim_{\delta \to 0} \left(\frac{|c_n|^2}{\delta} \right) = \text{densidade de probabilidade de encontrar a partícula em } x, \text{ centro do intervalo } \delta. \tag{9.4}$$

Logo, $c_n / \sqrt{\delta}$ deve também tender a um limite finito, que representa a *amplitude de densidade de probabilidade* correspondente, $\varphi(x)$:

$$\lim_{\delta \to 0} \left(\frac{c_n}{\sqrt{\delta}} \right) = \varphi(x) \tag{9.5}$$

onde [cf.(8.6)]

$$\underbrace{|\varphi(x)|^2}_{\text{densidade de probabilidade}} dx = dp(x) = \text{probabilidade de encontrar a partícula entre } x \text{ e } x + dx, \tag{9.6}$$

com a condição de normalização [forma limite da (9.3)]

$$\int_{-\infty}^{\infty} |\varphi(x)|^2 dx = 1 \tag{9.7}$$

O "bra" correspondente à (9.2) é

$$\langle \varphi | = \left(\ldots c_{n-1}^* \; c_n^* \; c_{n+1}^* \; \ldots \right) \tag{9.8}$$

e a (9.7) é o limite, para $\delta \to 0$, de

$$\langle \varphi | \varphi \rangle = \sum_{n=-\infty}^{\infty} c_n^* c_n = \sum_{n=-\infty}^{\infty} \delta \cdot \left(\frac{c_n^*}{\sqrt{\delta}} \right) \left(\frac{c_n}{\sqrt{\delta}} \right) \tag{9.9}$$

Analogamente, o produto escalar de dois vetores de estado $|\varphi\rangle$ e $|\psi\rangle$, associados às amplitudes de densidade de probabilidade $\varphi(x)$ e $\psi(x)$, é dado por

$$\langle \varphi | \psi \rangle = \int_{-\infty}^{\infty} \varphi^*(x) \psi(x) dx \tag{9.10}$$

As amplitudes de densidade de probabilidade são chamadas de *funções de onda*.

Chegamos assim, finalmente, às *funções de onda de Schrödinger* da Seção 7.9, mas agora conhecemos sua interpretação física. Em geral, numa descrição dinâmica, a função de onda associada a uma partícula deve depender do tempo t:

$$|\psi\rangle \to \psi(x, t) \qquad (9.11)$$

A relação de Einstein $E = \hbar\omega$, estendida por de Broglie a uma partícula qualquer [cf. (7.59)], sugere que, para uma partícula de energia E, essa dependência do tempo seja da forma

$$\psi(x, t) = \varphi(x)e^{-i\omega t} = \varphi(x)e^{-iEt/\hbar} \qquad (9.12)$$

o que daria

$$i\hbar \frac{\partial \psi}{\partial t} = E\psi \qquad (9.13)$$

Mas, pela (7.67), a equação de Schrödinger nesse caso deve ser da forma

$$E\Psi = -\frac{\hbar^2}{2m}\Delta\psi + V(x)\psi \qquad (9.14)$$

para uma partícula de massa m num potencial $V(x)$.

Especializando esses resultados ao caso unidimensional, as (9.13) e (9.14) levam a

$$i\hbar \frac{\partial \psi}{\partial t} = -\frac{\hbar^2}{2m}\frac{\partial^2 \psi}{\partial x^2} + V(x)\psi \qquad (9.15)$$

que é a **EQUAÇÃO DE SCHRÖDINGER DEPENDENTE DO TEMPO** para o movimento unidimensional no potencial $V(x)$.

Para o vetor de estado $|\psi\rangle$ correspondente, essa é uma equação de evolução temporal

$$i\hbar \frac{\partial}{\partial t}|\psi\rangle = \hat{H}|\psi\rangle \qquad (9.16)$$

[análoga à equação de evolução espacial (8.130)], onde

$$\hat{H}|\psi\rangle \to -\frac{\hbar^2}{2m}\frac{\partial^2 \psi}{\partial x^2} + V(x)\psi \equiv \hat{H}\psi \qquad (9.17)$$

com o operador

$$\hat{H} = -\frac{\hbar^2}{2m}\frac{\partial^2}{\partial x^2} + V(x)\hat{1} \qquad (9.18)$$

cuja atuação, diretamente sobre uma função de onda ψ, é definida pela (9.17).

O operador $\hat{H}$ chama-se *operador hamiltoniano*. Embora tenhamos partido de um caso particular (estado estacionário), a (9.16) tem validade geral: para a mecânica quântica, é a *lei fundamental da dinâmica* (mesmo papel da 2ª lei de Newton para a mecânica clássica).

Ao contrário da 2ª lei de Newton, onde aparece $\partial^2/\partial t^2$, a (9.16) é de 1ª ordem em t, contendo apenas $\partial/\partial t$. Logo, basta *uma* condição inicial, $|\psi\rangle_{t=0}$, para determinar a solução. Isso é consistente com o fato de que o vetor de estado $|\psi\rangle_{t=0}$ descreve *completamente* o estado quântico do sistema no instante inicial.

9.2 CONJUGADO HERMITEANO

O conjugado hermiteano $\hat{A}^+$ de um operador $\hat{A}$ define-se de forma análoga à (8.61):

$$\boxed{\langle\varphi|\hat{A}|\psi\rangle^* = \langle\psi|\hat{A}^+|\varphi\rangle \quad (\forall|\varphi\rangle, |\psi\rangle)} \qquad (9.19)$$

ou seja

$$\left\{\int_{-\infty}^{\infty}\varphi^*(x)\left[\hat{A}\psi(x)\right]dx\right\}^* = \int_{-\infty}^{\infty}\psi^*(x)\left[\hat{A}^+\varphi(x)\right]dx \qquad (9.20)$$

para qualquer par de funções de onda $\varphi(x)$ e $\psi(x)$.

Trocando $\hat{A} \to \hat{A}^+$ e usando $(\hat{A}^+)^+ = \hat{A}$ (Problema 9.3), vem

$$\boxed{\int_{-\infty}^{\infty}\psi^*(x)\left[\hat{A}\varphi(x)\right]dx = \int_{-\infty}^{\infty}\left[\hat{A}^+\psi(x)\right]^*\varphi(x)dx} \qquad (9.21)$$

Exemplo: Seja $\hat{A} \equiv \dfrac{\partial}{\partial x}$. Integrando por partes,

$$\int_{-\infty}^{\infty}\varphi^*(x)\hat{A}\psi(x)dx = \int_{-\infty}^{\infty}\varphi^*(x)\frac{\partial\psi}{\partial x}dx = \left[\varphi^*(x)\psi(x)\right]_{-\infty}^{\infty}$$

$$-\int_{-\infty}^{\infty}\frac{\partial\varphi^*}{\partial x}\psi(x)dx$$

O termo integrado $\to 0$ em $\pm\infty$, porque φ e ψ têm de ser normalizáveis, e a (9.7) implica que

$$\boxed{\lim_{x\to\pm\infty}\varphi(x) = 0}$$

Logo, tomando o complexo conjugado da relação acima,

$$\boxed{\left(\int_{-\infty}^{\infty}\varphi^*\frac{\partial\psi}{\partial x}dx\right)^* = -\int_{-\infty}^{\infty}\psi^*\frac{\partial\varphi}{\partial x}dx} \qquad (9.22)$$

e, comparando com a (9.20) [cf. (8.126)],

$$\left(\frac{\partial}{\partial x}\right)^+ = -\frac{\partial}{\partial x} \qquad (9.23)$$

mostrando que esse operador *é anti-hermiteano*. Isso também implica que

$$\left(i\frac{\partial}{\partial x}\right)^+ = i\frac{\partial}{\partial x} \qquad (9.24)$$

ou seja, $i\partial/\partial x$ é um operador hermiteano.

Como o quadrado de um operador hermiteano também é hermiteano [cf. (8.63)], vemos que $-\partial^2/\partial x^2$ é hermiteano, e a (9.18) leva a

$$\hat{H}^+ = \hat{H} \qquad (9.25)$$

ou seja, o *hamiltoniano é um operador hermiteano*.

Isto permite verificar uma condição de consistência importante: *a evolução dinâmica dada pela equação de Schrödinger preserva a normalização do vetor de estado*.

Com efeito, temos

$$\frac{d}{dt}\int_{-\infty}^{\infty} \psi^*(x,t)\psi(x,t)dx = \int_{-\infty}^{\infty} \underbrace{\frac{\partial \psi^*}{\partial t}}_{=\left(\frac{1}{i\hbar}\hat{H}\psi\right)^*}\psi dx + \int_{-\infty}^{\infty} \psi^* \underbrace{\frac{\partial \psi}{\partial t}}_{=\frac{1}{i\hbar}\hat{H}\psi} dx$$

$$= \frac{1}{i\hbar}\left[\int_{-\infty}^{\infty} \psi^*\left(\hat{H}\psi\right)dx - \underbrace{\int_{-\infty}^{\infty}\left(\hat{H}\psi\right)^*\psi\, dx}_{\int_{-\infty}^{\infty}\psi^*\left(\hat{H}^+\psi\right)dx \text{ pela (9.21)}}\right]$$

$$= \frac{1}{i\hbar}\int_{-\infty}^{\infty} \psi^*\left(\hat{H} - \hat{H}^+\right)\psi\, dx = 0$$

Valor esperado e derivada temporal

O *valor esperado* (médio) de um observável $\hat{A}$ num estado $|\psi\rangle$ é dado por

$$\langle\hat{A}\rangle_\psi = \langle\psi|\hat{A}|\psi\rangle = \int_{-\infty}^{\infty} \psi^*(x,t)\left[\hat{A}\psi(x,t)\right]dx \qquad (9.26)$$

Supondo que $\hat{A}$ não contém o tempo explicitamente, o valor esperado evolui com o tempo devido à evolução de ψ, o que resulta em

$$\frac{d}{dt}\langle \hat{A}\rangle_\psi = \int_{-\infty}^{\infty} \underbrace{\frac{\partial \psi^*}{\partial t}}_{=\left(\frac{1}{i\hbar}\hat{H}\psi\right)^*} \hat{A}\psi\, dx + \int_{-\infty}^{\infty} \psi^* \hat{A} \underbrace{\frac{\partial \psi}{\partial t}}_{=\frac{1}{i\hbar}\hat{H}\psi}\, dx$$

$$= \frac{1}{i\hbar}\left\{ \int_{-\infty}^{\infty} \psi^* \hat{A}\hat{H}\psi\, dx - \underbrace{\int_{-\infty}^{\infty}\left(\hat{H}\psi\right)^*\hat{A}\psi\, dx}_{\int_{-\infty}^{\infty}\psi^*\hat{H}(\hat{A}\psi)dx \text{ pela } (9.21)} \right\}$$

ou seja,

$$\boxed{\frac{d}{dt}\langle \hat{A}\rangle_\psi = \frac{1}{i\hbar}\left\langle \left[\hat{A},\hat{H}\right]\right\rangle_\psi} \qquad (9.27)$$

Em particular,

$$\boxed{\frac{d}{dt}\langle \hat{H}\rangle_\psi = 0} \quad \text{O valor esperado do hamiltoniano se conserva} \qquad (9.28)$$

9.3 OPERADORES POSIÇÃO E MOMENTO

A interpretação física de $|\psi(x,t)|^2\, dx$, como probabilidade de encontrar a partícula entre x e $x + dx$ no instante t, mostra que o valor esperado da *posição* da partícula nesse instante tem de ser definido por

$$\int_{-\infty}^{\infty} x|\psi(x,t)|^2\, dx = \int_{-\infty}^{\infty} \psi^*(x,t)\hat{x}\psi(x,t)\, dx = \langle x \rangle_\psi \qquad (9.29)$$

onde

$$\boxed{\hat{x}\psi(x,t) = x\psi(x,t)} \qquad (9.30)$$

ou seja, o observável $\hat{x} \equiv$ "posição da partícula" é um operador equivalente à *multiplicação por* x.

Para definir o observável *velocidade* $\hat{v}$ da partícula, ou, o que é equivalente, seu *momento* $m\hat{v}$, vamos usar o princípio de correspondência, pelo qual devemos ter

$$\boxed{\frac{d}{dt}\langle \hat{x}\rangle_\psi = \langle \hat{v}\rangle_\psi} \qquad (9.31)$$

num estado descrito por $\psi(x,t)$.

A (9.27) dá

$$\frac{d}{dt}\langle \hat{x}\rangle_\psi = \frac{1}{i\hbar}\left\langle \left[\hat{x},\hat{H}\right]\right\rangle_\psi \qquad (9.32)$$

Como o operador identidade comuta com qualquer outro, a (9.18) resulta em

$$[\hat{x}, \hat{H}] = -\frac{\hbar^2}{2m}\left[\hat{x}, \frac{\partial^2}{\partial x^2}\right] + V(x)[\hat{x}, \hat{1}]$$

$$\therefore [\hat{x}, \hat{H}] = -\frac{\hbar^2}{2m}\left[\hat{x}, \frac{\partial^2}{\partial x^2}\right]$$

(9.33)

Para calcular o comutador entre esses dois operadores, basta aplicá-lo a uma função de onda qualquer ψ:

$$\left[\hat{x}, \frac{\partial^2}{\partial x^2}\right]\psi = \underbrace{\hat{x}\frac{\partial^2\psi}{\partial x^2}}_{x\partial^2\psi/\partial x^2} - \frac{\partial^2}{\partial x^2}(\hat{x}\psi)$$

(9.34)

Temos, pela (9.30),

$$\frac{\partial^2}{\partial x^2}(\hat{x}\psi) = \frac{\partial^2}{\partial x^2}(x\psi) = \frac{\partial}{\partial x}\left(\psi + x\frac{\partial\psi}{\partial x}\right) = 2\frac{\partial\psi}{\partial x} + x\frac{\partial^2\psi}{\partial x^2}$$

de modo que a (9.34) fica

$$\boxed{\left[\hat{x}, \frac{\partial^2}{\partial x^2}\right] = -2\frac{\partial}{\partial x}}$$

(9.35)

e, levando nas (9.32) e (9.33),

$$\frac{d}{dt}\langle\hat{x}\rangle_\psi = \frac{1}{i\hbar}\left(-\frac{\hbar^2}{2m}\right)(-2)\left\langle\frac{\partial}{\partial x}\right\rangle_\psi = \left\langle-\frac{i\hbar}{m}\frac{\partial}{\partial x}\right\rangle_\psi$$

o que, comparando com a (9.31), leva a

$$\boxed{\hat{v} = -\frac{i\hbar}{m}\frac{\partial}{\partial x}}$$

(9.36)

e

$$\boxed{\hat{p} = -i\hbar\frac{\partial}{\partial x}} \quad \text{OPERADOR MOMENTO}$$

(9.37)

Isso mostra que a (9.18) equivale a

$$\boxed{\hat{H} = \frac{\hat{p}^2}{2m} + V(x)\hat{1}}$$

(9.38)

ou seja, que *o hamiltoniano representa o observável energia da partícula*. Obtemos assim a interpretação física da (9.28): ela garante a conservação do *valor esperado da energia*.

Temos, por outro lado,

$$\left[\hat{x}, \frac{\partial}{\partial x}\right]\psi = x\frac{\partial \psi}{\partial x} - \frac{\partial}{\partial x}(x\psi) = -\psi, \quad \forall \psi$$

ou seja,

$$\boxed{\left[\hat{x}, \frac{\partial}{\partial x}\right] = -\hat{1}} \qquad (9.39)$$

Combinando esse resultado com a (9.37), obtemos a *regra de comutação de Heisenberg*

$$\boxed{[\hat{x}, \hat{p}] = i\hbar} \qquad (9.40)$$

Como a dedução da (8.113) é válida em geral, daí resulta

$$\boxed{\Delta x \Delta p \geq \frac{1}{2}\hbar} \qquad (9.41)$$

que é a célebre *relação de incerteza de Heisenberg para posição e momento de uma partícula*. Vemos que, ao contrário da mecânica clássica, *posição e momento* (ou *velocidade*) de uma partícula são *observáveis incompatíveis*: não podem ter, ao mesmo tempo, valores bem definidos, em nenhum estado quântico. As flutuações recíprocas têm de obedecer à (9.41). Exemplos serão discutidos na Seção 9.9.

9.4 O TEOREMA DE EHRENFEST

Do ponto de vista do princípio de correspondência, podemos comparar com a mecânica clássica as equações de movimento para *valores médios* de observáveis quânticos. Já nos valemos dessa ideia para definir o operador momento $\hat{p}$ por

$$\boxed{\langle\hat{p}\rangle_\psi = m\langle\hat{v}\rangle_\psi = m\frac{d}{dt}\langle\hat{x}\rangle_\psi} \qquad (9.42)$$

Vamos calcular agora $\frac{d}{dt}\langle\hat{p}\rangle_\psi$, usando novamente a (9.27):

$$\frac{d}{dt}\langle\hat{p}\rangle_\psi = \frac{1}{i\hbar}\langle[\hat{p}, \hat{H}]\rangle_\psi \qquad (9.43)$$

Como $\hat{p}$ comuta com $\hat{p}^2$, a (9.38) leva

$$\left[\hat{p}, \hat{H}\right] = \left[\hat{p}, V(x)\hat{1}\right] = -i\hbar\left[\frac{\partial}{\partial x}, V(x)\hat{1}\right] \qquad (9.44)$$

Calculamos o comutador aplicando ambos os membros a uma função de onda ψ arbitrária:

$$\left[\frac{\partial}{\partial x}, V(x)\hat{1}\right]\psi = \frac{\partial}{\partial x}[V(x)\psi] - V(x)\frac{\partial \psi}{\partial x}$$
$$= \frac{\partial V}{\partial x}\psi$$

ou seja,

$$\boxed{\left[\frac{\partial}{\partial x}, V(x)\hat{1}\right] = \frac{\partial V}{\partial x}} \quad (9.45)$$

Substituindo esse resultado nas (9.44) e (9.43), obtemos o *teorema de Ehrenfest*

$$\boxed{\frac{d}{dt}\langle \hat{p}\rangle_\psi = -\left\langle \frac{\partial V}{\partial x}\right\rangle_\psi} \quad (9.46)$$

Classicamente, a força F que atua sobre a partícula num campo de energia potencial $V(x)$ é $F = -\partial V/\partial x$, de forma que as (9.42) e (9.46) implicam que *os valores esperados obedecem à 2ª lei de Newton*, resultado inteiramente conforme ao princípio de correspondência.

Entretanto, esse resultado por si só está longe de dar conta das sutilezas envolvidas na transição entre a mecânica quântica e a mecânica clássica. Ele nada diz sobre as *flutuações* nem sobre as diferenças conceituais e de interpretação; em particular, sobre o que acontece com o *estado quântico* de um sistema em confronto com o conceito clássico do estado.

9.5 AUTOFUNÇÕES DO MOMENTO

Uma autofunção do operador momento (9.37) é definida por

$$\boxed{\hat{p}\psi_p(x) \equiv -i\hbar \frac{\partial \psi_p}{\partial x} = p\psi_p(x)} \quad (9.47)$$

onde p é o autovalor. A solução dessa equação diferencial é

$$\boxed{\psi_p(x) = Ce^{ipx/\hbar} = Ce^{ikx}} \quad (9.48)$$

que é uma *onda plana* de momento

$$\boxed{p = \hbar k \quad (-\infty < p < \infty)} \quad (9.49)$$

onde p pode tomar todos os valores reais.

A (9.49) é a relação de de Broglie (7.54) entre momento e número de onda k. A (9.48) leva a

$$\boxed{|\psi_p(x)|^2 = |C|^2 = \text{constante}} \quad (9.50)$$

de forma que $\psi_p(x)$ não representa realmente um estado quântico aceitável, porque *não pode ser normalizada*: a integral de normalização (9.7) diverge.

Sabemos, efetivamente, que uma onda plana é uma idealização, um caso limite. Do ponto de vista do princípio de incerteza (9.41), corresponderia a $\Delta p = 0$, o que requer $\Delta x \to \infty$ ou seja, *indeterminação completa da posição*: daí o valor constante da "densidade de probabilidade" (9.50).

Embora a (9.48) represente uma "autofunção imprópria", as ondas planas, como na ótica, representam uma idealização extremamente conveniente. Vimos para os estados de polarização que os autovetores de um observável formam uma *base*, ou seja, que é possível expandir qualquer vetor de estado como superposição dos autovetores.

Apesar do caráter impróprio das autofunções do momento, essa propriedade se generaliza para elas: qualquer função de onda $\psi(x)$ *normalizável* (representando, portanto, um estado quântico aceitável) pode ser expandida em termos das (9.48):

$$\boxed{\psi(x) = \int_{-\infty}^{\infty} c(k) e^{ikx} dk} \tag{9.51}$$

onde a soma sobre todos os autovalores corresponde, aqui, a uma integral sobre toda a reta.

Na análise matemática, a (9.51) corresponde ao que se chama de expansão em *integral de Fourier*, e é possível dar expressões explícitas para o cálculo dos coeficientes $c(k)$.

O conjunto dos autovalores de um operador é denominado *espectro* desse operador. [Por exemplo, pela (8.90), o espectro de $\hat{J}_z$ para o fóton é *discreto*, formado pelos autovalores $(-\hbar, +\hbar)$]. Tanto para $\hat{x}$ como para $\hat{p}$, encontramos um *espectro contínuo* de autovalores (x e p podem assumir qualquer valor real).

9.6 DENSIDADE DE CORRENTE DE PROBABILIDADE

Vimos na Seção 9.2 que há conservação global da probabilidade:

$$\boxed{\frac{d}{dt} \int_{-\infty}^{\infty} |\psi(x,t)|^2 dx = 0} \tag{9.52}$$

Entretanto, há também uma lei de conservação local, análoga à equação da continuidade na hidrodinâmica e à conservação local da carga elétrica.

Sabemos que a *densidade de probabilidade* $\rho(x,t)$ é dada por

$$\boxed{\rho(x,t) = |\psi(x,t)|^2} \tag{9.53}$$

Logo,

$$\frac{\partial \rho}{\partial t} = \frac{\partial}{\partial t}\left[\psi^*(x,t)\psi(x,t)\right] = \psi^*\frac{\partial \psi}{\partial t} + \frac{\partial \psi^*}{\partial t}\psi \qquad (9.54)$$

Usando a equação de Schrödinger (9.15), isso leva a

$$\frac{\partial \rho}{\partial t} = \frac{\psi^*}{i\hbar}\left[-\frac{\hbar^2}{2m}\frac{\partial^2 \psi}{\partial x^2} + V(x)\psi\right] - \frac{\psi}{i\hbar}\left[-\frac{\hbar^2}{2m}\frac{\partial^2 \psi^*}{\partial x^2} + V(x)\psi^*\right]$$

$$\therefore$$

$$\frac{\partial \rho}{\partial t} = -\frac{\hbar}{2mi}\left(\psi^*\frac{\partial^2 \psi}{\partial x^2} - \frac{\partial^2 \psi^*}{\partial x^2}\psi\right) = -\frac{\hbar}{2mi}\frac{\partial}{\partial x}\left(\psi^*\frac{\partial \psi}{\partial x} - \frac{\partial \psi^*}{\partial x}\psi\right)$$

ou finalmente,

$$\boxed{\frac{\partial \rho}{\partial t} + \frac{\partial j}{\partial x} = 0} \qquad (9.54)$$

onde

$$\boxed{j(x,t) \equiv \frac{\hbar}{2mi}\left(\psi^*\frac{\partial \psi}{\partial x} - \frac{\partial \psi^*}{\partial x}\psi\right)} \qquad (9.55)$$

A (9.54) é a versão unidimensional da *equação da continuidade*

$$\boxed{\frac{\partial \rho}{\partial t} + \mathrm{div}\,\mathbf{j} = 0} \qquad (9.56)$$

e representa a *lei de conservação da probabilidade*.

Com efeito, integrando ambos os membros sobre um segmento de reta entre x_1 e x_2, vem, com $x_1 < x_2$,

$$\boxed{-\frac{d}{dt}\int_{x_1}^{x_2}\rho(x,t)dx = \int_{x_1}^{x_2}\frac{\partial j}{\partial x}(x,t)dx = j(x_2,t) - j(x_1,t)} \qquad (9.57)$$

ou seja, a taxa de decréscimo, por unidade de tempo, da probabilidade de encontrar a partícula entre x_1 e x_2, é igual ao fluxo de probabilidade, por unidade de tempo, que sai por x_2, menos aquele que entra por x_1. Logo, $j(x,t)$ dado pela (9.55), representa a *corrente de probabilidade* (em uma dimensão, a densidade de corrente se confunde com a corrente, porque o "fluxo" é tomado através de um ponto).

Em particular, fazendo $x_1 \to -\infty$, $x_2 \to \infty$ na (9.57), e observando que j deve tender a zero no infinito para vetores de estado normalizados, recuperamos a lei de conservação global (9.52).

Exemplo: Vamos calcular j para a autofunção do momento (9.48):

$$\psi_p = Ce^{ipx/\hbar} \left\{ \frac{\partial \psi_p}{\partial x} = i\frac{p}{\hbar}\psi_p \right.$$

$$\psi_p^* = Ce^{-ipx/\hbar} \left\{ \frac{\partial \psi_p^*}{\partial x} = -i\frac{p}{\hbar}\psi_p^* \right\} \Rightarrow$$

$$\Rightarrow j = \frac{\hbar}{2mi}\left[\frac{ip}{\hbar}\underbrace{|\psi_p|^2}_{\rho} - \left(-\frac{ip}{\hbar}\right)\underbrace{|\psi_p|^2}_{\rho}\right] = \frac{\hbar}{2mi}\cdot\frac{2ip}{\hbar}\rho$$

$$\therefore \boxed{j = \frac{p}{m}\rho = \rho v} \quad (9.58)$$

que corresponde à expressão bem conhecida da corrente associada a um escoamento com densidade ρ e velocidade v.

As considerações precedentes se aplicam ao caso geral da equação de Schrödinger na presença de um potencial V. Vamos considerar, agora, *partículas livres* ($V = 0$).

9.7 PARTÍCULAS LIVRES

Para partículas livres em uma dimensão, a equação de Schrödinger fica

$$\boxed{i\hbar\frac{\partial \psi}{\partial t} = \frac{\hat{p}^2}{2m}\psi = -\frac{\hbar^2}{2m}\frac{\partial^2 \psi}{\partial x^2}} \quad (9.59)$$

Estados estacionários

Pelas (9.12) a (9.14), temos, para um estado estacionário de energia E,

$$\boxed{\psi(x,t) = \varphi_E(x)e^{-iEt/\hbar}} \quad (9.60)$$

onde

$$-\frac{\hbar^2}{2m}\frac{d^2\varphi_E}{dx^2} = E\varphi \quad \boxed{\frac{d^2\varphi_E}{dx^2} + \left(\frac{2m}{\hbar^2}E\right)\varphi_E = 0} \quad (9.61)$$

Como a energia é puramente cinética, podemos escrever

$$\boxed{E = \frac{p^2}{2m}, \text{ com } p \equiv +\sqrt{2mE}} \quad (9.62)$$

e a (9.61) fica

$$\boxed{\frac{d^2\varphi_E}{dx^2} + \left(\frac{p}{\hbar}\right)^2 \varphi_E = 0} \quad (9.63)$$

cuja solução geral é

$$\varphi_E(x) = C_+ e^{ipx/\hbar} + C_- e^{-ipx/\hbar} \tag{9.64}$$

que é uma superposição de *autoestados do momento*.

Temos aqui o 1º exemplo de *degenerescência*: cada autovalor $E > 0$ é *duplamente degenerado*, com duas autofunções linearmente independentes ($+p$ e $-p$), correspondendo à possibilidade de a partícula se mover para a direita ou para a esquerda, com a mesma energia E.

Como as autofunções do momento, $\varphi_E(x)$ é uma autofunção *imprópria*, não normalizável. Uma interpretação possível dos resultados, por exemplo, de

$$\psi_E^+(x,t) = C_+ e^{ipx/\hbar} e^{-iEt/\hbar} \tag{9.65}$$

é que representa não uma partícula única, mas um *feixe estacionário* de partículas de momento $+p$ e de energia E (feixe monoenergético). A *densidade de partículas* no feixe é

$$\rho = \left|\psi_E^+\right|^2 = \left|C_+\right|^2 \tag{9.66}$$

e a *densidade de corrente* de partículas no feixe é dada pela (9.58): $j = \rho\, v = \rho\, p/m$. Podemos pensar numa experiência, realizada com o feixe, como um grande número de repetições independentes de uma experiência com uma única partícula. Analogamente, a (9.64) representa, nessa interpretação, a superposição de dois feixes de partículas livres, um viajando para a direita e o outro para a esquerda.

Pacotes de ondas

O estado mais geral possível de uma partícula livre em uma dimensão é obtido tomando uma expansão nas autofunções da energia (estados estacionários) como base:

$$\psi(x,t) = \int_{-\infty}^{\infty} C(p) e^{ipx/\hbar} e^{-iEt/\hbar} dp \tag{9.67}$$

onde os autoestados do tipo C_+ (C_-) correspondem à integral de 0 a ∞ (de $-\infty$ a 0), e $E = p^2/(2m)$. Pela teoria da integral de Fourier [cf.(9.51)], podemos representar dessa forma qualquer estado normalizável. A *Regra II* indica que $|C(p)|^2\, dp$ deve ser proporcional à *probabilidade de encontrar a partícula com momento entre p e $p + dp$*.

Um estado *normalizável* da forma (9.67) chama-se um *pacote de ondas* de partículas livres. O princípio de correspondência sugere que se possa empregar um pacote de ondas para representar uma *partícula aproximadamente localizada*.

Os exemplos de pacotes de ondas eletromagnéticas analisados na Seção 3.6, onde discutimos a relação entre tempo de coerência $\Delta\tau$ e largura espectral $\Delta\omega$, obtivemos, na

(3.49), $\Delta\omega \Delta\tau \sim 2\pi$, podem ser aplicados à (9.51), pois, em ambos os casos, trata-se de uma integral de Fourier. Basta substituir $t \to x$ e $\omega \to k$ [cf.(3.52)].

Inferimos então que, se $|c(k)|^2$ tem um pico de largura Δk, com centro em $\bar{k}$, e $|\varphi(x)|$ tem um pico de largura Δx, com centro em $\bar{x}$, deve ser (Figura 9.2)

$$\boxed{\Delta x \Delta k \sim 2\pi} \tag{9.68}$$

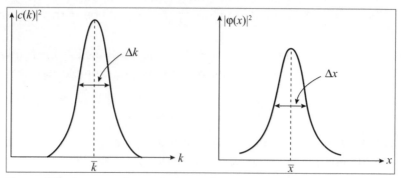

Figura 9.2 Larguras de pacote em x e k.

Como $k = p/\hbar$ [cf.(9.49)], a (9.68) equivale a

$$\boxed{\Delta x \Delta p \sim 2\pi\hbar = h} \tag{9.69}$$

o que é consistente com a relação de incerteza (9.41) e fornece uma dedução heurística alternativa dessa relação. Para isso, interpretamos Δx e Δp como as incertezas (flutuações) em x e p, respectivamente, no pacote de ondas.

Analogamente, podemos esperar que seja

$$\boxed{\bar{x} \approx \langle \hat{x} \rangle_\psi, \quad \hbar\bar{k} \approx \langle \hat{p} \rangle_\psi} \tag{9.70}$$

e podemos usar a (9.67) para estudar a evolução temporal do *centro de um pacote* que, para $t = 0$, é dado pela (9.51).

Reescrevendo a (9.67) sob a forma [cf.(7.59)]

$$\psi(x,t) = \int_{-\infty}^{\infty} \tilde{c}(k) e^{i(kx-\omega t)} dk, \quad \tilde{c}(k) = \hbar c(p) \tag{9.71}$$

a relação entre ω e k é dada por

$$\omega = \frac{E}{\hbar} = \frac{p^2}{2m\hbar} = \frac{(\hbar k)^2}{2m\hbar} \quad \left\{ \boxed{\omega = \hbar \frac{k^2}{2m}} \right. \tag{9.72}$$

de modo que a velocidade de fase ω/k varia com k (∴ com o comprimento de onda): há *dispersão*.

Vimos no estudo da interferência (superposição) de ondas [**FB2**, Seção 5.5(c)] que, nesse caso, o pacote de ondas se propaga com a *velocidade de grupo*

$$v_g = \left(\frac{d\omega}{dk}\right)_{k=\bar{k}} \tag{9.73}$$

A (9.72) leva a

$$v_g = \frac{\hbar\bar{k}}{m} = \frac{\langle\hat{p}\rangle_\psi}{m} \tag{9.74}$$

o que é consistente com o teorema de Ehrenfest: o pacote de ondas se propaga com a *velocidade média* da partícula.

Entretanto, em virtude da existência de dispersão, o pacote inicial tende a *deformar-se* ao longo da propagação. Além disso, a incerteza de velocidade $\Delta p/m$, para partículas livres, implica uma incerteza adicional $\sim (\Delta p/m)t$ na largura Δx do pacote, após um tempo t, ou seja, há um *alastramento* do pacote de ondas.

9.8 A EQUAÇÃO DE SCHRÖDINGER TRIDIMENSIONAL

Para o movimento tridimensional de uma partícula de massa m, a função de onda continua obedecendo à equação de evolução (9.16), mas o 2º membro agora é dado pela (9.14):

$$i\hbar\frac{\partial}{\partial t}\psi(\mathbf{x}, t) = \hat{H}\psi = -\frac{\hbar^2}{2m}\Delta\psi + V(\mathbf{x})\psi \tag{9.75}$$

Esta é a *equação de Schrödinger tridimensional dependente do tempo*, para uma partícula não relativística.

A *densidade de probabilidade é* dada por

$$\rho(\mathbf{x}, t) = |\psi(\mathbf{x}, t)|^2 \tag{9.76}$$

com a condição de normalização

$$\int |\psi(\mathbf{x}, t)|^2 d^3x = 1 \tag{9.77}$$

onde a integral é estendida a todo o espaço.

A definição do conjugado hermiteano é

$$\langle\varphi|\hat{A}|\psi\rangle^* = \left(\int \varphi^*(\hat{A}\psi)d^3x\right)^* = \langle\psi|\hat{A}^+|\varphi\rangle = \int \psi^*(\hat{A}^+\varphi)d^3x \tag{9.78}$$

Se $\hat{A} = \hat{A}^+$, $\int \psi^*(\hat{A}\varphi)d^3x = \int(\hat{A}\psi)^*\varphi d^3x$

O operador de *posição* $\hat{\mathbf{x}}$ é definido por

$$\hat{\mathbf{x}}\psi(\mathbf{x}, t) = \mathbf{x}\psi(\mathbf{x}, t) \tag{9.79}$$

e o operador *momento* $\hat{\mathbf{p}}$ por

$$\hat{\mathbf{p}} = \hat{p}_x \mathbf{i} + \hat{p}_y \mathbf{j} + \hat{p}_z \mathbf{k} = -i\hbar \left(\mathbf{i} \frac{\partial}{\partial x} + \mathbf{j} \frac{\partial}{\partial y} + \mathbf{k} \frac{\partial}{\partial z} \right) = -i\hbar \nabla \qquad (9.80)$$

com

$$\hat{\mathbf{p}}^2 = -\hbar^2 \Delta \left\{ \frac{\mathbf{p}^2}{2m} = -\frac{\hbar^2}{2m} \Delta \right. \qquad (9.81)$$

Analogamente à (9.40), temos

$$\begin{aligned} & [\hat{x}, \hat{p}_x] = [\hat{y}, \hat{p}_y] = [\hat{z}, \hat{p}_z] = i\hbar \\ & [\hat{x}_j, \hat{p}_k] = i\hbar \delta_{jk} \end{aligned} \qquad (9.82)$$

Os observáveis $(\hat{x}, \hat{y}, \hat{z})$ [ou $(\hat{p}_x, \hat{p}_y, \hat{p}_z)$] são compatíveis, pois estão associados a graus de liberdade independentes:

$$\begin{aligned} & [\hat{x}, \hat{y}] = [\hat{x}, \hat{z}] = [y, \hat{z}] = [\hat{p}_x, \hat{p}_y] = [\hat{p}_x, \hat{p}_z] = [\hat{p}_y, \hat{p}_z] = 0 \\ & = [\hat{x}, \hat{p}_y] = \ldots = [\hat{z}, \hat{p}_x] \end{aligned} \qquad (9.83)$$

As (9.82) e (9.83) são as *regras de comutação canônicas* de Heisenberg.

A lei de conservação local da probabilidade se obtém de forma análoga à (9.54):

$$\begin{aligned} \frac{\partial \rho}{\partial t} &= \frac{\partial}{\partial t}(\psi^* \psi) = \frac{1}{i\hbar}\left[\psi^*(\hat{H}\psi) - (\hat{H}\psi)^* \psi\right] \\ &= \frac{1}{i\hbar}\left(\frac{-\hbar^2}{2m}\right)(\psi^* \Delta \psi - \psi \Delta \psi^*) \end{aligned} \qquad (9.84)$$

Temos (**FB3**, Seção 4.6)

$$\text{div}(\psi^* \nabla \psi) = \psi^* \underbrace{\text{div}(\nabla \psi)}_{\Delta \psi} + \nabla \psi^* \cdot \nabla \psi \qquad (9.85)$$

Intercambiando $\psi^* \leftrightarrow \psi$ e subtraindo membro a membro, resulta

$$\text{div}(\psi^* \nabla \psi - \psi \nabla \psi^*) = \psi^* \Delta \psi - \psi \Delta \psi^* \qquad (9.86)$$

de modo que a (9.84) leva a

$$\frac{\partial \rho}{\partial t} + \text{div }\mathbf{j} = 0 \qquad (9.87)$$

onde a *densidade de corrente de probabilidade* **j** é dada por

$$\mathbf{j} = \frac{\hbar}{2mi}\left(\psi^*\nabla\psi - \psi\nabla\psi^*\right) \tag{9.88}$$

que se reduz à (9.55) no caso unidimensional.

Um *autoestado do momento* $\psi_\mathbf{p}(\mathbf{x})$, com

$$\hat{\mathbf{p}}\psi_\mathbf{p}(x) = -i\hbar\nabla\psi_\mathbf{p}(\mathbf{x}) = \mathbf{p}\psi_\mathbf{p}(\mathbf{x}) \tag{9.89}$$

é da forma

$$\psi_\mathbf{p}(\mathbf{x}) = Ce^{i(\mathbf{p}\cdot\mathbf{x})/\hbar} \tag{9.90}$$

pois, como é fácil verificar,

$$\operatorname{grad}\left(e^{i\mathbf{k}\cdot\mathbf{x}}\right) = i\mathbf{k}e^{i\mathbf{k}\cdot\mathbf{x}} \tag{9.91}$$

Qualquer função de onda normalizável pode ser expandida em autofunções do momento.

$$\psi(\mathbf{x}) = \int \psi(\mathbf{k})e^{i\mathbf{k}\cdot\mathbf{x}}d^3k \tag{9.92}$$

Esta *integral de Fourier tridimensional* generaliza a (9.51).

Os *estados estacionários* da equação de Schrödinger para *partículas livres* [$V(\mathbf{x}) = 0$] são da forma (ondas planas monocromáticas)

$$\psi_E(\mathbf{x}, t) = Ce^{i(\mathbf{k}\cdot\mathbf{x}-\omega t)} \quad \begin{array}{l}\text{Degenerescência infinita :}\\ \mathbf{k}\text{ aponta em qualquer direção do espaço}\end{array} \tag{9.93}$$

onde

$$\mathbf{k} = \mathbf{p}/\hbar,\ \omega = \frac{E}{\hbar} = \frac{\mathbf{p}^2}{2m\hbar} = \frac{\hbar k^2}{2m} \tag{9.94}$$

A *solução geral da equação de Schrödinger para partículas livres* é um *pacote de ondas tridimensional*, que generaliza a (9.67):

$$\psi(\mathbf{x}, t) = \int \tilde{\psi}(\mathbf{p})e^{i(\mathbf{p}\cdot\mathbf{x})/\hbar}\, e^{-\frac{i}{\hbar}\frac{\mathbf{p}^2}{2m}t}d^3p \tag{9.95}$$

que se reduz ao pacote inicial (9.92) para $t = 0$.

9.9 A RELAÇÃO DE INCERTEZA

As regras de comutação canônicas (9.82) implicam

$$\Delta x\,\Delta p_x \geq \frac{1}{2}\hbar,\quad \Delta y\,\Delta p_y \geq \frac{1}{2}\hbar,\quad \Delta z\,\Delta p_z \geq \frac{1}{2}\hbar \tag{9.96}$$

ao passo que todos os demais pares de observáveis podem ser determinados conjuntamente, com precisão.

Podemos visualizar a origem desses resultados analisando experimentos concebíveis para localização de uma partícula.

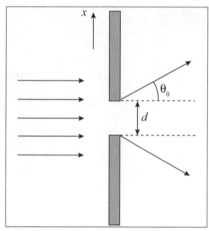

Figura 9.3 Localização por um diafragma.

(a) Diafragma

Poderíamos tratar de localizar a posição numa dada direção x fazendo um feixe de elétrons (por exemplo) incidir perpendicularmente sobre um diafragma de largura d na direção x (Figura 9.3), o que levaria a uma incerteza

$$\Delta x \sim d \qquad (9.97)$$

na coordenada x dos elétrons que atravessam o diafragma. Entretanto, embora se pudesse ter $p_x = 0$ ($\therefore \Delta p_x = 0$) *antes* do atravessamento, isto deixa de ser verdade *depois*, em virtude da *difração* (propriedades ondulatórias do elétron).

Com efeito, conforme vimos no tratamento da difração por uma fenda (Seção 4.7), a abertura angular do feixe difratado é $\sim \theta_0$, onde [cf.(7.55)]

$$\text{sen } \theta_0 \approx \frac{\lambda}{d} = \frac{h}{pd} \qquad (9.98)$$

o que leva a uma incerteza em p_x da ordem de

$$\Delta p_x \sim p \text{ sen } \theta_0 \sim \frac{h}{d} \qquad (9.99)$$

Combinando as (9.97) e (9.99), resulta

$$\boxed{\Delta x \, \Delta p_x \sim h} \qquad (9.100)$$

(b) O "microscópio" de Heisenberg

Poderíamos tentar localizar o elétron *observando-o* num (super)microscópio. Entretanto, em virtude da natureza *ondulatória* da luz, como vimos na Seção 4.8, a localização não pode ser mais precisa do que o *poder separador* do microscópio, dado por (Seção 4.8)

$$\Delta x \sim \frac{\lambda}{\text{sen } \theta} \qquad (9.101)$$

onde λ é o comprimento de onda da luz empregada e θ é a *abertura angular da objetiva* (Figura 9.4).

Por outro lado, em virtude da natureza *corpuscular da* luz, o espalhamento de luz pelo elétron modifica seu momento. Para minimizar a transferência de momento, podemos espalhar *um único fóton*. Mas não sabemos em que direção, dentro do ângulo de abertura θ da objetiva, o fóton será espalhado. Logo, há uma incerteza Δp_x na componente x do momento do fóton espalhado, dada por

$$\Delta p_x \sim p \,\text{sen}\, \theta = \hbar k \,\text{sen}\, \theta = \frac{2\pi\hbar}{\lambda} \,\text{sen}\, \theta \quad (9.102)$$

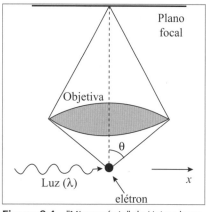

Figura 9.4 "Microscópio" de Heisenberg.

Pela conservação do momento (recuo), essa é também a incerteza Δp_x na componente p_x do elétron. As (9.101) e (9.102) dão

$$\boxed{\Delta x \, \Delta p_x \sim 2\pi\hbar = h} \quad (9.103)$$

A história do argumento do microscópio é curiosa. Heisenberg havia enviado a Bohr, em 1927, uma versão preliminar do seu trabalho. Em sua resposta, Bohr mostrou que havia um erro fundamental no argumento: Heisenberg não tinha levado em conta a abertura angular da objetiva e o efeito do poder separador. Na arguição de Heisenberg em seu exame de doutorado, em 1923, ele quase havia sido reprovado, por não conhecer a teoria do poder separador de um instrumento de ótica, como o microscópio! No artigo publicado, Heisenberg acrescentou uma nota ao corrigir as provas, agradecendo a Bohr, por ter apontado o erro básico de seu argumento.

■ PROBLEMAS

9.1 Demonstre que

$$\boxed{\left[\hat{A}, \hat{B}\hat{C}\right] = \left[\hat{A}, \hat{B}\right]\hat{C} + \hat{B}\left[\hat{A}, \hat{C}\right]}$$

9.2 Use a relação do Problema 9.1 para calcular $\left[\hat{x}, \dfrac{\partial^2}{\partial x^2}\right]$ a partir de $\left[\hat{x}, \dfrac{\partial}{\partial x}\right]$.

9.3 Calcule

$$\left[\frac{\partial}{\partial x}, x^n\right]$$

para n inteiro.

9.4 Os operadores de *paridade* $\hat{P}$ e *de translação* por a, $\hat{T}_a$, em uma dimensão, são definidos por

$$\boxed{\hat{P}\varphi(x) = \varphi(-x), \quad \hat{T}_a\varphi(x) = \varphi(x+a)}$$

Calcule os hermiteanos conjugados de $\hat{P}$ e de $\hat{T}_a$.

9.5 Calcule ρ e j para o estado estacionário de energia E de uma partícula livre

$$\psi_E(x, t) = \left[C_+ \exp(ipx/\hbar) + C_- \exp(-ipx/\hbar)\right]\exp(-iEt/\hbar)$$

9.6 Para a equação de Schrödinger tridimensional (9.75), demonstre o *teorema de Ehrenfest*

$$\boxed{\frac{d}{dt}\langle \hat{\mathbf{p}} \rangle_\psi = -\langle \text{grad } V \rangle_\psi}$$

9.7 Demonstre que, se $\hat{A}$ é um operador hermiteano,

$$\langle \hat{A}^2 \rangle_\psi \geq 0$$

em qualquer estado ψ.

9.8 Para o movimento num potencial unidimensional $V(\mathbf{x})$, demonstre que, em qualquer estado ψ,

$$m\frac{d}{dt}\langle \hat{x}^2 \rangle_\psi = \langle \hat{x}\,\hat{p} + \hat{p}\hat{x} \rangle_\psi$$

10
Sistemas quânticos simples

Vamos considerar agora diversos exemplos simples de sistemas quânticos, para ilustrar alguns dos efeitos quânticos mais importantes. Em cada caso, faremos uso, dentro de suas limitações, da relação com a mecânica clássica, bem como da analogia ótico-mecânica e da imagem ondulatória clássica. Discussões mais completas são dadas em cursos de física atômica, física nuclear, física da matéria condensada etc...

10.1 ESTADOS ESTACIONÁRIOS EM UMA DIMENSÃO

Conforme vimos na Seção 9.1, um estado estacionário de energia E é descrito por uma função de onda

$$\psi_E(x,t) = \varphi_E(x) e^{-iEt/\hbar} \qquad (10.1)$$

onde

$$\hat{H} \varphi_E(x) = E \varphi_E(x) \qquad (10.2)$$

ou seja, φ_E é uma autofunção de energia E. O conjunto dos autovalores de $\hat{H}$ dá o *espectro de energia* do sistema.

Para o movimento num potencial unidimensional, a (10.2) fica (omitindo o índice E)

$$-\frac{\hbar^2}{2m}\frac{d^2\varphi}{dx^2} + V(x)\varphi = E\varphi \equiv \frac{\hbar^2}{2m} k_0^2 \varphi \qquad (10.3)$$

onde k_0 seria o número de onda na ausência do potencial ($V = 0$). A (10.3) equivale a

$$\frac{d^2\varphi}{dx^2} + n^2(x) k_0^2 \varphi = 0 \qquad (10.4)$$

onde

$$n^2(x) = 1 - \frac{V(x)}{E} \qquad (10.5)$$

é o quadrado do *índice de refração* na analogia ótico-mecânica [cf. (7.64), (7.65)].

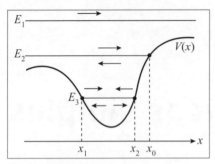

Figura 10.1 Pontos de inversão.

Na mecânica clássica, para uma partícula de energia total E dada,

$$E - V(x) = \frac{1}{2m} p^2(x) \quad (10.6)$$

é a *energia cinética da partícula na posição* x, contanto que seja $E > V(x)$, caso em que a posição x é *acessível* ao movimento da partícula (região *classicamente permitida*).

Vimos na *mecânica clássica* (**FB1**, Seção 6.5) que, num potencial $V(x)$ como o da Figura 10.1, as regiões permitidas variam com a energia E da partícula. Para uma energia $E_1 > V(x)$ para $\forall(x)$, a reta toda é permitida, e o movimento é *ilimitado*.

Já para $E = E_2$ (Figura 10.1), há um ponto x_0 onde

$$\boxed{E_2 = V(x_0)} \quad (10.7)$$

que se chama *ponto de inversão* ou de retorno, onde $p(x)$ se anula e troca de sinal. O movimento da partícula pode ser *ilimitado à esquerda*, mas ela não pode ultrapassar x_0: se vier de $-\infty$, ela inverte o sentido do movimento ao atingir x_0, e retorna a $-\infty$.

Para uma energia $E = E_3$ (Figura 10.1), o movimento é *confinado* à região entre os pontos de retorno x_1 e x_2: a partícula *oscila* indefinidamente entre esses pontos.

Já se pensarmos do ponto de vista da *ótica ondulatória*, numa região onde $n(x)$ é constante, com $E > V$ (região permitida), a solução da (10.4) é da forma

$$\varphi(x) = A_+ e^{ink_0 x} + A_- e^{-ink_0 x} \quad (10.8)$$

representando ondas que podem propagar-se nos dois sentidos.

Entretanto, se $E < V$ (região classicamente *proibida*), com $n^2 < 0$ na (10.5), podemos tomar

$$\boxed{n = i\eta, \ \eta \text{ real}} \quad (10.9)$$

e ainda existem soluções do tipo

$$\varphi(x) = A_\pm e^{\mp \eta k_0 x} \quad (10.10)$$

que são *exponencialmente atenuadas* para a direita ou para a esquerda. Encontramos soluções desse tipo, chamadas de *ondas evanescentes*, no estudo da reflexão total (Seção 5.10.).

10.2 DEGRAU DE POTENCIAL

É o potencial

$$V(x) = \begin{cases} 0 \, (x < 0 \equiv \text{região 1}) \\ V(\text{constante})(x > 0 \equiv \text{região 2}) \end{cases} \quad (10.11)$$

Podemos tomar $V > 0$.

Podemos pensar em $V(x)$ como limite de um potencial $\tilde{V}(x)$, em que a transição entre os dois valores da (10.11) se dá de forma contínua, numa região $-\varepsilon \leq x \leq \varepsilon$ ($\varepsilon > 0$), quando $\varepsilon \downarrow 0$ (Figura 10.2). A força clássica

$$F(x) = -\frac{dV}{dx} \quad (10.12)$$

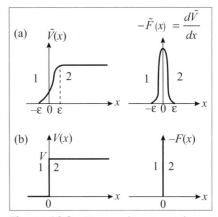

Figura 10.2 Degrau de potencial como limite.

é o limite da força $\tilde{F}(x)$, e representa (Figura 10.2) uma *força impulsiva*, que, no limite, é nula para $x \neq 0$ e $\to -\infty$ para $x = 0$.

Na *mecânica clássica*, a força $F(x) < 0$ tenderia a *reduzir* o momento p de uma partícula que se movesse da esquerda para a direita, no momento de sua passagem pela origem (desaceleração), se a energia E da partícula é $> V$ [Figura 10.3(a)]. O momento da partícula nas regiões 1 e 2 é dado, nesse caso, por

$$p_1 = \sqrt{2mE}, \quad p_2 = \sqrt{2m(E-V)} < p_1 \quad (10.13)$$

Se $E < V$ [Figura 10.3(b)], a origem é um *ponto de retorno*: a partícula, vinda da região 1 com $p_1 > 0$, será "totalmente refletida" em $x = 0$.

Do ponto de vista da *analogia com a ótica*, no caso (a), teríamos um índice de refração relativo $n_{12} = p_2/p_1 < 1$, e uma onda incidente vinda da região 1 seria *parcialmente refletida e parcialmente transmitida*. No caso (b), como nas (10.9) e (10.10), haveria reflexão total, mas com uma *onda evanescente* (exponencialmente atenuada) no meio 2 ("oticamente menos denso").

Vejamos agora o que acontece na mecânica quântica.

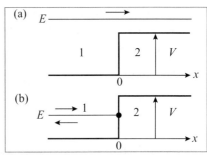

Figura 10.3 Movimento clássico num degrau de potencial.

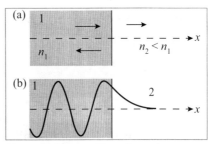

Figura 10.4 Análogo ótico do degrau de potencial.

$(a) \, E > V$

Nesse caso, a equação de Schrödinger (10.4) nas regiões 1 e 2 fica

$$\frac{d^2\varphi_1}{dx^2} + k_1^2\varphi_1 = 0 \, (x < 0), \quad k_1 = \frac{p_1}{\hbar} = \frac{\sqrt{2mE}}{\hbar}$$
$$\frac{d^2\varphi_2}{dx^2} + k_2^2\varphi_2 = 0 \, (x > 0), \quad k_2 = \frac{p_2}{\hbar} = \frac{\sqrt{2m(E-V)}}{\hbar}$$
(10.14)

com as soluções gerais

$$\varphi_1(x) = Ae^{ik_1 x} + Be^{-ik_1 x}$$
$$\varphi_2(x) = Ce^{ik_2 x} + De^{-ik_2 x}$$
(10.15)

Para definir uma solução, temos de especificar *condições de contorno*, tanto no *infinito* ($x \to \pm\infty$) como na *origem* ($x = 0$), onde $V(x)$ é descontínuo.

Condições no infinito

Como na mecânica clássica, podemos ter uma partícula (ou feixe de partículas) incidente da esquerda para a direita (nesse caso $D = 0$) ou vice-versa (nesse caso $A = 0$). O caso geral é uma superposição dos dois, e basta considerar o 1° caso, em que A é dado e B e C têm de ser obtidos:

$$\varphi_1(x) = \underbrace{Ae^{ik_1 x}}_{\text{incidente}} + \underbrace{Be^{-ik_1 x}}_{\text{refletido}}$$
$$\varphi_2(x) = Ce^{ik_2 x} \quad (\text{transmitido})$$
(10.16)

O fato de haver duas soluções independentes, com a mesma energia E (uma com $D = 0$ e outra com $A = 0$), corresponde à mesma *dupla degenerescência* já encontrada para partículas livres: a possibilidade de movimento em dois sentidos opostos.

Condição de contorno em *x* = 0

O potencial $V(x)$ é descontínuo em $x = 0$. Por outro lado, como a solução é estacionária, a (10.1) resulta em

$$\frac{\partial}{\partial t}\rho(x, t) = \frac{\partial}{\partial t}|\psi_E(x, t)|^2 = \frac{\partial}{\partial t}|\varphi_E(x)|^2 = 0 \qquad (10.17)$$

ou seja, a densidade de probabilidade é independente do tempo (estacionária).

Se tomarmos então, na (9.57), $x_2 = \varepsilon$, $x_1 = -\varepsilon$, com $\varepsilon > 0$ arbitrariamente pequeno, vem

$$-\frac{\partial}{\partial t}\int_{-\varepsilon}^{\varepsilon}\rho(x, t)dx = 0 = j(\varepsilon, t) - j(-\varepsilon, t)$$

ou seja, fazendo $\varepsilon \downarrow 0$ (por valores positivos),

$$\boxed{j(+0, t) = j(-0, t)} \qquad (10.18)$$

A *corrente de probabilidade deve permanecer contínua na origem*, apesar da descontinuidade do potencial (por mais forte razão, isto vale em ∀ outro ponto x).

Isso implica, pela expressão de j,

$$\boxed{\begin{aligned} \varphi_1(-0) &= \varphi_2(+0) \\ \frac{\partial \varphi_1}{\partial x}(-0) &= \frac{\partial \varphi_2}{\partial x}(+0) \end{aligned}} \qquad (10.19)$$

ou seja, *a função de onda e sua primeira derivada em relação a x devem ser contínuas*.

Pelas (10.16), isso dá

$$\left. \begin{aligned} A + B &= C \\ ik_1(A - B) &= ik_2 C \end{aligned} \right\} A - B = \frac{k_2}{k_1} C \quad \begin{aligned} A &= \frac{1}{2}\left(1 + \frac{k_2}{k_1}\right) C \\ B &= \frac{1}{2}\left(1 - \frac{k_2}{k_1}\right) C \end{aligned}$$

o que leva a

$$\boxed{\begin{aligned} \frac{B}{A} &= \frac{k_1 - k_2}{k_1 + k_2} = \text{amplitude de reflexão} \\ \frac{C}{A} &= \frac{2k_1}{k_1 + k_2} = \text{amplitude de transmissão} \end{aligned}} \qquad (10.20)$$

Pela (9.58), as correntes incidente, refletida e transmitida são dadas, respectivamente, por [cf. (10.16)]:

$$j_{\text{inc}} = |A|^2 v_1, \quad j_{\text{refl}} = -|B|^2 v_1, \quad j_{\text{trans}} = |C|^2 v_2 \qquad (10.21)$$

onde $v_j = \hbar k_j/m$ ($j = 1, 2$). Na interpretação em termos de feixes de partículas, as correntes são proporcionais aos números, por unidade de tempo, de partículas incidentes, refletidas e transmitidas, respectivamente. Logo, as *probabilidades de reflexão* (r) e *transmissão* (t) são dadas por

$$\boxed{\begin{aligned} r &= -\frac{j_{\text{refl}}}{j_{\text{inc}}} = \left|\frac{B}{A}\right|^2 \\ t &= \frac{j_{\text{trans}}}{j_{\text{inc}}} = \frac{k_2}{k_1}\left|\frac{C}{A}\right|^2 \end{aligned}} \qquad (10.22)$$

e as (10.20) dão

$$r = \left(\frac{k_1 - k_2}{k_1 + k_2}\right)^2$$
$$t = \left(\frac{4k_1 k_2}{(k_1 + k_2)^2}\right)$$
(10.23)

que satisfazem a

$$r + t = 1$$
(10.24)

conforme deveria ser (soma das probabilidades = 1).

Em termos do "índice de refração" relativo

$$n = \frac{k_2}{k_1} = \frac{p_2}{p_1}$$
(10.25)

a (10.23) resulta

$$r = \left(\frac{n-1}{n+1}\right)^2 \quad t = \frac{4n}{(n+1)^2}$$
(10.26)

que são idênticos à refletividade e à transmissividade de uma interface entre dois meios óticos transparentes, na incidência ⊥ [cf. (5.77)]

Temos então um efeito tipicamente quântico, consequência das propriedades ondulatórias das partículas. Na mecânica clássica, uma partícula com $E > V$ é "totalmente transmitida", ao passo que, quanticamente, ela tem uma probabilidade > 0 de ser *refletida* (embora tenha energia suficiente para ultrapassar o degrau de potencial).

Em particular, se for $(E - V) \ll V$, ou seja, se a energia estiver muito pouco acima do topo do degrau, a (10.14) mostra que será $p_2 \ll p_1$ (a partícula é fortemente desacelerada pelo degrau, na mecânica clássica) e a (10.23) $\Rightarrow r \approx 1$, ou seja a reflexão é quase total, situação típica para uma onda numa descontinuidade forte (para $E \gg V$, temos $r \to 0$: a partícula quase não é afetada pelo potencial).

$$(b)\ \ 0 \leq E < V$$

Nesse caso, a solução anterior continua valendo, mas temos de tomar, na (10.14) [cf. (10.9)],

$$k_2 = \frac{\sqrt{2m(E-V)}}{\hbar} = \pm i \frac{\sqrt{2m(V-E)}}{\hbar} = \pm i |k_2|$$
(10.27)

de modo que a 2ª das (10.16) leva a

$$\varphi_2(x) = C e^{ik_2 x} = C e^{\pm|k_2|x} \quad (x > 0)$$

Mas o sinal + é inaceitável, pois corresponde a um crescimento *exponencial* para $x \to \infty$. Logo,

$$k_2 = i|k_2|, \quad \varphi_2(x) = Ce^{-|k_2|x} = Ce^{-\sqrt{2m(V-E)}x/\hbar} \qquad (10.28)$$

que corresponde a uma onda evanescente.

A (10.20) leva a

$$\frac{B}{A} = \frac{k_1 - i|k_2|}{k_1 + i|k_2|} = e^{-2i\eta}, \quad \eta = \operatorname{tg}^{-1}\left(\frac{|k_2|}{k_1}\right) \qquad (10.29)$$

(o quociente de dois complexos conjugados é um *fator de fase*). Substituindo na (10.22),

$$r = \left|\frac{B}{A}\right|^2 = 1 \qquad (10.30)$$

ou seja, temos, neste caso, *reflexão total*, como na mecânica clássica.

Levando a (10.29) na (10.16), obtemos

$$\varphi_1(x) = A\left[e^{ik_1x} + e^{-i(k_1x+2\eta)}\right] = Ae^{-i\eta}\underbrace{\left[e^{i(k_1x+\eta)} + e^{-i(k_1x+\eta)}\right]}_{2\cos(k_1x+\eta)}$$

ou ainda, como $\varphi_1(0) = \varphi_2(0)$,

$$\begin{aligned}\varphi_1(x) &= \frac{C}{\cos\eta}\cos(k_1x+\eta)\\ \varphi_2(x) &= Ce^{-|k_2|x}\end{aligned} \qquad (10.31)$$

mostrando que a solução na região 1 é uma *onda estacionária* (interferência entre incidente e refletida), que penetra na região 2 (Figura 10.5) como uma *onda evanescente*, análoga às que encontramos na reflexão total (Seção 5.10). A *profundidade de penetração* é da ordem de

$$\frac{1}{|k_2|} = \frac{\hbar}{\sqrt{2m(V-E)}} \qquad (10.32)$$

Figura 10.5 Penetração na região proibida.

tanto maior quanto mais próxima a energia estiver do topo do degrau, $E = V$.

Temos, portanto, uma probabilidade $\neq 0$ de que a partícula seja encontrada na *região classicamente proibida*, $E < V$. Esse é um efeito tipicamente ondulatório. Como na reflexão total, a solução estacionária não permite ver como ocorre a penetração na região proibida: para isto, teríamos de construir um *pacote de ondas*, superpondo diferentes energias (incluindo soluções com $E > V$, para as quais a região é permitida).

Observamos ainda que, para $E < V$, não existem soluções com partículas incidentes da região 2 para a 1, de modo que, neste caso, os autovalores da energia *não são degenerados*.

Limite de parede impenetrável ($V \to \infty$)

Se fizermos $V \to \infty$, a (10.32) mostra que a profundidade de penetração $\to 0$, a (10.28) mostra que $\varphi_2(x) \to 0$, e a (10.29) mostra que $B/A \to -1$ ($\eta \to \pi/2$), de forma que as (10.16) ficam

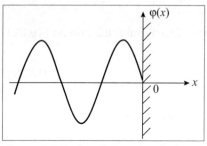

Figura 10.6 Parede impenetrável.

$$\boxed{\begin{array}{l}\varphi_1(x) = 2i A \operatorname{sen}(k_1 x) \\ \varphi_2(x) = 0\end{array}} \quad (10.33)$$

correspondendo à condição de contorno

$$\boxed{\psi(0, t) = 0} \quad (10.34)$$

associada a uma *parede impenetrável* (Figura 10.6). Nesse caso limite, a derivada $\partial \psi / \partial x$ é descontínua na origem.

10.3 PARTÍCULA CONFINADA

Na Seção 10.2, ilustramos soluções dos tipos E_1 e E_2 da Figura 10.1, correspondentes a movimentos *ilimitados*, característicos de processos de *espalhamento*, em que a energia tem um *espectro contínuo*.

Vamos ver agora um exemplo simples de solução do tipo E_3, em que o movimento da partícula é *confinado* a uma região limitada do espaço: classicamente, é um movimento oscilatório.

(a) Partícula numa caixa unidimensional

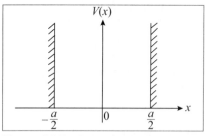

Figura 10.7 Caixa de paredes impenetráveis.

Corresponde ao potencial

$$\boxed{V(x) \begin{cases} = 0 \left(-\dfrac{a}{2} < x < \dfrac{a}{2}\right) \\ \to \infty \left(|x| > \dfrac{a}{2}\right) \end{cases}} \quad (10.35)$$

Na *mecânica clássica*, poderíamos pensar numa bolinha que oscila entre duas paredes impenetráveis, colidindo e sendo totalmente refletida por cada uma delas. A largura da caixa é a. Do ponto de vista de *ondas clássicas*, temos propagação entre duas paredes totalmente refletoras.

A função de onda $\varphi(x)$ só é $\neq 0$ dentro da caixa, onde satisfaz

$$\frac{d^2\varphi}{dx^2} + k^2\varphi = 0, \quad k = \frac{\sqrt{2mE}}{\hbar} \quad \left(|x| \leq \frac{a}{2}\right) \quad (10.36)$$

Nas paredes, pela (10.34), devem ser satisfeitas as *condições de contorno*

$$\varphi\left(\pm\frac{a}{2}\right) = 0 \quad (10.37)$$

A solução geral da (10.36) é

$$\varphi(x) = Ae^{ikx} + Be^{-ikx} \quad (10.38)$$

Para aplicar as (10.37), é conveniente introduzir a notação

$$z = e^{ika/2} \quad \{z^* = e^{-ika/2}\} \quad (10.39)$$

As (10.37) ficam então

$$x = \frac{a}{2} \quad \begin{cases} zA + z^*B = 0 \\ \\ z^*A + zB = 0 \end{cases} \quad (10.40)$$
$$x = -\frac{a}{2}$$

Para que esse sistema homogêneo nas incógnitas A e B tenha solução não trivial, tem de ser

$$0 = \begin{vmatrix} z & z^* \\ z^* & z \end{vmatrix} = z^2 - z^{*2} = e^{ika} - e^{-ika} = 2i\,\text{sen}(ka) \quad (10.41)$$

o que só é possível para

$$k \equiv k_n = \frac{n\pi}{a} \quad (n = \pm 1, \pm 2, \ldots) \quad (10.42)$$

pois $n = 0$ daria $\varphi(x) = A + B = 0$, solução trivial.

Logo,

$$z = z_n = e^{in\pi/2} = \begin{cases} \pm 1 & (n\ \text{par}) \\ \pm i & (n\ \text{ímpar}) \end{cases} \quad (10.43)$$

Para n par, z é real, de modo que as (10.40) dão, juntamente com a (10.38),

$$A + B = 0 \left\{ A = -B \left\{ \varphi_n(x) = A\left(e^{ik_nx} - e^{-ik_nx}\right) \right.\right.$$

e n ímpar, $z = -z^*\} A - B = 0 \left\{ A = B \left\{ \varphi_n(x) = A\left(e^{ik_nx} + e^{-ik_nx}\right) \right.\right.$

Finalmente

$$\left.\begin{array}{l} n = 1, 3, 5, \ldots \{\varphi_n(x) = N_n \cos(k_n x)\} \\ n = 2, 4, 6, \ldots \{\varphi_n(x) = N'_n \operatorname{sen}(k_n x)\} \end{array}\right] \left(k_n \equiv \frac{n\pi}{a}\right) \quad (10.44)$$

onde N_n e N'_n são fatores de normalização; valores negativos de n não dão autofunções novas.

Pela (10.36), os autovalores correspondentes da energia são

$$E_n = \frac{\hbar}{2m} k_n^2 = \overbrace{\left(\frac{\hbar^2 \pi^2}{2ma^2}\right)}^{E_1} n^2 \quad (n = 1, 2, 3, \ldots) \quad (10.45)$$

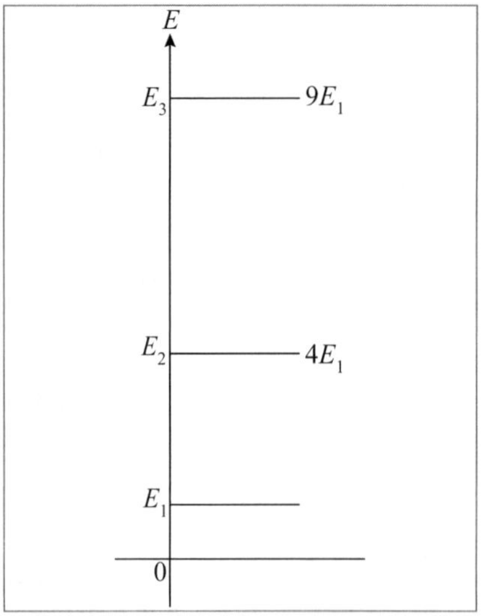

Propriedades das soluções

(i) Espectro discreto

Na mecânica clássica, uma partícula poderia oscilar entre as paredes com qualquer energia $E \geq 0$. Quanticamente, o espectro de energia é *discreto*: a energia é *quantizada*, podendo assumir somente os valores (10.45), que fornecem os *níveis de energia* da partícula (Figura 10.8). Para cada nível, há uma só autofunção independente, ou seja, os níveis são *não degenerados*.

O *espectro discreto*, propriedade tipicamente ondulatória, *é característico do confinamento*.

Figura 10.8 Níveis de energia da partícula confinada.

(ii) A "energia de incerteza"

A energia *mínima* que a partícula pode ter (*estado fundamental*) é

$$E_1 = \frac{\pi^2 \hbar^2}{2ma^2} \quad (10.46)$$

Vamos ver que essa energia mínima está associada ao princípio de incerteza. Com efeito, as paredes impenetráveis confinam a partícula à região $|x| < a/2$, de forma que a *incerteza na posição* da partícula é

$$\Delta x \leq a \quad (10.47)$$

Pela relação de incerteza, isso implica numa *incerteza em momento*

$$\Delta p \geq \frac{\hbar}{2a} \quad (10.48)$$

e numa energia mínima (a energia da partícula é puramente cinética)

$$\frac{(\Delta p)^2}{2m} = \frac{\hbar^2}{8ma^2} \quad (10.49)$$

A (10.46) é dessa ordem de grandeza. Logo, a energia do estado fundamental pode ser pensada como "*energia de localização*" ou "*energia de incerteza*". Note o caráter "positivo" da relação de incerteza nesse caso.

(iii) Autofunções

As (10.44) mostram que as autofunções (Figura 10.9) são idênticas aos *modos normais de vibração* de uma corda vibrante presa nas extremidades (**FB2**, Seção 5.7), que satisfazem exatamente à mesma equação (10.36) e às mesmas condições de contorno (10.37).

O caráter discreto do espectro de oscilações é característico das *ondas confinadas* (membranas vibrantes, cavidades ressonantes): é uma propriedade *ondulatória*. Como de Broglie havia observado, essa é a origem dos números inteiros nos autovalores da energia.

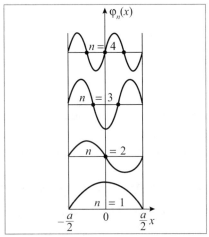

Figura 10.9 Autofunções da partícula confinada.

(iv) Número de nodos

Não contando os nodos (zeros) nos extremos $\pm a/2$, vemos que a função de onda do *estado fundamental* ($n = 1$) não tem nodos; para o estado E_n, que é o $(n-1)$ – ésimo *estado excitado* –, há $(n-1)$ nodos.

Intuitivamente, a razão desse resultado é que funções de onda com mais nodos oscilam mais, portanto têm momento (proporcional ao gradiente) e energia cinética mais elevados.

(v) Paridade

Com a escolha de origem que fizemos, o potencial (10.35) é uma função *par* de x:

$$V(-x) = V(x) \quad (10.50)$$

Como $\partial^2/\partial x^2$ não se altera pela transformação $x \to -x$, o mesmo vale para o hamiltoniano

$$\hat{H}(-x) = \hat{H}(x) \quad (10.51)$$

Logo,

$$\hat{H}\varphi_E(x) = E\varphi_E(x) \Rightarrow \hat{H}\varphi_E(-x) = E\varphi_E(-x) \qquad (10.52)$$

ou seja, $\varphi_E(-x)$ é uma autofunção associada ao *mesmo valor E* da energia.

Como as autofunções, nesse caso, não são degeneradas, isso implica

$$\varphi_E(-x) = \lambda \varphi_E(x) \qquad (10.53)$$

onde λ é uma constante. Trocando x por $-x$, vem: $\varphi_E(x) = \lambda \varphi_E(-x)$, e, substituindo na (10.53),

$$\varphi_E(-x) = \lambda^2 \varphi_E(-x) \{\lambda^2 = 1\{\lambda = \pm 1 \qquad (10.54)$$

Levando na (10.53),

$$\varphi_E(-x) = \pm\varphi_E(x) \qquad (10.55)$$

Logo, as autofunções *têm paridade definida*, isto é, são necessariamente *pares* ou *ímpares*, como consequência da *invariância* do hamiltoniano na transformação (10.51) $(x \to -x)$. Efetivamente, na (10.44), n *ímpar* leva a autofunções *pares* e n *par* a autofunções *ímpares* [$\varphi_n(-x) = -\varphi_n(x)$].

(vi) Ortonormalidade e "completeza".

Para calcular os fatores de normalização nas (10.44), usamos a condição de normalização:

$$\begin{Bmatrix} N_n^2 \\ N_n'^2 \end{Bmatrix} \int_{-\frac{a}{2}}^{a/2} \begin{Bmatrix} \cos^2 \\ \sin^2 \end{Bmatrix} \left(\frac{n\pi}{a}x\right) dx =$$

$$\begin{Bmatrix} N_n^2 \\ N_n'^2 \end{Bmatrix} \cdot \left[\frac{1}{2} \underbrace{\int_{-\frac{a}{2}}^{a/2} dx}_{=a} \pm \underbrace{\int_{-\frac{a}{2}}^{a/2} \cos\left(\frac{2n\pi}{a}x\right)dx}_{=0} \right]$$

que leva a

$$N_n = N_n' = \sqrt{\frac{2}{a}} \qquad (10.56)$$

de modo que

$$\varphi_n(x) = \begin{cases} \sqrt{\frac{2}{a}} \cos\left(\frac{n\pi}{a}x\right) & (n = 1, 3, 5, \ldots) \\ \sqrt{\frac{2}{a}} \sin\left(\frac{n\pi}{a}x\right) & (n = 2, 4, 6, \ldots) \end{cases} \qquad (10.57)$$

formam uma *base ortonormal* de funções (completa) no intervalo $(-a/2, a/2)$, permitindo que qualquer função $\varphi(x)$ quadraticamente integrável (normalizável), que se anula nos extremos desse intervalo, possa ser expandida sob a forma

$$\varphi(x) = \sqrt{\frac{2}{a}} \sum_{n=0}^{\infty} \left\{ a_n \cos\left[\frac{(2n+1)\pi}{a} x\right] + b_n \operatorname{sen}\left(\frac{2n\pi}{a} x\right) \right\} \tag{10.58}$$

onde os coeficientes de expansão a_n e b_n se calculam projetando sobre os vetores da base

$$a_n = \langle \varphi_n | \varphi \rangle_{n\ impar} = \sqrt{\frac{2}{a}} \int_{-\frac{a}{2}}^{a/2} \varphi(x) \cos\left[\frac{(2n+1)\pi}{a} x\right] dx$$

$$b_n = \langle \varphi_n | \varphi \rangle_{n\ par} = \sqrt{\frac{2}{a}} \int_{-\frac{a}{2}}^{a/2} \varphi(x) \operatorname{sen}\left[\frac{2n\pi}{a} x\right] dx \tag{10.59}$$

Do ponto de vista matemático, a (10.58) representa uma *expansão em série de Fourier*, e as (10.59) dão os *coeficientes de Fourier* dessa expansão. Trata-se de uma generalização ao *espaço de Hilbert* (dimensão infinita) da representação de um vetor em termos de suas componentes em eixos ortogonais. *A representação geral de um estado quântico é feita por um vetor no espaço de Hilbert.*

(b) Partícula sobre um aro circular

Como segundo exemplo de movimento confinado, vamos considerar um sistema quântico que seria o análogo de uma partícula clássica vinculada a se mover sobre um arco circular (Figura 10.10) de raio a (como uma conta que desliza sobre um aro).

A coordenada que corresponde a x é

$$s = a\phi \tag{10.60}$$

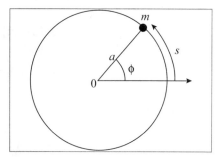

Figura 10.10 Partícula num aro circular.

o *arco* de círculo descrito pela partícula após percorrer um ângulo ϕ) a partir de uma direção fixa.

Por conseguinte, o que corresponde aqui ao operador *momento* é

$$\hat{p}_\phi = -i\hbar \frac{\partial}{\partial s} = -\frac{i\hbar}{a} \frac{\partial}{\partial \phi} \tag{10.61}$$

Supomos que, além do vínculo, nenhuma outra força atue sobre a partícula, de modo que o hamiltoniano é o de uma partícula livre ao longo do círculo,

$$\hat{H} = \frac{1}{2m} \hat{p}_\phi^2 = -\frac{\hbar^2}{2ma^2} \frac{\partial}{\partial \phi^2} \tag{10.62}$$

O sistema, nesse sentido, ainda é unidimensional, mas a diferença com a reta é que a circunferência se fecha, *confinando* a partícula a uma região finita. Embora < φ > possa crescer indefinidamente, os pontos φ e φ + 2jπ (j = ± 1, ±2, ...) correspondem ao mesmo ponto do espaço, de forma que podemos impor uma condição de *periodicidade* à função de onda:

$$\boxed{\psi(\phi + 2j\pi) = \psi(\phi) \quad (j = \pm 1, \pm 2, ...)}$$ (10.63)

Procuremos inicialmente os autovalores e autoestados do momento $\hat{p}_\phi$:

$$\hat{p}_\phi \psi_\lambda(\phi) = \lambda \psi_\lambda(\phi)$$ (10.64)

onde estamos chamando de λ os autovalores. Pela (10.61), a (10.64) equivale a

$$-\frac{i\hbar}{a}\frac{\partial \psi_\lambda}{\partial \phi} = \lambda \psi_\lambda \left\{ \frac{\partial \psi_\lambda}{\partial \phi} = \left(\frac{i\lambda a}{\hbar}\right)\psi_\lambda \right.$$

o que leva à solução

$$\psi_\lambda(\phi) = N \exp\left(\frac{i\lambda a}{\hbar}\phi\right)$$ (10.65)

N sendo um fator de normalização.

A condição de periodicidade (10.63), com $j = 1$, resulta em

$$\psi_\lambda(\phi + 2\pi) = \exp\left(\frac{2\pi i \lambda a}{\hbar}\right)\psi_\lambda(\phi) = \psi_\lambda(\phi)$$

$$\therefore \quad \exp\left(\frac{2\pi i \lambda a}{\hbar}\right) = 1 = \exp(2\pi i n)$$

levando aos *autovalores*

$$\boxed{\lambda_n = \frac{n\hbar}{a} \quad (n = 0, \pm 1, ...)}$$ (10.66)

e às autofunções (já normalizadas)

$$\boxed{\psi_n(\phi) = \frac{1}{\sqrt{2\pi}} e^{in\phi} \quad (n = 0, \pm 1, ...)}$$ (10.67)

que, obviamente, satisfazem à condição de periodicidade.

Momento angular

Se tomarmos um eixo Oz perpendicular ao plano do círculo, passando pelo centro (Figura 10.11), podemos definir o operador *momento angular da partícula em relação ao eixo* Oz, por analogia com a mecânica clássica, como

$$\hat{l}_z = a\hat{p}_\phi = -i\hbar \frac{\partial}{\partial \phi} \quad (10.68)$$

e a (10.67) leva a

$$\hat{l}_z \psi_n(\phi) = n\hbar \psi_n(\phi) \quad (n = 0, \pm 1, \ldots) \quad (10.69)$$

Logo, as autofunções de $\hat{p}_\phi$ são também *autoestados do momento angular* $\hat{l}_z$, e vemos que *o momento angular é quantizado em unidades de $\hbar$* (caso especial de um dos postulados de Bohr). A quantização (espectro discreto) aparece aqui

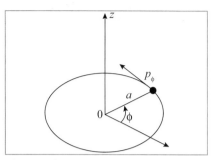

Figura 10.11 Momento angular.

como consequência direta do *confinamento* a uma região finita, expresso por meio da condição de periodicidade da função de onda no ângulo ϕ.

Finalmente, como, pelas (10.62) e (10.68),

$$\hat{H} = \frac{1}{2ma^2}\left(\hat{l}_z\right)^2 \quad (10.70)$$

os autoestados de $\hat{l}_z$ também são *estados estacionários*, com

$$\hat{H}\psi_n(\phi) = \frac{1}{2ma^2}(n\hbar)^2 \psi_n = E_n \psi_n(\phi) \quad (10.71)$$

onde os autovalores da energia, como consequência do confinamento, formam um *espectro discreto*,

$$E_n = \frac{\hbar^2}{2ma^2} n^2 \quad (10.72)$$

com

$$E_n = E_{-n} \quad (10.73)$$

ou seja, cada nível de energia (exceto $n = 0$) é *duplamente degenerado*, com as duas autofunções independentes ψ_n e ψ_{-n}.

Fisicamente, essas autofunções, correspondem aos dois sentidos opostos de percurso do círculo (como p e $-p$ ao longo da reta). Podemos, entretanto, substituir ψ_n e ψ_{-n} por duas combinações lineares independentes. Em particular,

$$\begin{aligned}\psi_n + \psi_{-n} &\propto \cos(n\phi) \\ \psi_n - \psi_{-n} &\propto \text{sen}(n\phi)\end{aligned} \quad (10.74)$$

permitem definir outro conjunto equivalente de autofunções de $\hat{H}$, que não são autofunções de $\hat{p}_\phi$ nem de $\hat{l}_z$. Se as tomarmos dessa forma, elas terão nodos ao longo do círculo ($0 \leq \phi < 2\pi$), cujo número aumenta com a energia do nível, de forma análoga ao que encontramos para o confinamento entre duas paredes impenetráveis.

10.4 BARREIRA DE POTENCIAL RETANGULAR

Consideremos agora o potencial unidimensional

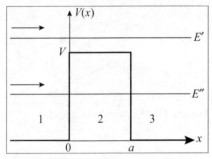

Figura 10.12 Barreira retangular.

$$V(x) = \begin{cases} 0 \ (x<0) \equiv \text{região 1} \\ V>0 \ (0<x<a) \equiv \text{região 2} \\ 0 \ (x>a) \equiv \text{região 3} \end{cases} \quad (10.75)$$

Temos duas situações possíveis: $E = E' > V$ e $0 < E'' < V$. Em ambos os casos, vamos considerar estados estacionários com uma partícula (ou feixe) vindo da esquerda (Figura 10.12), e discutir a *probabilidade de transmissão* para a região 3.

$$(a) \ E > V$$

Vamos introduzir as notações [cf. (10.14)]

$$\begin{aligned} k_0 &\equiv \sqrt{2mE}/\hbar \\ k &\equiv \sqrt{2m(E-V)}/\hbar \equiv nk_0 \end{aligned} \quad (10.76)$$

As soluções nas regiões 1, 2, e 3 são análogas às que vimos para o degrau de potencial:

$$\begin{aligned} \varphi_1(x) &= Ae^{ik_0 x} + Be^{-ik_0 x} \\ \varphi_2(x) &= Ce^{ikx} + De^{-ikx} \\ \varphi_3(x) &= Ee^{ik_0 x} \end{aligned} \quad (10.77)$$

onde a *amplitude de transmissão* T, que estamos interessados em calcular, é definida por

$$T = E/A \quad (10.78)$$

pois A é a amplitude da onda incidente.

Temos agora *dois* pontos onde aplicar as condições de contorno: $x = 0$ e $x = a$, com

$$\begin{aligned} \frac{d\varphi_1}{dx} &= ik_0\left(Ae^{ik_0 x} - Be^{-ik_0 x}\right) \\ \frac{d\varphi_2}{dx} &= ik\left(Ce^{ikx} - De^{-ikx}\right) \\ \frac{d\varphi_3}{dx} &= ik_0 \, Ee^{ik_0 x} \end{aligned}$$

Vamos introduzir as notações

$$z_0 \equiv e^{ik_0 a}, \quad z \equiv e^{ika} \quad (10.79)$$

As condições de contorno dão, então:

$$x = 0 \begin{cases} \varphi_1 = \varphi_2 \Rightarrow A + B = C + D \\ \dfrac{d\varphi_1}{dx} = \dfrac{d\varphi_2}{dx} \Rightarrow A - B = \dfrac{k}{k_0}(C - D) = n(C - D) \end{cases} \quad (10.80)$$

e

$$x = a \begin{cases} \varphi_2 = \varphi_3 \Rightarrow zC + \dfrac{1}{z}D = z_0 E \\ \dfrac{d\varphi_2}{dx} = \dfrac{d\varphi_3}{dx} \Rightarrow zC - \dfrac{1}{z}D = \dfrac{k_0}{k}z_0 \ E = \dfrac{z_0}{n}E \end{cases} \quad (10.81)$$

As (10.81) permitem exprimir C e D em função de E:

$$zC = \dfrac{1}{2}z_0\left(1 + \dfrac{1}{n}\right)E \quad \left\{ \boxed{C = \dfrac{z_0}{2nz}(n+1)E} \right.$$

$$\dfrac{1}{z}D = \dfrac{1}{2}z_0\left(1 - \dfrac{1}{n}\right)E \quad \left\{ \boxed{D = \dfrac{z z_0}{2n}(n-1)E} \right. \quad (10.82)$$

Por outro lado, as (10.80) dão:

$$\boxed{A = \dfrac{1}{2}\bigl[(n+1)C - (n-1)D\bigr]} \quad (10.83)$$

e, pelas (10.82),

$$A = \dfrac{1}{2} \cdot \dfrac{z_0}{2n}\left[\dfrac{(n+1)^2}{z} - (n-1)^2 z\right]E$$

$$= \dfrac{z_0}{4nz}(n+1)^2\left[1 - \left(\dfrac{n-1}{n+1}\right)^2 z^2\right]E$$

permitindo obter a amplitude de transmissão (10.78):

$$T = \dfrac{E}{A} = \dfrac{4n}{(n+1)^2}\dfrac{z}{z_0} \cdot \dfrac{1}{\left[1 - \left(\dfrac{n-1}{n+1}\right)^2 z^2\right]}$$

ou, pelas (10.79),

$$\boxed{T = e^{i(k-k_0)a} \cdot \dfrac{4n}{(n+1)^2} \cdot \dfrac{1}{\left[1 - \left(\dfrac{n-1}{n+1}\right)^2 e^{2ika}\right]}} \quad (10.84)$$

Esse resultado tem uma interpretação física imediata. Lembrando as expressões (10.26) da refletividade r e transmissividade t do *degrau* de potencial, a (10.84) se escreve

$$\boxed{T = e^{i(n-1)k_0 a} \cdot \left(\frac{t}{1-re^{i\Delta}}\right), \quad \Delta \equiv 2ka} \tag{10.85}$$

o que corresponde aos resultados obtidos na ótica, quando discutimos as *franjas de interferência numa lâmina de faces paralelas* (Seção 3.4).

Com efeito: o denominador $1 - re^{i\Delta}$, onde r é o produto das amplitudes de reflexão nas duas interfaces (lembrando que a interface reflete igualmente bem dos dois lados) e Δ a defasagem para atravessamento duplo da lâmina, neste caso correspondendo ao que seria incidência $\perp$ na ótica, é exatamente o mesmo encontrado na (3.34), representando a soma de todas as multirreflexões internas. O numerador contém t, o produto das amplitudes de transmissão para entrar e sair da lâmina, e a defasagem $e^{i(n-1)k_0 a}$ associada ao atravessamento da lâmina.

Podemos, portanto, aplicar aqui a discussão dos efeitos de interferência dada na Seção 3.4. Teremos para a *probabilidade de transmissão $\mathcal{T}$* (total)

$$\boxed{\mathcal{T} = \frac{j_{\text{trans}}}{j_{\text{inc}}} = \frac{k_0 |E|^2}{k_0 |A|^2} = \left|\frac{E}{A}\right|^2 = |T|^2} \tag{10.86}$$

o que, pelas (10.85) e (3.35), resulta em

$$\boxed{\mathcal{T} = \frac{t^2}{t^2 + 4r \operatorname{sen}^2(ka)} \quad (t \equiv 1 - r)} \tag{10.87}$$

Como na Seção 3.4,

probab. de transmissão = 1

$$\boxed{\begin{aligned} k_j a &= j\pi \quad \{\ \Delta = 2j\pi (\text{interf. construtiva}) \quad \{\ \mathcal{T} = \mathcal{T}_{\max} = 1 \\ k_j' a &= \left(j + \frac{1}{2}\right)\pi \quad \{\ \Delta = (2j+1)\pi (\text{interf. destrutiva}) \quad \{\ \mathcal{T} = \mathcal{T}_{\min} = \left(\frac{1-r}{1+r}\right)^2 \end{aligned}} \tag{10.88}$$

Na ótica, o índice de refração, em geral, depende da frequência ω (dispersão). Aqui, analogamente, é preciso levar em conta que k depende da energia E. Pela (10.76),

$$\boxed{ka = \sqrt{2m(E-V)}\frac{a}{\hbar}} \tag{10.89}$$

Embora tenhamos tomado uma *barreira* na (10.75), a solução também se aplica a estados com $E > 0$ para um *poço de potencial retangular* (Figura 10.13), bastando substituir

$$\boxed{V \to -V} \tag{10.90}$$

tomando sempre $V > 0$. O índice de refração fica

$$n = \sqrt{1 \mp \frac{V}{E}} \quad \begin{cases} -(\text{barreira}) \equiv n < 1 \\ +(\text{poço}) \equiv n > 1 \end{cases} \quad (10.91)$$

e, pela (10.26),

$$r = \left(\frac{\sqrt{E \mp V} - \sqrt{E}}{\sqrt{E \mp V} + \sqrt{E}}\right)^2 \quad (10.92)$$

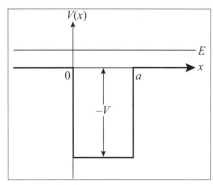

Figura 10.13   Poço retangular.

Vimos na ótica que os picos de transmissão tornam-se estreitos quando r é muito próximo de 1. Pela (3.37), a semilargura de um pico é da ordem de

$$2\varepsilon = 2(1-r) \quad (10.93)$$

A (10.92) mostra que r é próximo de 1 nas seguintes situações:

$$\begin{array}{l} (i)\text{Barreira}, \ 0 < E - V \ll E \leftarrow (\text{pouco acima do topo}) \\ (ii)\text{Poço}, \quad\quad 0 < E \ll V \end{array} \quad (10.94)$$

Analogamente, pela (10.88), os mínimos de transmissividade são proporcionais a $(1-r)^2$, que é pequeno nas mesmas situações (10.94).

Pelas (10.88) e (10.89), os *máximos de transmissão* correspondem a energias E_j tais que

$$\sqrt{2m(E_j \mp V)}\, a/\hbar = j\pi \quad (j = 1, 2, \cdots)$$

ou seja

$$E_j \mp V = j^2 \left(\frac{\pi^2 \hbar^2}{2ma^2}\right) \quad (j = 1, 2, \ldots) \quad (10.95)$$

Como o 2º membro cresce com j^2, as (10.94) só podem, em geral, ser satisfeitas para os valores mais baixos de j. Para $E \gg V$, os picos tornam-se muito largos e o contraste entre máximos e mínimos é pequeno.

O andamento típico de $\mathcal{T}$ como função de E para o caso de um *poço* está representado na Figura 10.14. Em contraste com o caso da ótica (Seção 3.4), não há periodicidade em E e as franjas vão ficando cada vez mais largas e menos nítidas. O caso da barreira, com $E > V$, é análogo.

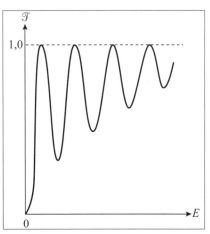

Figura 10.14   Transmissividade em função da energia.

Os picos mais estreitos, para os valores mais baixos da energia, são chamados de *ressonâncias de transmissão*. Qual é a razão desse nome? Num limite em que se tivesse $r = 1$ (reflexão total nas interfaces $x = 0$ e $x = a$), os máximos de transmissão em

$$k_j = j\pi / a \quad (j = 1, 2, ...)$$ (10.96)

corresponderiam aos níveis de energia discretos (10.42).

Logo, os picos podem ser considerados como um fenômeno de *ressonância* com essas energias, análogo às ressonâncias de um tubo de órgão na acústica, por exemplo (**FB2**, Seção 6.4): a frequência das "oscilações forçadas" coincide com a das "oscilações livres".

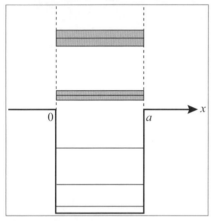

Figura 10.15 Ressonâncias como níveis virtuais.

Para um poço, podemos pensar nas ressonâncias como um *prolongamento ao espectro contínuo do espectro discreto de níveis de energia ligados* (Figura 10.15): no contínuo, cada "nível" ressonante tem uma largura ΔE em energia correspondente à (10.93) para os níveis estreitos. A origem dessa largura é a transmissão para a região externa [$\varepsilon = t$ na (10.93)], como seria a extremidade aberta no caso de um tubo de órgão.

No espalhamento de elétrons de baixa energia ($E \sim 0{,}1$ eV) por átomos de gases nobres (Ne, Ar), observam-se *ressonâncias de transmissão*: para determinadas energias, os átomos se comportam como se fossem praticamente transparentes aos elétrons. Esse fenômeno, conhecido como *efeito Ramsauer*, é análogo ao que acabamos de discutir, mas seu tratamento adequado requer a teoria do espalhamento tridimensional.

$$(b)\ 0 < E < V : Tunelamento (\text{barreira})$$

Esse caso corresponde à energia E'' na Figura 10.12. Como na (10.27) para o degrau de potencial, a solução anterior permanece válida, bastando tomar

$$k_2 = i|k_2| = i\sqrt{2m(V-E)}/\hbar \equiv iK \quad (K > 0)$$ (10.97)

A 2ª equação na (10.77) fica então

$$\varphi_2(x) = Ce^{-Kx} + De^{Kx} \quad (0 \le x \le a)$$ (10.98)

mas aqui, ao contrário do degrau, não se pode excluir a exponencial crescente, porque x não se estende até $+\infty$ (região finita).

Como na (10.9), também o "índice de refração" se torna imaginário:

$$n = k_2 / k_0 \equiv iK / k_0 = i\eta \quad (\eta > 0)$$ (10.99)

A (10.85), com essas substituições, fica

$$T = e^{\frac{K}{-\eta k_0}a - ik_0 a} \cdot \left[\frac{\dfrac{4i\eta}{(i\eta+1)^2}}{1 - \left(\dfrac{i\eta-1}{i\eta+1}\right)^2 e^{-2Ka}} \right] \quad (10.100)$$

Vamo nos limitar a uma "barreira espessa", supondo

$$\boxed{Ka \gg 1} \quad (10.101)$$

pois podemos então desprezar o termo em e^{-2Ka} no denominador da (10.100), o que leva a

$$\boxed{\mathcal{T} = |T|^2 \approx \frac{16\,\eta^2}{\left(\eta^2+1\right)^2} e^{-2Ka}} \quad (10.102)$$

Pelas (10.97) e (10.99),

$$\eta^2 = \frac{V}{E} - 1, \quad \eta^2 + 1 = \frac{V}{E} \quad \left\{ \boxed{\mathcal{T} \approx \frac{16\,E(V-E)}{V^2} e^{-2\sqrt{2m(V-E)}\frac{a}{\hbar}}} \right. \quad (10.103)$$

Classicamente, uma partícula com $E < V$ não poderia penetrar na região 2 (proibida): sofreria *reflexão total*. Quanticamente, a partícula pode *"tunelar"* através da barreira: a probabilidade de transmissão (10.102) – (10.103) é pequena, mas $\neq 0$. Esse efeito de *tunelamento* é tipicamente ondulatório, análogo à *reflexão total frustrada* (Seção 5.9). Quanto mais estreita a barreira e/ou mais próxima estiver a energia E do topo V da barreira, maior a probabilidade de tunelamento.

O tunelamento quântico se manifesta numa grande variedade de fenômenos. Uma das primeiras aplicações foi a teoria de G. Gamow da *desintegração alfa*, em que um núcleo de nº atômico Z e nº de massa A emite uma partícula α (núcleo de He):

$$\boxed{(Z, A) \to (Z-2, A-4) + \alpha} \quad (10.104)$$

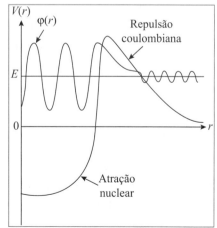

O modelo de potencial central [*tridimensional: $V = V(r)$*] está ilustrado na Figura 10.16: a partícula α, de carga $+2e$, precisa vencer a *barreira coulombiana*, de carga $(Z-2)e$, do núcleo residual, por tunelamento. A grande sensitividade da exponencial na (10.103) à variação de $V - E$ explica por que as meias-vidas para desintegração α variam desde $\sim 10^{-7}$ s até mais de 10^{10} anos.

Outras aplicações são a *emissão de campo*, ou seja, a emissão "a frio" de elétrons de um metal sob a ação de um campo elétrico; microscópios de emissão e de tunelamento; tunelamento em semicondutores etc...

Figura 10.16 Modelo de Gamow da desintegração alfa.

10.5 ESTADO FUNDAMENTAL DO ÁTOMO DE HIDROGÊNIO

Como exemplo importante de um estado ligado tridimensional, vamos tratar o estado fundamental do átomo de hidrogênio.

Temos, nesse caso, um problema de dois corpos (próton e elétron), com seis graus de liberdade espaciais (as três coordenadas de cada uma das duas partículas). A equação de Schrödinger seria uma "equação de ondas" num espaço de seis dimensões (para n partículas, seriam $3n$ dimensões), mostrando que interpretações "intuitivas" da mecânica quântica em termos da propagação de ondas exigiriam uma "intuição multidimensional".

Entretanto, como no problema clássico de dois corpos com forças centrais, é possível separar o problema em termos do movimento do centro de massa e do movimento relativo, este descrito pelo potencial coulombiano (central); o CM se comporta como uma partícula quântica livre de massa igual à massa total.

Interessa-nos a equação de Schrödinger para o *movimento relativo*, que é a equação de Schrödinger tridimensional para o potencial coulombiano, associada a um estado estacionário de energia E:

$$\boxed{\hat{H}\varphi = -\frac{\hbar^2}{2m}\Delta\varphi + V(r)\varphi = E\varphi} \qquad (10.105)$$

onde, como na (7.34),

$$\boxed{V(r) = -\frac{e^2}{4\pi\varepsilon_0 r} \equiv -\frac{q^2}{r}} \qquad (10.106)$$

Na (10.106), como no problema clássico de dois corpos, m corresponde à *massa reduzida* (**FB1**, Seção 10.10) do sistema elétron-próton, dada por

$$\boxed{m = \frac{m_e m_p}{m_e + m_p}} \qquad (10.107)$$

Como $m_p/m_e \gg 1$ ($\sim 2 \times 10^3$), porém, $m \approx m_e$, a massa do elétron [mas a precisão espectroscópica requer o uso da (10.107)].

Para estados estacionários *ligados* (com o zero de energia correspondendo a $r \to \infty$), temos

$$\boxed{E = -|E|} \qquad (10.108)$$

e temos de procurar soluções *normalizáveis* da (10.105), que só existem para valores *discretos* de E (autovalores), os *níveis de energia* do H.

A solução geral da (10.105) depende das três coordenadas (r, θ, ϕ) do elétron em relação ao núcleo. A dependência de θ e ϕ é dada por funções que, em geral, têm caráter oscilatório, e por conseguinte têm *nodos*, como as (10.74). Como esperamos que a energia cresça com o n° de nodos, como nos exemplos que já tratamos, e só estamos interessados no *estado fundamental* (de energia mínima), procuraremos uma solução *independente de* θ e ϕ (∴ sem nodos na dependência angular):

$$\boxed{\varphi = \varphi(r)} \tag{10.109}$$

Daí decorre

$$\frac{\partial \varphi}{\partial x} = \frac{d\varphi}{dr}\frac{\partial r}{\partial x} = \frac{x}{r}\varphi'(r) \Biggr\} \quad \boxed{\nabla\varphi = \mathbf{r}\frac{d\varphi/dr}{r}} \tag{10.110}$$

e, usando a identidade (9.85),

$$\Delta\varphi = \operatorname{div}(\nabla\varphi) = \frac{d\varphi/dr}{r}\operatorname{div}\mathbf{r} + \mathbf{r}\cdot\nabla\left(\frac{1}{r}\frac{d\varphi}{dr}\right)$$

$$\operatorname{div}\mathbf{r} = \frac{\partial x}{\partial x} + \frac{\partial y}{\partial y} + \frac{\partial z}{\partial z} = 3 \tag{10.111}$$

$$\nabla\left(\frac{1}{r}\frac{d\varphi}{dr}\right) = \frac{\mathbf{r}}{r}\frac{d}{dr}\left(\frac{1}{r}\frac{d\varphi}{dr}\right) = \frac{\mathbf{r}}{r}\left[-\frac{1}{r^2}\frac{d\varphi}{dr} + \frac{1}{r}\frac{d^2\varphi}{dr^2}\right]$$

levando a

$$\Delta\varphi = \frac{3}{r}\frac{d\varphi}{dr} - \frac{1}{r}\frac{d\varphi}{dr} + \frac{d^2\varphi}{dr^2} \Biggr\} \quad \boxed{\Delta\varphi(r) = \frac{d^2\varphi}{dr^2} + \frac{2}{r}\frac{d\varphi}{dr}} \tag{10.112}$$

o que também pode ser obtido calculando $\partial^2/\partial x^2$, $\partial^2/\partial y^2$, $\partial^2/\partial z^2$.

Levando esses resultados para a equação de Schrödinger (10.105), resulta

$$\boxed{-\frac{\hbar^2}{2m}\left(\frac{d^2\varphi}{dr^2} + \frac{2}{r}\frac{d\varphi}{dr}\right) - \frac{q^2}{r}\varphi = -|E|\varphi} \tag{10.113}$$

Seja

$$\boxed{|E| \equiv \frac{\hbar^2}{2m}K^2} \tag{10.114}$$

e vamos introduzir o *raio de Bohr* (7.47),

$$\boxed{a_0 \equiv \frac{\hbar^2}{mq^2}} \tag{10.115}$$

A (10.113) fica então

$$\boxed{\frac{d^2\varphi}{dr^2} + \frac{2}{r}\frac{d\varphi}{dr} + \frac{2}{a_0 r}\varphi - K^2\varphi = 0} \tag{10.116}$$

da qual temos de encontrar uma solução *normalizável*, para determinar o autovalor K [que leva à energia, pela (10.114)].

Para $r \to \infty$, a (10.116) deve reduzir-se a

$$\frac{d^2\varphi}{dr^2} - K^2\varphi = 0 \quad \{ \quad \varphi \to Ae^{-Kr} + Be^{Kr} \; (r \to \infty)$$

onde $K \equiv +\sqrt{K^2} \; (>0)$. Mas o 2º termo é uma exponencial *crescente* (não normalizável), de forma que temos de ter $B = 0$. Podemos procurar então uma solução tentativa sem zeros (nodos) da forma

$$\boxed{\varphi(r) = Ne^{-Kr}} \tag{10.117}$$

o que resulta em $d\varphi/dr = -K\varphi$. Levando na (10.116), vemos que ela é satisfeita, se tomarmos

$$\boxed{K = 1/a_0} \tag{10.118}$$

o que pela (10.114), leva ao autovalor

$$\boxed{|E| = \frac{\hbar^2}{2ma_0^2}} \tag{10.119}$$

que é a *energia do estado fundamental do átomo de hidrogênio*, já obtida na teoria de Bohr [cf.(7.52)]. Aqui, porém, é um resultado *exato* da mecânica quântica.

Resta calcular o fator de normalização N na (10.117). Devemos ter, dada a simetria esférica,

$$1 = \int |\varphi(r)|^2 d^3r = 4\pi \int_0^\infty |\varphi(r)|^2 r^2 dr = 4\pi|N|^2 \cdot \int_0^\infty e^{-2Kr} r^2 dr$$

$$= \underbrace{r^2 \cdot \frac{e^{-2Kr}}{-2K}\bigg|_0^\infty}_{=0} + \frac{1}{2K} \cdot \underbrace{2r \frac{e^{-2Kr}}{-2K}\bigg|_0^\infty}_{=0} + \frac{1}{2K^2} \underbrace{\int_0^\infty e^{-2Kr} dr}_{\frac{e^{-2Kr}}{-2K}\big|_0^\infty = \frac{1}{2K}} = \frac{1}{4K^3}$$

ou seja, pela (10.118),

$$1 = \frac{4\pi|N|^2}{4K^3} = \frac{\pi|N|^2}{(1/a_0)^3} = \pi a_0^3 |N|^2 \quad \{ \quad \boxed{N = \frac{1}{\sqrt{\pi a_0^3}}} \tag{10.120}$$

o que, finalmente, pela (10.117), resulta em

$$\boxed{\varphi(r) = \frac{1}{\sqrt{\pi a_0^3}} e^{-r/a_0}} \tag{10.121}$$

A probabilidade de encontrar o elétron entre r e $r + dr$, ou seja, dentro de uma casca esférica de volume $4\pi r^2 \, dr$, com centro no núcleo (próton) é

$$dP = 4\pi r^2 |\varphi(r)|^2 \, dr = \frac{4}{a_0^3} r^2 e^{-2r/a_0} \, dr \quad (10.122)$$

A densidade de probabilidade dP/dr é máxima para

$$0 = \frac{d}{dr}\left(r^2 e^{-2r/a_0}\right) = 2r e^{-2r/a_0} - \frac{2}{a_0} r^2 e^{-2r/a_0} = 2r e^{-2r/a_0}\left(1 - \frac{r}{a_0}\right)$$

ou seja, para

$$\boxed{r = a_0} \quad \left\{ \left(\frac{dP}{dr}\right)_{\max} = \frac{4}{a_0} e^{-2} \right. \quad (10.123)$$

A Figura 10.17(a) ilustra o andamento da densidade de probabilidade radial. Vemos que é *máxima* para uma *distância do núcleo igual ao raio de Bohr*. Entretanto, longe de termos uma órbita circular plana com este raio, temos, em três dimensões, uma "nuvem de probabilidade" esfericamente simétrica (Figura 10.17(b)), cuja densidade cai exponencialmente para $r \gg a_0$, onde o raio de Bohr corresponde à *distância mais provável* do elétron ao núcleo.

O *valor esperado* do raio atômico é $\langle r \rangle = \frac{3}{2} a_0$ (Problema 10.4).

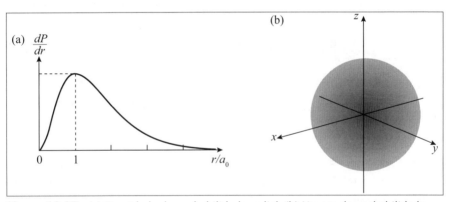

Figura 10.17 (a) Densidade de probabilidade radial; (b) Nuvem de probabilidade.

Relação com o princípio de incerteza

Para um elétron à distância r do núcleo, a energia potencial é

$$V(r) = -\frac{q^2}{r}$$

Por outro lado, um elétron confinado dentro de uma esfera de raio r possui, pelo princípio de incerteza, uma energia cinética mínima

$$T(r) \sim \frac{(\Delta p)^2}{2m} \geq \frac{\hbar^2}{2mr^2}$$

ou seja, uma energia total

$$E(r) = T(r) + V(r) \gtrsim \frac{\hbar^2}{2mr^2} - \frac{q^2}{r}$$

Para $r \to 0, E \to \infty$. Para $r \to \infty, E \to 0$, por valores negativos (V domina em relação a T). Portanto, $E(r)$ deve passar por um *mínimo*, o que acontece para

$$0 = \frac{dE}{dr} = -\frac{\hbar^2}{mr^3} + \frac{q^2}{r^2} = \frac{q^2}{r^2}\left(1 - \frac{\hbar^2/mq^2}{r}\right) \quad \{ \boxed{r = a_0} \quad \textbf{(10.124)}$$

Logo, a energia do átomo de hidrogênio no estado fundamental é a energia mínima compatível com sua localização ("energia de incerteza"). Estados excitados têm nodos (Probl. 10.9), o que aumenta a energia cinética.

Momento angular

O operador quântico (vetorial) associado ao momento angular é definido por extensão da mecânica clássica (princípio de correspondência):

$$\boxed{\hat{\mathbf{l}} = \hat{\mathbf{r}} \times \hat{\mathbf{p}} = -i\hbar\hat{\mathbf{r}} \times \nabla} \quad \textbf{(10.125)}$$

Resulta então da (10.110) que, para *qualquer* função de onda esfericamente simétrica,

$$\boxed{\hat{\mathbf{l}}\varphi(r) = -i\hbar\hat{\mathbf{r}} \times \nabla\varphi(r) = -i\hbar\hat{\mathbf{r}} \times \frac{\mathbf{r}}{r}\frac{d\varphi}{dr} = 0} \quad \textbf{(10.126)}$$

ou seja, *simetria esférica corresponde a momento angular zero*. Diz-se que a função de onda é, nesse caso, uma *onda s*. Temos aqui outra diferença entre o estado fundamental do hidrogênio na mecânica quântica e na teoria de Bohr [nesta, o estado fundamental tinha momento angular = $\hbar$ [cf.(7.50)].

Para obter os estados excitados do átomo de hidrogênio, é preciso desenvolver a teoria quântica do momento angular no caso geral, o que se faz em cursos mais avançados de mecânica quântica.

10.6 SPIN E PRINCÍPIO DE EXCLUSÃO

Além do momento angular orbital (10.125), o elétron tem também um *momento angular intrínseco*, como o fóton, associado à polarização. Para o fóton, como vimos na Seção 8.9, a projeção do momento angular intrínseco sobre uma dada direção (a direção em que ele se propaga) tem autovalores $\pm\hbar$. Dizemos então que o fóton tem *spin* 1 (momento angular intrínseco medido em unidades de $\hbar$).

No caso do elétron, que é, ao contrário do fóton, uma partícula carregada, o *spin* resulta numa propriedade característica da rotação de uma carga (embora não se possa pensar no elétron como se fosse uma espécie de giroscópio carregado): a existência de um *momento de dipolo magnético* intrínseco, como um imã microscópico.

Em consequência dele, um feixe de elétrons é afetado por um campo magnético inomogêneo, assim como dipolos elétricos se deslocam num campo elétrico inomogêneo (**FB3**, Seção 4.5). Um experimento realizado por O. Stern e W. Gerlach em 1921, fazendo um feixe atravessar um campo **B** fortemente inomogêneo, mostrou que o feixe se divide em duas componentes, associadas aos dois únicos valores possíveis da projeção do spin na direção de **B**: $+\hbar/2$ e $-\hbar/2$. Em 1925, G. Uhlenbeck e S. Goudsmit propuseram a ideia de que *o elétron é uma partícula de spin* 1/2.

Assim, na mecânica quântica não relativística, o elétron deve ser descrito não apenas por uma, mas por um *par* de funções de onda (vetor coluna de duas componentes), para incluir os efeitos de seu spin (polarização intrínseca). Uma representação desse tipo foi proposta por W. Pauli. Portanto, *uma descrição completa do estado de um elétron é dada por um vetor de estado que também inclui a descrição da polarização (spin)*.

Uma partícula de spin 1/2, como o elétron, obedece a um *novo princípio da física quântica*, também formulado por Pauli, o **princípio de exclusão**: 2 elétrons (mais geralmente, duas *partículas de spin* 1/2) *não podem ocupar o mesmo estado quântico*. Por exemplo, não podem ocupar a mesma posição **r** e ter spins (↑↑) *paralelos* (mesma polarização): só podem ocupá-la se tiverem spins (↑↓) *antiparalelos* (polarizações opostas). O mesmo se aplica a dois elétrons de mesmo *momento* **p**.

O princípio de exclusão tem consequências extremamente importantes, quando consideramos átomos com mais de um elétron. Assim, no átomo de He, que tem dois elétrons, ambos podem ocupar o mesmo nível de energia no estado fundamental, um estado *s*, análogo ao do hidrogênio, mas para isso devem ter spins opostos (↑↓).

Por outro lado, para o Li, que tem três elétrons, o 3° elétron não pode mais ocupar o mesmo estado tipo hidrogênio dos outros dois: tem de ir para um estado mais excitado, onde tende a estar mais distante do núcleo. Por conseguinte, esse elétron está mais fracamente ligado, e deve ser mais fácil ionizar o Li do que o H. Com efeito, a energia de ionização do H, como vimos, é de 13,6 eV. A do He é de 24,6 eV; a do Li é de 5,4 eV.

Do ponto de vista químico, o He é um *gás nobre*, com reatividade muito baixa. Seus dois elétrons formam uma *camada fechada* (camada K). Já o Li é um elemento alcalino, com forte reatividade química, que transfere facilmente seu elétron mais externo para formar um íon positivo e uma ligação iônica, como no fluoreto de lítio.

Vemos assim que o princípio de exclusão desempenha um papel fundamental na explicação das *propriedades químicas dos elementos*. O mesmo vale para a explicação de tabela periódica de Mendeleev.

O princípio de exclusão também é essencial para explicar a *estabilidade da matéria*. Se não fosse pelo princípio de exclusão, nada impediria que vários átomos de H, em lugar de formar moléculas, juntassem todos os prótons de seus núcleos em uma única região, com muitos elétrons em torno deles, formando uma configuração mais estável, pelo aumento da atração coulombiana. Em lugar disso, podemos ter no máximo dois elétrons, de spins opostos, funcionando como "cola" para ligar dois prótons: é a molécula de H_2, e a base da *ligação química covalente*.

É ainda o princípio de exclusão que atua na explicação do *ferromagnetismo*, o alinhamento dos spins e momentos magnéticos, em materiais como o ferro, que é a origem dos ímãs permanentes.

10.7 MOVIMENTO DE ELÉTRONS EM CRISTAIS

Uma das aplicações mais importantes da mecânica quântica ao estudo da estrutura da matéria é a *física da matéria condensada* (ou *física do estado sólido*), uma das áreas mais ativas da física atual. Para ilustrar alguns conceitos básicos da área, vamos considerar, num modelo altamente simplificado, o espectro de energia associado ao movimento de um elétron num "cristal unidimensional".

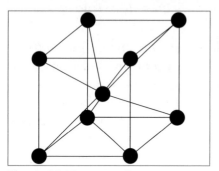

Figura 10.18 Rede cúbica centrada.

Um cristal, como vimos ao discutir a difração de raios X, é uma *rede periódica tridimensional*, cujos elementos são átomos ou grupamentos atômicos. O metal alcalino mais simples, por exemplo, que é o Li, cristaliza formando uma *rede cúbica centrada*, conforme ilustrado na Figura 10.18, onde cada átomo tem oito vizinhos.

Como vimos, cada átomo de Li tem um elétron mais fracamente ligado (na camada mais externa). Como cada átomo está ligado a oito vizinhos, e cada ligação une dois átomos, há quatro ligações por átomo. Uma ligação covalente, como a da molécula de H_2, é formada por dois elétrons de spins opostos. Como só há um elétron externo por átomo, há apenas 1/8 da carga necessária para uma ligação covalente, tornando muito fácil que o elétron da camada mais externa migre de um átomo para outro.

Assim, o que é característico de um metal é que, nele, existem elétrons *quase livres* para deslocar-se através da rede cristalina. Essa grande mobilidade dos elétrons é uma das principais razões pelas quais os metais são bons condutores de eletricidade. Ainda antes da mecânica quântica havia sido formulada a *teoria dos elétrons livres* para explicar a condutividade de um metal.

Para ter uma ideia do *tipo de espectro de energia* de um elétron num cristal, vamos considerar um modelo *unidimensional* da rede periódica, representado na Figura 10.19.

O potencial $V(x)$ associado à rede, que é sentido por um elétron, é formado por uma série de poços retangulares atrativos, de profundidade U e largura b (representando os "íons")[*], com *período espacial*

$$\boxed{l = a + b} \qquad (10.127)$$

---

[*] O potencial $V(x)$ representa o efeito de todas as partículas do cristal, exceto o elétron considerado.

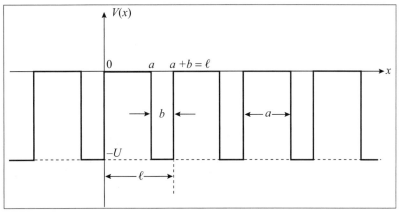

Figura 10.19 Rede periódica unidimensional.

O teorema de Bloch

O hamiltoniano associado ao movimento do elétron na rede é

$$\hat{H} = -\frac{\hbar^2}{2m}\frac{\partial^2}{\partial x^2} + V(x) \qquad (10.128)$$

Um cristal macroscópico é formado por um grande número de átomos. Desprezando efeitos de superfície, vamos inicialmente supô-lo infinito; neste modelo unidimensional, isto equivale a dizer que $V(x)$ é uma função *periódica* em toda a reta:

$$V(x+l) = V(x) \quad (-\infty < x < \infty) \qquad (10.129)$$

o que implica

$$\hat{H}(x+l) = \hat{H}(x) \quad (\forall x) \qquad (10.130)$$

Vamos definir o *operador de translação* $\hat{\mathcal{T}}$ aplicado a uma função $f(x)$ por

$$\hat{\mathcal{T}} f(x) = f(x+l) \qquad (10.131)$$

Seja $\varphi(x)$ um *estado estacionário* de $\hat{H}$ com energia E:

$$\hat{H}(x)\varphi(x) = E\varphi(x) \qquad (10.132)$$

Pela (10.131) aplicada à função $\hat{H}(x)f(x)$, temos

$$\hat{\mathcal{T}}\hat{H}(x)f(x) = \hat{H}(x+l)f(x+l) = \hat{H}(x)f(x+l)$$
$$= \hat{H}(x)\hat{\mathcal{T}} f(x), \quad \forall f$$

ou seja

comutador

$$[\hat{\mathcal{T}}, \hat{H}(x)]f(x) = 0, \quad \forall f(x)$$

o que implica

$$\boxed{[\hat{\mathcal{T}}, \hat{H}(x)] = 0} \tag{10.133}$$

Mas, pelo que vimos na Seção 8.10, esta é uma condição necessária e suficiente para que os operadores $\hat{\mathcal{T}}$ e $\hat{H}(x)$ *tenham um conjunto completo de autofunções em comum*. Logo, os estados estacionários (10.132) podem ser escolhidos como *autofunções* de $\hat{\mathcal{T}}$,

$$\boxed{\begin{cases} \hat{\mathcal{T}}\varphi(x) = \lambda\varphi(x) \\ \hat{H}\varphi(x) = E\varphi(x) \end{cases}} \quad \lambda = \text{autovalor} \tag{10.134}$$

onde λ não precisa ser real ($\hat{\mathcal{T}}$ não é um observável).

Pela definição de $\hat{\mathcal{T}}$, isso resulta em

$$\boxed{\varphi(x+l) = \lambda\varphi(x)} \quad (\forall x) \tag{10.135}$$

Mas, pela condição de normalização, devemos ter

$$1 = \underbrace{\int_{-\infty}^{\infty} |\varphi(x+l)|^2 dx}_{(x+l=x') \;=\; \int_{-\infty}^{\infty} |\varphi(x')|^2 dx'} = |\lambda|^2 \int_{-\infty}^{\infty} |\varphi(x)|^2 dx$$

o que resulta em

$$\boxed{|\lambda|^2 = 1} \tag{10.136}$$

permitindo, portanto, escrever λ como um *fator de fase*:

$$\boxed{\lambda \equiv e^{ikl}} \tag{10.137}$$

onde k é *real* e é *definido* por esta relação e pela (10.135).

Definindo $u_k(x)$ por

$$\boxed{\varphi(x) \equiv e^{ikx} u_k(x)} \tag{10.138}$$

as (10.135) e (10.137) dão

$$\varphi(x+l) = e^{ik(x+l)} u_k(x+l) = e^{ikl}\varphi(x) = e^{ik(x+l)} u_k(x)$$

$$\therefore$$

$$\boxed{u_k(x+l) = u_k(x)} \tag{10.139}$$

As (10.138) e (10.139) constituem um caso particular, unidimensional, do *teorema de Bloch*. Elas mostram que os estados estacionários do elétron num potencial periódico ($-\infty < x < \infty$) têm a forma de *ondas* de comprimento de onda $\lambda = 2\pi/k$ (k real) e de amplitude $u_k(x)$ *periódica*, ou seja, podendo variar *dentro* de uma unidade da rede (sítio), mas a mesma em cada sítio.

Assim, o elétron fica "livre" no sentido de estar *deslocalizado*: há a mesma probabilidade de ser encontrado no entorno de cada um dos sítios. A relação $\varphi(x + l) = e^{ikl}\varphi(x)$ mostra ainda que kl representa a *defasagem* entre duas unidades vizinhas da rede.

Solução do problema de contorno

Basta agora considerar o problema dentro de um período (Figura 10.20). Tomando

$$0 > E > -U \begin{cases} E = -\dfrac{\hbar^2}{2m}K^2 < 0 \\ E + U = \dfrac{\hbar^2}{2m}k_0^2 > 0 \end{cases} \quad (10.140)$$

obtemos, como na (10.77), as soluções

$$\boxed{\begin{aligned}\varphi(x) &= Ae^{ik_0 x} + Be^{-ik_0 x} \quad (-b < x < 0) \\ &= Ce^{Kx} + De^{-Kx} \quad (0 < x < a)\end{aligned}} \quad (10.141)$$

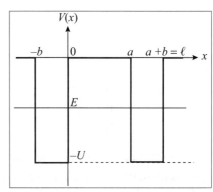

Figura 10.20 Nível de energia num período da rede.

que, pelas (10.138), correspondem a

$$\boxed{\begin{aligned} u_k(x) &= Ae^{i(k_0-k)x} + Be^{-i(k_0+k)x} \quad (-b < x < 0) \\ u_k(x) &= Ce^{(K-ik)x} + De^{-(K+ik)x} \quad (0 < x < a) \end{aligned}} \quad (10.142)$$

onde $u_k(x)$ é *periódica* de período l.

As funções φ e $d\varphi/dx$ têm de ser contínuas nos pontos de descontinuidade; logo, o mesmo vale para $u_k(x)$. Em virtude da periodicidade de $u_k(x)$, basta aplicar as condições de contorno em $x = 0$ e $x = a$; isto implica que permanecem válidas em $x = \pm l, a \pm l$ etc.

Em $x = 0$, obtemos:

$$\boxed{\begin{cases} A + B = C + D \\ i(k_0 - k)A - i(k_0 + k)B = (K - ik)C - (K + ik)D \end{cases}} \quad (10.143)$$

Para aplicar as condições em $x = a$, notamos que, pela periodicidade, a solução à *direita de a* é

$$\boxed{u_k(x) = \overbrace{u_k(x-l)}^{-b<x<0} = Ae^{i(k_0-k)(x-l)} + Be^{-i(k_0+k)(x-l)} \\ (a < x < a + b = l)} \quad (10.144)$$

o que, juntamente com a segunda (10.142), acarreta, em $x = a$, com $a - l \equiv -b$,

$$\begin{vmatrix} Ae^{-i(k_0-k)b} + Be^{i(k_0+k)b} = Ce^{(K-ik)a} + De^{-(K+ik)a} \\ i(k_0-k)Ae^{-i(k_0-k)b} - i(k_0+k)Be^{i(k_0+k)b} = (K-ik)Ce^{(K-ik)a} \\ \qquad\qquad\qquad\qquad\qquad\qquad\qquad - (K+ik)De^{-(K+ik)a} \end{vmatrix} \qquad (10.145)$$

Multiplicando ambos os membros por e^{ika} e com as notações

$$\begin{vmatrix} e^{ik_0 b} \equiv z_0, \quad e^{-ik_0 b} \equiv z_0^* \\ e^{Ka} \equiv \xi, \quad e^{-Ka} \equiv \dfrac{1}{\xi} \end{vmatrix} \qquad (10.146)$$

obtemos

$$\begin{cases} e^{ikl}\left(z_0^* A + z_0 B\right) = \xi C + \dfrac{1}{\xi} D \\ ie^{ikl}\left[(k_0-k)z_0^* A - (k_0+k)z_0 B\right] = (K-ik)\xi C - (K+ik)\dfrac{1}{\xi} D \end{cases} \qquad (10.147)$$

As (10.143) e (10.147) são um sistema *homogêneo* de quatro equações lineares nas quatro incógnitas A, B, C, D. Para que haja solução não trivial, o determinante do sistema tem de anular-se, o que dá a condição de autovalores.

Após um cálculo bastante trabalhoso, resulta a condição

$$\boxed{F(E) \equiv \dfrac{\left(K^2 - k_0^2\right)}{2K k_0}\operatorname{sh}(K a)\operatorname{sen}(k_0 b) + \operatorname{ch}(K a)\cos(k_0 b) = \cos(k\underbrace{l}_{l=a+b})} \qquad (10.148)$$

Como acontece nos problemas tratados anteriormente, o resultado permanece válido quando a energia E é > 0, $E = (\hbar^2/2m)\kappa^2$, com κ real, bastando fazer a substituição [cf. (10.140), (10.141)] $K \to i\kappa$ na (10.148).

Pelas (10.140), k_0 e K se exprimem em função da energia E, de forma que o 1º membro da (10.148) é uma função $F(E)$. No 2º membro, k é um parâmetro tal que [cf. (10.135) e (10.137)]

$$\boxed{\varphi(x+l) = e^{ikl}\varphi(x)} \qquad (10.149)$$

correspondendo à variação de fase da função de onda entre sítios vizinhos.

A Figura 10.21 mostra o gráfico de $F(E)$ para valores típicos dos parâmetros. Como o domínio de variação de $\cos(kl)$ está entre -1 e $+1$, só existem soluções da equação de autovalores (10.148) dentro desse domínio. Vemos, na figura, que isso só acontece dentro de uma série de *faixas desconexas da energia E*.

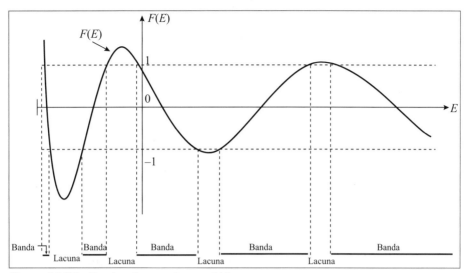

Figura 10.21 Bandas de energia permitidas.

Obtemos assim um resultado fundamental: o espectro de energia associado a um cristal unidimensional é um *espectro de bandas*, separadas por lacunas "proibidas", onde não há níveis de energia. (Dentro de cada banda, nesse modelo em que o "cristal" é infinito, a energia varia continuamente). Essa é uma propriedade geral da *propagação de ondas em estruturas periódicas*, válida também, por exemplo, para filtros elétricos (ondas de voltagem ou corrente), como vimos (**FB3**, Seção 10.9).

Para energias $E < 0$, que corresponderiam a estados ligados discretos nos poços de potencial individuais, as bandas são estreitas: os níveis de energia mais profundos em cada poço, correspondentes aos elétrons mais fortemente ligados aos sítios da rede, são os menos afetados pela presença dos outros sítios.

A estrutura de bandas persiste para $E > 0$, acima dos topos dos poços de potencial, mas as lacunas ficam cada vez mais estreitas, à medida que E cresce.

Número de níveis numa banda

Até agora, tratamos do "cristal unidimensional" como se fosse infinito. Na realidade, um cristal macroscópico tem tantos átomos que os efeitos de superfície, associados às condições de contorno na superfície do cristal, são praticamente desprezíveis, ou seja, quase não influem nas propriedades *volumétricas* do material.

Podemos então escolher condições de contorno que minimizem os efeitos da superfície. As mais simples são *condições de contorno periódicas*: para uma cadeia linear de N átomos, com $x = 0$ e $x = Nl$ nos extremos, elas correspondem a impor

$$\boxed{\varphi(0) = \varphi(Nl)} \quad Nl = \text{"comprimento do cristal"} = L \qquad (10.150)$$

ou seja, pela (10.138),

$$\underbrace{u_k(0) = e^{ikNl} u_k(Nl)}_{\text{iguais pela (10.139)}} \quad \{ \boxed{e^{ikNl} = 1} \quad \text{(10.151)}$$

o que leva a autovalores discretos para k:

$$\boxed{k_n = n \cdot \frac{2\pi}{Nl}} \quad (n = 0, \pm 1, \pm 2, \ldots) \quad \text{(10.152)}$$

Como a condição para os autovalores de E só depende de kl, os níveis de energia não se alteram pela substituição

$$\boxed{k \to k + p \cdot \frac{2\pi}{l}} \quad (p = \pm 1, \pm 2, \ldots) \quad \text{(10.153)}$$

de modo que, para obter todos os níveis, basta confinar k a *um* intervalo (*banda*) de comprimento $2\pi/l$, tal como

$$\boxed{-\frac{\pi}{l} < k \leq \frac{\pi}{l}} \quad \text{(10.154)}$$

Esse intervalo é varrido quando, na (10.152), n varre exatamente N valores inteiros sucessivos. Logo, existem, *N níveis em cada banda*, N sendo o *número total de átomos do cristal* (neste modelo, em que há um átomo por sítio). A razão de ser desse resultado é que a banda se origina de *um* nível ligado de um único poço, mas o elétron correspondente pode estar em qualquer um dos N poços, o que leva a N situações possíveis.

Como $F(E)$ na (10.148) só depende de k por meio de $\cos(kl)$, as soluções para E são funções *pares* de k. Pela Figura 10.21, as extremidades das *bandas de energia* correspondem a [cf. (10.154)]

$$\boxed{\cos(kl) = \pm 1} \quad \left\{ \quad k = 0, \pm \frac{\pi}{l} \right. \quad \text{(10.155)}$$

Logo, curvas típicas de E em função de k (para $E < 0$) têm a forma indicada na Figura 10.22.

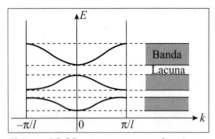

Figura 10.22 Energia como função de k.

Qual é a origem física da formação de lacunas para $k = \pm \pi/l$? A (10.138) mostra que k desempenha um papel análogo ao do *número de onda* da onda eletrônica no cristal, ou seja,

$$\boxed{k = \frac{2\pi}{\lambda}} \quad \{ \quad k_m l = m\pi \Leftrightarrow m\lambda = 2l \quad \text{(10.156)}$$

que é a condição para *reflexão de Bragg* da onda eletrônica nos sítios do cristal unidimensional ("incidência" $\perp$, $d \operatorname{sen} \theta = d = l$).

Para $k = \pm \pi/l$, as soluções estacionárias não são as ondas $e^{\pm i(\pi/l)x}$, mas *ondas estacionárias*, obtidas superpondo uma onda incidente com sua reflexão de Bragg,

$$\boxed{\begin{aligned}\varphi_+ &\propto e^{i\frac{\pi x}{l}} + e^{-i\frac{\pi x}{l}} = 2\cos\left(\frac{\pi x}{l}\right) \\ \varphi_- &\propto e^{i\frac{\pi x}{l}} - e^{-i\frac{\pi x}{l}} = 2i\,\text{sen}\left(\frac{\pi x}{l}\right)\end{aligned}}$$ (10.157)

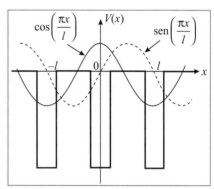

Figura 10.23 Origem da lacuna de energia.

Como $|\varphi_\pm(x)|^2$ é a densidade de probabilidade eletrônica, vemos que, para φ_+, ela é máxima onde o potencial é mais atrativo ($x = 0, \pm l,...$), baixando assim a energia média neste caso; para φ_-, é nula nesses pontos e máxima (Figura 10.23) onde $V(x) = 0$, deixando de aproveitar os poços atrativos para baixar a energia. Essa é a origem da *lacuna de energia*, e vemos que ela deve ser da ordem de grandeza da profundidade do poço associado a cada sítio.

Aplicação: metais, isolantes e semicondutores

Os elétrons que estivemos discutindo são aqueles mais fracamente ligados aos átomos, chamados de *elétrons de valência* (que também são responsáveis pelas ligações químicas: daí o nome). Para o Li, há um elétron de valência por átomo, ou seja, N elétrons.

Vimos também que N é o número de níveis de energia em cada banda, no modelo simples em que há um só átomo em cada célula unitária do cristal. Pelo princípio de exclusão, segue-se que cada nível comporta dois elétrons de spins opostos, ou seja, há $2N$ elétrons por banda.

No caso do Li, só há N elétrons disponíveis (um por átomo), de modo que a banda fica *semicheia* (Figura 10.24): é muito fácil, então, um elétron ser excitado a níveis vizinhos não ocupados. Em particular, isso acontece quando se aplica um campo elétrico: o material é *condutor*. Isso vale para todos os cristais de *metais alcalinos*, como Li, Na, K, Rb: são substâncias *metálicas*.

Os átomos dos *metais nobres* (cobre, prata etc.) também têm um número *ímpar* de elétrons de valência e um átomo em cada célula unitária. Logo, também terão uma banda semicheia, o que é responsável por suas propriedades metálicas e sua condutividade elevada.

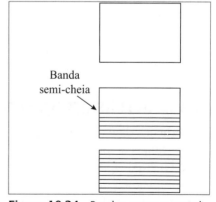

Figura 10.24 Bandas para um metal.

Elementos com um número *par* de elétrons de valência, como o enxofre (que tem quatro elétrons de valência) podem satisfazer o princípio de Pauli, preenchendo *totalmente* os

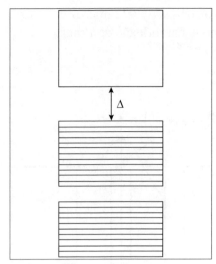

Figura 10.25 Bandas para um isolante.

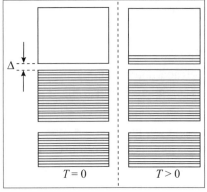

Figura 10.26 Bandas para um semicondutor intrínseco.

níveis de uma banda (Figura 10.25). Nesse caso, para que possam ser excitados elétrons à banda superior vazia, é necessário fornecer-lhes uma energia igual à *lacuna* Δ, que, no enxofre, é de 2,4 eV.

Como a energia térmica média à temperatura ambiente é ~ 0,025 eV, o fator de Boltzmann $\exp(-\Delta/\kappa T)$ torna desprezível a probabilidade de transposição da lacuna; não é possível criar uma corrente elétrica com campos elétricos normais aplicados: o material é *isolante*.

Por outro lado, fótons na região azul do espectro têm energia suficiente para excitar elétrons através da lacuna, sendo, portanto, absorvidos: daí a coloração amarela (por quê?) de um cristal de enxofre.

Num *semicondutor puro (intrínseco)*, a lacuna Δ entre a última banda totalmente preenchida (*banda de valência*) e a primeira vazia acima dela (*banda de condução*) é muito menor (Figura 10.26), da ordem de 0,5 eV.

À temperatura $T = 0$, o material seria *isolante*. Entretanto, à temperatura ambiente, já há uma fração dos elétrons termicamente excitada, do topo da banda de valência para o fundo da banda de condução. O material tem uma condutividade σ à temperatura ambiente tipicamente ~ 10^{10} vezes maior que a de um isolante, embora ainda muitas ordens de grandeza menor que a de um metal.

Têm grande importância em microeletrônica (em particular, nos transistores) os *semicondutores dopados*, que contêm concentrações pequenas e controladas de átomos de *impurezas*, quebrando a regularidade da rede cristalina. A presença de impurezas afeta os níveis de energia e fornece novos portadores de corrente.

10.8 A INTERPRETAÇÃO DA MECÂNICA QUÂNTICA

As predições da mecânica quântica sempre têm sido confirmadas, da escala subnuclear até a escala cosmológica. Entretanto, desde que foi formulada, a sua interpretação vem sendo objeto de acaloradas discussões, que ainda persistem. A chamada "interpretação de Copenhague", devida a Niels Bohr, foi contestada por Albert Einstein, que a considerava como incompleta. Einstein e Schrödinger conceberam "experimentos imaginados" que pareciam levar a conclusões paradoxais.

O grande progresso da tecnologia, especialmente após a invenção do laser, viabilizou a realização concreta de tais experimentos, permitindo manipular átomos e fótons individuais. Vamos analisar agora alguns deles.

Consideremos inicialmente o dispositivo denominado "interferômetro de Mach-Zender", representado na Figura 10.27. Um pulso de um só fóton incide sobre o *divisor de feixe* DF1, uma lâmina semiespelhada, podendo ser transmitido (caminho c1), ou refletido para o espelho E1, para nele sofrer nova reflexão (caminho c2). Caso siga por c1, é refletido pelo espelho E2. Por qualquer dos dois caminhos, o fóton chega ao outro divisor de feixe, DF2, que pode ser inserido ou retirado.

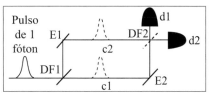

Figura 10.27 O interferômetro de Mach-Zender.

Se DF2 não está presente, a detecção do fóton pelo detector d1 garante que ele seguiu o caminho c1, e a detecção pelo detector d2 garante que seguiu o caminho c2. Se DF2 está presente, os dois caminhos são *indistinguíveis*, e devem, portanto, interferir (Seção 8.2). Alterando a inclinação do divisor de feixe DF2, modificamos a diferença de fase entre os dois caminhos, o que permite observar as franjas de interferência.

Realizando o experimento fóton a fóton, a presença de interferências, como no experimento de Young de duas fendas, evidencia as propriedades *ondulatórias* da luz, embora, em cada experimento, o fóton só seja registrado por um dos dois detectores, como um corpúsculo. Na ausência de DF2, os resultados são compatíveis com a imagem puramente *corpuscular*. Os dois arranjos, mutuamente exclusivos, são *complementares*, na expressão de Niels Bohr.

O físico John Wheeler propôs realizar um experimento de "escolha retardada", em que só se opta por introduzir o divisor DF2 *depois que o fóton já passou por* DF1. O experimento, nessas condições, foi realizado em 2007 por Jacques et al[*]. A escolha entre introduzir ou não DF2 foi feita ao acaso, e esse evento tinha uma separação *do gênero espaço* (Seção 6.7) em relação à passagem do fóton por DF1, garantindo a ausência de relação causal entre os dois eventos. Os resultados confirmaram o caráter complementar das observações, mostrando que a opção entre ondulatório e corpuscular só se completa quando *o arranjo experimental está totalmente definido*, mesmo que isso só ocorra logo antes da detecção. Bohr havia enfatizado que isso é necessário, bem como o *registro pelo detector*, para caracterizar um fenômeno quântico.

Outros aspectos peculiares da física quântica surgem quando se consideram *estados correlacionados de* duas *partículas*. Vamos exemplificá-los voltando ao exemplo da *polarização de fótons* (Capítulo 8). Vamos considerar um sistema de dois *fótons que se propagam na mesma direção z*, embora não necessariamente no mesmo sentido (vamos aplicar os resultados a fótons em sentidos opostos).

Na representação em que o vetor de estado de polarização linear na direção θ é $\begin{pmatrix} \cos\theta \\ \sin\theta \end{pmatrix}$, uma *base* é formada pelos vetores de estado

---

[*] V. Jacques et al., *Science* **315**, 966 (2007).

$$x \equiv |\rightarrow\rangle = |\theta = 0\rangle = \begin{pmatrix} 1 \\ 0 \end{pmatrix}$$

$$y \equiv |\uparrow\rangle = \left|\theta = \frac{\pi}{2}\right\rangle = \begin{pmatrix} 0 \\ 1 \end{pmatrix}$$

(10.158)

que representam fótons linearmente polarizados nas direções x e y, respectivamente.

Para descrever o sistema de dois *fótons*, é preciso ter vetores coluna de quatro *componentes*, pois temos de representar amplitudes de probabilidade para que, com analisadores orientados nas direções x e y, respectivamente, cada um dos dois fótons seja encontrado com cada uma dessas polarizações (quatro possibilidades).

Uma base conveniente se obtém usando o *produto direto* dos vetores da base (10.158). O produto direto de dois vetores coluna é definido por

$$\begin{pmatrix} a \\ b \end{pmatrix}_1 \otimes \begin{pmatrix} A \\ B \end{pmatrix}_2 = \begin{pmatrix} a\,A \\ a\,B \\ b\,A \\ b\,B \end{pmatrix}$$

(10.159)

fóton 1   fóton 2

Um vetor da base é o produto direto

$$x(1)x(2) = \begin{pmatrix} 1 \\ 0 \end{pmatrix} \otimes \begin{pmatrix} 1 \\ 0 \end{pmatrix} = \begin{pmatrix} 1 \\ 0 \\ 0 \\ 0 \end{pmatrix} \leftarrow \text{Amplitude de probabilidade de achar ambos os fótons linearmente polarizados na direção } x$$

Analogamente, obtemos os demais. A base é então

$$\underbrace{x(1)x(2)}_{|\rightarrow\rangle_1 \otimes |\rightarrow\rangle_2} = \begin{pmatrix} 1 \\ 0 \\ 0 \\ 0 \end{pmatrix} \quad \underbrace{x(1)y(2)}_{|\rightarrow\rangle_1 \otimes |\uparrow\rangle_2} = \begin{pmatrix} 0 \\ 1 \\ 0 \\ 0 \end{pmatrix}$$

$$\underbrace{y(1)x(2)}_{|\uparrow\rangle_1 \otimes |\rightarrow\rangle_2} = \begin{pmatrix} 0 \\ 0 \\ 1 \\ 0 \end{pmatrix} \quad \underbrace{y(1)y(2)}_{|\uparrow\rangle_1 \otimes |\uparrow\rangle_2} = \begin{pmatrix} 0 \\ 0 \\ 0 \\ 1 \end{pmatrix}$$

(10.160)

e o vetor de estado geral de polarização, para dois fótons, é

$$|\psi\rangle = \psi_{xx}x(1)x(2) + \psi_{xy}x(1)y(2) + \psi_{yx}y(1)x(2) + \psi_{yy}y(1)y(2) = \begin{pmatrix} \psi_{xx} \\ \psi_{xy} \\ \psi_{yx} \\ \psi_{yy} \end{pmatrix} \quad \textbf{(10.161)}$$

onde, por exemplo, ψ_{yx} é a amplitude de probabilidade de achar o fóton 1 linearmente polarizado na direção y e o fóton 2 na direção x.

Consideremos agora o estado (normalizado)

$$|S\rangle \equiv \frac{1}{\sqrt{2}}[x(1)x(2) + y(1)y(2)] = \frac{1}{\sqrt{2}} \begin{pmatrix} 1 \\ 0 \\ 0 \\ 1 \end{pmatrix} \quad \textbf{(10.162)}$$

que se chama *emaranhado*, porque não pode ser decomposto num produto de um estado do fóton 1 por um estado do fóton 2. Pela interpretação física vista na (10.161), esse é um estado em que há probabilidade 1/2 de achar *ambos* os fótons polarizados na direção x e probabilidade 1/2 de achar *ambos* polarizados na direção y, ou seja, em que *as polarizações lineares dos dois fótons estão correlacionadas: ambas têm a mesma direção (x ou y)*. Assim, se (usando um analisador) verificamos que o fóton 1 tem polarização y, podemos afirmar, *com certeza*, que o fóton 2 também tem *a mesma* polarização y. É característico de um estado emaranhado que **a correlação entre as duas polarizações é completamente definida, embora nenhum dos dois fótons tenha polarização definida**.

Consideremos agora (Figura 10.28) outro par de eixos ($x'y'$) no plano (xy), onde x' faz com x um ângulo θ. Se tomarmos novos vetores de base nas direções x' e y', teremos

$$x' = \begin{pmatrix} \cos\theta \\ \operatorname{sen}\theta \end{pmatrix} \quad y' = \begin{pmatrix} \cos\left(\theta + \dfrac{\pi}{2}\right) \\ \operatorname{sen}\left(\theta + \dfrac{\pi}{2}\right) \end{pmatrix} = \begin{pmatrix} -\operatorname{sen}\theta \\ \cos\theta \end{pmatrix}$$

(10.163)

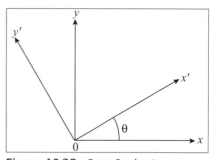

Figura 10.28 Rotação de eixos.

e podemos definir o estado

$$|S'\rangle \equiv \frac{1}{\sqrt{2}}[x'(1)x'(2) + y'(1)y'(2)] \quad \textbf{(10.164)}$$

o que resulta em

$$|S'\rangle = \frac{1}{\sqrt{2}}\left[\begin{pmatrix}\cos\theta\\ \sen\theta\end{pmatrix}_1 \otimes \begin{pmatrix}\cos\theta\\ \sen\theta\end{pmatrix}_2 + \begin{pmatrix}-\sen\theta\\ \cos\theta\end{pmatrix}_1 \otimes \begin{pmatrix}-\sen\theta\\ \cos\theta\end{pmatrix}_2\right]$$

$$= \frac{1}{\sqrt{2}}\left[\begin{pmatrix}\cos^2\theta\\ \cos\theta\sen\theta\\ \sen\theta\cos\theta\\ \sen^2\theta\end{pmatrix} + \begin{pmatrix}\sen^2\theta\\ -\sen\theta\cos\theta\\ -\cos\theta\sen\theta\\ \cos^2\theta\end{pmatrix}\right] = \frac{1}{\sqrt{2}}\begin{pmatrix}\cos^2\theta+\sen^2\theta\\ 0\\ 0\\ \sen^2\theta+\cos^2\theta\end{pmatrix} = \frac{1}{\sqrt{2}}\begin{pmatrix}1\\ 0\\ 0\\ 1\end{pmatrix}$$

$$\therefore \quad \boxed{|S'\rangle = |S\rangle} \tag{10.165}$$

ou seja

$$\boxed{|S\rangle = \frac{1}{\sqrt{2}}\left[x(1)x(2)+y(1)y(2)\right] = \frac{1}{\sqrt{2}}\left[x'(1)x'(2)+y'(1)y'(2)\right]} \tag{10.166}$$

Assim, no estado $|S\rangle$, *as polarizações lineares dos dois fótons são paralelas, qualquer que seja a direção* θ *escolhida.*

O efeito EPR

Consideremos um átomo num estado excitado, que, numa transição para outro estado, emite dois fótons em direções opostas, no estado de polarização $|S\rangle$ (veremos logo um exemplo concreto).

Nesse caso, se tivermos (Figura 10.29) dois analisadores de polarização, de um lado e do outro do átomo, com seus eixos paralelos à direção x, e se o fóton 1 *passa* pelo seu analisador, ou seja, é linearmente polarizado na direção x, podemos *garantir* que o fóton 2 também será linearmente polarizado na mesma direção x.

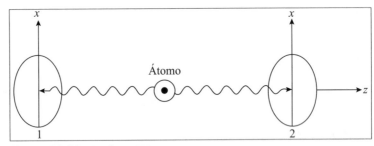

Figura 10.29 O efeito EPR.

Como os analisadores 1 e 2 podem estar tão distantes um do outro quanto quisermos, tenderíamos a achar que a determinação da polarização do fóton 1, *sem perturbar em nada* a polarização do fóton 2, permite-nos predizê-la. Segundo A. Einstein, B. Podolski e N. Rosen [*Phys. Rev.* **47**, 777 (1935)], deveríamos poder dizer então que o fóton 2 tem uma polarização linear bem definida na direção x.

Mas vimos na (10.166) que o mesmo se aplica a *qualquer outra direção x'*, que forma um $\angle \theta$ arbitrário com x, por exemplo, $\theta = \pi/4$: o fóton 2 teria então também uma polarização linear bem definida nessa outra direção. Por outro lado, vimos na Seção 8.10 [cf. (8.122)] que polarizações lineares em direções diferentes (não perpendiculares) são *observáveis incompatíveis*: um fóton não pode ter simultaneamente valores bem definidos para elas. Embora formulado originalmente de forma diferente, esse é o *efeito EPR*, e a conclusão desses autores foi que *a mecânica quântica seria uma teoria incompleta*, pois não permite representar estados em que coexistem valores bem definidos da polarização linear em diferentes direções, embora seja possível predizê-los "sem perturbação".

David Bohm, em 1952, formulou uma "interpretação causal" da mecânica quântica, admitindo a existência de "variáveis ocultas", que teriam valores bem definidos (como, no exemplo acima, polarizações lineares em diferentes direções), mas sobre as quais a teoria quântica só daria informações incompletas. Como se poderia testar então a existência dessas variáveis?

Em 1965, John S. Bell mostrou que haveria testes experimentais realizáveis (em princípio) para esse fim. Num experimento do tipo acima, orientando os analisadores em três direções diferentes, formando ângulos de 120° entre si, e medindo probabilidades de que os dois fótons passem pelos respectivos analisadores, quando formam um determinado ângulo, é possível mostrar que, para uma combinação σ bem definida dessas probabilidades, qualquer teoria *local* (sem ações a distância) de variáveis ocultas leva a uma desigualdade (*desigualdade de Bell*) que, neste caso, é da forma

$$\boxed{|\sigma| \leq 2} \qquad (10.167)$$

ao passo que a mecânica quântica leva a

$$\boxed{|\sigma|_{MQ} \leq 2\sqrt{2}} \qquad (10.168)$$

permitindo, portanto, violar a (10.167).

Um experimento crucial foi realizado em 1982 por A. Aspect, P. Grangier e G. Roger [*Phys. Rev. Lett.* **49**, 91 (1982)]. Eles utilizaram pares de fótons emitidos numa transição no ^{40}Ca, em que o par é produzido no estado $|S\rangle$. Para os ângulos que empregaram, a previsão da mecânica quântica era [violando a (10.167)]

$$\sigma_{MQ} = 2,70$$

e o resultado experimental foi

$$\sigma_{exp} = 2,697 \pm 0,015$$

violando claramente a desigualdade de Bell (10.167).

Num experimento posterior [A. Aspect, J. Dalibard, G. Roger, *Phys. Rev. Lett.* **49**, 1804 (1982)], as orientações dos analisadores de polarização dos fótons 1 e 2 eram alteradas aproximadamente *ao acaso*, a intervalos de 10 ns, com os detectores separados por uma distância L de 12 m, o que leva a $L/c \sim 40$ ns. Logo, nenhum sinal podia ser transmitido de um detector para o outro durante o tempo de voo dos fótons. Apesar disso, as correlações e a violação da desigualdade de Bell persistiram!*

Nesse sentido, portanto, as correlações são *não locais*, e uma teoria de variáveis ocultas teria de ter ações instantâneas a distância para ser compatível com elas, o que, para Einstein, não seria uma solução satisfatória, pois, em suas palavras: "Só se pode achar uma escapatória supondo que a medida de 1 (telepaticamente) altera a situação real de 2 ou negando situações reais independentes a objetos separados por um intervalo do gênero espaço. Ambas as alternativas me parecem inteiramente inaceitáveis".

Embora as correlações EPR sejam não locais, não violam o princípio relativístico de que nenhum sinal pode propagar-se com velocidade $> c$ (Seção 6.6). Com efeito, para *observar as correlações* entre os detectores 1 e 2, é preciso *comparar* as observações feitas, e para isto é preciso, *independentemente*, transmitir um sinal (por exemplo, eletromagnético) entre 1 e 2 contendo essa informação.

O efeito EPR tem uma aplicação prática na criptografia, em que se quer transmitir uma mensagem cifrada de um ponto 1 para outro ponto 2, de tal forma que a "chave" usada para decifrar a mensagem não possa ser interceptada e decodificada.

A chave, que é uma sequência *ao acaso* de bits (0 ou 1), tem de ser transmitida entre os dois pontos "à prova de intercepção". Os resultados de um experimento EPR, onde 0 e 1 podem, por exemplo, corresponder às polarizações lineares x e y, satisfazem a esta condição, justamente porque não transmitem nenhum sinal, representando *puro acaso*. A informação está contida na *correlação* entre os resultados observados em 1 e 2. Esse método de *criptografia quântica* já está sendo empregado, inclusive comercialmente.

Descoerência

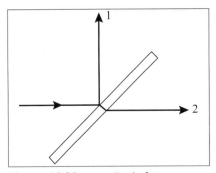

Figura 10.30 Divisão de feixe.

Consideremos *um* fóton que incide sobre uma lâmina transparente (Figura 10.30), de tal forma que a refletividade e a transmissividade sejam iguais (ambas 50%). Quanticamente, o vetor de estado resultante é uma superposição *coerente* de $|1\rangle$ (fóton no feixe refletido) e $|2\rangle$ (fóton no feixe transmitido) – por exemplo, $(1/\sqrt{2})(|1\rangle+|2\rangle)$.

Um tal estado é muito diferente de uma "mistura estatística", em que o fóton estaria com igual probabilidade em $|1\rangle$ ou em $|2\rangle$, sem que saibamos onde se encontra.

Com efeito, na superposição quântica coerente, é possível, usando um dispositivo do tipo de um interferômetro de Michelson, voltar a reunir os feixes 1 e 2 e observar

---

* Em 2008, D. Salart et al. observaram as correlações para fótons separados por distâncias da ordem de 18 km! [*Phys. Rev. Lett.* **100**, 220404 (2008)]. Possíveis escapatórias relacionadas com a eficiência de detecção também já foram eliminadas [M. Giustina et al., *Nature* **497**, 227 (2013)].

interferência entre dois caminhos possíveis. Nesse sentido, podemos dizer que o fóton está *ao mesmo tempo* nos feixes 1 e 2, evoluindo pela equação de Schrödinger.

Isso pode não ser muito surpreendente para um objeto microscópico, como o fóton. Mas, se a mecânica quântica e o princípio de superposição também se aplicam a objetos macroscópicos, conforme acreditamos, por que razão eles não aparecem em superposições coerentes de estados macroscopicamente distintos? Esse aparente paradoxo, também salientado por Einstein, foi formulado por Schrödinger em 1935, nos seguintes termos (Figura 10.31):

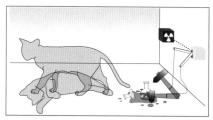

Figura 10.31 O gato de Schrödinger.

"Um gato está encerrado numa câmara de aço, juntamente com o seguinte mecanismo diabólico (inacessível ao gato); dentro de um contador Geiger, há uma pequena quantidade de material radioativo, tão pequena que no decurso de uma hora *talvez* um único átomo se desintegre, mas com igual probabilidade de que isto não aconteça. Se acontecer, o contador, através de um relé, ativa um martelo, que quebra um frasco de ácido prússico. Deixando o sistema isolado durante uma hora, resulta que o gato estará vivo caso nenhum átomo se desintegre ao longo deste período, mas que uma única desintegração basta para envenená-lo. A função de onda do sistema todo representa essa situação como uma superposição do gato vivo e do gato morto em partes iguais".

O gato na caixa *fechada* (sistema *isolado*) seria levado ao estado de superposição $\frac{1}{\sqrt{2}}|\text{🐱}\rangle + \frac{1}{\sqrt{2}}|\text{💀}\rangle$. O ponto importante do argumento não é nossa ignorância sobre se o gato está vivo ou morto. É a transferência da superposição coerente ao nível *macroscópico*, permitindo, em princípio, a possibilidade de observar *interferências* entre as duas alternativas (como no exemplo da Figura 10.30)!

Recentemente houve progressos importantes na elucidação desse problema[*]. As variáveis empregadas na descrição de um sistema macroscópico constituem apenas uma *fração diminuta* do conjunto total de variáveis (microscópicas) que seriam necessárias para caracterizar completamente o seu estado quântico. Todas as demais variáveis não são observadas, o que representa uma *perda de informação*. Esse é um processo comparável ao que ocorre na dissipação de energia macroscópica por atrito, em que energia mecânica é convertida em calor por transferência a graus de liberdade internos.

Para que um sistema seja observado, é preciso que ele seja *aberto*, ou seja, que interaja com o *ambiente* que o rodeia (o "resto do Universo"). Esse ambiente não é observado, e a informação que recebe do sistema macroscópico é, assim, perdida. Note a referência a "deixar o sistema isolado" no trecho de Schrödinger citado. É esse "atrito da informação" o processo responsável pela perda da coerência quântica na escala macroscópica. Ele é chamado de *descoerência*, e ocorre, para sistemas macroscópicos, numa escala de tempo muitas ordens de grandeza menor do que os tempos usualmente observáveis.

---

[*] W. H. Zurek, *Phys. Today* **44**, 36 (1991), e *Rev. Mod. Phys.* **75**, 715 (2003).

Até agora, consideramos somente vetores de estado $|\psi\rangle$, associados a "estados puros" de *sistemas isolados*. Um tal estado quântico é suposto *conhecido*, dentro das limitações da mecânica quântica, evoluindo pela equação de Schrödinger. Na situação mais realista de um sistema *em interação com o ambiente*, que em geral só é *parcialmente conhecido*, sabemos apenas

(a) que o sistema pertence a um *ensemble estatístico*, caracterizado pelo conjunto de vetores de estado $\{|\psi_i\rangle\}$ ($i = 1, 2,..., N$).

(b) que o sistema tem probabilidade p_i de encontrar-se no estado $|\psi_i\rangle$.

Note que essa probabilidade é análoga àquela encontrada na mecânica estatística clássica. Reflete o *caráter incompleto da descrição do ambiente*, e é independente do caráter probabilístico da física quântica.

Em termos de um conjunto ortonormal completo (base) $\{|\varphi_n\rangle\}$, podemos representar $|\psi_i\rangle$ como

$$|\psi_i\rangle = \sum_n c_n^{(i)} |\varphi_n\rangle \tag{10.169}$$

O valor esperado de um observável $\hat{A}$ no estado $|\psi_i\rangle$ é dado por [cf. (8.69)]

$$\langle \hat{A} \rangle_{\psi_i} = \sum_{m,n} c_m^{(i)*} c_n^{(i)} A_{mn}, \quad \text{onde} \quad A_{mn} = \langle \varphi_m | \hat{A} | \varphi_n \rangle \tag{10.170}$$

A *média estatística* de $\hat{A}$ no ensemble de sistemas $\{|\psi_i\rangle\}$ (ambiente) é, portanto,

$$\overline{\langle \hat{A} \rangle} = \sum_i p_i \langle \hat{A} \rangle_{\psi_i} = \sum_{m,n} \rho_{nm} A_{mn} \tag{10.171}$$

onde

$$\rho_{nm} \equiv \sum_i p_i c_n^{(i)} c_m^{(i)*} = \overline{c_n c_m^*} \tag{10.172}$$

e a *barra* indica a *média estatística sobre o ensemble*.

Lembrando a regra (8.58) do produto de matrizes, a (10.171) se escreve

$$\overline{\langle \hat{A} \rangle} = \sum_n (\hat{\rho}\hat{A})_{nn} = \text{Tr}(\hat{\rho}\hat{A}) \tag{10.173}$$

onde Tr indica o *traço de uma matriz*, definido como a soma de seus elementos diagonais. O operador $\hat{\rho}$, cujos elementos de matriz são dados pela (10.172), chama-se o *operador densidade*, e desempenha na mecânica estatística quântica um papel análogo ao da *densidade de probabilidade no espaço de fase* na mecânica estatística clássica. Em particular, a (10.172) leva a

$$\text{Tr}\,\hat{\rho} = \sum_i p_i \sum_n \left|c_n^{(i)}\right|^2 = \sum_i p_i = 1 \tag{10.174}$$

O operador densidade $\hat{\rho}$ também pode ser escrito como

$$\hat{\rho} = \sum_i p_i |\psi_i\rangle\langle\psi_i| \tag{10.175}$$

Com efeito, isso leva a

$$\rho_{nm} = \langle \varphi_n | \hat{\rho} | \varphi_m \rangle = \sum_i p_i \langle \varphi_n | \psi_i \rangle \langle \psi_i | \varphi_m \rangle = \sum_i p_i c_n^{(i)} c_m^{(i)*}$$

que coincide com a (10.172).

Para ilustrar de que forma a interação com o ambiente elimina a coerência quântica, vamos empregar uma *caricatura* desse processo, usando apenas sistemas de dois estados quânticos, para representar tanto o sistema S, como o detector $\mathcal{D}$ e o ambiente $\mathcal{A}$. Vamos indicar os dois estados, que supomos ortogonais, por $|\rightarrow\rangle$ e $|\uparrow\rangle$ que, para o sistema, imaginado como um fóton, poderiam corresponder a polarizações perpendiculares. Os estados do detector serão indicados por $|d_\rightarrow\rangle$ e $|d_\uparrow\rangle$.

Seja

$$|\psi_S\rangle = \alpha |\rightarrow\rangle + \beta |\uparrow\rangle \tag{10.176}$$

o estado inicial do sistema, antes de interagir com o detector. É um estado puro, dotado de coerência quântica. O detector está inicialmente no estado $|d_\rightarrow\rangle$. Supomos que se trata de um bom detector, que não muda de estado quanto interage com $|\rightarrow\rangle$ e passa de $|d_\rightarrow\rangle$ para $|d_\uparrow\rangle$ quando interage com $|\uparrow\rangle$.

Assim, o estado *inicial* do *sistema mais detector* é o produto direto

$$|\psi_S\rangle|\rightarrow\rangle$$

Pela interação entre o sistema e o detector, ele evolui para

$$|\Phi^c\rangle = \alpha |\rightarrow\rangle |d_\rightarrow\rangle + \beta |\uparrow\rangle |d_\uparrow\rangle \tag{10.177}$$

que se chama um estado puro *emaranhado*, como o da (10.162), porque não pode mais ser decomposto num produto direto de um estado do sistema por um estado do detector.

O operador densidade associado ao estado puro (10.177) se escreve, pela (10.175),

$$\begin{aligned}\hat{\rho}^c = |\Phi^c\rangle\langle\Phi^c| &= \big(\alpha|\rightarrow\rangle|d_\rightarrow\rangle + \beta|\uparrow\rangle|d_\uparrow\rangle\big)\big(\alpha^*\langle\rightarrow||\langle d_\rightarrow| + \beta^*\langle\uparrow||\langle d_\uparrow|\big) \\ &= |\alpha|^2 |\rightarrow\rangle\langle\rightarrow||d_\rightarrow\rangle\langle d_\rightarrow| + \alpha^*\beta|\uparrow\rangle\langle\rightarrow||d_\uparrow\rangle\langle d_\rightarrow| \\ &\quad + \alpha\beta^* |\rightarrow\rangle\langle\uparrow||d_\rightarrow\rangle\langle d_\uparrow| + |\beta|^2 |\uparrow\rangle\langle\uparrow||d_\uparrow\rangle\langle d_\uparrow|.\end{aligned} \tag{10.178}$$

A coerência quântica está contida nos termos de interferência em $\alpha^*\beta$ e $\alpha\beta^*$.

Vamos agora introduzir a interação com o *ambiente* $\mathcal{A}$, também representado de forma extremamente esquemática, como um sistema de dois estados ortonormais, $|a_\rightarrow\rangle$ e $|a_\uparrow\rangle$. A interação do estado (10.177) do sistema e detector com $\mathcal{A}$ leva ao estado

$$|\Psi\rangle = \alpha |\rightarrow\rangle|d_\rightarrow\rangle|a_\rightarrow\rangle + \beta |\uparrow\rangle|d_\uparrow\rangle|a_\uparrow\rangle, \tag{10.179}$$

em que os estados do ambiente já se correlacionaram com estados correspondentes do detector.

Como os estados do ambiente não são observados, o operador densidade *efetivo* se obtém tomando a *média estatística sobre os estados do ambiente*,

$$\overline{\hat{\rho}_{S\mathcal{D}}} = \text{Tr}_{\mathcal{A}}|\Psi\rangle\langle\Psi| = |\langle a_{\rightarrow}|\Psi\rangle|^2 + |\langle a_{\uparrow}|\Psi\rangle|^2 \quad \text{(10.180)}$$

onde $\text{Tr}_{\mathcal{A}}$ indica o traço tomado somente sobre os estados do ambiente.

Como $\langle a_{\rightarrow} | a_{\uparrow} \rangle = 0$, isso resulta em

$$\overline{\hat{\rho}_{S\mathcal{D}}} = |\alpha|^2 |\rightarrow\rangle\langle\rightarrow| |d_{\rightarrow}\rangle\langle d_{\rightarrow}| + |\beta|^2 |\uparrow\rangle\langle\uparrow| |d_{\uparrow}\rangle\langle d_{\uparrow}| \quad \text{(10.181)}$$

onde os termos de interferência da (10.178), que continham os efeitos de coerência quântica, foram eliminados. Esse operador densidade não representa mais um estado puro, como a (10.177), mas o que se chama de *mistura estatística*, que pode ser interpretado como na mecânica estatística clássica. O sistema pode estar no estado $|\rightarrow\rangle$, com probabilidade $|\alpha|^2$, ou no estado $|\uparrow\rangle$, com probabilidade $|\beta|^2$.

Em modelos mais realistas (cf. as referências de Zurek citadas aqui), pode-se estudar a *evolução temporal* da interação com o ambiente, e definir um *tempo de descoerência*, após o qual a coerência quântica inicial terá praticamente desaparecido. Para um sistema macroscópico, esse tempo é, em geral, extraordinariamente pequeno. Por exemplo, para um oscilador harmônico amortecido, à temperatura ambiente, de amplitude 1 cm e massa 1 g, o tempo de descoerência é da ordem de 10^{40} vezes menor que a vida média do amortecimento. Isso responde às objeções de Einstein e Schrödinger, sobre a falta de observabilidade de coerência quântica macroscópica, e ajuda a caracterizar a *transição da física quântica ao mundo clássico*.

Em sistemas isolados, cuidadosamente controlados, a temperaturas muito baixas, é possível observar o decaimento temporal da coerência quântica de estados quase macroscópicos. Um exemplo é um anel supercondutor, percorrido por uma superposição quântica coerente de correntes em sentidos opostos, em que as correntes atingem alguns microampères (J. R. Friedman et al., *Nature* **406**, 43 (2000)). Outro é a interferência entre moléculas orgânicas formadas de centenas de átomos (S. Gerlich et al., *Nature Commun.* doi:10.1038/ncomms1263 (2011)).

A descoerência representa o principal obstáculo para a realização de *computadores quânticos*. Um computador clássico opera com dígitos binários (bits), ao passo que um computador quântico operaria com *qubits*, sistemas quânticos de dois estados, podendo, em princípio, empregar *superposições* deles. Para isso, porém, seria necessário preservar a coerência quântica das superposições de estados, protegendo-os dos efeitos de descoerência, o que tem se mostrado extremamente difícil.

Chegando ao final deste curso de física básica, é curioso observar que, a despeito das grandes realizações da mecânica quântica, ela não consegue lidar, até agora, com a mais antiga das interações conhecidas, a gravidade. Não existe ainda uma teoria quântica da gravitação. Nem sequer é claro que ela seja realmente uma das interações fundamentais.

É no seu típico domínio de atuação, a cosmologia, que se encontram alguns dos principais problemas atualmente com dificuldades ou total ausência de explicação:

- Como descrever e interpretar o estado quântico do Universo?
- Quando um buraco negro se evapora (Seção 6.13), o que acontece com a informação contida nele?
- Como explicar a baixa entropia gravitacional do estado inicial do Universo, origem aparente da seta do tempo?
- O que são a matéria escura e a energia escura?

O grande oceano da verdade, cujas praias Newton se imaginava percorrendo, ainda nos defronta, aberto para explorar. A grande aventura da ciência continua!

PROBLEMAS

10.1 No problema do degrau de potencial (Seção 10.2), mostre que não podem existir estados estacionários com $E < 0$.

Sugestão: Escreva as soluções nas regiões 1 e 2 e mostre que não é possível satisfazer as condições de contorno em $x = 0$.

10.2 No problema da barreira retangular (Seção 10.4), calcule a *amplitude de reflexão* $R = B/A$ e *as probabilidades de reflexão* $\mathcal{R}$ *e de transmissão* $\mathcal{T}$. Mostre que $\mathcal{R} + \mathcal{T} = 1$.

10.3 Uma partícula de massa m está confinada, em uma dimensão, por um poço de potencial retangular, limitado à esquerda por uma barreira impenetrável (figura ao lado), correspondendo ao potencial

$$V(x) = \infty \,(x < 0),$$
$$= -V \,(0 < x < a),$$
$$= 0 \,(x > a)$$

onde $V > 0$.

(a) Para $-V < E = -|E|$, escreva as soluções estacionárias de energia E da equação de Schrödinger dentro e fora do poço de potencial.

(b) Aplicando as condições de contorno, demonstre que os autovalores da energia são as raízes da equação

$$\boxed{\text{tg}\left[\frac{\sqrt{2m(V-|E|)}}{\hbar}a\right] = -\sqrt{\frac{V-|E|}{|E|}}}$$

10.4 Demonstre que o valor esperado da distância do elétron ao núcleo no estado fundamental do átomo de hidrogênio é $\langle r \rangle = \frac{3}{2}a_0$.

10.5 Calcule os valores esperados da energia cinética $\langle T \rangle$ e da energia potencial $\langle V \rangle$ no estado fundamental do átomo de hidrogênio, e verifique que satisfazem ao *teorema do virial*: $\langle V \rangle = -2\langle T \rangle$.

Sugestão: Use a (10.112).

10.6 Um elétron está confinado dentro de uma camada delgada num semicondutor. Tratando-a como uma lâmina de espessura a entre paredes impenetráveis [cf. (10.35)], estime a, sabendo que a diferença de energia entre o estado fundamental e o primeiro estado excitado é de 0,05 eV.

10.7 Um feixe de elétrons de 2 eV incide sobre uma barreira de potencial retangular de 4 eV de altura e 10 Å de espessura. Qual é a probabilidade de transmissão? Qual seria para elétrons de 3 eV?

10.8 Uma partícula se encontra confinada numa caixa com paredes impenetráveis de largura a, em uma dimensão. Para $t = 0$, ela se encontra, com certeza, na metade direita da caixa, havendo igual probabilidade de ser encontrada em qualquer ponto dessa metade.

(a) Obtenha uma função de onda inicial que descreva a partícula.

(b) Qual é a probabilidade de que uma medida da energia, para $t = 0$, encontre-a no estado fundamental?

Sugestão: aplique a Regra II.

10.9 A solução mais simples, com nodos, da equação de Schrödinger para autoestados s do átomo de H [eq. (10.116)] é da forma

$$\varphi(r) = (Ar + B)\exp(-\kappa r)$$

Procure uma solução dessa forma. Mostre que o nível de energia correspondente (estado 2s) é idêntico ao 1° estado excitado na teoria de Bohr.

Bibliografia

A Relação abaixo representa bibliografia *adicional* para o presente volume, a ser acrescida das referências já citadas nos volumes anteriores. Os itens assinalados com asterisco (*) são os mais próximos da apresentação aqui adotada e são recomendados para o estudo de tópicos adicionais.

ÓTICA

Born, M. e Wolf, E., *Principles of Optics*, 7th ed., Cambridge Univ. Press, London (1999).
Hecht, E. e Zajkac, A., *Optics*, Addison-Wesley, Reading (1979).
Jenkins, F.A. e White, H. E., *Fundamentals of Optics*, 4ª ed., McGraw-Hill, N. York (1976).
Klein, M.V., *Optics*, Wiley, N. York (1970).
*Nussenzveig, H. M., *Ondas Eletromagnéticas*, vol. I, CBPF, Rio de Janeiro (1964).
*Rossi, B., *Optics*, Addison-Wesley, Reading (1957).
Sommerfeld, A., *Optics*, Academic, N. York (1954).

RELATIVIDADE

*Berry, M., *Principles of Cosmology and Gravitation*, Cambridge Univ. Press (1976).
Einstein, A., *The Meaning of Relativity*, 3ª ed., Princeton Univ. Press (1950).
*French, A. P., *Special Relativity*, W. W. Norton, N. York (1968).
*Møller, C., *The Theory of Relativity*, 2ª ed., Clarendon Press, Oxford (1972).
Pauli, W., *Theory of Relativity*, Pergamon, London (1958).
Penrose, R., *The Road to Reality*, Alfred A. Knopf, N. York (2005).
Robertson, H. P. e Noonan, T. W., *Relativity and Cosmology*, W. B. Saunders, Philadelphia (1968).
J. Schwinger, *Einstein's Legacy*, W. H. Freeman, San Francisco (1968).
Taylor, E. F. e Wheeler, J., *Spacetime Physics*, W. H. Freeman, San Francisco (1966).
Thorne, Kip S., *Black Holes and Time Warps*, W. W. Norton & Co., N. York (1994).

FÍSICA QUÂNTICA

Auletta, G., M. Fortunato e G. Parisi, *Quantum Mechanics*, Cambridge Univ. Press (2009).

Bohm, D., *Quantum Theory*, Prentice-Hall, N. York (1951).

Cohen-Tannoudji, C., Diu, B. e Laloë, F., *Quantum Mechanics*, 2 vols., Wiley, N.York (1977).

Dicke, R. H. e Wittke, J. P., *Introduction to Quantum Mechanics*, Addison-Wesley, Reading (1960).

Dirac. P. A. M., *Quantum Mechanics*, 4ª ed., Oxford Univ. Press (1958).

*French. A. P., e Taylor, E. F., *An Introduction to Quantum Physics*, Chapman & Hall, London (1979).

Gasiorowicz, S., *Física Quântica*, Guanabara 2, Rio de Janeiro (1979).

Heisenberg, W., *The Physical Principies of the Quantum Theory*, Dover, N. York (1930).

Landau, L. D. e Lifshitz, E. M., *Quantum Mechanics, Nonrelativistic Theory*, Pergamon, Oxford (1965).

*Landshoff, P. e Metherell, A., *Simple Quantum Physics*, Cambridge Univ. Press (1979).

*Martin, J. L., *Basic Quantum Mechanics*, Oxford Univ. Press (1981).

Messiah, A., *Quantum Mechanics*, 2 vols., Wiley, N. York (1959).

Oldenberg, O., *Introduction to Atomic Physics*, McGraw-Hill, N. York (1949).

Saxon, D. S., *Elementary Quantum Mechanics*, Holden-Day, San Francisco (1968).

Schiff, L. I., *Quantum Mechanics*, 3ª ed., McGraw-Hill, N. York (1968).

Weinberg, S., *Lectures in Quantum Mechanics*, Cambridge Univ.Press (2012).

*Wichmann, E. E., *Quantum Physics*, McGraw-Hill, N. York (1971).

HISTÓRIA, TRABALHOS ORIGINAIS

Einstein, A., et al., *The Principle of Relativity*, Dover, N. York (1958).

Hawking, S., *The Essential Einstein*, Penguin Books, London (2007).

Hey, T. e Walters, P., *The Quantum Universe*, Cambridge Univ. Press (1987).

Huygens, C., *Treatise on Light*, Dover, N. York (1962).

Jammer, M., *The Conceptual Development of Quantum Mechanics*, McGraw-Hill, N. Y. (1966).

Leite Lopes, J. e Escoubès, B., *Sources et Evolution de la Physique Quantique*, Masson, Paris (1995).

Newton, I., *Opticks*, Dover, N. York (1952).

Schrödinger, E., *Collected Papers on Wave Mechanics*, Blackie, London (1928).

Sommerfeld, A., *Atomic Structure and Spectral Lines*, Methuen & Co., London (1934).

van der Waerden, B. L., *Sources of Quantum Mechanics*, Dover, N. York (1968).

Respostas dos problemas propostos

CAPÍTULO 2

2.1 (a) tg $\theta_{1B} = n_{12}$; (b) $\theta_{1B} = 53°$ (ar/água); $\theta_{1B} = 56,7°$ (ar/vidro).

2.2 2θ.

2.3 $(n-1)$ para n par; n para n ímpar (exceto para uma fonte situada na bissetriz, quando são $n-1$).

2.4 (a) 87,5 cm; (b) 80 cm.

2.5 $d = h \operatorname{sen} \theta_1 \left(1 - \dfrac{n \cos \theta_1}{\sqrt{1 - n^2 \operatorname{sen}^2 \theta_1}}\right).$

2.8 (c) 137,5°.

2.9 $\theta_{max} = \operatorname{arc\,sen}\left(\sqrt{n^2 - 1}\right).$

2.15 1,14 cm.

2.17 (a) $R = 4d_1/3 \approx 33{,}3$ cm; (b) $p = d_1/3 \approx 8{,}3$ cm.

2.18 $p = \pm \dfrac{(\pm A - 1)}{A} f$, onde sinais superiores e inferiores se correspondem.

2.19 (a) $f = -1$ m; (b) $f = +6{,}27$ m. A lente passa de divergente a convergente: a classificação se inverte para índice de refração relativo < 1.

2.20 $q = R\left[1 + \dfrac{1}{\sqrt{(n_{12})^2 - \operatorname{sen}^2 \theta_1} - \cos \theta_1}\right]$;

na aproximação paraxial, tende a $f' = \left(\dfrac{n_{12}}{n_{12} - 1}\right) R.$

2.22 $f = \dfrac{D^2}{8(n_{12} - 1)t}.$

2.23 $\dfrac{n_1}{p} + \dfrac{n_3}{q} = \dfrac{(n_2 - n_1)}{R_1} + \dfrac{(n_3 - n_2)}{R_2}.$

2.26 $\quad x = \dfrac{n_0}{n'}\alpha_0 \ln\left[\dfrac{(n_0+n'z)+\sqrt{(n_0+n'z)^2-(n_0\alpha_0)^2}}{n_0(1+\beta_0)}\right].$

2.27 $\quad n = 2.$

2.28 $\quad$ (a) $p = 2f$; (b) $m = -1$.

CAPÍTULO 3

3.1 $\quad y = \dfrac{\lambda D}{4d}.$

3.2 $\quad d = \dfrac{m\lambda}{(n-1)}.$

3.4 $\quad 8{,}8 \times 10^{-5}$ rad.

3.5 $\quad$ (a) $h \approx \dfrac{\rho^2}{2R}$; (b) $\rho_m = \sqrt{m\lambda R}$ $\quad(m = 0, 1, 2, \ldots)$.

3.7 $\quad E(t) = \dfrac{\Delta\omega}{1+(t\Delta\omega)};\quad \Delta t = \dfrac{1}{\Delta\omega}.$

CAPÍTULO 4

4.2 $\quad \lambda = 6.006$ Å.

4.5 $\quad 113$ km $\approx 6{,}5\%$ do raio da Lua.

4.6 $\quad$ (a) Da ordem de 100 m. (b) $9{,}8 \times 10^{-8}$ rad $\sim 0{,}02''$.

4.10 $\quad$ (a) 55.000; (b) $\theta \approx 31{,}6°$; $\delta\theta \approx 5{,}6 \times 10^{-6}$ rad.

4.12 $\quad \left\{\dfrac{\operatorname{sen}\left[(3N+1)\dfrac{\Delta}{2}\right]}{\operatorname{sen}\left(\dfrac{\Delta}{2}\right)} - \dfrac{\operatorname{sen}\left[(N+1)\cdot\dfrac{3\Delta}{2}\right]}{\operatorname{sen}\left(\dfrac{3\Delta}{2}\right)}\right\}^2.$

4.13 $\quad 85.$

CAPÍTULO 5

5.1 $\quad a = \dfrac{1}{v} = \dfrac{n}{c};\ \mathbf{S}' = \mathbf{S};\ U'_E = U_M;\ U'_M = U_E.$

5.5 $\quad$ (a) Circular levógira, amplitude $2a$; (b) Elíptica dextrógira, eixos $3a$ e a.

5.6 $\quad$ (a) $d = \dfrac{1}{4}\lambda_0/(n_2/n_1)$; (b) circular; (c) $d = 0{,}027$ mm.

5.7 $\quad$ Em ambos os casos, a intensidade não varia com a rotação do analisador. (b) Para luz natural, continua não havendo variação; para polarização circular, a intensidade transmitida varia, e se anula para duas orientações (opostas) do analisador.

5.8 $\quad I = \dfrac{1}{2}I_0 \cos^2\theta\,\operatorname{sen}^2\theta.$

5.9 $\quad \hat{\mathbf{n}}_{12}\cdot(\kappa_2\mathbf{E}_2 - \kappa_1\mathbf{E}_1) = \sigma/\varepsilon_0.$

Respostas dos problemas propostos 343

5.10 $T_\perp = \dfrac{2\cos\theta_1 \operatorname{sen}\theta_2}{\operatorname{sen}(\theta_1+\theta_2)}$; $T_\parallel = \dfrac{2\cos_1 \operatorname{sen}\theta_2}{\operatorname{sen}(\theta_1+\theta_2)\cos(\theta_1-\theta_2)}$;

$T_\perp = T_\parallel = \dfrac{2}{n+1}(\theta_1 = 0)$.

5.11 $t_\perp = \dfrac{\operatorname{sen}(2\theta_1)\operatorname{sen}(2\theta_2)}{\operatorname{sen}^2(\theta_1+\theta_2)}$; $t_\parallel = \dfrac{\operatorname{sen}(2\theta_1)\operatorname{sen}(2\theta_2)}{\operatorname{sen}^2(\theta_1+\theta_2)\cos^2(\theta_1-\theta_2)}$;

$t_\perp = t_\parallel = \dfrac{4n}{(n+1)^2}(\theta_1 = 0)$.

5.13 (a) $r_\perp = \left(\dfrac{n^2-1}{n^2+1}\right)^2$; (b) $t_\perp = \dfrac{4n^2}{(n^2+1)^2}$; (c) $P = -\dfrac{(n^2-1)^2}{4n^2+(n^2+1)^2}$.

CAPÍTULO 6

6.6 (a) $x_1' = \gamma(x_1 - \beta x_0); x_2' = x_2; x_3' = x_3; x_0' = \gamma(x_0 - \beta x_1)$.
6.9 $\operatorname{tg}\theta = \gamma \operatorname{tg}\theta_0$.
6.10 É de 216 milhões de reais.
6.11 (a) 533; (b) 99,9998%.
6.12 $v/v_0 = \left(1-\dfrac{v}{c}\right)\bigg/\left(1+\dfrac{v}{c}\right)$.
6.13 (b) 2,23 T.
6.14 (a) $x(t) = \dfrac{m_0 c^2}{F_0}\left[\sqrt{1+\left(\dfrac{F_0 t}{m_0 c}\right)^2} - 1\right]$; (b) $x(t) = \dfrac{1}{2}\dfrac{F_0}{m_0}t^2$; $x(t) \to ct$.
6.15 $E_1 = \dfrac{1}{2}\left[M_0 + \dfrac{(M_1^2 - M_2^2)}{M_0}\right]c^2$; $E_2 = \dfrac{1}{2}\left[M_0 - \dfrac{(M_1^2 - M_2^2)}{M_0}\right]c^2$.
6.16 (a) $M_0 = \sqrt{2(1+\alpha)}m_0$; (b) $\mathbf{V} = \alpha\,\mathbf{v}/(1+\alpha)$.
6.17 (a) $\operatorname{tg}\theta = \dfrac{\operatorname{tg}\theta'}{\sqrt{1-\beta^2}}$; (b) $L = L_0\left[(1-\beta^2)\cos^2\theta' + \operatorname{sen}^2\theta'\right]^{1/2}$; $\beta \equiv \dfrac{V}{c}$.
6.19 (a) $V = \dfrac{2\beta c}{1+\beta^2}$; (b) $\left(\dfrac{1-\beta^2}{1+\beta^2}\right)M_0 c^2$.
22. c.

CAPÍTULO 7

7.1 (a) 300 m; (b) $4,1 \times 10^{-9}$ eV; (c) $7,5 \times 10^{30}$.
7.2 (a) 4,2 eV; (b) 4,1 eV.
7.3 17,6 MeV.
7.4 $\operatorname{tg}\varphi = \dfrac{v\operatorname{sen}\theta}{v_0 - v\cos\theta}$.

7.5   32,5 eV.

7.7   (b) 6.403Å.

7.9   (b) 0,027%.

7.10 $E_n = n\hbar\omega$; frequência ω.

7.11   (a) $E_n = \dfrac{n^2\hbar^2}{Mr_0^2}$; (b) $E_1 \cong 7{,}6 \times 10^{-3}$ eV.

7.12   (a) $1{,}242 \times 10^{-13}$ cm; (b) 1,5Å.

7.14   (a) $E_n = -2\dfrac{me^4}{(4\pi)^2 n^2 (\varepsilon_0)^2 \hbar^2}$ $(n = 1, 2, \ldots)$; (b) $-E_1 = 54{,}4$ eV.

CAPÍTULO 8

8.2 $|+\rangle = \begin{pmatrix}1\\0\end{pmatrix}$; $|-\rangle = \begin{pmatrix}0\\1\end{pmatrix}$. Nesta representação, os vetores de estado de polarização circular direita e esquerda são os vetores de base.

8.7   (a) $p = \cos^2\theta_1 \cos^2(\theta_2 - \theta_1)$; (b) $\theta_1 = \dfrac{\theta_2}{2}$.

8.8   (b) $\theta = -\pi/4$.

8.11 $[\hat{P}_\theta, \hat{J}_z] = -i\hbar \begin{pmatrix} -\operatorname{sen}(2\theta) & \cos(2\theta) \\ \cos(2\theta) & \operatorname{sen}(2\theta) \end{pmatrix}$.

CAPÍTULO 9

9.2 $\left[\hat{x}, \dfrac{\partial^2}{\partial x^2}\right] = -2\dfrac{\partial}{\partial x}$.

9.3 $\left[\dfrac{\partial}{\partial x}, \hat{x}^n\right] = n\hat{x}^{n-1}$.

9.4 $\hat{P}^+ = \hat{P}$; $\hat{T}_a^+ = \hat{T}_{-a}$.

9.5 $\rho = |C_+|^2 + |C_-|^2 + 2\,\mathrm{Re}\!\left(C_-^* C_+ e^{2ikx}\right)$ $(k \equiv p/\hbar)$

$j = \left(|C_+|^2 - |C_-|^2\right) v$ $(v \equiv p/m)$.

CAPÍTULO 10

10.2 $R = \left(\dfrac{n-1}{n+1}\right)\!\left(\dfrac{e^{i\Delta}-1}{1-re^{i\Delta}}\right)$ $\mathcal{R} = \dfrac{4r\,\operatorname{sen}^2(ka)}{t^2 + 4r\,\operatorname{sen}^2(ka)}$.

10.5 $\langle T \rangle = \dfrac{q^2}{2a_0}$; $\langle V \rangle = -\dfrac{q^2}{a_0}$.

10.6 $a \approx 4{,}8 \times 10^{-9}$ m.

10.7   2 eV: $2{,}04 \times 10^{-6}$; 3 eV: $1{,}07 \times 10^{-4}$.

10.8   (a) $\varphi(x) = \begin{cases} 0 & (0 < x < a/2) \\ \sqrt{2/a} & (a/2 < x < a) \end{cases}$; (b) $p = \dfrac{4}{\pi^2}$.

10.9 $\varphi(r) = N(r - 2a_0)\exp\!\left(-\dfrac{r}{2a_0}\right)$; $E = \dfrac{1}{4}E_1$.

Índice alfabético

A

Aberração, 171, 200
    cromática, 35, 38
    esférica, 25
Abertura
    angular, 72
    circular, 94, 97
    retangular, 90
Absolutamente separados, 168
Absorção de um fóton, 221
Ação, 205
"Acessos" de fácil reflexão ou fácil transmissão, 241
Ações a distância, 331
Acomodação, 35
Acuidade visual, 35
Aglomerados de galáxias, 197
Alastramento do pacote de ondas, 285
Amplitude
    complexa, 51
    de difração, 89
    de espalhamento, 106
    de reflexão, 295, 337
    de probabilidade, 237, 242, 249, 272, 329
    de transmissão, 306
    (real), 51
Amplitudes
    de reflexão, 133
    de transmissão, 295, 306
    reais, 123
Analisador, 137, 138, 329
Analisadores de polarização, 330
Analogia ótico-mecânica, 43, 224
Anéis de Newton, 60, 74
Ângulo
    crítico, 22, 139
    de Brewster, 46
    de incidência, 16
    de reflexão, 16
    de refração, 16
    visual, 36
Aproximação de Kirchhoff, 82, 97
    paraxial, 26
Arco-íris primário, 47
Área de coerência, 73
Asas de borboletas, 61
Aspecto visual de objetos em movimento, 161
Atividade ótica natural, 127, 264
Átomos de Rydberg, 219
Atmosfera, 38
Aumento
    angular, 36-38, 96
    lateral, 27, 30, 33
    linear, 36
    longitudinal, 49
    total, 37

Ausência de peso, 186
Autoestado, 260, 262
    simultâneo, 262, 264
Autoestados, 254, 259, 266, 304
    do momento, 283, 287
    do momento angular, 305
Autofunção imprópria, 280, 283
Autofunções, 301, 320
    da energia, 283
    do momento, 279
    ímpares, 302
    pares, 302
Autovalor, 254, 260
    degenerado, 263
Autovalores, 254, 255, 258, 262, 300, 304
    da energia, 305
    discretos, 324
Autovetor, 254
Autovetores, 254
Azimute, 136
    de incidência, 135, 137

B

Balanço de energia médio, 144
Banda
    de condução, 326
    de valência, 326
    semi-cheia, 325
Bandas de energia permitidas, 323
Barreira
    coulombiana, 311
    de potencial retangular, 306
Base, 266, 280
    ortonormal, 249, 254, 263, 267, 303
        comum de autovetores, 263
Bastonetes, 35
"Big bang", 198
Birrefringência circular, 250
Bolhas de sabão, 60
Bombeamento atômico, 224
"Bra", 243

"Bracket" (colchete de Dirac), 243
Buraco negro, 197
Buracos negros, 196

C

Caixa de paredes impenetráveis, 298
Calcita, 138
Camada fechada, 317
Caminho ótico, 19
Caminhos indistinguíveis, 239
Campo eletromagnético, 184
    gravitacional central, 194
"Canal" de TV, 71
Caráter probabilístico da física quântica, 334
Carga nuclear, 214
Catástrofe ultravioleta, 204
Célula unitária, 325
Centro de curvatura, 25
    de massa, 312
Chapa fotográfica, 113
Cinemática quântica, 265
Coeficientes de expansão, 303
    de Fourier, 303
Coerência, 67, 71, 111
    de ordem superior, 73
    transversal, 71, 92
Completeza, 302
Comutador, 261, 320
Colapso gravitacional, 196
Colimação, 72
Colimador, 103
Colisões inelásticas, 224
Compatibilidade, 263
Componente, 251
Componentes, 249
Comportamento corpuscular, 233
    ondulatório, 233
Comprimento
    de coerência, 71
    de onda, 15
        Compton do elétron, 212, 231

Índice alfabético 347

de de Broglie, 225, 232
no meio, 51
no vácuo, 51
próprio, 160
Comprimentos transversais, 157
Comutatividade, 263
Condição
de autovalores, 322
de Bragg, 110
de frequência, 224
de frequência de Bohr, 221
de normalização, 242, 272, 285
de periodicidade, 304
quantização de Bohr, 221, 225, 258
Condições
de contorno, 129, 131, 294, 298, 299, 306
de contorno periódicas, 323
de interferência, 55, 59
de Laue, 107 - 110
no infinito, 294
Condutividade de um metal, 318
Condutor, 325
Cone de luz, 168, 196, 197
Cones, 35
Confinamento, 305
Conjugado hermiteano, 252, 274
Conjunto ortonormal, 246
Conservação
da energia, 119
do momento, 173
do quadrimomento, 184
global da probabilidade, 280
local, 280
Constante
de Boltzmann, 205
de estrutura fina, 231
de fase, 51
de Hubble, 172
de Planck, 205, 221
de Rydberg, 219, 220, 231
de Rydberg para o hidrogênio, 216
dielétrica, 117

eletromagnética, 118
gravitacional, 189
ótica, 118
Constantes de fase, 123
Contração de Lorentz, 160, 191
Contraste das franjas, 62
Convenção de sinais, 28, 31
Convergência, 26
Cores das manchas de óleo, 61, 73
Cores de interferência, 60
Córnea, 35
Coroas de difração, 98
Correlações
EPR, 332
não locais, 332
Corrente
de probabilidade, 281, 295
de saturação, 207
Cosmologia, 197
Covariantes, 183
Criptografia quântica, 332
Cristal, 318, 319
birrefringente, 256
de calcita, 247
ideal, 105
unidimensional, 324
Cristalino, 35
Critério de Rayleigh, 96, 104
Curva de Lissajous, 123
Curvatura, 25, 191, 192, 202
do espaço-tempo, 190
do espaço-tempo quadridimensional, 193

D

Decomposição espectral, 103
Defasagem, 308
Definição de Einstein da simultaneidade, 154
Deflexão gravitacional da luz, 187, 195
Degenerescência, 283
Degrau de potencial, 293, 308
Deslocamento Compton, 210, 212

Densidade
  de corrente, 283
    de energia, 119, 120, 179
    de probabilidade, 280
  de energia, 119
    elétrica e magnética, 120
  de momento, 179
  de polarização, 117
  de probabilidade, 272, 280, 285, 315
  probabilidade radial, 315
  total de energia eletromagnética, 119
Descoerência, 332, 336
Desigualdade
  de Bell, 331
  de Schwarz, 245, 269
Desintegração alfa, 311
Desvio, 46
  Doppler para o vermelho, 215
  gravitacional, 188
  lateral, 46
  mínimo, 47
  para o vermelho, 172, 187, 188
  quadrático médio, 260
Deutério, 231
Dextrogira, 129
Diagrama de termos, 222
Diâmetro angular, 72
Dicróico, 138
Diferença
  de caminho, 89, 109
  de fase, 53, 89, 123
Difração, 11, 15, 75
  de Bragg, 226
  de elétrons, 226, 227
  de Fraunhofer, 76, 87
  de Fresnel, 76, 83
  de Fresnel no eixo de uma abertura circular, 85
  de partículas neutras, 227
  de raios X, 105, 227, 318
  no eixo de um disco circular, 86
  por uma esfera, 98
  por uma fenda, 93

Dilatação dos intervalos de tempo, 163, 172, 199
Dimensão do espaço dos estados, 246
Dinâmica relativística, 173
Dioptrias, 49
Direção
  de observação, 87
  de propagação, 52
Direções principais, 145
Disco
  central, 95
    de difração, 96
  circular, 97, 98
Dispersão, 17, 103, 104, 118, 284, 285, 308
Dispositivos complementares, 97
Distância
  focal, 26
  imagem, 26
  mais provável, 315
  objeto, 26
  própria, 168
Distribuição espectral da radiação térmica, 204
Divergência, 26
  superficial, 130
Divisão de feixe, 332
Dualidade onda-partícula, 239
Dupla degenerescência, 294
Dupla refração, 247

E

Efeito
  Compton, 210, 230
  Doppler, 148, 169, 170, 172, 188
  Doppler acústico, 171
  Doppler relativístico, 171
  Doppler transversal, 172
  fotoelétrico, 12, 152, 206, 241
  Mössbauer, 188
  Ramsauer, 310
Efeitos cinemáticos da TL, 160
Eixo de um filtro de polarização, 145
Eixos cruzados, 138

Índice alfabético

Elemento
    de matriz, 251
        diagonal, 253
Elementos diagonais, 251, 254
Elétron
    de recuo, 230
    "ótico", 227
Elétrons
    de valência, 325
    quase livres, 318
Elevador de Einstein, 186
Elipsóide refletor, 21
Emissão
    "a frio", 311
    de campo, 311
    de um fóton, 221
Energia
    cinética, 177, 178
    "de incerteza", 300, 316
    de ionização, 222
    de localização, 301
    de repouso, 178
    de excitação, 222, 223
    do estado fundamental, 222
        do átomo de hidrogênio, 314
    quantizada, 300
    relativística, 176, 184
    térmica, 205
    térmica média, 326
Envoltória, 14
Equação
    da continuidade, 280
    das lentes delgadas, 34
    de evolução, 267
    de Einstein do efeito fotoelétrico, 208
    de evolução quântica, 266
        temporal, 273
    de ondas, 118
    de Schrödinger, 228, 312, 313
        dependente do tempo, 273
        estacionária, 229
        para estados estacionários, 230

    tridimensional, 285
    unidimensional, 271
    diferencial dos raios, 41, 43
        para o raio, 40
    secular, 255
Equações
    de Einstein, 193
    de Maxwell, 117
Escala
    absoluta de tamanho, 239
    atômica de tamanho, 221
Espaçamento das franjas, 55
Espaço de Hilbert (dimensão infinita), 303
Espaço-tempo, 166, 168, 181, 182
    de Minkowski, 193
"Espalhamento", 75, 222
    de partículas α, 213
    por um átomo, 106
Espectro, 280
    contínuo, 109, 215, 222, 280, 298
    de absorção, 215
    de bandas, 323
    de emissão, 215
    discreto, 300, 305
    do H, 215
Espectrômetro de Bragg, 110, 210
Espectros, 103
    atômicos, 214
Espectroscopia, 105
Espelho
    convexo, 28
    esférico, 24
    esférico côncavo, 25
    plano, 23
Estabilidade da matéria, 317
Estado
    clássico, 241
    de polarização linear, 241
    emaranhado, 329
    excitado, 222, 301
    fundamental, 221, 224, 300, 301, 312
        do átomo de hidrogênio, 312
    geral de polarização, 242, 250

quântico, 279
    de polarização de um fóton, 241, 244
    sólido, 318
Estados
    correlacionados de duas partículas, 327
    de polarização, 240, 244
    estacionários, 217, 221, 222, 228, 230, 266, 287
        em uma dimensão, 291
        ligados, 312
Estrelas, 92
Estrutura
    de bandas, 323
    fina e hiperfina, 65
    hiperfina, 67
Étalon, 67
"Éter", 12, 149, 150, 172
Eventos, 166, 167
Expansão
    do Universo, 197, 198, 215
    em série de Fourier, 303
Experimento
    de J. Bose, 143
    de Young, 51, 54, 99
        com elétrons, 235
        com ondas clássicas, 233
        com partículas clássicas, 234
    de Michelson e Morley, 149
    de Franck e Hertz, 224

F

Fase, 14
    da onda, 51
    de uma onda, 170
Fator
    de Boltzmann, 205, 326
    de dilatação temporal, 189
    de escala cósmico, 198
    de fase, 242, 244, 266, 297, 320
    de forma atômico, 107
    de interferência, 89, 99, 101, 107, 116

    de N fendas, 101
    de normalização, 314
    de obliquidade, 77, 80
    de propagação, 169
    temporal, 53
Fatores de normalização, 300, 302
Feixe
    de referência, 111, 112
    estacionário de partículas, 283
    extraordinário, 247
    ordinário, 247
Ferromagnetismo, 318
Fibras óticas, 23
Figura
    de difração, 76
        da rede, 102
    de Fraunhofer, 89
    de um par de fendas, 98
    de uma abertura circular, 95
    de uma abertura triangular, 92
    de uma rede bidimensional, 108
Filme
    antirrefletor, 146
    de um quarto de onda, 59
Filmes antirrefletores, 59
Filtro de polarização, 240
Filtros
    de polarização, 138
    de polarização linear, 240
    elétricos, 323
Física da matéria condensada, 318
Fluido de galáxias, 197
Flutuação, 260
Flutuações de intensidade, 72
Focalização, 85
Foco, 21
    de um espelho esférico, 26
    imagem, 30
    objeto, 30
Fonte
    coerente, 233
    extensa, 66

    linear, 93
        incoerente, 98
    puntiforme, 89
    de luz extensa, 61
Fontes incoerentes, 69
Força
    de Lorentz, 176
    impulsiva, 293
Forças
    de contato, 173
    de inércia, 148, 186
    inerciais, 189
Forma
    gaussiana, 33
    newtoniana, 34
Formalismo covariante, 173
Formula
    de Airy, 96
    de Balmer, 218, 221
    de Newton, 31, 48
Fórmulas
de Euler, 139
de Fresnel, 140
Fotocélulas, 206
Fotocorrente, 209
Fotoelétrons, 207
Fotografia, 110
Fóton, 179, 209, 211, 316
    circularmente polarizado, 245
    linearmente polarizado, 241
Fótons, 12
Fóvea, 35
Franjas
    de interferência, 50, 55, 308
        de mesma inclinação, 61
        de mesma espessura, 59
        inclinação, 66
Frente de onda, 14, 156
Frentes de onda, 110
Frequência, 51
    de cíclotron, 201
Frequências relativas, 247

Função de onda, 237
Função
    de onda de referência, 113
    de onda objeto, 113
    de trabalho, 208, 230
Funções de onda, 273
Futuro absoluto, 167

G

Gás nobre, 317
Gênero
    espaço, 168
    luz, 168
    tempo, 167
Geodésica, 192, 193
    no espaço-tempo, 194
Geodésicas, 195
Geometria do espaço-tempo, 193
Geometria
    euclidiana, 191
    não euclidiana, 191
    riemanniana, 193
Grande explosão ("big-bang"), 198
Grandeza observável, 246
Grandezas aditivas, 256
Grau
    de polarização, 137
Graus de liberdade independentes, 286

H

Hamiltoniano, 303
Helicidade, 127
Hipótese de Ritz, 152
Holografia, 110
Holograma, 111 - 113

I

Idade do universo, 198
Imagem, 21, 24
    ereta, 24

pseudoscópica, 114
reversa, 24
virtual, 24
Impurezas, 326
Incerteza, 260
Incidência ⊥, 134
Incidência rasante, 134
Índice
    de refração, 51, 118, 291, 296, 308, 310
        absoluto, 19
        relativo, 17
Inércia da energia, 179
Instrumentos óticos, 35
Integral
    de Fourier, 280, 283
        tridimensional, 287
Intensidade, 122
    da luz, 52
    resultante, 52
Interação instantânea à distância, 185
Interface refratora plana, 31
Interferência, 234
    construtiva, 53
    da luz, 50
    de feixes múltiplos, 57
    destrutiva, 53
    em lâminas delgadas, 56
Interferômetro
    de Fabry-Perot, 66
    de Michelson, 67, 149, 332
    estelar, 72
        estelar de Michelson, 74
Interferência, 11, 76
Interferômetros, 65
Interpretação
    causal, 331
    da mecânica quântica, 326
    probabilística, 237
Intervalo, 166, 167
    de tempo próprio, 167
    infinitesimal de tempo próprio, 184
Intervalos de gênero tempo, 196

Invariância da fase, 200
Invariância do hamiltoniano, 302
Invariante, 166, 170, 184
Íris, 35, 92
Isolante, 326
Isolantes, 325

K
"Ket", 243, 248

L
Lacuna, 326
    de energia, 325
Lacunas, 324
Lâmina de faces paralelas, 143, 308
Largura
    das franjas, 63
    espectral, 70, 74, 283
    temporal, 70, 74
Laser, 12, 71, 111
Lei
    básica da interferência, 53
    da reflexão, 16
    da refração, 16
    de Brewster, 136
    de conservação da probabilidade, 281
    de conservação do momento, 174
    de Coulomb, 214
    de Galileu de composição de velocidades, 147, 149
    de Hubble, 198
    de Malus, 138
    de reciprocidade, 139
    relativística de composição de velocidades, 164, 165, 199, 200
    fundamental da dinâmica, 176, 274
Leis de conservação, 173
Lente
    biconvexa, 34
    convergente, 22

de Fresnel, 85, 115
eletrostática, 45
Lentes
"azuladas", 59
delgadas, 32
magnéticas, 45
Levógira, 129
Ligação
covalente, 318
iônica, 317
química covalente, 317
Limiar de excitação, 224
Limite
clássico, 258
da série, 215
da sombra, 114
do poder separador, 65, 96, 104
Linha
de universo, 168, 193, 195
espectral, 219
Linhas
antinodais, 56
de corrente da energia na reflexão total, 142
de nível, 60
espectrais, 216
nodais, 56
Localização por um diafragma, 288
Lupa, 36
Luz
circularmente polarizada, 125, 245, 256
direita, 126
esquerda, 126
do laser, 71
elipticamente polarizada, 126, 140
laser, 113
linearmente polarizada, 124
monocromática, 51
natural, 136
parcialmente polarizada, 137
térmica, 71
totalmente polarizada, 137

M

Mancha
brilhante de Poisson, 98
de Poisson, 86
"Manchas de Laue", 109
Maser de hidrogênio, 188
Massa
de repouso, 176, 184
gravitacional, 185
inercial, 173, 181, 185
própria, 176
reduzida, 220, 312
relativística, 201
Material dicroico, 138
Matriz, 252
coluna, 242
conjugada hermiteana, 252
hermiteana, 255
linha, 242
Matrizes, 249, 251
Máximo principal, 108, 110
Máximos
de transmissão, 309
principais, 99, 102, 107
Mecânica
newtoniana, 154
ondulatória, 228, 229
relativística, 172
Meio
estratificado, 39
inomogêneo, 38
Meios
anisotrópicos, 138
transparentes, 117
Mensurabilidade simultânea, 263
Metais, 325
alcalinos, 325
nobres, 325
Método
das zonas de Fresnel, 77, 78, 83
dos pós microcristalinos, 110

Métrica, 193
    de Minkowski, 190, 193
    de Schwarzschild, 195, 196
    do espaço-tempo, 190
    pseudo-euclideana, 182
Microscópio
    composto, 36
    de emissão e de tunelamento, 311
    de Heisenberg, 288
    eletrônico, 45, 96
Míope (hipermétrope), 35
Mistura estatística, 332
Mobilidade, 318
Momento angular intrínseco, 316
Modelo
    atômico de Bohr, 216, 221, 227
        de Rutherford, 214
    de Bohr, 222
    de Gamow da desintegração alfa, 311
    de J. J. Thomson, 216
    de Thomson, 213
Modos normais, 301
Molécula diatômica, 231
Momento
    angular, 221, 305, 316
        do fóton, 256, 258, 259, 266
        orbital, 316
    de dipolo magnético, 316
    relativístico, 172, 184
Movimento
    confinado, 292
    relativo, 312
Mudança de fase na reflexão, 58
Multiplicidade de representações, 250
Multirreflexões, 308
Músculo ciliar, 35

N

Nervo ótico, 35
Neutrino, 179
Níveis
    de energia, 222, 300, 312
        rotacional, 231
Nodos, 305, 312
Norma, 184, 243, 261
Normalização, 245
Notação de Dirac, 249
Nucleado galáxias, 198
Número
    atômico, 214
    de fótons, 241
    de franjas, 151
    de nodos, 301
    de onda, 51
    de onda reduzido, 51
    de reflexões, 63
    de zonas de Fresnel, 85
    quântico, 219
Nuvem de probabilidade, 315

O

Objetiva, 36, 37
Objeto real, 37
Observação binária, 244, 246, 255
Observações incompatíveis, 262, 264
Observáveis, 246, 256
    incompatíveis, 278, 331
Observável
    energia da partícula, 277
    polarização linear, 255
    quântico, 256
Ocular, 37
Olho humano, 35
Onda
    conjugada, 113, 114
    de referência, 114
    esférica, 52, 88
    espalhada, 106
    estacionaria, 297
    evanescente, 141, 143, 293, 297
    plana, 51, 120
        monocromática, 122

Onda *s*, 316
Ondas
    confinadas, 301
    de de Broglie, 224
    estacionárias, 325
    evanescentes, 292
    materiais, 228
    monocromáticas, 76, 121
Operador, 248
    anti-hermiteano, 275
    de evolução, 267, 268
    de projeção, 250, 251
    de translação, 319
    hamiltoniano, 274
    hermiteano, 254
    identidade, 251
    linear, 248, 251, 253
    momento, 277, 278, 286, 303
Operadores
    de projeção, 254, 269
    lineares, 265
    hermiteanos, 262
    posição e momento, 276
Órbita de Bohr, 231
Órbitas circulares, 217
    eletrônicas, 221
Ordem de interferência, 101
    do espectro, 104
Ortonormalidade, 302
Ortonormalização, 263
Oscilação forçada do elétron, 257
Oscilador de Hertz, 204, 216
    harmônico bidimensional, 231
Ótica
    eletrônica, 44
    geométrica, 5
    quântica, 73

P

Pacote
    de ondas, 70, 74, 297
    de ondas tridimensional, 287
Pacotes de ondas, 283
Par de fendas, 98
    elétron-pósitron, 181
Paraboloide refletor, 21
Paradoxo
    das gêmeas, 189
    EPR, 330
Paralaxe, 72
Parede impenetrável, 298
Paridade, 289, 301
    definida, 302
Parte
    espacial, 184
    temporal, 184
Partícula
    confinada, 298
    numa caixa unidimensional, 298
    relativística, 211
    sobre um aro circular, 303
Partículas α, 213
Partículas livres, 282
Passado absoluto, 167
Penetração
    da luz, 141
    na região proibida, 297
Período, 51
    de revolução, 222
    espacial, 318
Pico de difração dianteiro, 95, 98
Picos de transmissão, 309
Pincel luminoso, 13
Placa de um quarto de onda, 145
Plano
    de incidência, 16
    de polarização, 125
    de vibração, 125
    focal imagem, 34
    focal objeto, 34
Planos reticulares, 109
Plumagem de beija-flores, 61
Poço de potencial retangular, 308
Poder
    de convergência, 26

separador, 65, 96, 103-105, 239
    da rede, 104
    rotatório, 266
        específico, 265
Polaroid, 138
Polariscópio de Nörrenberg, 138
Polarização, 11, 117
Polarização ⊥, 134
Polarização //, 134
    circular, 128, 244
    de fótons, 240, 256
    do fóton, 246
    elíptica, 127, 144
    linear do fóton, 255
        na direção θ, 269
    por reflexão, 135, 136
Polarizações
    circulares independentes, 246
    lineares ortogonais, 247
Polarizador, 137, 138, 241
Polo, 78, 83
Ponto
    de fase estacionária, 78
    de retorno, 293
    próximo, 36
Pontos de inversão, 292
Porcentagem de reflexão, 61
Portadores de corrente, 326
Posição de partícula, 276
Pósitron, 181, 231
Postulado de quantização, 206
Postulados de Bohr, 305
Potência, 49
Potencial
    coulombiano, 312
    de fretamento, 207
    de ionização, 224
Precessão do periélio, 195
Pressão de radiação, 179
Princípio
    cosmológico, 197

    da Fase Estacionária, 78
    de Babinet, 97
    de causalidade, 167
    de combinação de Rydberg e Ritz, 215
    de constância da velocidade da luz, 152
    de correspondência, 219, 220, 256, 258, 276, 278, 279
    de Equivalência, 185, 186, 191
    de exclusão, 317, 318
    de Fermat, 19, 21, 32, 45, 193
    de Huygens, 11, 14
    de Huygens-Fresnel, 77, 78, 82, 111
    de incerteza, 280, 300, 315
    de Maupertuis, 45
    de Pauli, 325
    de relatividade, 148, 174
        da Mecânica, 148
        de Galileu, 186
        restrita, 152
    de superposição, 333
Prisma, 46
    de reflexão total, 23
Prismas de Nicol, 138
Probabilidade de transmissão, 306, 308, 311
Probabilidades de reflexão, 337
Probabilidades de reflexão e transmissão, 295
"Problema
    da Fase", 110
    de dois corpos, 312
Processos radioativos, 181
Produto de matrizes, 252
Produto direto, 328
Produto
    escalar, 243, 247
        de dois vetores de estado, 272
    externo, 248
Profundidade de penetração, 142, 143, 297
Projeção, 251
Propagação retilínea, 19, 78
Propriedades ondulatórias dos elétrons, 225
Pupila, 35

Q

Quadraticamente integrável, 303
Quadrimomento, 184
Quadritensor, 184
Quadrivetor, 183, 184
Quanta, 12
    de energia, 208
Quantização
    da matéria, 209
    do momento angular, 221
    (espectro discreto), 305
Quantum de energia, 205
Quantum de luz, 208

R

Radiação
    de fundo primordial, 198
    térmica, 12, 215
Raias de Fraunhofer, 214
Raio
    central, 30
    da órbita, 219
    de Bohr, 219, 220, 313, 315
    de curvatura, 25, 26
    de luz, 13
    de Schwarzschild, 195, 196, 202
    do átomo, 214
    do núcleo, 214
    luminoso, 14
    refletido, 16
    refratado, 16
Raios
    catódicos, 105
    das órbitas, 219
    paraxiais, 25, 29
    X, 122, 210
Reconstrução
    da onda objeto, 112, 114
    das frentes de onda, 111
Rede
    bidimensional, 105

    cúbica centrada, 318
    de difração, 100
        holográfica, 112
    periódica, 105
        tridimensional, 318
        unidimensional, 319
    tridimensional, 105
Redes
    de reflexão, 105
    holográficas, 105
Referenciais
    inerciais, 147
    localmente inerciais, 187
    não inerciais, 186
Referencial
    do CM, 174
    em queda livre, 186
    localmente inercial, 190
Refletividade, 61, 134, 138, 296, 308
    para luz natural, 136
    total, 61
Refletividades, 139
Reflexão, 16, 131
    de Bragg, 324
    espacial, 24, 109
    regular, 105
    total, 22, 139, 292, 297, 311
        frustrada, 143, 311
Refração, 16, 131
Região classicamente permitida, 292
    proibida, 297
Região de difração de Fraunhofer, 84
Registro de holograma, 111
Regra de comutação de Heisenberg, 278
Regras de comutação canônicas, 286
Relação
    de Broglie, 279
    de Einstein, 181, 273
    de incerteza, 261, 262, 284, 287
        de Heisenberg, 278
    de Maxwell, 118
    de objeto-imagem, 30

Relações de de Broglie, 228
Relatividade
    da simultaneidade, 153, 155, 171
    geral, 185
Relógio atômico, 155, 188
Réplicas, 105
Representação
    contínua, 272
    matricial, 251, 258
Representações, 244, 249
Ressonâncias
    como níveis virtuais, 310
    de transmissão, 310
Retina, 35
Rotação do plano de polarização, 128
Rotacional superficial, 130
Reversibilidade
    dos raios, 139
        luminosos, 26
Ruído, 71

S

Sacarímetros, 129
Sela, 192
Semicondutor puro, 326
Semicondutores, 325
    dopados, 326
Semilargura, 64, 65, 102
de um pico, 309
Série
    de Balmer, 216
    de Lyman, 222
Séries espectrais, 216
Significado físico do comutador, 264
Simetria esférica, 316
Simultaneidade de eventos, 153
Simultaneidade de eventos distantes, 155
Sincronização, 154
Sistema de dois fótons, 327
Solução
    de Schwarzschild, 194, 195

estacionaria, 143
normalizável, 313
Spin 1, 316
Spin ½, 317
Spin e Princípio de Exclusão, 316
Superfície
    com curvatura negativa, 192
    de curvatura positiva, 192
    "oticamente plana", 60
Superposição, 249
    coerente, 332
    contínua, 69
    de espectros, 103, 104
    quântica, 259
        coerente, 332

T

Tabela periódica
    de Mendeleev, 317
    dos elementos, 214
Taxa de absorção de fótons, 258
Telescópio, 96
    refrator, 37
Tempo
    absoluto, 155
    de coerência, 69, 71, 283
    próprio, 163
Tensor campo eletromagnético, 184
Teorema
    de Bloch, 319, 321
    de Earnshaw, 212, 217
    de Ehrenfest, 278, 285, 290
    do virial, 337
Teoria
    corpuscular da luz, 11
    da dispersão, 256
    da emissão, 152
    da relatividade restrita, 12
    de Kirchhoff da difração, 83
    dos "acessos", 17
    dos elétrons livres, 318

eletromagnética da luz, 11, 117
local, 331
ondulatória da luz, 11, 209
3ª lei de Kepler, 220
Termo de interferência, 53
Termos espectrais, 216, 218
Torque, 258
Traçado de raios, 27
Transformação
    de Galileu, 147, 155, 159, 165
    de Lorentz, 155
    de Lorentz especial, 158
    de Lorentz geral, 159
Translação, 289
Transistores, 326
Transmissividade, 145, 296, 308, 309
    Total, 61
Transversalidade, 118
Tunelamento, 144, 310, 311
    em semicondutores, 311
    quântico, 311

V

Valor
    esperado, 247, 254, 256, 259, 315
        e derivada temporal, 275
    médio, 247, 253, 259
        de uma grandeza observável, 253
        temporal, 52
    próprio, 160, 176
Valores médios, 247, 278
    Temporais, 121

Variação da massa, 180
    com a velocidade, 176
Variável coletiva, 256
Variáveis ocultas, 331, 332
Velha teoria quântica, 227
Velocidade
    de fase, 51
    de grupo, 284
    de recessão, 172
    limite, 154, 158, 167
    relativa, 165
Vértice de espelho esférico, 24
Vetor
    coluna, 242, 252
    de estado, 244, 274, 317, 332
        normalizado, 244, 265
    deslocamento, 117
    de onda, 51
    de Poynting, 121, 179
        complexo, 122, 142, 144
        (real), 119
Vetores
    de base, 105
    de estado, 242
        de polarização circular, 249
Vida média, 222
Visibilidade, 62
Volume
    de coerência, 73
    próprio, 161

Z

Zonas de Fresnel, 80, 84, 115

GRÁFICA PAYM
Tel. [11] 4392-3344
paym@graficapaym.com.br